应用型人才培养实用教材

普通高等院校土木工程“十三五”优质教材

U0169378

建筑工程计量与计价

主　编　李慧云　张　谊

副主编　呙淑文　徐宏年　呙小娟

西南交通大学出版社

·成　都·

图书在版编目（CIP）数据

建筑工程计量与计价 / 李慧云，张谊主编. —成都：西南交通大学出版社，2020.10（2022.12 重印）
应用型人才培养实用教材 普通高等院校土木工程“十三五”优质教材
ISBN 978-7-5643-7595-9

Ⅰ. ①建… Ⅱ. ①李… ②张… Ⅲ. ①建筑工程－计量－高等学校－教材②建筑造价－高等学校－教材 Ⅳ. ①TU723.32

中国版本图书馆 CIP 数据核字（2020）第 166820 号

应用型人才培养实用教材
普通高等院校土木工程“十三五”优质教材

Jianzhu Gongcheng Jiliang yu Jijia
建筑工程计量与计价

主编 李慧云 张 谊

责任编辑 杨 勇
助理编辑 王同晓
封面设计 何东琳设计工作室

出版发行 西南交通大学出版社
（四川省成都市金牛区二环路北一段 111 号
西南交通大学创新大厦 21 楼）
邮政编码 610031
发行部电话 028-87600564 028-87600533
网址 http://www.xnjdcbs.com
印刷 四川森林印务有限责任公司

成品尺寸 185 mm × 260 mm
印张 21.5
字数 535 千
版次 2020 年 10 月第 1 版
印次 2022 年 12 月第 2 次
书号 ISBN 978-7-5643-7595-9
定价 58.00 元

课件咨询电话：028-87600533

前　言

2018年，湖北省教育厅开始实施“荆楚卓越人才”协同育人计划，主要目的是改革工程教育人才培养模式，提升学生的工程实践能力、创新能力。在此背景下，湖北文理学院土木工程与建筑学院提出了“荆楚卓越工程师”培养计划，就是要以国家注册造价工程师制度为导向，改革现有的人才培养方案，解决工科教育理论化、轻技术、轻实践的问题。将注册工程师考试所必备的知识体系、分析与解决工程实际问题的能力等，有机地融入到理论与实践教学的全过程，使学生在完成规定的学业取得学历学位证的同时，也得到获取执业资格证所需能力，为尽早具备执业资格打下良好的基础。

建筑工程计量与计价是土木工程、工程造价、工程管理本科专业的一门重要专业课，也是一门主干课程，具有涉及面广、实践性强、时效性强的特点。本书在借鉴相关教材、规范、法规的基础上结合湖北省现行2018定额，将国家一级注册造价师考试大纲和考试用书的相关知识点融入进来，具体思路如下：

（1）与国家现行的标准、规范紧密结合，并结合湖北省现行定额，融入相关案例对清单计价规范以及定额的应用进行详细解释。

（2）以国家一级注册造价师考试大纲为基础，将课程的内容与一级造价师考试知识点的进行贯通和融合，体现卓越工程师培养要求。

（3）在相关章节都穿插了一级造价师的历年考试真题，通过对真题案例的解析，扩展相关知识点。

（4）在附录中给出工程量清单计价的实例。实例来源于校企合作单位襄阳市森源造价咨询公司有限公司。

本书由李慧云、张谊担任主编，呙淑文、徐宏年、呙小娟担任副主编。具体编写分工为：武汉科技大学呙淑文编写第4、12章，湖北文理学院呙小娟编写第5章，湖北文理学院徐宏年编写第7章，湖北文理学院张谊编写第9章，湖北文理学院李慧云编写第1、2、3、6、8、10、11、13章。全书由李慧云负责统稿。

限于作者水平和经验，教材可能存在不妥或疏漏之处，敬请读者批评指正。

编　者

2020年3月

目　录

1　绪　论 …… 1

1.1　基本建设项目 …… 1

1.2　工程造价概述 …… 2

1.3　工程计价概述 …… 12

1.4　工程计量的基本原理 …… 15

2　建筑工程定额原理 …… 22

2.1　工程定额 …… 22

2.2　工时研究 …… 24

2.3　人工消耗量定额 …… 32

2.4　机械消耗定额 …… 34

2.5　材料消耗定额 …… 36

3　工程计价依据 …… 43

3.1　建筑安装工程费用 …… 43

3.2　建筑安装工程费用定额 …… 51

3.3　预算定额 …… 55

3.4　概算定额 …… 77

3.5　概算指标 …… 80

4　建筑工程计价原理 …… 89

4.1　工程计价方法简述 …… 89

4.2　建筑工程定额计价 …… 89

4.3　工程量清单计价 …… 92

5　建筑面积的计算 …… 121

6　土石方工程计量与计价 …… 137

7　砌筑工程计量与计价 …… 154

8　混凝土工程计量与计价 …… 168

8.1　现浇混凝土工程计量与计价 …… 168

8.2 预制混凝土工程计量与计价 ……185

9 钢筋工程计量与计价 ……191

9.1 概　述 ……191
9.2 梁钢筋计量 ……194
9.3 柱钢筋计算 ……198
9.4 板钢筋计量 ……204
9.5 钢筋工程计价 ……208

10 门窗工程计量与计价 ……214

11 屋面防水及保温工程计量与计价 ……225

11.1 屋面及防水工程计量与计价 ……225
11.2 隔热、保温工程计量与计价 ……237

12 装饰工程计量与计价 ……247

12.1 楼地面工程计量与计价 ……247
12.2 墙柱面装饰与隔断、幕墙工程计量与计价 ……256
12.3 天棚工程计量与计价 ……268
12.4 油漆、涂料、裱糊工程计量与计价 ……274
12.5 其他装饰工程计量与计价 ……282
12.6 拆除工程计量与计价 ……292

13 措施项目计量与计价 ……301

13.1 模板工程计量与计价 ……301
13.2 脚手架工程计量与计价 ……311
13.3 垂直运输及超高施工增加工程计量与计价 ……322
13.4 其他措施项目计量与计价 ……326

附录　办公楼清单计价编制实例 ……336

参考文献 ……337

1 绪 论

1.1 基本建设项目

1.1.1 基本建设概述

1. 概　述

基本建设是指国民经济各部门为发展生产而进行的固定资产的扩大再生产，实质上是形成新的固定资产的经济活动，是实现社会扩大再生产的重要手段。

2. 基本建设程序内容

基本建设包括以下 3 个方面内容：

（1）固定资产的建造：建筑物和构筑物的建造、机器设备的安装。

（2）固定资产购置：设备、工具和机器的购置。

（3）其他基本建设工作：与基本建设相联系的工作，如征地、拆迁等。

3. 基本建设程序

基本建设程序是指工程建设项目从决策、设计、施工到竣工验收，再到投入使用的整个生产过程中，在这个过程，各项工作必须遵循的先后次序。科学的基本建设程序，不是由人们的主观意志所决定的，而是建设客观规律的反映。这个基本建设程序不能颠倒，但可以相互交叉。

1.1.2 基本建设项目的划分

如图 1.1 所示，基本建设项目按其层次划分为：

1. 建设项目

建设项目指在一个总体设计或初步设计的范围内，由一个或若干个单项工程所组成的经济上实行统一核算，行政上有独立机构或组织形式，实行统一管理的基本建设单位。如某学校。

2. 单项工程

单项工程又称“工程项目”，是指在一个建设项目中，具有独立的设计文件、可以独立施工、建成后可以独立发挥生产能力或效益的工程。它是建设项目的组成部分。如其学校 2 号教学楼。

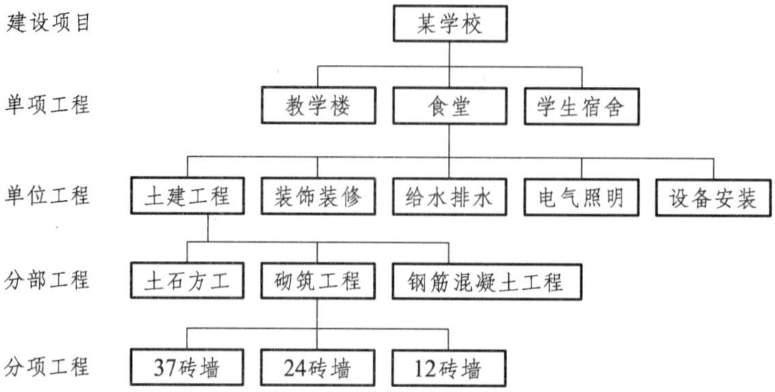

图 1.1　建设工程的项目划分示意图

3. 单位工程

单位工程是指具有独立的设计文件，可以独立的施工，但建成后不能够独立发挥生产能力和效益的工程。如土建工程、装饰装修工程、给排水工程……

4. 分部工程

分部工程是单位工程的组成部分，指工程性质相近，施工方式、施工工具和使用材料大体相同的同类工程。如土建工程可以分为土石方工程、砌筑工程、混凝土及钢筋混凝土工程等多个分部工程。分部工程在现行预算定额中一般表达为“章”。

5. 分项工程

分项工程是分部工程的组成部分，是建设项目概（预）算中最基本的计量单元，是预算定额中最小的计价单位，它是按不同的施工方法、不同的材料、不同规格将分部工程划分为若干分项工程。土方工程可以分为平整场地、挖土方、回填土、土方运输等分项工程。分项工程在现行预算定额中一般表达为“子目”。

1.2　工程造价概述

1.2.1　工程造价含义

工程造价的直意就是工程的建造价格，它有两种含义：

从投资者的角度来定义，工程造价是指工程项目全部建成所预计开支或实际开支的建设费用。工程造价在量上等同于工程项目的固定资产投资。如项目建议书和可行性研究阶段的工程投资估算、初步设计阶段的工程设计概算。

工程造价往往还包含另一种定义，就是指工程价格，即建成一项工程，预计或实际在工程项目承包市场交易活动中所形成的建筑安装工程的价格。如施工图预算、招标控制价、投标价、合同价和结算价。

两种定义同时存在于工程造价管理活动中。第二种定义所包含的费用内容是第一种定义所包含的费用内容的组成部分。

我国现行工程造价的构成如图 1.2 所示。

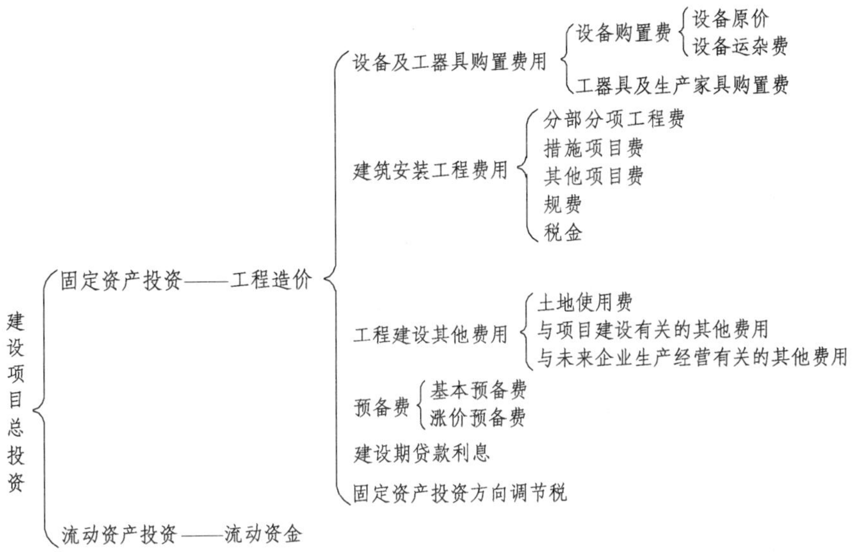

图 1.2　我国现行工程造价的构成

1.2.2　建筑安装工程费用

我国现行建筑安装工程费用项目按两种不同的方式划分，即按费用构成要素划分和按造价形成划分：

1. 按照费用构成要素划分

费用项目由人工费、材料费、施工机具使用费、企业管理费、利润、规费和税金组成。这一分类体现产品价格由成本、利润、税金构成。

2. 按照工程造价形成划分

费用项目由分部分项工程费、措施项目费、其他项目费、规费、税金组成。这一分类体现了建筑安装工程造价中各费用项目的实现形式。

1.2.3　设备及工、器具购置费用的构成和计算

设备及工、器具购置费用是由设备购置费和工具、器具及生产家具购置费组成的，它是固定资产投资中的积极部分。在生产性工程建设中，设备及工、器具购置费用占工程造价比

重的增大，意味着生产技术的进步和资本有机构成的提高。

1. 设备购置费的构成和计算

设备购置费是指购置或自制的达到固定资产标准的设备、工器具及生产家具等所需的费用。它由设备原价和设备运杂费构成，即

设备购置费＝设备原价＋设备运杂费

其中，设备原价指国内采购设备的出厂（场）价格，或国外采购设备的抵岸价格；设备运杂费指除设备原价之外的关于设备采购、运输、途中包装及仓库保管等方面支出费用的总和。

1）国产设备原价的构成

国产设备原价一般指的是设备制造厂的交货价或订货合同价，即出厂（场）价格。它一般根据生产厂或供应商的询价、报价、合同价确定，或采用一定的方法计算确定。国产设备原价分为国产标准设备原价和国产非标准设备原价。

2）进口设备原价的构成及计算

进口设备的原价是指进口设备的抵岸价，即设备抵达买方边境、港口或车站，交纳完各种手续费、税费后形成的价格。抵岸价通常是由进口设备到岸价（CIF）和进口从属费构成。进口设备的到岸价，即抵达买方边境港口或边境车站所形成的价格。在国际贸易中，交易双方所使用的交货类别不同，则交易价格的构成内容也有所差异。进口设备从属费用是指进口设备在办理进口手续过程中发生的应计入设备原价的银行财务费、外贸手续费、进口关税、消费税、进口环节增值税及进口车辆的车辆购置税。

（1）进口设备的交易价格。

在国际贸易中，较为广泛使用的交易价格术语有 FOB、CFR 和 CIF。

① FOB（free on board），意为装运港船上交货，亦称为离岸价格。FOB 是指当货物在指定的装运港被装上指定船时，卖方即完成交货义务。风险转移，以在指定的装运港货物被装上指定船时为分界点。费用划分与风险转移的分界点相一致。

在 FOB 交货方式下，卖方的基本义务有：办理出口清关手续，自负风险和费用，领取出口许可证及其他官方文件；在约定的日期或期限内，在合同规定的装运港，按港口惯常的方式，把货物装上买方指定的船只，并及时通知买方；承担货物在装运港被装上指定船之前的一切费用和风险；向买方提供商业发票和证明货物已交至船上的装运单据或具有同等效力的电子单证。买方的基本义务有：负责租船订舱，按时派船到合同约定的装运港接运货物，支付运费，并将船期、船名及装船地点及时通知卖方；负担货物在装运港被装上指定船后的各种费用以及货物灭失或损坏的一切风险；负责获取进口许可证或其他官方文件，以及办理货物入境手续，受领买方提供的各种单证，按合同规定支付货款。

② CFR（cost and freight），意为成本加运费，或称之为运费在内价。CFR 是指在装运港货物被装上指定船卖方即完成交货，卖方必须支付将货物运至指定的目的港所需的运费和费用，但交货后货物灭失或损坏的风险，以及由于各种事件造成的任何额外费用，即由卖方转移到买方。与 FOB 价格相比，CFR 的费用划分与风险转移的分界点是不一致的。

在 CFR 交货方式下，卖方的基本义务有：提供合同规定的货物，负责订立运输合同，并租船订舱，在合同规定的装运港和规定的期限内，将货物装上船并及时通知买方，支付运至目的港的运费；负责办理出口清关手续，提供出口许可证或其他官方批准的文件；承担货物在装运港被装上指定船的一切费用和风险；按合同规定提供正式有效的运输单据、发票或具有同等效力的电子单证。买方的基本义务有：承担货物在装运港被装上指定船的一切风险及运输途中因遭遇风险所引起的额外费用；在合同规定的目的港受领货物，办理进口清关手续，交纳进口税；受领卖方提供的各种约定的单证，并按合同规定支付货款。

③ CIF（cost insurance and freight），意为成本加保险费、运费，习惯称到岸价格。

在 CIF 术语中，卖方除负有与 CFR 相同的义务外，还应办理货物在运输途中最低险别的海运保险，并应支付保险费。如买方需要更高的保险险别，则需要与卖方明确地达成协议，或者自行做出额外的保险安排。除保险这项义务之外，买方的义务与 CFR 相同。

（2）进口设备到岸价的构成及计算。

进口设备到岸价（CIF）= 离岸价格（FOB）+ 国际运费 + 运输保险费
= 运费在内价（CFR）+ 运输保险费

① 货价。

货价一般指装运港船上交货价（FOB）。设备货价分为原币货价和人民币货价，原币货价一律折算为美元表示，人民币货价按原币货价乘以外汇市场美元兑换人民币汇率中间价确定。进口设备货价按有关生产厂商询价、报价、订货合同价计算。

② 国际运费。

国际运费指从装运港（站）到达我国目的港（站）的运费。我国进口设备大部分采用海洋运输，小部分采用铁路运输，个别采用航空运输。进口设备国际运费计算公式为

国际运费（海、陆、空）= 原币货价（FOB）× 运费率
国际运费（海、陆、空）= 单位运价 × 运量

其中，运费率或单位运价参照有关部门或进出口公司的规定执行。

③ 运输保险费。

对外贸易货物运输保险是由保险人（保险公司）与被保险人（出口人或进口人）订立保险契约，在被保险人交付议定的保险费后，保险人根据保险契约的规定对货物在运输过程中发生的承保责任范围内的损失给予经济上的补偿。这是一种财产保险。计算公式为

运输保险费=[原币货价（FOB）+ 国际运费] ÷（1 − 保险费率）× 保险费率

其中，保险费率按保险公司规定的进口货物保险费率计算。

（3）进口从属费的构成及计算。

进口从属费 = 银行财务费 + 外贸手续费 + 关税 + 消费税 +
进口环节增值税 + 车辆购置税

① 银行财务费。

银行财务费一般是指在国际贸易结算中，中方银行为进出口商提供金融结算服务所收取的费用，可按下式简化计算：

$$银行财务费=离岸价格（FOB）\times 人民币外汇汇率\times 银行财务费率$$

② 外贸手续费。

外贸手续费指按对外经济贸易部门规定的外贸手续费率计取的费用，外贸手续费率一般取 1.5%。计算公式为

$$外贸手续费=到岸价格（CIF）\times 人民币外汇汇率\times 外贸手续费率$$

③ 关税。

关税是由海关对进出国境或关境的货物和物品征收的一种税。计算公式为

$$关税=到岸价格（CIF）\times 人民币外汇汇率\times 进口关税税率$$

到岸价格作为关税的计征基数时，通常又可称为关税完税价格。进口关税税率分为优惠和普通两种。优惠税率适用于与我国签订关税互惠条款的贸易条约或协定的国家的进口设备；普通税率适用于与我国未签订关税互惠条款的贸易条约或协定的国家的进口设备。进口关税税率按我国海关总署发布的进口关税税率计算。

④ 消费税。

消费税仅对部分进口设备（如轿车、摩托车等）征收，一般计算公式为

$$应纳消费税税额=[到岸价格（CIF）\times 人民币外汇汇率+关税]\div（1-消费税税率）\times 消费税税率$$

其中，消费税税率根据规定的税率计算。

⑤ 进口环节增值税。

进口环节增值税是对从事进口贸易的单位和个人，在进口商品报关进口后征收的税种。我国增值税征收条例规定，进口应税产品均按组成计税价格和增值税税率直接计算应纳税额。即

$$进口环节增值税额=组成计税价格\times 增值税税率$$

$$组成计税价格=关税完税价格+关税+消费税$$

其中，增值税税率根据规定的税率计算。

⑥ 车辆购置税。

进口车辆需缴进口车辆购置税，其公式如下：

进口车辆购置税 =（关税完税价格 + 关税 + 消费税）× 车辆购置税率

【例】从某国进口应纳消费税设备，重量 1000 t，装运港船上交货价为 400 万美元，工程建设项目位于国内某省会城市。如果国际运费标准为 300 美元/吨，海上运输保险费率为 3‰，银行财务费率为 5‰，外贸手续费率为 1.5%，关税税率为 22%，增值税的税率为 17%，消费税税率 10%，银行外汇牌价为 1 美元 = 6.3 元人民币。请对该设备的原价进行估算。

【解】

$$进口设备 FOB=400\times 6.3=2\,520（万元）$$

$$国际运费=300\times 1\,000\times 6.3=189（万元）$$

$$海运保险费=（2520+189）\div（1-0.3\%）\times 0.3\%=8.15（万元）$$

CIF = 2520 + 189 + 8.15 = 2717.15（万元）

银行财务费 = 2520 × 5‰ = 12.6（万元）

外贸手续费 = 2717.15 × 1.5% = 40.76（万元）

关税 = 2717.15 × 22% = 597.77（万元）

消费税 =（2717.15 + 597.77）÷（1 − 10%）× 1 0% = 368.32（万元）

增值税 =（2717.15 + 597.77 + 368.32）× 17% = 626.15（万元）

进口从属费 = 12.6 + 40.76 + 597.77 + 368.32 + 626.15 = 1645.6（万元）

进口设备原价 = 2717.15 + 1645.6 = 4362.75（万元）

2. 设备运杂费的构成及计算

1）设备运杂费的构成

设备运杂费是指国内采购设备自来源地、国外采购设备自到岸港运至工地仓库或指定堆放地点发生的采购、运输、运输保险、保管、装卸等费用。通常由下列各项构成：

（1）运费和装卸费。

国产设备由设备制造厂交货地点起至工地仓库（或施工组织设计指定的需要安装设备的堆放地点）止所发生的运费和装卸费；进口设备则由我国到岸港口或边境车站起至工地仓库（或施工组织设计指定的需安装设备的堆放地点）止所发生的运费和装卸费。

（2）包装费。

在设备原价中没有包含的，为运输而进行的包装支出的各种费用，称为包装费。

（3）设备供销部门的手续费。

设备供销部门的手续费按有关部门规定的统一费率计算。

（4）采购与仓库保管费。

采购与仓库保管费指采购、验收、保管和收发设备所发生的各种费用，包括设备采购人员、保管人员和管理人员的工资、工资附加费、办公费、差旅交通费，设备供应部门办公和仓库所占固定资产使用费、工具用具使用费、劳动保护费、检验试验费等。这些费用可按主管部门规定的采购与保管费费率计算。

2）设备运杂费的计算

设备运杂费按设备原价乘以设备运杂费率计算，其公式为

设备运杂费 = 设备原价 × 设备运杂费率

其中，设备运杂费率按各部门及省、自治区、直辖市有关规定计取。

3. 工具、器具及生产家具购置费的构成和计算

工具、器具及生产家具购置费，是指新建或扩建项目初步设计规定的，保证初期正常生产必须购置的没有达到固定资产标准的设备、仪器、工卡模具、器具、生产家具和备品备件等的购置费用。一般以设备购置费为计算基数，按照部门或行业规定的工具、器具及生产家具费率计算。计算公式为

工具、器具及生产家具购置费 = 设备购置费 × 定额费率

1.2.4 工程建设其他费用的构成和计算

工程建设其他费用，是指从建设期发生的与土地使用权取得、整个工程项目建设以及未来经营有关的构成建设投资但不包括在工程费用中的费用。

1. 建设用地费

任何一个建设项目都固定于一定地点与地面相连接，必须占用一定量的土地，也就必然要发生为获得建设用地而支付的费用，这就是建设用地费。建设用地费是指为获得工程项目建设土地的使用权而在建设期内发生的各项费用。包括通过划拨方式取得土地使用权而支付的土地征用及迁移补偿费，或者通过土地使用权出让方式取得土地使用权而支付的土地使用权出让金。

2. 与项目建设有关的其他费用

1）建设管理费

建设管理费是指建设单位为组织完成工程项目建设，在建设期内发生的各类管理性费用。建设管理费的内容可以分为建设单位管理费、工程监理费和工程总承包服务费。

（1）建设单位管理费。

建设单位管理费是指建设单位发生的管理性质的开支。包括：工作人员工资、工资性补贴、施工现场津贴、职工福利费、住房基金、基本养老保险费、基本医疗保险费、失业保险费、工伤保险费、办公费、差旅交通费、劳动保护费、工具用具使用费、固定资产使用费、必要的办公及生活用品购置费、必要的通信设备及交通工具购置费、零星固定资产购置费、招募生产工人费、技术图书资料费、业务招待费、设计审查费、工程招标费、合同契约公证费、法律顾问费、工程咨询费、完工清理费、竣工验收费、印花税和其他管理性质开支。

（2）工程监理费。

工程监理费是指建设单位委托工程监理单位实施工程监理的费用。按照国家发展和改革委员会〔2015〕299 号文关于《进一步放开建设项目专业服务价格的通知》的规定，此项费用实行市场调节价。

（3）工程总承包服务费。

如建设单位采用工程总承包方式，其总包管理费由建设单位与总包单位根据总包工作范围在合同中商定，从建设管理费中支出。

2）可行性研究费

可行性研究费是指在工程项目投资决策阶段，依据调研报告对有关建设方案、技术方案或生产经营方案进行的技术经济论证，以及编制、评审可行性研究报告所需的费用。此项费用应依据前期研究委托合同计列，按照国家发展和改革委员会〔2015〕299 号文关于《进一步放开建设项目专业服务价格的通知》的规定，此项费用实行市场调节价。

3）研究试验费

研究试验费是指为建设项目提供或验证设计数据、资料等进行必要的研究试验及按照相关规定在建设过程中必须进行试验、验证所需的费用。包括自行或委托其他部门研究试验所需人工费、材料费、试验设备及仪器使用费等。这项费用按照设计单位根据本工程项目的需要提出的研究试验内容和要求计算。在计算时要注意不应包括以下项目：

（1）应由科技三项费用（即新产品试制费、中间试验费和重要科学研究补助费）开支的项目。

（2）应在建筑安装费用中列支的施工企业对建筑材料、构件和建筑物进行一般鉴定、检查所发生的费用及技术革新的研究试验费。

（3）应由勘察设计费或工程费用中开支的项目。

4）勘察设计费

勘察设计费是指对工程项目进行工程水文地质勘查、工程设计所发生的费用。包括：工程勘察费、初步设计费（基础设计费）、施工图设计费（详细设计费）、设计模型制作费。按照国家发展和改革委员会发改价格〔2015〕299 号文关于《进一步放开建设项目专业服务价格的通知》的规定，此项费用实行市场调节价。

5）专项评价及试验费

专项评价及试验费包括环境影响评价费、安全预评价及验收费、职业病危害预评价及控制效果评价费、地震安全评价费、地质灾害危险性评级费、水土保持评价及验收费、压覆矿产资源评级费、节能评估及评审费、危险与可操作性分析及安全完整性评价费以及其他专项评价及验收费。按照国家发展和改革委员会〔2015〕299 号文关于《进一步放开建设项目专业服务价格的通知》的规定，这些专项评价及验收费用均实行市场调节价。

6）场地准备及临时设施费

建设项目场地准备费是指为使工程项目的建设场地达到开工条件，由建设单位组织进行的场地平整等准备工作而发生的费用。

建设单位临时设施费是指建设单位为满足工程项目建设、生活、办公的需要，用于临时设施建设、维修、租赁、使用所发生或摊销的费用。

7）引进技术和引进设备其他费

引进技术和引进设备其他费是指引进技术和设备发生的但未计入设备购置费中的费用。

8）工程保险费

工程保险费是指为转移工程项目建设的意外风险，在建设期内对建筑工程、安装工程、机械设备和人身安全进行投保而发生的费用。包括建筑安装工程一切险、引进设备财产保险和人身意外伤害险等。

根据不同的工程类别，分别以其建筑、安装工程费乘以建筑、安装工程保险费率计算。民用建筑（住宅楼、综合性大楼、商场、旅馆、医院、学校）占建筑工程费的 2‰ ~ 4‰；其他建筑（工业厂房、仓库、道路、码头、水坝、隧道、桥梁、管道等）占建筑工程费的 3‰ ~ 6‰；安装工程（农业、工业、机械、电子、电器、纺织、矿山、石油、化学及钢铁工业、钢结构桥梁）占建筑工程费的 3‰ ~ 6‰。

9）特殊设备安全监督检验费

特殊设备安全监督检验费是指安全监察部门对在施工现场组装的锅炉及压力容器、压力管道、消防设备、燃气设备、电梯等特殊设备和设施实施安全检验收取的费用。此项费用按照建设项目所在地省级安全监察部门的规定标准计算。无具体规定的，在编制投资估算和概算时可按受检设备现场安装费的比例估算。

10）市政公用设施费

市政公用设施费是指使用市政公用设施的工程项目，按照项目所在地省级人民政府有关规定建设或缴纳的市政公用设施建设配套费用及绿化工程补偿费用。此项费用按工程所在地人民政府规定标准计列。

3. 与未来生产经营有关的其他费用

1）联合试运转费

联合试运转费是指新建或新增加生产能力的工程项目，在交付生产前按照设计文件规定的工程质量标准和技术要求，对整个生产线或装置进行负荷联合试运转所发生的费用净支出（试运转支出大于收入的差额部分费用）。试运转支出包括试运转所需原材料、燃料及动力消耗、低值易耗品、其他物料消耗、工具用具使用费、机械使用费、保险金、施工单位参加试运转人员工资以及专家指导费等；试运转收入包括试运转期间的产品销售收入和其他收入。联合试运转费不包括应由设备安装工程费用开支的调试及试车费用，以及在试运转中暴露出来的因施工原因或设备缺陷等发生的处理费用。

2）专利及专有技术使用费

专利及专有技术使用费是指在建设期内为取得专利、专有技术、商标权、商誉、特许经营权等发生的费用。

3）生产准备费

在建设期内，建设单位为保证项目正常生产而发生的人员培训费、提前进厂费以及投产使用必备的办公、生活家具用具及工器具等的购置费用。包括：

（1）人员培训费及提前进厂费，包括自行组织培训或委托其他单位培训的人员工资、工资性补贴、职工福利费、差旅交通费、劳动保护费、学习资料费等。

（2）为保证初期正常生产（或营业、使用）所必需的生产办公、生活家具用具购置费。

1.2.5 预备费和建设期利息的计算

1. 预备费

预备费是指在建设期内因各种不可预见因素的变化而预留的可能增加的费用，预备费包括基本预备费和价差预备费。

1）基本预备费

（1）基本预备费的内容。

基本预备费是指针对项目实施过程中可能发生难以预料的支出而事先预留的费用，又称工程建设不可预见费，主要指设计变更及施工过程中可能增加工程量的费用，基本预备费一般由以下四部分构成：

① 工程变更及洽商。在批准的初步设计范围内，技术设计、施工图设计及施工过程中所增加的工程费用；设计变更、工程变更、材料代用、局部地基处理等增加的费用。

② 一般自然灾害处理。一般自然灾害造成的损失和预防自然灾害所采取的措施费用。实行工程保险的工程项目，该费用应适当降低。

③ 不可预见的地下障碍物处理的费用。

④ 超规超限设备运输增加的费用。

（2）基本预备费的计算。

基本预备费是按工程费用和工程建设其他费用二者之和为计取基础，乘以基本预备费费率进行计算。

基本预备费 =（工程费用 + 工程建设其他费用）× 基本预备费费率

基本预备费费率的取值应执行国家及部门的有关规定。

2）价差预备费

（1）价差预备费的内容。

价差预备费是指为在建设期内利率、汇率或价格等因素的变化而预留的可能增加的费用，亦称为价格变动不可预见费。价差预备费的内容包括：人工、设备、材料、施工机械的价差费，建筑安装工程费及工程建设其他费用调整，利率、汇率调整等增加的费用。

（2）价差预备费的测算方法。

价差预备费一般根据国家规定的投资综合价格指数，按估算年份价格水平的投资额为基数，采用复利方法计算。计算公式为

$$PF=\sum_{t=1}^{n} I_t[(1+f)^m(1+f)^{0.5}(1+f)^{t-1}-1]$$

式中 PF——价差预备费；

n——建设期年份数；

I_t——建设期中第 t 年的投资计划额，包括工程费用、工程建设其他费用及基本预备费；

f——年涨价率，有规定的按政府部门规定执行，没有规定的由可行性研究人员预测；

m——建设前期年限（从编制估算到开工建设）。

【例】某建设项目建安工程费 5000 万元，设备购置费 3000 万元，工程建设其他费用 2000 万元，已知基本预备费率 5%，项目建设前期年限为 1 年，建设期为 3 年，各年资计划额为：第一年完成投资 20%，第二年 60%，第三年 20%。年均投资价格上涨率为 6%，求建设项目建设期间价差预备费。

【解】

基本预备费 =（5000 + 3000 + 2000）× 5% = 500（万元）

静态投资 = 5000 + 3000 + 2000 + 500 = 10500（万元）

建设期第一年完成投资 = 10500 × 20% = 2100（万元）

建设期第二年完成投资 = 10500 × 60% = 6300（万元）

建设期第三年完成投资 = 10500 × 20% = 2100（万元）

第一年价差预备费为

$$PF_1 = I_1[(1+f)(1+f)^{0.5} - 1] = 191.8$$

第二年价差预备费为

$$PF_2 = I_2[(1+f)(1+f)^{0.5}(1+f) - 1] = 987.9$$

第三年价差预备费为

$$PF_3 = I_3[(1+f)(1+f)^{0.5}(1+f)^2 - 1] = 475.1$$

建设期间的价差预备费为

$$PF = 191.8 + 987.9 + 475.1 = 1654.8\text{（万元）}$$

2. 建设期利息

建设期利息主要是指在建设期内发生的为工程项目筹措资金的融资费用及债务资金利息。

建设期利息的计算，根据建设期资金用款计划，在总贷款分年均衡发放前提下，可按当年借款在年中支用考虑，即当年贷款按半年计息，上年贷款按全年计息。计算公式为

$$q_j = \left(P_{j-1} + \frac{1}{2}A_j\right) \times i$$

式中　q_j——建设期第 j 年应计利息；

P_{j-1}——建设期第（$j-1$）年末贷款累计金额与利息累计金额之和；

A_j——建设期第 j 年贷款金额；

i——年利率。

【例】某新建项目，建设期为 3 年，分年均衡进行贷款，第一年贷款 300 万元，第二年 600 万元，第三年 400 万元，年利率为 12%，建设期内利息只计息不支付，计算建设期贷款利息。

【解】

$$q_1 = \frac{1}{2}A_1 \cdot i = \frac{1}{2} \times 300 \times 12\% = 18\text{（万元）}$$

$$q_2 = \left(P_1 + \frac{1}{2}A_2\right) \cdot i = \left(300 + 18 + \frac{1}{2} \times 600\right) \times 12\% = 74.16\text{（万元）}$$

$$q_3 = \left(P_2 + \frac{1}{2}A_3\right) \cdot i = \left(318 + 600 + 74.16 + \frac{1}{2} \times 400\right) \times 12\% = 143.06\text{（万元）}$$

$$\text{建设期贷款利息} = q_1 + q_2 + q_3 = 18 + 74.16 + 143.06 = 235.22\text{（万元）}$$

1.3　工程计价概述

1.3.1　工程计价的含义

工程计价是指按照法律、法规和标准规定的程序、方法和依据，对工程项目实施建设的各个阶段的工程造价及其构成内容进行预测和确定的行为。

工程计价的含义应该从以下三方面进行解释：

（1）工程计价是工程价值的货币形式。

工程计价是指按照规定计算程序和方法，用货币的数量表示建设项目（包括拟建、在建和已建的项目）的价值。工程计价是自下而上的分部组合计价，建设项目兼具单件性与多样性的特点，每一个建设项目都需要按业主的特定需求进行单独设计、单独施工，不能批量生产和按整个项目确定价格，只能将整个项目进行分解，划分为可以按有关技术参数测算价格的基本构造要素（或称分部、分项工程），并计算出基本构造要素的费用。

（2）工程计价是投资控制的依据。

投资计划按照建设工期、工程进度和建设价格等逐年分月制定，正确的投资计划有助于合理有效地使用资金。工程计价的每一次估算对下一次估算都是严格控制的。具体说，后一次估算不能超过前一次估算的幅度。这种控制是在投资者财务能力限度内为取得既定的投资效益所必需的。工程计价基本确定了建设资金的需要量，从而为筹集资金提供了比较准确的依据。当建设资金来源于金融机构的贷款时，金融机构在对项目的偿贷能力进行评估的基础上，也需要依据工程计价来确定给予投资者的贷款数额。

（3）工程计价是合同价款管理的基础。

合同价款是业主依据承包商按施工图完成的工程量，在历次支付过程中应支付给承包商的款额，是发包人确认后按合同约定的计算方法确定形成的合同约定金额、变更金额、调整金额、索赔金额等各工程款额的总和。合同价款管理的各项内容中始终有工程计价的存在：在签约合同价的形成过程中有招标控制价、投标报价以及签约合同价等计价活动；在工程价款的调整过程中，需要确定调整价款额度，工程计价也贯穿其中；工程价款的支付仍然需要工程计价工作，以确定最终的支付额。

1.3.2　工程计价的特征

1. 单件性计价

每一项建设工程都有指定的专门用途，有不同的结构、造型和装饰，不同的建筑面积，建设时采用不同的工艺设备和建筑材料。即便是用途相同的建设工程，技术水平、建筑等级和建筑标准也有差别。建设工程还必须在结构、造型等方面适应工程所在地气候、地质、地震、水文等自然条件，适应当地的风俗习惯。这就使建设工程的实物形态千差万别。再加上不同地区构成投资费用的各种价值要素的差异，工程建设产品生产的单件性，决定了其工程造价的单件性。

2. 多次性计价

建设工程周期较长，根据建设程序要分阶段进行，对应不同阶段也要相应的进行多次计价，同时对其进行监督和控制，以防工程费用超支。

为了适应工程建设过程中各方经济关系的建立，适应项目的决策、控制和管理的要求，需要对其进行多次性计价。

建设项目处于项目建议书阶段和可行性研究报告阶段，拟建工程的工程量还不具体，建设地点也尚未确定，工程造价不可能也没有必要做到十分准确，其名称为投资估算。

在设计工作阶段初期，对应初步设计的是设计概算或设计总概算，当进行技术设计或扩大初步设计时，设计概算必须做调整、修正，反映该工程的造价的名称为修正设计概算。

进行施工图设计后，工程对象比初步设计时更为具体、明确，工程量可根据施工图和工程量计算规则计算出来，对应施工图的工程造价的名称为施工图预算。

通过招投标由市场形成并经承发包方共同认可的工程造价是承包合同价，其中投资估算、设计概算、施工图预算都是预期或计划的工程造价。工程施工是一个动态系统，在建设实施阶段，有可能存在设计变更、施工条件变更和工料价格波动等影响，所以竣工时往往要对承包合同价做适当调整，局部工程竣工后的竣工结算和全部工程竣工合格后的竣工决算，是建设项目的局部和整体的实际造价。

3. 组合性计价

工程造价计价的主要思路就是将建设项目细分至最基本的构造单元，找到了适当的计量单位及当时当地的单价，就可以采取一定的计价方法，进行分部组合汇总，计算出相应工程造价。工程计价的基本原理就在于项目的分解与组合。

4. 方法的多样性

为了适应工程造价多次性的计价，不同的计价有各自不同的计价依据和计价体系。

1.3.3 工程计价基本原理

工程造价计价的主要思路也是将建设项目细分至最基本的构成单位（如分项工程），用其工程量与相应单价相乘后汇总，即为整个建设工程造价。工程造价计价顺序如图 1.3 所示。

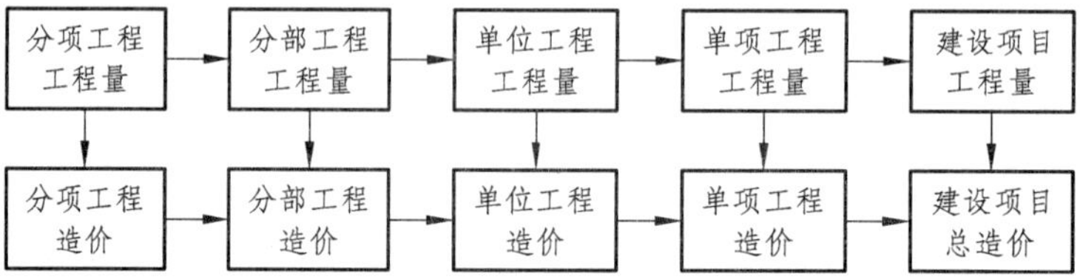

图 1.3 工程造价计价顺序

工程造价计价的基本原理是

$$建筑安装工程造价=\sum[单位工程基本构造要素工程量（分项工程）\times 相应单价]$$

其中，单位工程基本构造要素即分项工程项目。定额计价时，是按工程建设定额划分的分项工程项目；清单计价时，是指清单项目。工程量是指根据工程建设定额的项目划分和工程量计算规则计算分项工程实物量。工程实物量是计价的基础。目前，工程量计算规则包括两大类：

（1）国家标准《建设工程工程量清单计价规范》各附录中规定的计算规则；

（2）各类工程建设定额规定的计算规则；

相应单价是指与分项工程相对应的单价。定额计价时是指定额基价，即包括人工、材料、机械台班费用；清单计价时是指综合单价，除包括人工、材料、机械台班费以外，还包括企业管理费、利润和风险因素。

1.4 工程计量的基本原理

1.4.1 工程计量的含义

工程计量是工程和计量的一个组合词。工程量计算是工程计价活动的基础环节，是指工程项目以工程设计图纸、施工方案或施工组织设计及有关技术经济文件为依据。按照相关工程国家标准，进行工程数量的计算活动，也可简称为工程计量。

工程量是工程计量的结果，是指以物理计量或自然计量单位所表示的建筑工程各个分部分项工程、措施项目或结构构件的实物数量。物理计量单位是指以公制度量表示的长度、面积、体积和重量等单位；自然计量单位是指以建筑成品在自然状态工程量计算原理下的简单点数所表示的个、条、樘、组等单位。

工程量是确定建筑安装工程造价重要的基础数据，是发包方进行工程建设管理的重要依据，是承包方组织生产与经营管理的重要依据。

1.4.2 工程量计算规则

工程量计算规则是工程计量的主要依据之一，是工程量数值的取定方法。采用的规范或定额不同，工程量计算规则也不尽相同。在计算工程量时，应按照规定的计算规则进行，我国现行的工程量计算规则主要有：

1. 工程量计算规范中的工程量计算规则

2012 年 12 月，住房和城乡建设部发布了《房屋建筑与装饰工程工程量计算规范》GB 50854—2013、《仿古建筑工程工程量计算规范》GB 50855—2013、《通用安装工程工程量计算规范》GB 50856—2013、《市政工程工程量计算规范》GB 50857—2013、《园林绿化工程工程量计算规范》GB 50858—2013、《矿山工程工程量计算规范》GB 50859—2013、《构筑物工程工程量计算规范》GB 50860—2013、《城市轨道交通工程工程量计算规范》GB 50861—2013、《爆破工程工程量计算规范》GB 50862—2013 等九个专业的工程量计算规范（以下简称工程量计算规范），于 2013 年 7 月 1 日起实施，用于规范工程计量行为，统一各专业工程量清单的编制、项目设置和工程量计算规则。采用该工程量计算规则计算的工程量一般为施工图纸的净量，不考虑施工余量。

2. 消耗量定额中的工程量计算规则

2015 年 3 月，住房和城乡建设部发布《房屋建筑与装饰工程消耗量定额》TY 01-31—2015、《通用安装工程消耗量定额》TY 02.31—2015、《市政工程消耗量定额》ZYA1-31—2015 等三个专业的消耗定额（以下简称消耗量定额），在各消耗量定额中规定了分部分项工程和措施项目的工程量计算规则。除了由住房和城乡建设部统一发布的定额外，还有各个地方或行业发布的消耗量定额，其中也都规定了与之相对应的工程量计算规则。采用该计算规则计算工程量除了依据施工图纸外，一般还要考虑采用施工方法和施工余量。除了消耗量定额，其他定额中也都有相应的工程量计算规则，如概算定额、预算定额等。

1.4.3 工程量计算的方法

1. 工程量计算顺序

工程量计算应按照一定的顺序依次进行，这样既可以节省时间加快计算速度，又可以避免漏算或重复计算。

1）单位工程计算顺序

（1）按施工顺序计算法。

按施工顺序计算法是按照工程施工顺序的先后次序来计算工程量。如按照平整场地、基础挖土方开始算起，直到装饰工程等全部施工内容结束。

（2）按工程量计算规范顺序计算法。

按工程量计算规范顺序计算法即按照规则中规定的分部章或分部分项工程顺序来计算工程量。

（3）按消耗量定额的分部分项顺序计算。

按消耗量定额的章、节、子目次序，由前往后，逐项对照。

（4）按照图纸顺序计算。

根据图纸排列的先后顺序，由建筑施工图到结构施工图，按平面—立面—剖面，基本图—详图的顺序计算。

2）单个分部分项工程计算顺序

（1）按照顺时针方向计算法。

按照顺时针方向计算法就是先从平面图的左上角开始，自左至右，然后再由上而下，最后转回到左上角为止，这样按顺时针方向依次计算工程量，如图 1.4 所示。

（2）按“先横后竖、先上后下、先左后右”计算法。

按“先横后竖、先上后下、先左后右”计算法就是在平面图上从左上角开始，按“先横后竖、从上而下、自左到右”的顺序进行计算工程量，如图 1.5 所示。

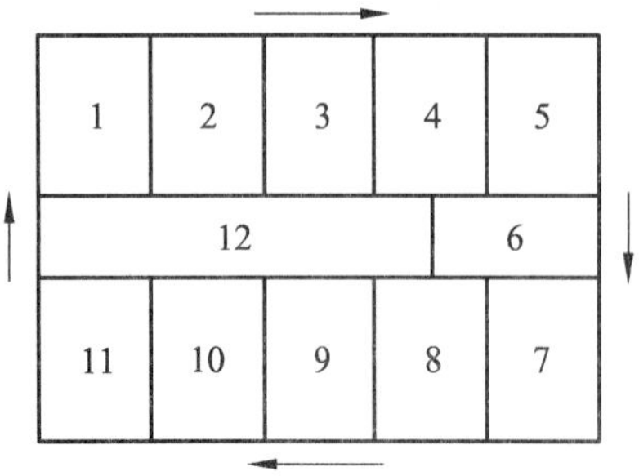

图 1.4 按顺时针方向计算工程量法

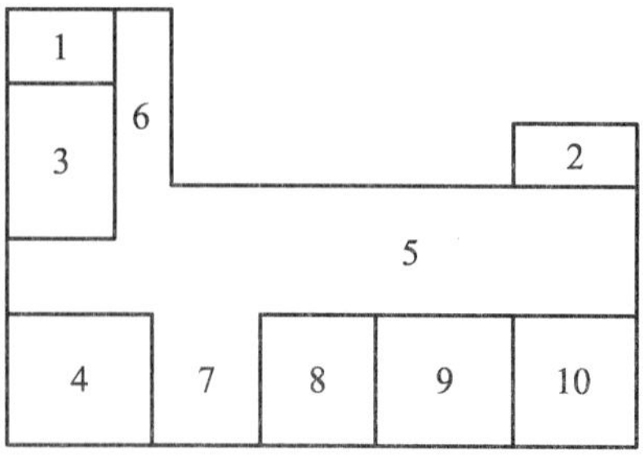

图 1.5 按“先横后竖、先上后下、先左后右”计算工程量法

（3）按图纸分项编号顺序计算法。

按图纸分项编号顺序计算法就是按照图纸上所注结构构件、配件的编号顺序进行计算工程量，如图 1.6 所示。例如计算混凝土构件、门窗、屋架等分项工程，均可以按照此方法计算。

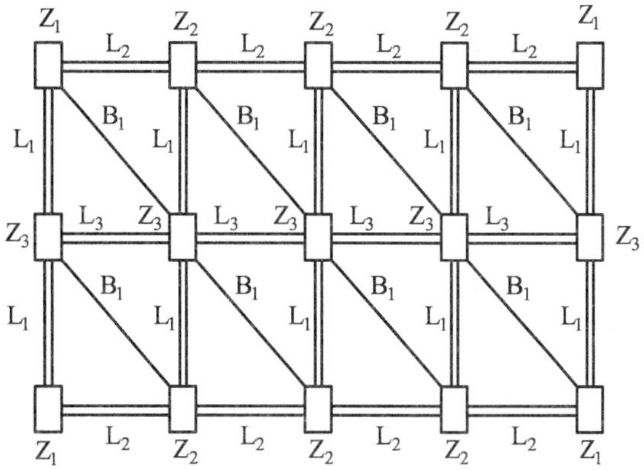

图 1.6　按图纸分项编号顺序计算工程量法

（4）按照图纸上定位轴线编号顺序计算。

对于造型或结构复杂的工程，为了计算和审核方便，可以根据施工图纸轴线编号来确定工程量计算顺序，如图 1.7 所示。

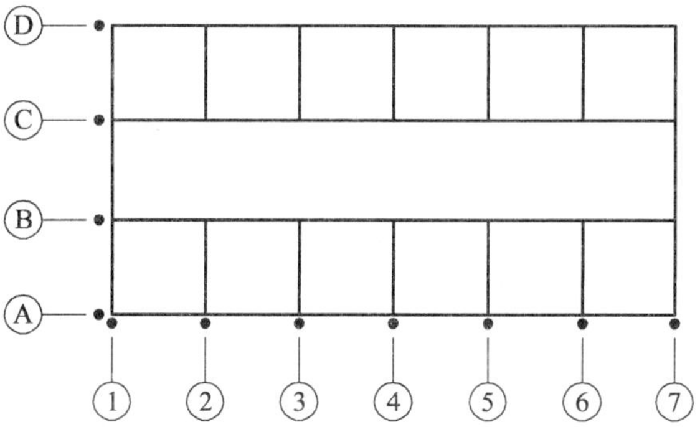

图 1.7　按轴线编号顺序计算工程量

在计算工程量时，不论采用那种顺序方法计算，都不能有漏算、少算或重复多算的现象发生。

2. 用统筹法计算工程量

运用统筹法计算工程量，就是分析各分部分项工程量之间的内在联系和固有规律，运用统筹法原理和统筹图图解来合理安排工程量的计算程序。以达到节约时间、简化计算、提高工效的目的。运用统筹法计算工程量，就是要根据统筹法原理对分部分项工程列项，考虑工程量计算规则，设计出“计算工程量程序统筹图”。统筹图以“三线一面”作为基数，连续计算与之有共性关系的分部分项工程量，而与基数共性关系的分部分项工程量则用“册”或图示尺寸进行计算。

1）利用基本数据简化计算

基本数据即三线一面一册。

三线：外墙外边线、外墙中心线、内墙净长。

（1）外墙外边线（L 外）。

外墙外边线＝建筑平面图的外围周长之和

有了外墙外边线可以在计算勒脚、腰线、勾缝、外墙抹灰、散水、明沟等分项工程时减少重复计算工程量。

（2）外墙中心线（L 中）。

$$外墙中心线=L_{外}-墙厚\times 4$$

有了外墙中心线可以用来计算外墙挖地槽（×断面）、基础垫层（×断面）、砌筑基础（×断面）、砌筑墙身（×断面）、防潮层（×防潮层宽度）、基础梁（×断面）、圈梁（×断面）等分项工程工程量。

（3）内墙净长线（L 净）。

内墙净长线＝建筑平面图中所有内墙净长度之和

可以用来计算内墙挖地槽、基础垫层、砌筑基础、砌筑墙身、防潮层、基础梁、圈梁等分项工程的工程量。

一面：底层建筑面积。

（4）底层建筑面积（S 底）。

底层建筑面积＝建筑物底层平面图勒脚以上结构的外围水平投影面积

S 底可以用来计算平整场地、地面、楼面、屋面和天棚等分项工程量。

一册：标准构件册。

（5）对于一些标准构件可以采用组织力量一次计算编制成册，在下次使用时直接查用手册的方法，这样既可以减少每次都逐一计算的烦琐，又保证了准确性。

2）合理安排计算顺序

工程量计算顺序的安排是否合理，直接关系到预算工作效率的高低。按照通常的习惯，工程量的计算一般是根据施工顺序或定额顺序进行的，在熟练的基础上，也可以根据计算方便的顺序进行工程量计算。例如：如果存在一些分项工程的工程量紧密相关，有的要算体积、有的要算面积，有的要算长度的情况下，应按照长度→面积→体积的顺序计算，可避免重复计算和反复计算中可能导致的计算错误。

例如室内地面工程，存在挖土（体积）、垫层（体积）、找平层（面积）、面层（面积）4道工序。如果按照施工顺序，将先算体积，后算面积，体积的数据对面积无借鉴作用，反之，先算面层，找平层得到面积，可以采用面积×厚度的方法计算垫层和挖土的体积。

3）结合实际

用“三线一面一册”的计算方法只是一般常用的工程量计算方法，实际工程运用中不能生搬硬套，需要根据工程实际情况灵活处理。

（1）如果有关的构件断面形状不唯一，对应的基础“线”也就不能只算一个，需要根据图形分段计算“线”。

（2）基础数据对于许多分项工程有借鉴的作用，但有些不能直接借鉴，需要对基础数据进行调整。例如，用于内墙地槽，由于地槽长度是地槽间净长，不是墙身间净长，需要在墙身净长的基础上减去地槽与墙身的厚度差才能用于地槽的工程量计算。

3. 应用信息技术计算工程量

工程量计算是编制工程计价的基础工作，具有工作量大、烦琐、费时、细致等特点，约占工程计价工作量的 50%～70%，计算的精确度和速度也直接影响着工程计价文件的质量。近年来，由于 BIM（Building Information Modeling，BIM）和云计算等较先进的信息技术。基于 BIM 的自动化算量方法，可以将造价工作者从烦琐的机械劳动中解放出来，节省更多的时间和精力用于更有价值的工作，如询价、评估风险，并可以利用节约时间的时间编制更精确的预算。

同时，BIM 模型是一个存储项目构件信息的数据库，可以为造价人员提供造价编制所需的项目构件信息，从而大大减少根据图纸人工识别构件信息的工作量已经由此引起的潜在错误。因此，BIM 的自动化算量功能可以使工程量计算工资摆脱人为因素影响，得到更加客观的数据，提高工程量计算的准确性。另外，随着云计算技术的发展，可以让 BIM 算量利用云端专家知识库和智能算法自动对模型进行全面检查，提高模型的准确性。将工程量放入“云端”进行计算，协作完成，不仅可以保证计量质量，提高计算速度，也能减少对本地资源的依赖，显著提高计算的效率，降低成本。

1.4.4 计算工程量的注意事项

（1）必须口径一致。

计算工程量时应注意以下事项：施工图列出的工程项目（工程项目所包括的内容及范围）必须与工程量清单计算规则中规定的相应工程项目一致，才能准确的套用工程量单价。计算工程量除必须熟悉施工图纸外，还必须熟悉计算规则中每个项目所包括的内容和范围。

（2）必须按工程量计算规则计算。

工程量计算规则是综合和确定各项消耗指标的基本依据，也是具体工程测算和分析资料的准绳。

（3）必须按图纸计算。

工程量计算时，应严格按照图纸所注尺寸进行计算，不得任意加大或缩小、任意增加或减少，以免影响工程量计算的准确性。图纸中的项目，要认真反复清查，不得漏项和余项或重复计算。

（4）必须列出计算式。

在列计算式时，必须部位清楚，详细列项标出计算式，注明计算结构构件的所处位置和轴线，并保留工程量计算书，作为复查依据。工程量计算上、应力求简单明了，醒目易懂，并要按一定的次序排列，以便审核和校对。

（5）必须计算准确。

工程量计算的精度将直接影响工程造价确定的精度，因此，数量计算要准确。

（6）必须使计量单位一致。

工程量的计量单位，必须与计算规则中规定的计量单位相一致，才能准确的套用工程量单价。有时由于所采用的制作方法和施工要求不同，其计算工程量的计量单位是有区别的，应予以注意。

（7）必须注意计算顺序。

为了计算时不遗漏项目，又不产生重复计算，应按照一定的顺序进行计算。例如对于具有单独构件（梁、柱）的设计图纸，可按如下的顺序计算全部工程量：首先，将独立的部分（如基础）先计算完毕，以减少图纸数量；其次，再计算门窗和混凝土构件，用表格的形式汇总其工程量，以便在计算砖墙、装饰等工程项目时运用这些计算结果；最后，按先水平面（如楼地面和屋面），后垂直面（如砌体、装饰）的顺序进行计算。

（8）力求分层分段计算。

要结合施工图纸尽量做到结构按楼层，内装修按楼层分房间，外装修按从地面分层施工计算。这样，在计算工程量时既可避免漏项，又可为编制工料分析和安排施工进度计划提供数据。

（9）必须注意统筹计算。

各个分项工程项目的施工顺序、相互位置及构造尺寸之间存在内在联系，要注意统筹计算顺序。例如，墙基沟槽挖土与基础垫层，砖墙基础、墙体防潮层，门窗与砖墙及抹灰等之间的相互关系。通过了解这种存在的内在关系，寻找简化计算过程的途径，以达到快速、高效之目的。

（10）必须自我检查复核。

工程量计算完毕后，检查其项目、计算式、数据及小数点等有无错误和遗漏，以避免预算审查时返工计算。

【习题】

一、单项选择题

1. 以下哪一项是分项工程（　　）？

A. 土建工程　　B. 钢筋工程　　C. 保温工程　　D. 土方运输

2. 据建标〔2013〕44号建筑安装工程费用按工程造价形成顺序划分为分部分项工程费、（　　）、其他项目费、规费和税金。

A. 措施项目费　　B. 直接工程费　　C. 间接费　　D. 措施费

3. 单台设备安装后试车费属于（　　）中。

A 联合试运转费　　B 设备购置费　　C 设备安装费　　D 生产准备费

4. 生产工人劳动保护费包括在（　　）中。

A. 分项工程费　　B. 规费　　C. 企业管理费　　D. 利润

5. 采用 FOB 交货时，买卖双方风险责任的划分以（　　）为界。

A. 装运港码头　　B. 目的港码头　　C. 装运港船边　　D. 目的港船边

6. 进口设备的原价是指进口设备的（　　）。

A. 到岸价　　B. 抵岸价　　C. 离岸价　　D. 运费在内价

7. 某建设项目工程费用 5000 万元，工程建设其他费用 1000 万元。基本预备费率为 8%，年均投资价格上涨率 5%，建设期两年，计划每年完成投资 50%，则该项目建设期第二年价差预备费应为（　　）万元。

A. 160.02　　B. 227.79　　C. 246.01　　D. 326.02

8. 某项目建设期为 2 年，第一年贷款 3000 万元，第二年贷款 2000 万元，贷款年内均衡发放，年利率为 8%，建设期内只计息不付息。该项目建设期利息为（　　）万元。

A. 366.4　　B. 449.6　　C. 572.8　　D. 659.2

9. 关于建设期利息计算公式 $q_j=\left(P_{j-1}+\frac{1}{2}A_j\right)\times i$ 的应用，下列说法正确的是（　　）。

A. 按总贷款在建设期内均衡发放考虑

B. P_{j-1} 为第（$j-1$）年年初累计贷款本金和利息之和

C. 按贷款在年中发放和支用考虑

D. 按建设期内支付贷款利息考虑

10. 关于工程造价的分部组合计价原理，下列说法正确的是（　　）。

A. 分部分项工程费 = 基本构造单元工程量 × 工料单价

B. 工料单价指人工、材料和施工机械台班单价

C. 基本构造单元是由分部工程适当组合形成

D. 工程总价是按规定程序和方法逐级汇总形成的工程造价

二、多项选择题

1. 计算设备进口环节增值税时，作为计算基数的计税价格包括（　　）。

A. 外贸手续费　　B. 到岸价　　C. 设备运杂费

D. 关税　　E. 消费税

2. 根据分部组合计价原理，单位施工可依据（　　）等的不同分解为分部工程。

A. 结构部位　　B. 路段长度　　C. 施工特点

D. 材料　　E. 工序

三、简答题

1. 建设项目是如何划分的？

2. 简述工程造价的构成。

3. 简述工程计价基本原理。

4. 简述工程计量基本原理。

2 建筑工程定额原理

2.1 工程定额

工程定额是指在正常施工条件下完成规定计量单位的合格建筑安装工程所消耗的人工、材料、施工机具台班、工期天数及相关费率等的数量标准。

工程定额是一个综合概念，是建设工程造价计价和管理中各类定额的总称，包括许多种类的定额，可以按照不同的原则和方法对它进行分类。

1. 按定额反映的生产要素消耗内容分类

可以把工程定额划分为劳动消耗定额、材料消耗定额和机具消耗定额三种

（1）劳动消耗定额。

劳动消耗定额简称劳动定额（也称为人工定额），是在正常的施工技术和组织条件下，完成规定计量单位合格的建筑安装产品所消耗的人工工日的数量标准。劳动定额的主要表现形式是时间定额，但同时也表现为产量定额。时间定额与产量定额互为倒数.

（2）材料消耗定额。

材料消耗定额简称材料定额，是指在正常的施工技术和组织条件下，完成规定计量单位合格的建筑安装产品所消耗的原材料、成品、半成品、构配件、燃料以及水、电等动力资源的数量标准。

（3）机具消耗定额。

机具消耗定额由机械消耗定额与仪器仪表消耗定额组成，机械消耗定额是以一台机械一个工作班为计量单位，所以又称为机械台班定额；机械消耗定额是指在正常的施工技术和组织条件下，完成规定计量单位合格的建筑安装产品所消耗的施工机械台班的数量标准。机械消耗定额的主要表现形式是机械时间定额，同时也以产量定额表现。

施工仪器仪表消耗定额的表现形式与机械消耗定额类似。

2. 按定额的编制程序和用途分类

可以把工程定额分为施工定额、预算定额、概算定额、概算指标、投资估算指标等，见表 2.1。

表 2.1　各种定额间关系的比较

种类	施工定额	预算定额	概算定额	概算指标	投资估算指标
对象	施工过程或工序	分项工程或结构构件	扩大的分项工程或扩大的结构构件	单位工程	建设项目、单项工程、单位工程
用途	编制施工预算	编制施工图预算	编制扩大初步设计概算	编制初步设计概算	编制投资估算
项目划分	最细	细	较粗	粗	很粗
定额水准	平均先进	平均			
定额性质	生产性定额	计价性定额			

（1）施工定额。

施工定额是完成一定计量单位的某一施工过程或基本工序所需消耗的人工、材料和施工机具台班数量标准。施工定额是施工企业（建筑安装企业）组织生产和加强管理在企业内部使用的一种定额，属于企业定额的性质；施工定额是以某一施工过程或基本工序作为研究对象，表示生产产品数量与生产要素消耗综合关系编制的定额。为了适应组织生产和管理的需要，施工定额的专案划分很细，是工程定额中分项最细、定额子目最多的一种定额，也是工程定额中的基础性定额。

（2）预算定额。

预算定额是在正常的施工条件下，完成一定计量单位合格分项工程或结构构件所需消耗的人工、材料、施工机具台班数量及其费用标准。预算定额是一种计价性定额。从编制程序上看，预算定额是以施工定额为基础综合扩大编制的，同时它也是编制概算定额的基础。

（3）概算定额。

概算定额是完成单位合格扩大分项工程或扩大结构构件所需消耗的人工、材料和施工机具台班的数量及其费用标准，是一种计价性定额。概算定额是编制扩大初步设计概算、确定建设专案投资额的依据。概算定额的专案划分粗细，与扩大初步设计的深度相适应，一般是在预算定额的基础上综合扩大而成的，每一扩大分项概算定额都包含了数项预算定额。

（4）概算指标。

概算指标是以单位工程为对象，反映完成一个规定计量单位建筑安装产品的经济指标。概算指标是概算定额的扩大与合并，以更为扩大的计量单位来编制的。概算指标的内容包括人工、材料、机具台班三个基本部分，同时还列出了分部工程量及单位工程的造价，是一种计价定额。

（5）投资估算指标。

投资估算指标是以建设项目、单项工程、单位工程为对象，反映建设总投资及其各项费用构成的经济指标。它是在项目建议书和可行性研究阶段编制投资估算、计算投资需要量时使用的一种定额。它的概略程度与可行性研究阶段相适应。投资估算指标往往根据历史的预、决算资料和价格变动等资料编制，但其编制基础仍然离不开预算定额、概算定额。

3. 按专业分类

由于工程建设涉及众多的专业，不同的专业所含的内容也不同，就确定人工、材料和机具台班消耗数量标准的工程定额来说，也需按不同的专业分别进行编制和执行。

（1）建筑工程定额按专业对象分为建筑及装饰工程定额、房屋修缮工程定额、市政工程定额、铁路工程定额、公路工程定额、矿山井巷工程定额、水利工程定额、水运工程定额等。

（2）安装工程定额按专业对象分为电气设备安装工程定额、机械设备安装工程定额、热力设备安装工程定额、通信设备安装工程定额、化学设备安装工程定额、工业管道安装工程定额、工艺金属结构安装工程定额等。

4. 按主编单位和管理权限分类

工程定额可以分为全国统一定额、行业统一定额、地区统一定额、企业定额、补充定额等。

（1）全国统一定额是由国家建设行政主管部门综合全国工程建设中技术和施工组织管理的情况制定，并在全国范围内执行的定额。

（2）行业统一定额是考虑到各行业专业工程技术特点，以及施工生产和管理水准编制的。一般是只在本行业和相同专业性质的范围内使用。

（3）地区统一定额包括省、自治区、直辖市定额。地区统一定额主要是考虑地区性特点和全国统一定额水准做适当调整和补充编制的。

（4）企业定额是施工单位根据本企业的施工技术、机械装备和管理水准编制的人工、材料、机具台班等的消耗标准。企业定额在企业内部使用，是企业综合素质的标志。企业定额水准一般应高于国家现行定额，才能满足生产技术发展、企业管理和市场竞争的需要。在工程量清单计价方法下，企业定额是施工企业进行投标报价的依据。

（5）补充定额是指随着设计、施工技术的发展，在现行定额不能满足需要的情况下，为了补充缺陷所编制的定额。补充定额只能在指定的范围内使用，可以作为以后修订定额的基础。

上述各种定额虽然适用于不同的情况和用途，但是它们是一个互相联系的、有机的整体，在实际工作中配合使用。

2.2 工时研究

2.2.1 施工过程及其分类

1. 施工过程的含义

施工过程就是为完成某一项施工任务，在施工现场所进行的生产过程。其最终目的是要建造、改建、修复或拆除工业及民用建筑物和构筑物的全部或一部分。

建筑安装施工过程与其他物质生产过程一样，也包括生产力三要素，即劳动者、劳动对象、劳动工具，也就是说，施工过程是由不同工种、不同技术等级的建筑安装工人使用各种劳动工具（手动工具、小型工具、大中型机械和仪器仪表等），按照一定的施工工序和操作方法，直接或间接地作用于各种劳动对象（各种建筑、装饰材料，半成品，预制品，各种设备和零配件等），使其按照人们预定的目的，生产出建筑、安装以及装饰合格产品的过程。

每个施工过程的结束，获得了一定的产品，这种产品或者是改变了劳动对象的外表形态、内部结构或性质（由于制作和加工的结果），或者是改变了劳动对象在空间的位置（由于运输和安装的结果）。

2. 施工过程分类

根据不同的标准和需要，施工过程有如下分类：

1）按施工过程组织上的复杂程度分类

根据施工过程组织上的复杂程度，可以分解为工序、工作过程和综合工作过程。

（1）工序。

工序是指施工过程中在组织上不可分割，在操作上属于同一类的作业环节。其主要特征是劳动者、劳动对象和使用的劳动工具均不发生变化。如果其中一个因素发生变化，就意味着由一项工序转入了另一项工序。如钢筋制作，它由平直钢筋、钢筋除锈、切断钢筋、弯曲钢筋等工序组成。

从施工的技术操作和组织观点看，工序是工艺方面最简单的施工过程。在编制施工定额时，工序是主要的研究对象。测定定额时只需分解和标定到工序为止。但如果进行某项先进技术或新技术的工时研究，就要分解到操作甚至动作为止，从中研究可加以改进操作或节约工时。

工序可以由一个人来完成，也可以由小组或施工队内几名工人协同完成。可以手动完成，也可以由机械操作完成。在机械化的施工工序中，还可以包括由工人自己完成的各项操作和由机械完成的工作两部分。

（2）工作过程。

工作过程是由同一工人或同一小组所完成的在技术操作上相互有机联系的工序的总合体。其特点是劳动者和劳动对象不发生变化，而使用的劳动工具可以变换。例如，砌墙和勾缝、抹灰和粉刷等。

（3）综合工作过程。

综合工作过程是同时进行的，在组织上有直接联系的，为完成一个最终产品结合起来的各个施工过程的总和，例如：砌砖墙这一综合工作过程，由调制砂浆、运砂浆、运砖、砌墙等工作过程构成，它们在不同的空间同时进行，在组织上有直接联系，并最终形成的共同产品是一定数量的砖墙。

2）按照施工工序是否重复循环分类

按照施工工序是否重复循环分类，施工过程可以分为循环施工过程和非循环施工过程两类。如果施工过程的工序或其组成部分以同样的内容和顺序不断循环，并且每重复一次可以生产出同样的产品，则称为循环施工过程；反之，则称为非循环的施工过程。

3）按施工过程的完成方法和手段分类

按施工过程的完成方法和手段分类，施工过程可以分为手工操作过程（手动过程）、机械化过程（机动过程）和机手并动过程（半自动化过程）。

4）按劳动者、劳动工具、劳动对象所处位置和变化分类

按劳动者、劳动工具、劳动对象所处位置和变化分类，施工过程可分为工艺过程、搬运过程和检验过程。

（1）工艺过程。

工艺过程是指直接改变劳动对象性质、形状、位置等，使其成为预期的施工产品的过程，例如房屋建筑中的挖基础、砌砖墙、粉刷墙面、安装门窗等。因为工艺过程是施工过程中最基本的内容，所以它是工作时间研究和制定定额的重点。

（2）搬运过程。

搬运过程是指将原材料、半成品、构件、机具设备等从某处移动到另一处，保证施工作业顺利进行的过程。但操作者在作业中随时拿起或存放在工作面上的材料等，是工艺过程的一部分，不应视为搬运过程。如砌筑工将已堆放在砌筑地点的砖块拿起砌在砖墙上，这一操作就属于工艺过程，而不应视为搬运过程。

（3）检验过程。

检验过程主要包括对原材料、半成品、构配件等的数量、品质进行检验，判定其是否合格、能否使用；对施工活动的成果进行检测，判别其是否符合品质要求；对混凝土试块、关键零部件进行测试以及作业前对准备工作和安全措施的检查等。

3. 施工过程的影响因素

对施工过程的影响因素进行研究，目的是正确确定单位施工产品所需要的作业时间消耗。施工过程的影响因素包括技术因素、组织因素和自然因素。

（1）技术因素。

技术因素包括产品的种类和品质要求，所用材料、半成品、构配件的类别、规格和性能，所用工具和机械设备的类别、型号、性能及完好情况等。

（2）组织因素。

组织因素包括施工组织与施工方法、劳动组织、工人技术水准、操作方法和劳动态度、工资分配方式、劳动竞赛等。

（3）自然因素。

自然因素包括酷暑、大风、雨、雪、冰冻等。

2.2.2 工作时间分类

研究施工中的工作时间最主要的目的是确定施工的时间定额和产量定额，其前提是对工作时间按其消耗性质进行分类，以便研究工时消耗的数量及其特点。

工作时间指的是工作班延续时间。例如 8 小时工作制的工作时间就是 8 小时，午休时间不包括在内。对工作时间消耗的研究，可以分为两个系统进行，即工人工作时间的消耗和工人所使用的机器工作时间消耗。

1. 工人工作时间消耗的分类

工人在工作班内消耗的工作时间，按其消耗的性质，基本可以分为两大类：必需消耗的

时间和损失时间，如图 2.1 所示。

工人工作时间 = 必需消耗的时间 + 损失时间

必需消耗时间 = 不可避免中断时间 + 休息时间 + 有效工作时间

损失时间 = 多余和偶然时间 + 违背劳动纪律损失时间 + 停工时间

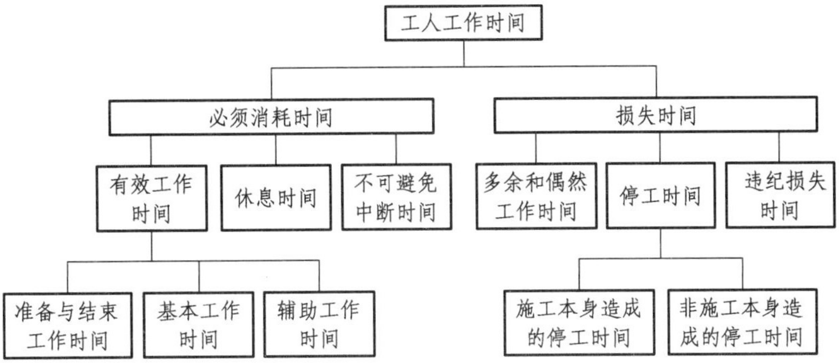

图 2.1　工人工作时间

1）必需消耗时间

必需消耗的工作时间是工人在正常施工条件下，为完成一定合格产品（工作任务）所消耗的时间，是制定定额的主要依据，包括有效工作时间、休息时间和不可避免中断时间的消耗。

（1）有效工作时间。

有效工作时间是从生产效果来看与产品生产直接有关的时间消耗。其中，包括基本工作时间、辅助工作时间、准备与结束工作时间的消耗。

① 基本工作时间。

基本工作时间是工人完成能生产一定产品的施工工艺过程所消耗的时间。通过这些工艺过程可以使材料改变外形，如钢筋煨弯等；可以使预制构配件安装组合成型；也可以改变产品外部及表面的性质，如粉刷、油漆等。基本工作时间所包括的内容依工作性质各不相同。基本工作时间的长短和工作量大小成正比。

② 辅助工作时间。

辅助工作时间是为保证基本工作能顺利完成所消耗的时间。在辅助工作时间里，不能使产品的形状大小、性质或位置发生变化。辅助工作时间的结束，往往就是基本工作时间的开始。辅助工作一般是手工操作。但如果在机手并动的情况下，辅助工作是在机械运转过程中进行的，为避免重复则不应再计辅助工作时间的消耗。辅助工作时间长短与工作量大小有关。

③ 准备与结束工作时间。

准备与结束工作时间是执行任务前或任务完成后所消耗的工作时间。如工作地点、劳动工具和劳动对象的准备工作时间；工作结束后的整理工作时间等。准备和结束工作时间的长短与所担负的工作量大小无关，但往往和工作内容有关。这项时间消耗可以分为班内的准备与结束工作时间和任务的准备与结束工作时间。其中，任务的准备和结束时间是在一批任务的开始与结束时产生的，如熟悉图纸、准备相应的工具、事后清理场地等，通常不反映在每一个工作班里。

（2）休息时间。

休息时间是工人在工作过程中为恢复体力所必需的短暂休息和生理需要的时间消耗。这种时间是为了保证工人精力充沛地进行工作，所以在定额时间中必须进行计算。休息时间的长短与劳动性质、劳动条件、劳动强度和劳动危险性等密切相关。

（3）不可避免的中断所消耗的时间。

不可避免的中断所消耗的时间是由于施工工艺特点引起的工作中断所必需的时间。与施工过程工艺特点有关的工作中断时间，应包括在定额时间内，但应尽量缩短此项时间消耗。

2）损失时间

损失时间是与产品生产无关，而与施工组织和技术上的缺点有关，与工人在施工过程中的个人过失或某些偶然因素有关的时间消耗，损失时间中包括有多余和偶然工作、停工、违背劳动纪律所引起的工时损失。

（1）多余和偶然工作时间。

多余工作，就是工人进行了任务以外而又不能增加产品数量的工作。如重砌品质不合格的墙体。多余工作的工时损失，一般都是由于工程技术人员和工人的差错而引起的，因此，不应计入定额时间中。偶然工作也是工人在任务外进行的工作，但能够获得一定产品。如抹灰工不得不补上偶然遗留的墙洞等。由于偶然工作能获得一定产品，拟定定额时要适当考虑它的影响。

（2）停工时间。

停工时间，是工作班内停止工作造成的工时损失。停工时间按其性质可分为施工本身造成的停工时间和非施工本身造成的停工时间两种。施工本身造成的停工时间，是由于施工组织不善、材料供应不及时、工作面准备工作做得不好、工作地点组织不良等情况引起的停工时间。非施工本身造成的停工时间，是由于停电等外因引起的停工时间。前一种情况在拟定定额时不应该计算，后一种情况定额中则应给予合理的考虑。

（3）违纪损失时间。

违背劳动纪律造成的工作时间损失，是指工人在工作班开始和午休后的迟到、午饭前和工作班结束前的早退、擅自离开工作岗位、工作时间内聊天或办私事等造成的工时损失。由于个别工人违背劳动纪律而影响其他工人无法工作的时间损失，也包括在内。

2. 机器工作时间消耗的分类

在机械化施工过程中，对工作时间消耗的分析和研究，除了要对工人工作时间的消耗进行分类研究之外，还需要分类研究机器工作时间的消耗。

机器工作时间的消耗，按其性质也分为必需消耗的时间和损失时间两大类，如图 2.2 所示。

必须消耗时间＝不可避免的无负荷工作时间＋有效工作时间＋
不可避免的中断时间

损失时间＝停工时间＋多余工作时间＋违背劳动纪律时间＋低负荷下工作时间

1）必需消耗时间

在必需消耗的工作时间里，包括有效工作时间、不可避免的无负荷工作时间和不可避免的中断时间等三项时间消耗。而在有效工作时间消耗中又包括正常负荷下工作时间、有根据地降低负荷下的工作时间。

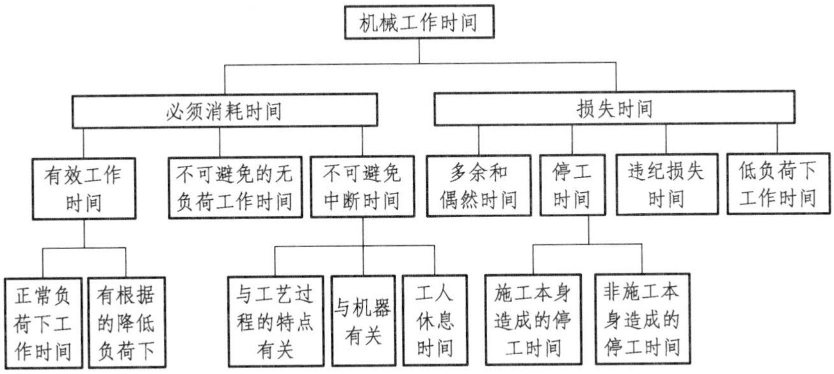

图 2.2 机器工作时间

（1）正常负荷下的工作时间。

正常负荷下的工作时间是机器在与机器说明书规定的额定负荷相符的情况下进行工作的时间。

（2）有根据地降低负荷下的工作时间。

有根据地降低负荷下的工作时间是在个别情况下由于技术上的原因，机器在低于其计算负荷下工作的时间。例如，汽车运输重量轻而体积大的货物时，不能充利用汽车的载重吨位因而不得不降低其计算负荷。

（3）不可避免的无负荷工作时间。

不可避免的无负荷工作时间是由施工过程的特点和机械结构的特点造成的机械无负荷工作时间。例如，筑路机在工作区末端调头等，就属于此项工作时间的消耗。

（4）不可避免的中断工作时间。

不可避免的中断工作时间是与工艺过程的特点、机器的使用和保养、工人休息有关的中断时间。

① 与工艺过程的特点有关的不可避免中断工作时间，有循环的和定期的两种。循环的不可避免中断，是在机器工作的每一个循环中重复一次。如汽车装货和卸货时的停车。定期的不可避免中断，是经过一定时期重复一次。比如把灰浆泵由一个工作地点转移到另一工作地点时的工作中断。

② 与机器有关的不可避免中断工作时间，是由于工人进行准备与结束工作或辅助工作时，机器停止工作而引起的中断工作时间。它是与机器的使用与保养有关的不可避免中断时间。

③ 工人休息时间，前面已经做了说明。这里要注意的是，应尽量利用与工艺过程有关的和与机器有关的不可避免中断时间进行休息，以充分利用工作时间。

2）损失时间

损失的工作时间包括多余工作、停工、违背劳动纪律所消耗的工作时间和低负荷下的工作时间。

（1）机器的多余工作时间。

机器的多余工作时间一是机器进行任务内和工艺过程内未包括的工作而延续的时间。如工人没有及时供料而使机器空运转的时间；二是机械在负荷下所做的多余工作，如混凝土搅拌机搅拌混凝土时超过规定搅拌时间，即属于多余工作时间。

（2）机器的停工时间。

机器的停工时间按其性质也可分为施工本身造成和非施工本身造成的停工。前者是由于施工组织得不好而引起的停工现象，如由于未及时供给机器燃料而引起的停工。后者是由于气候条件所引起的停工现象，如暴雨时压路机的停工。上述停工中延续的时间，均为机器的停工时间。

（3）违纪损失时间。

违反劳动纪律引起的机器的时间损失，是指由于工人迟到早退或擅离岗位等原因引起的机器停工时间。

（4）低负荷下的工作时间。

低负荷下的工作时间是由于工人或技术人员的过错所造成的施工机械在降低负荷的情况下工作的时间。例如，工人装车的砂石数量不足引起的汽车在降低负荷的情况下工作所延续的时间。此项工作时间不能作为计算时间定额的基础。

3. 计时观察法

定额测定是制定定额的一个主要步骤。测定定额是用科学的方法观察、记录、整理、分析施工过程，为制订建筑工程定额提供可靠依据。测定定额通常使用计时观察法。计时观察法是测定时间消耗的基本方法。

1）计时观察法概述

计时观察法，是研究工作时间消耗的一种技术测定方法。它以研究工时消耗为对象，以观察测时为手段，通过密集抽样和粗放抽样等技术进行直接的时间研究。计时观察法以现场观察为主要技术手段，所以也称之为现场观察法。

计时观察法能够把现场工时消耗情况和施工组织技术条件联系起来加以考察，它不仅能为制订定额提供基础数据，而且也能为改善施工组织管理、改善工艺过程和操作方法、消除不合理的工时损失和进一步挖掘生产潜力提供技术根据。计时观察法的局限性，是考虑人的因素不够。

2）计时观察方法的分类

对施工过程进行观察、测时，计算实物和劳务产量，记录施工过程所处的施工条件和确定影响工时消耗的因素，是计时观察法的三项主要内容和要求。计时观察法种类很多，最主要的有三种，

（1）测时法。

测时法主要适用于测定定时重复的循环工作的工时消耗，是精确度比较高的一种计时观察法，一般可达到 0.2 ~ 15 s。测时法只用来测定施工过程中循环组成部分工作时间消耗，不研究工人休息、准备与结束等其他非循环的工作时间。

① 测时法的分类。

根据具体测时手段不同，可将测时法分为选择法和接续法两种。

a. 选择法测时。

选择法测时是间隔选择施工过程中非紧连接的组成部分（工序或操作）测定工时，精确

度达 0.5 s。选择法测时也称为间隔法测时。采用选择法测时，当被观察的某一循环工作的组成部分开始，观察者立即开动码表，当该组成部分终止，则立即停止码表。然后把码表上指示的延续时间记录到选择法测时记录表上，并把秒针拨回到零点。下一组成部分开始，再开动码表，如此依次观察，并依次记录下延续时间。

采用选择法测时，应特别注意掌握定时点。记录时间时仍在进行的工作组成部分，应不予观察。当所测定的各工序或操作的延续时间较短时，连续测定比较困难，用选择法测时比较方便且简单。

b. 接续法测时。

接续法测时是连续测定一个施工过程各工序或操作的延续时间。接续法测时每次要记录各工序或操作的终止时间，并计算出本工序的延续时间。

接续法测时也称作连续法测时。它比选择法测时准确、完善，但观察技术也较之复杂。它的特点是在工作进行中和非循环组成部分出现之前一直不停止码表，秒针走动过程中，观察者根据各组成部分之间的定时点，记录它的终止时间，再用定时点终止时间之间的差表示各组成部分的延续时间。

② 测时法的观察次数。

由于测时法是属于抽样调查的方法，为了保证选取样本的数据可靠，需要对于同一施工过程进行重复测时。一般来说，观测的次数越多，资料的准确性越高，但要花费较多的时间和人力，这样既不经济，也不现实。确定观测次数较为科学的方法，应该是依据误差理论和经验数据相结合的方法来判断。很显然，需要的观察次数与要求的算术平均值精确度及数列的稳定系数有关。

（2）写实记录法。

写实记录法是一种研究各种性质的工作时间消耗的方法，包括基本工作时间、辅助工作时间、不可避免中断时间、准备与结束时间以及各种损失时间。采用这种方法，可以获得分析工作时间消耗和制订定额所必需的全部资料。这种测定方法比较简便、易于掌握，并能保证必需的精确度。因此，写实记录法在实际中得到了广泛应用。

写实记录法的观察对象，可以是一个工人，也可以是一个工人小组。当观察由一个人单独操作或产品数量可单独计算时，采用个人写实记录。如果观察工人小组的集体操作，而产品数量又无法单独计算时，可采用集体写实记录。

① 写实记录法的种类。

写实记录法按记录时间的方法不同分为数示法、图示法和混合法三种，计时一般采用有秒针的普通计时表即可。

a. 数示法写实记录。

数示法的特征是用数字记录工时消耗，是三种写实记录法中精确度较高的一种，精确度达 5s，可以同时对两个工人进行观察，适用于组成部分较少而且比较稳定的施工过程。数示法用来对整个工作班或半个工作班进行长时间观察，因此能反映工人或机器工作日全部情况。

b. 图示法写实记录。

图示法是在规定格式的图表上用时间进度线条表示工时消耗量的一种记录方式，精确度可达 30 s，可同时对 3 个以内的工人进行观察。这种方法的主要优点是记录简单，时间一目了然，原始记录整理方便。

c. 混合法写实记录。

混合法吸取数字和图示两种方法的优点，以图示法中的时间进度线条表示工序的延续时间，在进度线的上部加写数字表示各时间区段的工人数。混合法适用于 3 个以上工人工作时间的集体写实记录。

② 写实记录法的延续时间。

延续时间的确定，应立足于既不能消耗过多的观察时间，又能得到比较可靠和准确的结果。影响写实记录法延续时间的主要因素有：所测施工过程的广泛性和经济价值；已经达到的功效水准的稳定程度；同时测定不同类型施工过程的数目；被测定的工人人数以及测定完成产品的可能次数等。

（3）工作日写实法。

工作日写实法是一种研究整个工作班内的各种工时消耗的方法。

运用工作日写实法主要有两个目的、一是取得编制定额的基础资料；二是检查定额的执行情况，找出缺点，改进工作。当用于第一个目的时，工作日写实的结果要获得观察对象在工作班内工时消耗的全部情况，以及产品数量和影响工时消耗的影响因素。其中，工时消耗应该按工时消耗的性质分类记录。在这种情况下，通常需要测定 3 ~ 4 次。当用于第二个目的时，通过工作日写实应该做到：查明工时损失量和引起工时损失的原因，制订消除工时损失、改善劳动组织和工作地点组织的措施；查明熟练工人是否能发挥自己的专长，确定合理的小组编制和合理的小组分工；确定机器在时间利用和生产率方面的情况，找出使用不当的原因，制订改善机器使用情况的技术组织措施；计算工人或机器完成定额的实际百分比和可能百分比。在这种情况下，通常需要测定 1 ~ 3 次。工作日写实法与测时法、写实记录法相比较，具有技术简便、费力不多、应用面广和资料全面的优点，在我国是一种采用较广的编制定额的方法。工作日写实法的缺点：由于有观察人员在场，即使在观察前做了充分准备，仍免不了在工时利用上有一定的虚假性。

2.3 人工消耗量定额

2.3.1 人工消耗定额及其表现形式

人工消耗定额也称为劳动定额。它是建筑安装工程统一劳动定额的简称，是反映建筑产品生产中活劳动消耗数量的标准；是指在正常的施工技术和合理的劳动组织条件下，为完成一定数量的合格产品所消耗的工作时间或在一定的工作时间内应完成的产品数量。

劳动定额按其表现形式的不同，可分为时间定额和产量定额两种。

1. 时间定额（工时定额）

时间定额是指某种专业、技术等级的工人班组或个人，在合理的劳动组织、合理的使用材料和施工机械同时配合的条件下，完成单位合格产品（如 1 m、1 m^2、1 m^3、1 t、1 根、1 块……）所必需消耗的工时。计量单位为工日（8 小时计算）。

定额时间包括：① 准备与结束时间；② 基本工作时间；③ 辅助工作时间；④ 不可避免的中断时间及必需的休息时间。

$$单位产品的时间定额=\frac{完成一定数量的建筑产品\times所消耗的工日数}{产品的数量}$$

2. 产量定额

产量定额是指在合理的劳动组织，合理地使用材料并且施工机械同时配合的条件下，某种专业、技术等级的工人或班组，在单位时间内所完成的品质合格产品的数量。

$$每工产量=\frac{1}{单位产品时间定额}$$

2.3.2 确定人工定额消耗量的基本方法

时间定额和产量定额是人工定额的两种表现形式。拟定出时间定额，也就可以计算出产量定额。

在全面分析了各种影响因素的基础上，通过计时观察资料，我们可以获得定额的各种必需消耗时间。将这些时间进行归纳，有的是经过换算，有的是根据不同的工时规范计算，最后把各种定额时间加以综合和类比就是整个工作过程的人工消耗的时间定额。

1. 确定工序作业时间

根据计时观察资料的分析和选择，我们可以获得各种产品的基本工作时间和辅助工作时间，将这两种时间合并称之为工序作业时间。它是产品主要的必需消耗的工作时间，是各种因素的集中反映，决定着整个产品的定额时间。

1）拟定基本工作时间

基本工作时间在必需消耗的工作时间中占的比重最大。在确定基本工作时间时，必须细致、精确。基本工作时间消耗一般应根据计时观察资料来确定。

2）拟定辅助工作时间

辅助工作时间的确定方法与基本工作时间相同。如果在计时观察时不能取得足够的资料，也可采用工时规范或经验数据来确定。如具有现行的工时规范，可以直接利用工时规范中规定的辅助工作时间的百分比来计算。

2. 确定规范时间

规范时间内容包括工序作业时间以外的准备与结束时间、不可避免中断时间及休息时间。

1）确定准备与结束时间

准备与结束工作时间分为工作日和任务两种。任务的准备与结束时间通常不能集中在某一个工作日中，而要采取分摊计算的方法，分摊在单位产品的时间定额里。

如果在计时观察资料中不能取得足够的准备与结束时间的资料，也可根据工时规范或经验数据来确定。

2）确定不可避免的中断时间

在确定不可避免中断时间的定额时，必须注意由工艺特点所引起的不可避免中断才可列入工作过程的时间定额。

不可避免中断时间也需要根据测时资料通过整理分析获得，也可以根据经验数据或工时规范，以占工作日的百分比表示此项工时消耗的时间定额。

3）拟定休息时间

休息时间应根据工作班作息制度、经验资料、计时观察资料，以及对工作的疲劳程度全面分析来确定。同时，应考虑尽可能利用不可避免中断时间作为休息时间。

规范时间均可利用工时规范或经验数据确定。

3. 拟定定额时间

确定的基本工作时间、辅助工作时间、准备与结束工作时间、不可避免中断时间与休息时间之和，就是劳动定额的时间定额。根据时间定额可计算出产量定额，时间定额和产量定额互成倒数。

利用工时规范，可以计算劳动定额的时间定额。计算公式如下：

工序作业时间＝基本工作时间＋辅助工作时间

规范时间＝准备与结束工作时间＋不可避免的中断时间＋休息时间

工序作业时间＝基本工作时间＋辅助工作时间

＝基本工作时间/（1－辅助时间%）

定额时间＝工序作业时间/（1－规范时间%）

【例】通过计时观察资料得知：人工挖二类土 1 m^3 的基本工作时间为 6 h，辅助工作时间占工序作业时间的 2%，准备与结束工作时间、不可避免的中断时间、休息时间分别占工作日的 3%、2%、18%，则该人工挖二类土的时间定额是多少？

【解】

基本工作时间＝6h＝0.75（工日/m^3）

工序作业时间＝0.75/（1－2%）＝0.765（工日/m^3）

时间定额＝0.765/（1－3%－2%－18%）＝0.994（工日/m^3）

2.4 机械消耗定额

2.4.1 机械消耗定额的概念及表达形式

机械消耗定额是指在正常的施工（生产）技术组织条件及合理的劳动组合和合理的使用施工机械的条件下，生产单位合格产品所必须消耗的某种机械的工作时间，或在单位时间内该机械应该完成的产品数量。计量单位台班（每一台班按照 8 小时计算）

机械消耗定额按其表现形式的不同，可分为时间定额和产量定额两种

1. 机械时间定额

机械时间定额是指某种机械，在正常的施工条件和合理的劳动组织下，完成单位合格产品（如 1 m、1 m^2、1 m、1 t、1 根、1 块……）所必需消耗的台班数量。

机械时间定额分为两种情况按下列公式进行计算。

$$机械台班时间定额=\frac{1}{台班产量}$$

$$单位产品时间定额（人工时间定额）=\frac{班组成员工日数总和}{一个机械台班产量}$$

2. 机械台班产量定额

机械台班产量定额是指某种机械在合理施工组织和正常施工条件下，单位时间内完成的合格产品的数量。

机械台班产量定额分为两种情况按下列公式进行计算。

$$机械台班产量定额=\frac{1}{时间定额}$$

$$产量定额=\frac{一个机械台班的产量}{班组成员工日数总和（工日）}$$

机械台班定额通常用复式表示，同时表示时间定额和台班产量，即

$$\frac{时间定额}{台班产量定额}$$

2.4.2 确定机械台班定额消耗量的基本方法

机具台班定额消耗量包括机械台班定额消耗量和仪器仪表台班定额消耗量，二者的确定方法大致相同，本部分主要介绍机械台班消耗量的确定。

1. 确定机械 1 h 纯工作正常生产率

机械纯工作时间，就是指机械的必需消耗时间。机械 1 h 纯工作正常生产率，就是在正常施工组织条件下，具有必需的知识和技能的技术工人操纵机械 1 h 的生产率。

根据机械工作特点的不同，机械 1 h 纯工作正常生产率的确定方法，也有所不同。

（1）对于循环动作机械，确定机械纯工作 1 h 正常生产率的计算公式如下：

$$机械一次循环的正常延续时间=\sum 循环各组成部分正常延续时间-交叠时间$$

$$机械纯工作 1\ h 循环次数=60\times 60\ s\div 一次循环正常延续时间$$

$$机械纯工作 1\ h 正常生产率=机械纯工作 1\ h 正常循环次数\times 一次循环生产的产品数量$$

（2）对于连续动作机械，确定机械纯工作 1 h 正常生产率要根据机械的类型和结构特征，以及工作过程的特点来进行。计算公式如下：

连续动作机械纯工作 1 h 正常生产率 = 工作时间内生产的产品数量 ÷ 工作时间

其中，工作时间内的产品数量和工作时间的消耗，要通过多次现场观察和机械说明书来取得数据。

2. 确定施工机械的时间利用系数

确定施工机械的时间利用系数，是指机械在一个台班内的净工作时间与工作班延续时间之比。机械的时间利用系数和机械在工作班内的工作状况有着密切的关系。因此，要确定机械的时间利用系数。首先要拟定机械工作班的正常工作状况，保证合理利用工时。机械时间利用系数的计算公式如下：

机械时间利用系数 = 机械在一个工作班内纯工作时间 ÷ 一个台班延续时间（8 小时）

3. 计算施工机械台班定额

计算施工机械台班定额是编制机械定额工作的最后一步。在确定了机械工作正常条件、机械 1 h 纯工作正常生产率和机械时间利用系数之后，采用下列公式计算施工机械的产量定额：

施工机械台班产量定额 = 机械纯工作 1 h 正常生产率 × 工作班纯工作时间

或　　施工机械台班产量定额 = 机械 1 h 纯工作正常生产率 × 工作班延续时间 × 机械时间利用系数

施工机械时间定额 = 1 ÷ 机械台班产量定额指标

【例】某工程现场采用出料容量 500 L 的混凝土搅拌机，每一次循环中，装料、搅拌、卸料、中断需要的时间分别为 1 min、3 min、1 min、1 min，机械正常利用系数为 0.9，求该机械的台班产量定额。

【解】

该搅拌机一次循环的正常延续时间 = 1 + 3 + 1 + 1 = 6（min）= 0.1（h）

该搅拌机纯工作 1 h 循环次数 = 10（次）

该搅拌机纯工作 1 h 正常生产率 = 10 × 500 = 5000（L）= 5（m^3）

该搅拌机台班产量定额 = 5 × 8 × 0.9 = 36（m^3/台班）

2.5　材料消耗定额

材料消耗定额是指在合理使用和节约材料的条件下，生产单位品质合格的建筑产品所必须消耗一定品种、规格的建筑材料、半成品、构件、配件、燃料、周转性材料的摊销以及不可避免的损耗量等的数量标准。

2.5.1 材料的分类

合理确定材料消耗定额，必须研究和区分材料在施工过程中的类别。

1. 根据材料消耗的性质划分

施工中材料的消耗可分为必需消耗的材料和损失的材料两类性质。

必需消耗的材料，是指在合理用料的条件下，生产合格产品所需消耗的材料。它包括：直接用于建筑和安装工程的材料；不可避免的施工废料；不可避免的材料损耗。

必需消耗的材料属于施工正常消耗，是确定材料消耗定额的基本数据。其中：直接用于建筑和安装工程的材料，编制材料净用量定额；不可避免的施工废料和材料损耗，编制材料损耗定额。

2. 根据材料消耗与工程实体的关系划分

施工中的材料可分为实体材料和非实体材料两类。

1）实体材料

实体材料是指直接构成工程实体的材料。它包括工程直接性材料和辅助材料。工程直接性材料主要是指一次性消耗、直接用于工程上构成建筑物或结构体的材料，如钢筋混凝土柱中的钢筋、水泥、砂、碎石等。辅助性材料主要是指虽也是施工过程中所必需，却并不构成建筑物或结构本体的材料。如土石方爆破工程中所需的炸药、引信、雷管等。主要材料用量大，辅助材料用量少。

2）非实体材料

非实体材料是指在施工中必须使用但又不能构成工程实体的施工措施性材料。非实体材料主要是指周转性材料，如模板、脚手架等。

2.5.2 实体材料定额消耗量的确定

实体材料消耗量由材料消耗净用量、材料损耗量两部分组成。

1. 材料消耗净用量

材料消耗净用量是指在正常施工、合理与节约使用材料的条件下，完成单位合格产品，直接构成工程实体所必须消耗的材料数量，亦称材料消耗净定额。

2. 材料损耗量

材料损耗量是指在施工过程中，出现的不可避免的废料和损耗（工艺、运输、贮存、加工制作和施工操作等的损耗），不能直接构成工程实体的材料消耗量，也称材料损耗量定额。

$$材料消耗量=材料净用量+材料损耗量$$
$$材料损耗率=材料损耗量/材料净耗量$$
$$材料消耗量=材料净耗量\times(1+材料损耗率)$$

3. 材料消耗定额的制定

确定实体材料的净用量定额和材料损耗定额的计算数据，是通过现场技术测定、实验室试验、现场统计和理论计算等方法获得的。

1）现场技术测定法

现场技术测定法，又称为观测法，是根据对材料消耗过程的测定与观察，通过完成产品数量和材料消耗量的计算，而确定各种材料消耗定额的一种方法。现场技术测定法主要适用于确定材料损耗量，因为该部分数值用统计法或其他方法较难得到。通过现场观察，还可以区别出哪些是可以避免的损耗，哪些是属于难于避免的损耗，明确定额中不应列入可以避免的损耗。

2）实验室试验法

实验室试验法主要用于编制材料净用量定额。通过试验，能够对材料的结构、化学成分和物理性能以及按强度等级控制的混凝土、砂浆、沥青、油漆等配比做出科学的结论，给编制材料消耗定额提供出有技术根据的、比较精确的计算数据。这种方法的优点是能更深入更详细地研究各种因素对材料消耗的影响，但其缺点在于无法估计到施工现场某些因素对材料消耗量的影响。

3）现场统计法

现场统计法是以施工现场积累的分部分项工程使用材料数量、完成产品数量、完成工作原材料的剩余数量等统计资料为基础，经过整理分析，获得材料消耗的数据。这种方法比较简单易行，但也有缺陷：一是该办法一般只能确定材料总消耗量，不能确定净用量和损耗量；二是其准确程度受统计资料和实际使用材料的影响。因而其不能作为确定材料净用量定额和材料损耗定额的依据，只能作为编制定额的辅助性方法使用。

4）理论计算法

理论计算法是根据施工图和建筑构造的要求，用理论计算公式计算出产品的材料净用量的方法。这种方法适用于不易产生损耗，且容易确定废料的材料消耗量的计算。

① 标准砖用量的计算。

如每立方米砖墙的用砖数和砌筑砂浆的用量，可用下列理论计算公式计算各自的净用量：

用砖数 $$A=\frac{表示墙厚的砖数\times 2}{(砖长+灰缝)\times(砖厚+灰缝)\times 墙厚}$$

砂浆用量 $$B=1-砖数\times砖每块体积$$

【例】计算1.5标准砖外墙每立方米砌体中砖和砂浆的消耗量。(砖和砂浆损耗率均为1%)。

【解】砖的净用量

$$\frac{1.5\times 2}{(0.24+0.01)\times(0.053+0.01)\times 0.365}=522\text{（块）}$$

砖的消耗量：

$$522\times(1+1\%)=527\text{（块）}$$

砂浆的净用量：

$$1-522\times 0.24\times 0.115\times 0.053=0.236\text{（}m^3\text{）}$$

砂浆的消耗量：

$$0.236\times(1+1\%)=0.238\text{（}m^3\text{）}$$

② 块料面层的材料用量计算。

每 100 m^2 面层块料数量、灰缝及结合层材料用量公式如下：

100 m^2 块料净用量 = 100 ÷ [(块料长 + 灰缝宽) × (块料宽 + 灰缝宽)]
100 m^2 灰缝材料净用量 = [100 − (块料长 × 块料宽 × 100 m^2 块料用量)] × 灰缝深
结合层材料用量 = 100 m^2 × 结合层厚度

【例】某彩色地面砖规格为 200 × 200 × 5 mm，灰缝为 1 mm，结合层为 20 厚 1∶2 水泥砂浆，试计算 100 m^2 地面中面砖和砂浆的消耗量。（面砖和砂浆损耗率均为 1.5%）。

【解】面砖净用量：

$$\frac{100}{(0.2+0.001)\times(0.2+0.001)}=2475\text{（块）}$$

面砖的消耗量：

$$2475\times(1+1.5\%)=2512\text{（块）}$$

灰缝砂浆的净用量：

$$(100-2475\times 0.2\times 0.2)\times 0.005=0.005\text{（}m^3\text{）}$$

结合层砂浆净用量：

$$100\times 0.02=2\text{（}m^3\text{）}$$

砂浆的消耗量：

$$(0.005+2)\times(1+1.5\%)=2.035\text{（}m^3\text{）}$$

2.5.3 周转性材料定额消耗量的确定

周转性材料在施工中不是一次性消耗完，而是随着周转次数的增加，逐渐消耗，不断补充。因此，周转性材料的定额消耗量，应按多次使用，分次摊销的方法计算，且考虑回收因素。

1. 现浇混凝土构件木模板摊销量

（1）确定一次使用量。

一次使用量是指完成定额计量单位产品的生产，在不重复使用的前提下的一次用量。可按照施工图纸算出：

一次使用量 = 每计量单位混凝土构件的模板接触面积 × 每平方米接触面积需模板量 ×（1 + 制作和安装损耗率）

（2）确定损耗量。

损耗量是指每次加工修补所消耗的木材量，计算式为

损耗量 = [一次使用量 ×（周转次数 − 1）× 损耗率]/周转次数

损耗率 = 平均每次损耗量 / 一次使用量

（3）周转次数。

周转次数是指周转性材料在补损条件下可以重复使用的次数。

（4）周转使用量。

周转使用量是指周转性材料在周转使用和补损的条件下，每周转一次平均所需要的木材量，计算式为

$$\text{周转使用量} = \frac{\text{投入使用总量}}{\text{周转次数}} = \frac{\text{一次使用量}}{\text{周转次数}} + \text{损耗量}$$

$$\text{周转使用量} = \frac{\text{一次使用量}}{\text{周转次数}} + \frac{\text{一次使用量} \times \text{损耗率} \times (\text{周转次数} - 1)}{\text{周转次数}}$$

$$\text{周围使用量} = \frac{\text{一次使用量}}{\text{周转次数}} \times [1 + (\text{周转次数} - 1) \times \text{损耗率}]$$

$$\text{周转使用系数}K_1 = \frac{1 + (\text{周转次数} - 1) \times \text{损耗率}}{\text{周转次数}}$$

（5）回收量。

回收量是指周转材料每周转一次后，可以平均回收的数量，计算式为

$$\begin{aligned}\text{周转回收量} &= \frac{\text{周转使用最终回收量}}{\text{周转次数}} \\ &= \frac{\text{一次使用量} - \text{一次使用量} \times \text{损耗率}}{\text{周转次数}} \\ &= \frac{\text{一次使用量} \times (1 - \text{损耗率})}{\text{周转次数}}\end{aligned}$$

（6）摊销量。

摊销量是指完成一定计量单位建筑产品，一次所需要摊销的周转性材料的数量，计算式为

$$\begin{aligned}\text{推销量} &= \text{周转使用量} - \text{周转回收量} \times \text{回收折价率} \\ &= \text{一次使用量} \times k_1 - \text{一次使用量} \times \frac{1 - \text{损耗率}}{\text{周转次数}} \times \text{回收折价率} \\ &= \text{一次使用量} \times \left[k_1 - \frac{(1 - \text{损耗率}) \times \text{回收折价率}}{\text{周转次数}} \right]\end{aligned}$$

2. 预制混凝土构件木模板摊销量

生产预制混凝土构件所用的木模板也是周转性材料，摊销量的计算方法不同于现浇混凝土构件。其计算公式按照多次使用，平均摊销的方法，根据一次使用量和周转次数得到的计算公式为

$$摊销量=\frac{一次使用量}{周转次数}$$

【习题】

一、选项择择题

1. 已知某人工抹灰 10 m^2 的基本工作时间为 4 小时，辅助工作时间占工序作业时间的 5%，准备与结束工作时间、不可避免的中断时间、休息时间分别占工作日的 6%、11%、3%。则该人工抹灰的时间定额为（　　）工日/100 m^2。

A. 6.3　　B. 6.56　　C. 6.58　　D. 6.67

2. 关于材料消耗的性质及确定材料消耗量的基本方法，下列说法正确的是（　　）。

A. 理论计算法适用于确定材料净用量

B. 必须消耗的材料量是指材料的净用量

C. 土石方爆破工程所需的炸药、雷管、引信属于非实体材料

D. 现场统计法主要适用于确定材料损耗量

3. 某混凝土输送泵每小时纯工作状态可输送混凝土 25 m^3，泵的试卷利用系数为 0.75，则该混凝土输送泵的产量定额为（　　）。

A. 150 m^3/台班　　B. 0.67 台班/100 m^3

C. 200 m^3/台班　　D. 0.50 台班/100 m^3

二、多项选择题

关于计时观察法测定定额，下列表述正确的有（　　）。

A. 计时观察法能为进一步挖掘生产潜力提供技术依据

B. 计时观察前需选定的正常施工条件中包括了对工人技术等级的选定

C. 测时法主要用来测定定时重复的循环工作的时间消耗

D. 写实记录法是研究整个工作班内各种工时消耗的方法

E. 工作日写实法可以用于检查定额的执行情况

三、简答题

1. 简述工程建设定额的概念、分类。
2. 简述工作时间的概念，简述人工工作时间及机械工作时间的分类。
3. 简述计时观察法的概念及其分类。
4. 简述人工消耗量定额的概念、表现形式及如何确定。
5. 简述机械消耗量定额的概念、表现形式及如何确定。
6. 简述材料消耗量定额的概念、表现形式及如何确定。

四、计算题

1. 若完成 1 m^3 墙体砌筑工作的基本工时为 0.5 工日，辅助工作时间占工序作业时间的 4%。准备与结束工作时间、不可避免的中断时间、休息时间分别占工作时间的 6%、3%和 12%，求该工程时间定额。

2. 某出料容量 750 L 的砂浆搅拌机，每一次循环工作中，运料、装料、搅拌、卸料、中断需要的时间分别为 150 s、40 s、250 s、50 s、40 s，运料和其他时间的交叠时间为 50 s，机械利用系数为 0.8，求该机械的台班产量定额。

3 工程计价依据

3.1 建筑安装工程费用

3.1.1 建筑安装工程费用的构成

建筑安装工程费是指为完成工程项目建造、生产性设备及配套工程安装所需的费用。

我国现行建筑安装工程费用项目按两种不同的方式划分，即按费用构成要素划分和按造价形成划分：

1. 按照费用构成要素划分

按照费用构成要素划分，费用项目由人工费、材料费、施工机具使用费、企业管理费、利润、规费和税金组成。这一分类体现产品价格由成本、利润、税金构成。

2. 按照工程造价形成划分

按照工程造价形成划分，费用项目由分部分项工程费、措施项目费、其他项目费、规费、税金组成。这一分类体现了建筑安装工程造价中各费用项目的实现形式。

3.1.2 按费用构成要素划分建筑安装工程费用项目构成和计算

1. 人工费

建筑安装工程费中的人工费，是指支付给直接从事建筑安装工程施工作业的生产工人的各项费用。计算人工费的基本要素有两个，即人工工日消耗量和人工日工资单价。

（1）人工工日消耗量。

人工工日消耗量是指在正常施工生产条件下，完成规定计量单位的建筑安装产品所消耗的生产工人的工日数量。它由分项工程所综合的各个工序劳动定额包括的基本用工、其他用工两部分组成。

（2）人工日工资单价。

人工日工资单价是指直接从事建筑安装工程施工的生产工人在法定工作日的工资、津贴及奖金。

人工费的基本计算公式为

$$人工费 = \sum（工日消耗量 \times 日工资单价）$$

2. 材料费

建筑安装工程费中的材料费，是指工程施工过程中耗费的各种原材料、半成品、构配件、工程设备的费用。计算材料费的基本要素是材料消耗量和材料单价。

（1）材料消耗量。

材料消耗量是指在正常施工生产的条件下，完成规定计量单位的建筑安装产品所消耗的各种材料的净用量和不可避免的损耗量。

（2）材料单价。

材料单价是指建筑材料从其来源地运到施工工地仓库直至出库形成的综合平均单价，其内容由材料原价、运杂费、运输损耗费、采购及保管费组成。

当一般纳税人采用一般计税方法时，材料单价中的材料原价、运杂费等均应扣除增值税进项税额。

材料费的基本计算公式为：

$$材料费=\sum（材料消耗量\times材料单价）$$

（3）工程设备。

工程设备是指构成或计划构成永久工程一部分的机电设备、金属结构设备、仪器装置及其他类似的设备和装置。

3. 施工机具使用费

建筑安装工程费中的施工机具使用费，是指施工作业所发生的施工机械、仪器仪表使用费或其租赁费。

（1）施工机械使用费。

施工机械使用费是指施工机械作业发生的使用费或租赁费。构成施工机械使用费的基本要素是施工机械台班消耗量和机械台班单价。施工机械台班消耗量是指在正常施工生产条件下，完成规定计量单位的建筑安装产品所消耗的施工机械台班的数量。施工机械使用费的基本计算公式为

$$施工机械使用费=\sum（施工机械台班消耗量\times机械台班单价）$$

其中，施工机械台班单价通常由折旧费、检修费、维护费、安拆费及场外运输费、人工费、燃料动力费和税费组成。

（2）仪器仪表使用费。

仪器仪表使用费是指工程施工所需使用的仪器仪表的摊销及维修费用。与施工机械使用费相似，仪器仪表使用费的基本计算公式为

$$仪器仪表使用费=工程使用的仪器仪表摊销费+维修费$$

其中，仪器仪表台班单价通常由折旧费、维护费、校验费和动力费组成。

当一般纳税人采用一般计税方法时，施工机械台班单价和仪器仪表台班单价中的相关子项均需扣除增值税进项税额。

4. 企业管理费

1）企业管理费的内容

企业管理费是指建筑安装企业组织施工生产和经营管理所需的费用。内容包括：

（1）管理人员工资。

管理人员工资是指按规定支付给管理人员的计时工资、奖金、津贴补贴、加班加点工资及特殊情况下支付的工资等。

（2）办公费。

办公费是指企业管理办公用的文具、纸张、账簿、印刷、邮电、书报、办公软件、现场监控、会议、水电、烧水和集体取暖降温（包括现场临时宿舍取暖降温）等费用。

（3）差旅交通费。

差旅交通费是指职工因公出差、调动工作的差旅费、住勤补助费，市内交通费和误餐补助费，职工探亲路费，劳动力招募费，职工退休、退职一次性路费，工伤人员就医路费，工地转移费以及管理部门使用的交通工具的油料、燃料等费用。

（4）固定资产使用费。

固定资产使用费是指管理和试验部门及附属生产单位使用的属于固定资产的房屋、设备、仪器等的折旧、大修、维修或租赁费。

（5）工具用具使用费。

工具用具使用费是指企业施工生产和管理使用的不属于固定资产的工具、器具、家具、交通工具和检验、试验、测绘、消防用具等的购置、维修和摊销费。当一般纳税人采用一般计税方法时，工具用具使用费中增值税进项税额的抵扣原则：以购进货物或接受修理修配劳务适用的税率扣减，均为13%。

（6）劳动保险和职工福利费。

劳动保险和职工福利费是指由企业支付的职工退职金、按规定支付给离休干部的经费，集体福利费、夏季防暑降温、冬季取暖补贴、上下班交通补贴等。

（7）劳动保护费。

劳动保护费是企业按规定发放的劳动保护用品的支出，如工作服、手套、防暑降温饮料以及在有碍身体健康的环境中施工的保健费用等。

（8）检验试验费。

检验试验费是指施工企业按照有关标准规定，对建筑及材料、构件和建筑安装物进行一般鉴定、检查所发生的费用，包括自设试验室进行试验所耗用的材料等费用。不包括新结构、新材料的试验费，对构件做破坏性试验及其他特殊要求检验试验的费用和建设单位委托检测机构进行检测的费用，对此类检测发生的费用，由建设单位在工程建设其他费用中列支。但对施工企业提供的具有合格证明的材料进行检测不合格的，该检测费用由施工企业支付。

（9）工会经费。

工会经费是指企业按《中华人民共和国工会法》规定的全部职工工资总额比例计提的工会经费。

（10）职工教育经费。

职工教育经费是指按职工工资总额的规定比例计提，企业为职工进行专业技术和职业技能培训，专业技术人员继续教育、职工职业技能鉴定、职业资格认定以及根据需要对职工进行各类文化教育所发生的费用。

（11）财产保险费。

财产保险费是指施工管理用财产、车辆等的保险费用。

（12）财务费。

财务费是指企业为施工生产筹集资金或提供预付款担保、履约担保、职工工资支付担保等所发生的各种费用。

（13）税金。

税金是指企业按规定缴纳的房产税、非生产性车船使用税、土地使用税、印花税、城市维护建设税、教育费附加、地方教育附加等各项税费。

（14）其他费用。

其他费用包括技术转让费、技术开发费、投标费、业务招待费、绿化费、广告费、公证费、法律顾问费、审计费、咨询费、保险费等。

2）企业管理费的计算方法

企业管理费一般采用取费基数乘以费率的方法计算，取费基数有三种，分别是：以直接费为计算基础、以人工费和施工机具费合计为计算基础及以人工费为计算基础。企业管理费费率计算方法如下：

（1）以直接费为计算基础的计算公式为的计算公式为

$$\text{企业管理费费率}(\%)=\frac{\text{生产工人年平均管理费}}{\text{年有效施工天数}\times\text{人工单价}}\times\text{人工费占分部分项工程费比例}(\%)$$

（2）以人工费和机械费合计为计算基础的计算公式为

$$\text{企业管理费费率}(\%)=\frac{\text{生产工人年平均管理费}}{\text{年有效施工天数}\times(\text{人工单价}+\text{每一台班机械使用费})}\times 100\%$$

（3）以人工费为计算基础的计算公式为

$$\text{企业管理费费率}(\%)=\frac{\text{生产工人年平均管理费}}{\text{年有效施工天数}\times\text{人工单价}}\times 100\%$$

工程造价管理机构在确定计价定额中的企业管理费时，应以定额人工费或定额人工费与机械费之和作为计算基数，其费率根据历年积累的工程造价资料，辅以调查数据确定。

5. 利　润

利润是指施工单位从事建筑安装工程施工所获得的盈利，由施工企业根据企业自身需求并结合建筑市场实际自主确定。工程造价管理机构在确定计价定额中利润时，应以定额人工费或定额人工费与机械费之和作为计算基数，其费率根据历年积累的工程造价资料，并结合建筑市场实际确定，以单位（单项）工程测算，利润在税前建筑安装工程费的比重可按不低于 5%且不高于 7% 的费率计算。利润应列入分部分项工程和措施项目费中。

6. 规　费

1）规费的内容

规费是指按国家法律、法规规定，由省级政府和省级有关权力部门规定必须缴纳或计取，应计入工程造价的费用。主要包括社会保险费、住房公积金和工程排污费。

（1）社会保险费。

社会保险费主要包括以下几项费用：

① 养老保险费：企业按规定标准为职工缴纳的基本养老保险费。

② 失业保险费：企业按照国家规定标准为职工缴纳的失业保险费。

③ 医疗保险费：企业按照规定标准为职工缴纳的基本医疗保险费。

④ 工伤保险费：企业按照国务院制定的行业费率为职工缴纳的工伤保险费。

⑤ 生育保险费：企业按照国家规定为职工缴纳的生育保险费。

（2）住房公积金。

企业按规定标准为职工缴纳的住房公积金。

（3）工程排污费。

企业按规定缴纳的施工现场工程排污费。

2）规费的计算

（1）社会保险费和住房公积金。

社会保险费和住房公积金应以定额人工费为计算基础，根据工程所在地省、自治区、直辖市或相关主管部门规定费率计算。

（2）工程排污费。

工程排污费等其他应列而未列入的规费应按工程所在地环境保护等部门规定的标准缴纳，按实计取列入。

7. 税　金

建筑安装工程费中的税金是指国家税法规定的应计入建筑安装工程造价内的增值税额，按照税前造价乘以增值税税率确定。

1）采用一般计税方法时增值税的计算

采用一般计税方法时，建筑业增值税税率为 9%。计算公式为

$$增值税 = 税前造价 \times 9\%$$

其中，税前造价为人工费、材料费、施工机具费、企业管理费、利润和规费之和，各费用项目均以不含增值税可抵扣进项税额的价格计算。

2）采用简易计税方法时增值税的计算

当采用简易计税方法时，建筑业增值税税率为 3%。计算公式为

$$增值税 = 税前造价 \times 3\%$$

其中，税前造价为人工费、材料费、施工机具费、企业管理费、利润和规费之和，各费用项目均以含增值税进项税额含税价格计算。

3.1.3　按造价形成划分建筑安装工程费用项目构成和计算

建筑安装工程费按照工程造价形成由分部分项工程费、措施项目费、其他项目费、规费和税金组成。

1. 分部分项工程费

分部分项工程费是指各专业工程的分部分项工程应予列支的各项费用。各类专业工程的分部分项工程划分应遵循现行国家或行业计量规范的规定。分部分项工程费通常用分部分项工程量乘以综合单价进行计算。

$$分部分项工程费 = \sum（分部分项工程量 \times 综合单价）$$

其中，综合单价包括人工费、材料费、施工机具使用费、企业管理费和利润，以及一定范围的风险费用。

2. 措施项目费

1）措施项目费的构成

措施项目费是指为完成建设工程施工，发生于该工程施工前和施工过程中的技术、生活、安全、环境保护等方面的费用。

（1）安全文明施工费。

安全文明施工费是指工程项目施工期间，施工单位为保证安全施工、文明施工和保护现场内外环境等所发生的措施项目费用。通常由环境保护费、文明施工费、安全施工费、临时设施费组成。

① 环境保护费。

环境保护费是指施工现场为达到环保部门要求所需要的各项费用。

② 文明施工费。

文明施工费是指施工现场文明施工所需要的各项费用。

③ 安全施工费。

安全施工费是指施工现场安全施工所需要的各项费用。

④ 临时设施费。

临时设施费是指施工企业为进行建设工程施工所必须搭设的生活和生产用的临时建筑物、构筑物和其他临时设施费用。包括临时设施的搭设、维修、拆除、清理费或摊销费等。

（2）夜间施工增加费。

夜间施工增加费是指因夜间施工所发生的夜班补助费、夜间施工降效、夜间施工照明设备摊销及照明用电等费用。内容由以下各项组成：

① 夜间固定照明灯具和临时可移动照明灯具的设置、拆除费用。

② 夜间施工时，施工现场交通标志、安全标牌、警示灯的设置、移动、拆除费用。

③ 夜间照明设备摊销及照明用电、施工人员夜班补助、夜间施工劳动效率降低等费用。

（3）非夜间施工照明费。

非夜间施工照明费是指为保证工程施工正常进行，在地下室等特殊施工部位施工时所采用的照明设备的安拆、维护及照明用电等费用。

（4）二次搬运费。

二次搬运费是指因施工管理需要或因场地狭小等原因，导致建筑材料、设备等不能一次搬运到位，必须发生的二次或以上搬运所需的费用。

（5）冬、雨季施工增加费。

冬、雨季施工增加费是指因冬季或雨季天气原因导致施工效率降低加大投入而增加的费用，以及为确保冬季或雨季施工质量和安全而采取的保温、防雨等措施所需的费用。

（6）地上、地下设施、建筑物的临时保护设施费。

地上、地下设施、建筑物的临时保护设施费是指在工程施工过程中，对已建成的地上、地下设施和建筑物进行的遮盖、封闭、隔离等必要保护措施所发生的费用。

（7）已完工程及设备保护费。

已完工程及设备保护费是指竣工验收前，对已完工程及设备采取的覆盖、包裹、封闭、隔离等必要保护措施所发生的费用。

（8）脚手架费。

脚手架费是指施工需要的各种脚手架搭、拆、运输费用以及脚手架购置费的摊销（或租赁）费用。

（9）混凝土模板及支架（撑）费。

混凝土模板及支架（撑）费是指混凝土施工过程中需要的各种钢模板、木模板、支架等的支拆、运输费用及模板、支架的摊销（或租赁）费用。

（10）垂直运输费。

垂直运输费是指现场所用材料、机具从地面运至相应高度以及职工人员上下工作面等所发生的运输费用。

（11）超高施工增加费。

当单层建筑物檐口高度超过 20 m，多层建筑物超过 6 层时，可计算超高施工增加费，内容由以下各项组成：

① 建筑物超高引起的人工工效降低及由于人工工效降低引起的机械降效费。

② 高层施工用水加压水泵的安装、拆除及工作台班费。

③ 通信联络设备的使用及摊销费。

（12）大型机械设备进出场及安拆费。

大型机械设备进出场及安拆费是指机械整体或分体自停放场地运至施工现场或由一个施工地点运至另一个施工地点，所发生的机械进出场运输及转移费用及机械在施工现场进行安装、拆卸所需的人工费、材料费、机械费、试运转费和安装所需的辅助设施的费用。内容由安拆费和进出场费组成：

① 安拆费包括施工机械、设备在现场进行安装拆卸所需人工、材料、机械和试运转费用以及机械辅助设施的折旧、搭设、拆除等费用。

② 进出场费包括施工机械、设备整体或分体自停放地点运至施工现场或由一施工地点运至另一施工地点所发生的运输、装卸、辅助材料等费用。

（13）施工排水、降水费。

施工排水、降水费是指将施工期间有碍施工作业和影响工程质量的水排到施工场地以外，以及防止在地下水位较高的地区开挖深基坑出现基坑浸水，地基承载力下降，在动水压力作用下引起流砂、管涌和边坡失稳等现象而必须采取有效的降水和排水措施费用。

（14）其他费用。

其他费用根据项目的专业特点或所在地区不同，可能会出现其他的措施项目。如工程定位复测费和特殊地区施工增加费等。

2）措施项目费的计算

按照有关专业计量规范规定，措施项目分为应予计量的措施项目和不宜计量的措施项目两类。

（1）应予计量的措施项目。

基本与分部分项工程费的计算方法相同，公式为

$$措施项目费=\sum（措施项目工程量\times综合单价）$$

不同的措施项目其工程量的计算单位是不同的，分列如下：

① 脚手架费通常按建筑面积按 m^2 计算。

② 混凝土模板及支架（撑）费通常是按照模板与现浇混凝土构件的接触面积以 m^2 计算。

③ 垂直运输费可根据需要用两种方法进行计算：按照建筑面积以 m^2 为单位计算；按照施工工期日历天数以天为单位计算。

④ 超高施工增加费通常按照建筑物超高部分的建筑面积以 m^2 为单位计算。

⑤ 大型机械设备进出场及安拆费通常按照机械设备的使用数量以台次为单位计算。

⑥ 施工排水、降水费分两个不同的独立部分计算：成井费用通常按照设计图示尺寸以钻孔深度按 m 计算；排水、降水费用通常依照排、降水日历天数按昼夜计算。

（2）不宜计量的措施项目。

对于不宜计量的措施项目，通常用计算基数乘以费率的方法予以计算。

① 安全文明施工费。

安全文明施工费的计算公式为

$$安全文明施工费=计算基数\times安全文明施工费费率（\%）$$

其中，计算基数应为定额基价（定额分部分项工程费+定额中可以计量的措施项目费）、定额人工费或定额人工费与机械费之和，其费率由工程造价管理机构根据各专业工程的特点综合确定。

② 其余不宜计量的措施项目。

其余不宜计量的措施项目包括夜间施工增加费，非夜间施工照明费，二次搬运费，冬、雨季施工增加费，地上、地下设施、建筑物的临时保护设施费，已完工程及设备保护费等。计算公式为

$$措施项目费=计算基数\times措施项目费费率（\%）$$

其中，公式中的计算基数应为定额人工费或定额人工费与定额机械费之和，其费率由工程造价管理机构根据各专业工程特点和调查资料综合分析后确定。

3. 其他项目费

1）暂列金额

暂列金额是指建设单位在工程量清单中暂定并包括在工程合同价款中的一笔款项。用于施工合同签订时尚未确定或者不可预见的所需材料、工程设备、服务的采购，施工中可能发生的工程变更、合同约定调整因素出现时的工程价款调整以及发生的索赔、现场签证确认等的费用。

2）暂估价

暂估价是指招标人在工程量清单中提供的用于支付必然发生但暂时不能确定价格的材料、工程设备的单价以及专业工程的金额。

3）计日工

计日工是指在施工过程中，施工企业完成建设单位提出的施工合同范围以外的零星项目或工作，按照合同中约定的单价计价形成的费用。

4）总承包服务费

总承包服务费是指总承包人为配合、协调建设单位进行的专业工程发包，对建设单位自行采购的材料、工程设备等进行保管以及施工现场管理、竣工资料汇总整理等服务所需的费用。

总承包服务费由建设单位在招标控制价中根据总包范围和有关计价规定编制，施工企业投标时自主报价，施工过程中按签约合同价执行。

4. 规费和税金

规费和税金的构成和计算与按费用构成要素划分建筑安装工程费用项目组成部分是相同的。

3.2 建筑安装工程费用定额

各省市按照建设部确定的编制原则和项目划分方案，再结合本地区的实际情况编制费用定额，因此全国各地的费用定额，规定有不同的表现形式。建筑工程费用定额必须与相应的预算定额配套使用，并遵循各地区的具体取费规定。

《湖北省建筑安装工程费用定额》（2018）制定出一般计税法与简易计税法的费率标准，适用于湖北省境内新建、扩建和改建工程的房屋建筑与装饰工程、通用安装工程、市政工程、园林绿化工程、土石方工程施工发承包及实施阶段的计价活动，该定额适用于工程量清单计价和定额计价。

3.2.1 费用定额说明

（1）各专业工程的计费基数：以人工费与施工机具使用费之和为计费基数。

（2）总价措施项目费中的安全文明施工费、规费和税金是不可竞争性费用，应按规定计取。

（3）工程排污费指承包人按环境保护部门的规定，对施工现场超标准排放的噪声污染缴纳的费用，编制招标控制价或投标报价时按费率计取，结算时按实际缴纳金额计算。

（4）费率实行动态管理。本定额费率是根据湖北省各专业消耗量定额及全费用基价表编制期人工、材料、机械价格水平进行测算的，湖北省造价管理机构应根据人工、机械台班市场价格的变化，适时调整总价措施项目费、企业管理费、利润、规费等费率。

（5）总承包服务费。总承包服务费应依据招标人在招标文件中列出的分包专业工程内容和供应材料、设备情况，按照招标人提出协调、配合和服务要求和施工现场管理需要自主确定，也可参照下列标准计算。

① 招标人仅要求对分包的专业工程进行总承包管理和协调时，按分包的专业工程造价的1.5%计算。

② 招标人要求对分包的专业工程进行总承包管理和协调，并同时要求提供配合服务时，根据招标文件中列出的配合服务内容和提出的要求，按分包的专业工程造价的3%～5%计算。配合服务的内容包括：对分包单位的管理、协调和施工配合等费用；施工现场水电设施、管线敷设的摊销费用；共用脚手架搭拆的摊销费用；共用垂直运输设备，加压设备的使用、折旧、维修费用等。

③ 招标人自行供应材料、工程设备的，按招标人供应材料、工程设备价值的1%计算。

（6）暂列金额和暂估价。一般计税法时，暂列金额和专业工程暂估价为不含进项税额的费用。简易计税法时，暂列金额和专业工程暂估价为含进项税额的费用。

（7）湖北省各专业消耗量定额及全费用基价表中的全费用由人工费、材料费、施工机具使用费、费用、增值税组成。

（8）费用的内容包括总价措施项目费、企业管理费、利润、规费。各项费用是以人工费加施工机具使用费之和为计费基数，按相应费率计取。

3.2.2 一般计税法的费率标准

1. 总价措施项目费

安全文明施工费费率标准见表3.1，其他总价措施项目费费率标准见表3.2。

表3.1 安全文明施工费 %

专业		房屋建筑工程	装饰工程	通用安装工程	市政工程	园建工程	绿化工程	土石方工程
计费基数		人工费＋施工机具使用费						
费率		13.64	5.39	9.29	12.44	4.30	1.76	6.58
其中	安全施工费	7.72	3.05	3.67	3.97	2.33	0.95	2.01
	文明施工费 环境保护费	3.15	1.20	2.02	5.41	1.19	0.49	2.74
	临时设施费	2.77	1.14	3.60	3.06	0.78	0.32	1.83

表3.2 其他总价措施项目费 %

专业		房屋建筑工程	装饰工程	通用安装工程	市政工程	园建工程	绿化工程	土石方工程
计费基数		人工费＋施工机具使用费						
费率		0.70	0.60	0.66	0.90	0.49	0.49	1.29
其中	夜间施工增加费	0.16	0.14	0.15	0.18	0.13	0.13	0.32
	二次搬运费	按施工组织设计						
	冬雨季施工增加费	0.40	0.34	0.38	0.54	0.26	0.26	0.71
	工程定位复测费	0.14	0.12	0.13	0.18	0.10	0.10	0.26

2. 企业管理费

企业管理费费率标准见表3.3。

表3.3　企业管理费　　%

专业	房屋建筑工程	装饰工程	通用安装工程	市政工程	园建工程	绿化工程	土石方工程
计费基数	人工费+施工机具使用费						
费率	28.27	14.19	18.86	25.61	17.89	6.58	15.42

3. 利　润

利润费率标准见表3.4。

表3.4　利润　　%

专业	房屋建筑工程	装饰工程	通用安装工程	市政工程	园建工程	绿化工程	土石方工程
计费基数	人工费+施工机具使用费						
费率	19.73	14.64	15.31	19.32	18.15	3.57	9.42

4. 规　费

规费费率标准见表3.5。

表3.5　规费　　%

专　业		房屋建筑工程	装饰工程	通用安装工程	市政工程	园建工程	绿化工程	土石方工程
计费基数		人工费+施工机具使用费						
费　率		26.85	10.15	11.97	26.34	11.78	10.67	11.57
社会保险费		20.08	7.58	8.94	19.70	8.78	8.50	8.65
其中	养老保险金	12.68	4.87	5.75	12.45	5.65	5.55	5.49
	失业保险金	1.27	0.48	0.57	1.24	0.56	0.55	0.55
	医疗保险金	4.02	1.43	1.68	3.94	1.65	1.62	1.73
	工伤保险金	1.48	0.57	0.67	1.45	0.66	0.52	0.61
	生育保险金	0.63	0.23	0.27	0.62	0.26	0.26	0.27
住房公积金		5.29	1.91	2.26	5.19	2.21	2.17	2.28
工程排污费		1.48	0.66	0.77	1.45	0.79	—	0.64

注：绿化工程规费中不含工程排污费。

5. 增值税

增值税费率标准见表3.6。

表3.6　增值税　　%

增值税计税基数	不含税工程造价
税　率	9

3.2.3　简易计税法的费率标准

1. 总价措施项目费

安全文明施工费费率标准见表 3.7，其他总价措施项目费费率标准见表 3.8。

表 3.7　安全文明施工费

%

专　业		房屋建筑工程	装饰工程	通用安装工程	市政工程	园建工程	绿化工程	土石方工程
计费基数		人工费＋施工机具使用费						
费　率		13.63	5.38	9.28	12.37	4.30	1.74	6.19
其中	安全施工费	7.71	3.05	3.66	3.94	2.33	0.94	1.89
	文明施工费	3.15	1.19	2.02	5.38	1.19	0.48	2.58
	环境保护费							
	临时设施费	2.77	1.14	3.60	3.05	0.78	0.32	1.72

表 3.8　其他总价措施项目费

%

专　业		房屋建筑工程	装饰工程	通用安装工程	市政工程	园建工程	绿化工程	土石方工程
计费基数		人工费＋施工机具使用费						
费　率		0.70	0.60	0.66	0.90	0.49	0.49	1.21
其中	夜间施工增加费	0.16	0.14	0.15	0.18	0.13	0.13	0.30
	二次搬运费	按施工组织设计						
	冬雨季施工增加费	0.40	0.34.	0.38	0.54	0.26	0.26	0.67
	工程定位复测费	0.14	0.12	0.13	0.18	0.10	0.10	0.24

2. 企业管理费

企业管理费费率标准见表 3.9。

表 3.9　企业管理费

%

专　业	房屋建筑工程	装饰工程	通用安装工程	市政工程	园建工程	绿化工程	土石方工程
计费基数	人工费＋施工机具使用费						
费　率	28.22	14.18	18.83	25.46	17.88	6.55	14.51

3. 利　润

利润费率标准见表 3.10。

表 3.10　利润

%

专　业	房屋建筑工程	装饰工程	通用安装工程	市政工程	园建工程	绿化工程	土石方工程
计费基数	人工费＋施工机具使用费						
费　率	19.70	14.63	1.5.29	19.21	18.14	3.55	8.87

4. 规　费

规费费率标准见表 3.11。

表 3.11　规费　　%

专　业		房屋建筑工程	装饰工程	通用安装工程	市政工程	园建工程	绿化工程	土石方工程
计费基数		人工费＋施工机具使用费						
费　率		26.79	10.14	11.96	26.20	11.77	10.62	10.90
社会保险费		20.04	7.57	8.93	19.60	8.77	8.46	8.14
其中	养老保险金	12.66	4.87	5.74	12.38	5.64	5.52	5.17
	失业保险金	1.27	0.48	0.57	1.24	0.56	0.55	0.52
	医疗保险金	4.01	1.43	1.68	3.92	1.65	1.61	1.63
	工伤保险金	1.47	0.56	0.67	1.44	0.66	0.52	0.57
	生育保险金	0.63	0.23	0.27	0.62	0.26	0.26	0.25
住房公积金		5.28	1.91	2.26	5.16	2.21	2.16	2.15
工程排污费		1.47	0.66	0.77	1.44	0.79	—	0.61

注：绿化工程规费中不含工程排污费。

5. 增值税

增值税费率标准见表 3.12。

表 3.12　增值税　　%

计税基数	不含税工程造价
征收率	3

3.3　预算定额

3.3.1　预算定额的概念与用途

1. 预算定额的概念

预算定额是指在正常合理的施工条件下，规定完成一定计量单位的分项工程或结构构件所必需的人工、材料和施工机械台班以及价值货币表现的消耗数量标准，是计算建筑安装产品价格的基础。

预算定额是国家或各省级主管部门或授权单位组织编制并颁发执行的，是基本建设预算制度中的一项重要技术经济文件，是编制施工图预算的主要依据，是确定和控制工程造价的基础。

2. 预算定额的用途和作用

（1）预算定额是编制施工图预算、确定建筑安装工程造价的基础。

施工图设计一经确定，工程预算造价就取决于预算定额水平和人工、材料及机具台班的价格。预算定额起着控制劳动消耗、材料消耗和机具台班使用的作用，进而起着控制建筑产品价格的作用。

（2）预算定额是编制施工组织设计的依据。

施工组织设计的重要任务之一，是确定施工中所需人力、物力的供求量，并做出最佳安排。施工单位在缺乏本企业的施工定额的情况下，根据预算定额，亦能够比较精确地计算出施工中各项资源的需要量，为有计划地组织材料采购和预制件加工、劳动力和施工机具的调配，提供了可靠的计算依据。

（3）预算定额是工程结算的依据。

工程结算是建设单位和施工单位按照工程进度对已完成的分部分项工程实现货币支付的行为。按进度支付工程款，需要根据预算定额将已完分项工程的造价算出。单位工程验收后，再按竣工工程量、预算定额和施工合同规定进行结算，以保证建设单位建设资金的合理使用和施工单位的经济收入。

（4）预算定额是施工单位进行经济活动分析的依据。

预算定额规定的物化劳动和劳动消耗指标，是施工单位在生产经营中允许消耗的最高标准。施工单位必须以预算定额作为评价企业工作的重要标准，作为努力实现的目标。施工单位可根据预算定额对施工中的人工、材料、机具的消耗情况进行具体的分析，以便找出并克服低功效、高消耗的薄弱环节，提高竞争能力。只有在施工中尽量降低劳动消耗，采用新技术、提高劳动者素质，提高劳动生产率，才能取得较好的经济效益。

（5）预算定额是编制概算定额的基础。

概算定额是在预算定额基础上综合扩大编制的。利用预算定额作为编制依据，不但可以节省编制工作的大量人力、物力和时间，收到事半功倍的效果，还可以使概算定额在水平上与预算定额保持一致，以免造成执行中的不一致。

（6）预算定额是合理编制招标控制价、投标报价的基础。

在深化改革中，预算定额的指令性作用将日益削弱，而施工单位按照工程个别成本报价的指导性作用仍然存在，因此，预算定额作为编制招标控制价的依据和施工企业报价的基础性作用仍将存在。这也是由预算定额本身的科学性和指导性决定的。

3.3.2 预算定额的编制原则、依据和步骤

1. 预算定额的编制原则

为保证预算定额的质量，充分发挥预算定额的作用，实际使用简便，在编制工作中应遵循以下原则：

（1）按社会平均水平确定预算定额的原则。

预算定额是确定和控制建筑安装工程造价的主要依据。因此，它必须遵照价值规律的客观要求，即按生产过程中所消耗的社会必要劳动时间确定定额水平。所以预算定额的平均水平，是在正常的施工条件下，合理的施工组织和工艺条件、平均劳动熟练程度和劳动强度下，完成单位分项工程基本构造要素所需要的劳动时间。

（2）简明适用的原则。

一是指在编制预算定额时，对于那些主要的、常用的、价值量大的项目，分项工程划分宜细；次要的、不常用的、价值量相对较小的项目则可以粗一些。

二是指预算定额要项目齐全。要注意补充那些因采用新技术、新结构、新材料而出现的新的定额项目。如果项目不全、缺项多，就会使计价工作缺少充足的可靠的依据。

三是要求合理确定预算定额的计算单位，简化工程量的计算，尽可能地避免同一种材料用不同的计量单位和一量多用，尽量减少定额附注和换算系数。

2. 预算定额的编制依据

（1）现行施工定额。预算定额是在现行施工定额的基础上编制的。预算定额中人工、材料、机具台班消耗水平，需要根据施工定额取定；预算定额的计量单位的选择，也要以施工定额为参考，从而保证两者的协调和可比性，减轻预算定额的编制工作量，缩短编制时间。

（2）现行设计规范、施工及验收规范，质量评定标准和安全操作规程。

（3）具有代表性的典型工程施工图及有关标准图。对这些图纸进行仔细分析研究，并计算出工程数量，作为编制定额时选择施工方法确定定额含量的依据。

（4）成熟推广的新技术、新结构、新材料和先进的施工方法等。这类资料是调整定额水平和增加新的定额项目所必需的依据。

（5）有关科学实验、技术测定和统计、经验资料。这类资料是确定定额水平的重要依据。

（6）现行的预算定额、材料单价、机具台班单价及有关文件规定等，包括过去定额编制过程中积累的基础资料，也是编制预算定额的依据和参考。

3. 预算定额的编制程序及要求

预算定额的制订、全面修订和局部修订工作均应按准备阶段、定额初稿编制、征求意见、审查、批准发布五个步骤进行。各阶段工作相互有交叉，有些工作还要多次反复。主要的工作内容包括：

1）准备阶段

建设工程造价管理机构根据定额工作计划，组织具有一定工程实践经验和专业技术水平的人员成立编制组。编制组负责拟定工作大纲，建设工程造价管理机构负责对工作大纲进行审查。工作大纲主要内容应包括：任务依据、编制目的、编制原则、编制依据、主要内容、需要解决的主要问题、编制组人员与分工、进度安排、编制经费来源等。

2）定额初稿编制

编制组根据工作大纲开展调查研究工作，深入定额使用单位了解情况、广泛收集数据，对编制中的重大问题或技术问题，应进行测算验证或召开专题会议论证，并形成相应报告，在此基础上经过项目划分和水平测算后编制完成定额初稿。主要工作内容包括：

（1）确定编制细则。

编制细则主要包括：统一编制表格及编制方法，统一计算口径、计量单位和小数点位数的要求，有关统一性的规定，名称统一，用字统一，专业用语统一，符号代码统一，简化字要规范，文字要简练明确。

预算定额与施工定额计量单位往往不同。施工定额的计量单位一般按照工序或施工过程确定，而预算定额的计量单位主要是根据分部分项工程和结构构件的形体特征及其变化确定。由于工作内容综合，预算定额的计量单位亦具有综合的性质。工程量计算规则的规定应确切反映定额项目所包含的工作内容。预算定额的计量单位关系到预算工作的繁简和准确性。因此，要正确地确定各分部分项工程的计量单位。一般依据建筑结构构件形状的特点确定。

（2）确定定额的项目划分和工程量计算规则。

计算工程数量，是为了通过计算出典型设计图纸所包括的施工过程的工程量，以便在编制预算定额时，有可能利用施工定额的人工、材料和机具消耗指标确定预算定额所含工序的消耗量。

（3）定额人工、材料、机具台班耗用量的计算、复核和测算。

3）征求意见

建设工程造价管理机构组织专家对定额初稿进行初审。编制组根据定额初审意见修改完成定额征求意见稿。征求意见稿由各主管部门或其授权的建设工程造价管理机构公开征求意见。征求意见的期限一般为一个月。征求意见稿包括正文和编制说明。

4）审　查

建设工程造价管理机构组织编制组根据征求意见进行修改后形成定额送审文件，送审文件应包括正文、编制说明、征求意见处理汇总表等。

定额送审文件的审查一般采取审查会议的形式。审查会议应由各主管部门组织召开，参加会议的人员应由有经验的专家代表、编制组人员等组成，审查会议应形成会议纪要。

5）批准发布

建设工程造价管理机构组织编制组根据定额送审文件审查意见进行修改后形成报批文件，报送各主管部门批准。报批文件包括正文、编制报告、审查会议纪要、审查意见处理汇总表等。

3.3.3 预算定额消耗量的编制方法

确定预算定额人工、材料、机具台班消耗指标时，必须先按施工定额的分项逐项计算出消耗指标，然后再按预算定额的项目加以综合。但是，这种综合不是简单的合并和相加，而需要在综合过程中增加两种定额之间的适当的水平差。预算定额的水平，首先取决于这些消耗量的合理确定。

人工、材料和机具台班消耗量指标，应根据定额编制原则和要求，采用理论与实际相结合、图纸计算与施工现场测算相结合、编制人员与现场工作人员相结合等方法进行计算和确定，使定额既符合政策要求，又与客观情况一致，便于贯彻执行。

1. 预算定额中人工工日消耗量的计算

预算定额中的人工的工日消耗量可以有两种确定方法：一种是以劳动定额为基础确定；另一种是以现场观察测定资料为基础计算，主要用于遇到劳动定额缺项时，采用现场工作日写实等测时方法测定和计算定额的人工耗用量。

预算定额中人工工日消耗量是指在正常施工条件下，生产单位合格产品所必需消耗的人工工日数量，是由分项工程所综合的各个工序劳动定额包括的基本用工、其他用工两部分组成的。

1）基本用工

基本用工指完成一定计量单位的分项工程或结构构件的各项工作过程的施工任务所必需消耗的技术工种用工。按技术工种相应劳动定额工时定额计算，以不同工种列出定额工日。基本用工包括：

（1）完成定额计量单位的主要用工。

完成定额计量单位的主要用工按综合取定的工程量和相应劳动定额进行计算。计算公式为

$$\text{基本用工} = \sum(\text{综合取定的工程量} \times \text{劳动定额})$$

例如工程实际中的砖基础，有1砖厚，1砖半厚，2砖厚等之分，用工各不相同，在预算定额中由于不区分厚度，需要按照统计的比例，加权平均得出综合的人工消耗。

（2）按劳动定额规定应增（减）计算的用工量。

例如在砖墙项目中，分项工程的工作内容包括了附墙烟囱孔、垃圾道、壁橱等零星组合部分的内容，其人工消耗量相应增加附加人工消耗。由于预算定额是在施工定额子目的基础上综合扩大的，包括的工作内容较多，施工的工效视具体部位而不一样，所以需要另外增加人工消耗，而这种人工消耗也可以列入基本用工内。

2）其他用工

其他用工是辅助基本用工消耗的工日，包括超运距用工、辅助用工和人工幅度差用工。

（1）超运距用工。

超运距是指劳动定额中已包括的材料、半成品场内水平搬运距离与预算定额所考虑的现场材料、半成品堆放地点到操作地点的水平运输距离之差。计算公式为

$$\text{超运距} = \text{预算定额取定运距} - \text{劳动定额已包括的运距}$$

$$\text{超运距用工} = \sum(\text{超运距材料数量} \times \text{时间定额})$$

需要指出，实际工程现场运距超过预算定额取定运距时，可另行计算现场二次搬运费。

（2）辅助用工。

辅助用工指技术工种劳动定额内不包括而在预算定额内又必须考虑的用工。例如机械土方工程配合用工、材料加工（筛砂、洗石、淋化石膏）用工、电焊点火用工等。计算公式为

$$\text{辅助用工} = \sum(\text{材料加工数量} \times \text{相应的加工劳动定额})$$

（3）人工幅度差。

人工幅度差即预算定额与劳动定额的差额，主要是指在劳动定额中未包括而在正常施工情况下不可避免但又很难准确计量的用工和各种工时损失。内容包括：

① 各工种间的工序搭接及交叉作业相互配合或影响所发生的停歇用工。

② 施工机械在单位工程之间转移及临时水电线路移动所造成的停工。

③ 质量检查和隐蔽工程验收工作的影响。

④ 班组操作地点转移用工。

⑤ 工序交接时对前一工序不可避免的修整用工。

⑥ 施工中不可避免的其他零星用工。

人工幅度差计算公式为

$$人工幅度差=(基本用工+辅助用工+超运距用工)\times 人工幅度差系数$$

其中，人工幅度差系数一般为 10%～15%。在预算定额中，人工幅度差的用工量列入其他用工量中。

2. 预算定额中材料消耗量的计算

材料消耗量主要有以下几种计算方法：

（1）凡有标准规格的材料，按规范要求计算定额计量单位的耗用量，如砖、防水卷材、块料面层等。

（2）凡设计图纸标注尺寸及下料要求的按设计图纸尺寸计算材料净用量，如门窗制作用材料、方板料等。

（3）换算法。各种胶结、涂料等材料的配合比用料，可以根据要求条件换备，得出材料用量。

（4）测定法，包括实验室试验法和现场观察法。指各种强度等级的混凝土及砌筑砂浆配合比的耗用原材料数量的计算，须按照规范要求试配，经过试压合格以后并经过必要的调整后得出的水泥、砂子、石子、水的用量。对新材料、新结构又不能用其他方法计算定额消耗用量时，须用现场测定方法来确定，根据不同条件可以采用写实记录法和观察法，得出定额的消耗量。

材料损耗量，指在正常条件下不可避免的材料损耗，如现场内材料运输及施工操作过程中的损耗等。其关系式如下：

$$材料损耗率=损耗量/净用量\times 100\%$$

$$材料损耗量=材料净用量\times 损耗率(\%)$$

$$材料消耗量=材料净用量+损耗量$$

或

$$材料消耗量=材料净用量\times[1+损耗率(\%)]$$

3. 预算定额中机具台班消耗量的计算

预算定额中的机具台班消耗量是指在正常施工条件下，生产单位合格产品（分部分项工程或结构构件）必须消耗的某种型号施工机具的台班数量。下面主要介绍机械台班消耗的计算。

（1）根据施工定额确定机械台班消耗量的计算。这种方法是指用施工定额中机械台班产量加机械幅度差计算预算定额的机械台班消耗量。

机械台班幅度差是指在施工定额中所规定的范围内没有包括，而在实际施工中又不可避免产生的影响机械或使机械停歇的时间。其内容包括：

① 施工机械转移工作面及配套机械相互影响损失的时间。

② 在正常施工条件下，机械在施工中不可避免的工序间歇。

③ 工程开工或收尾时工作量不饱满所损失的时间。

④ 检查工程质量影响机械操作的时间。

⑤ 临时停机、停电影响机械操作的时间。

⑥ 机械维修引起的停歇时间。

综上所述，预算定额的机械台班消耗量为

$$预算定额机械耗用台班 = 施工定额机械耗用台班 \times（1 + 机械幅度差系数）$$

【例】已知某挖土机挖土，一次正常循环工作时间是 40 s，每次循环平均挖土量 0.3 m^3，机械正常利用系数为 0.8，机械幅度差为 25%，求该机械挖土方 1000 m^3 的预算定额机械耗用台班量。

【解】

$$机械纯工作 1\ h 循环次数 = 3600/40 = 90（次/台时）$$
$$机械纯工作 1\ h 正常生产率 = 90 \times 0.3 = 27（m^3/台时）$$
$$施工机械台班产量定额 = 27 \times 8 \times 0.8 = 172.8（m^3/台班）$$
$$施工机械台班时间定额 = 1/172.8 = 0.005\ 79（台班/m^3）$$
$$预算定额机械耗用台班 = 0.005\ 79 \times（1 + 25\%）= 0.007\ 23（台班/m^3）$$
$$挖土方 1000\ m^3 的预算定额机械耗用台班量 = 1000 \times 0.007\ 23 = 7.23（台班）$$

（2）以现场测定资料为基础确定机械台班消耗量。如遇到施工定额缺项者，则需要依据单位时间完成的产量测定。

3.3.4 确定预算定额人工、材料、机械价格

1. 人工日工资单价的组成和确定方法

人工日工资单价是指施工企业平均技术熟练程度的生产工人在每工作日（国家法定工作时间内）按规定从事施工作业应得的日工资总额。

1）人工日工资单价组成内容

人工日工资单价由计时工资或计件工资、奖金、津贴补贴以及特殊情况下支付的工资组成。

（1）计时工资或计件工资。

计时工资或计件工资是指按计时工资标准和工作时间或对已做工作按计件单价支付给个人的劳动报酬。.

（2）奖金。

奖金是指对超额劳动和增收节支支付给个人的劳动报酬。如节约奖、劳动竞赛奖等。

（3）津贴补贴。

津贴补贴是指为了补偿职工特殊或额外的劳动消耗和因其他原因支付给个人的津贴，以及为了保证职工工资水平不受物价影响支付给个人的物价补贴。如流动施工津贴、特殊地区施工津贴、高温（寒）作业临时津贴、高空津贴等。

（4）特殊情况下支付的工资。

特殊情况下支付的工资是指根据国家法律、法规和政策规定，因病、工伤、产假、计划

生育假、婚丧假、事假、探亲假、定期休假、停工学习、执行国家或社会义务等原因按计时工资标准或计时工资标准的一定比例支付的工资。

2）人工日工资单价确定方法

（1）年平均每月法定工作日。

由于人工日工资单价是每一个法定工作日的工资总额，因此需要对年平均每月法定工作日进行计算。计算公式为

$$年平均每月法定工作日=（全年日历日-法定假日）\div 12$$

其中，法定假日指双休日和法定节日。

（2）日工资单价的计算。

确定了年平均每月法定工作日后，将上述工资总额进行分摊，即形成了人工日工资单价。计算公式如下：

$$日工资单价=[生产工人平均每月工资（计时、计件）+平均月（奖金+津贴补贴+特殊情况下支付的工资）]/年平均每月法定工作日$$

（3）日工资单价的管理。

虽然施工企业投标报价时可以自主确定人工费，但由于人工日工资单价在我国具有一定的政策性，因此工程造价管理机构确定日工资单价应根据工程项目的技术要求，通过市场调查并参考实物工程量人工单价综合分析确定，发布的最低日工资单价不得低于工程所在地人力资源和社会保障部门所发布的最低工资标准：普工 1.3 倍、一般技工 2 倍、高级技工 3 倍。

3）影响人工日工资单价的因素

影响人工日工资单价的因素很多，归纳起来有以下方面：

（1）社会平均工资水平。

建筑安装工人人工日工资单价必然和社会平均工资水平趋同。社会平均工资水平取决于经济发展水平。由于经济的增长，社会平均工资也会增长，从而影响人工日工资单价的提高。

（2）生活消费指数。

生活消费指数的提高会影响人工日工资单价的提高，以减少生活水平的下降，或维持原来的生活水平。生活消费指数的变动决定于物价的变动，尤其决定于生活消费品物价的变动。

（3）人工日工资单价的组成内容。

《关于印发〈建筑安装工程费用项目组成〉的通知》（建标〔2013〕44 号）将职工福利费和劳动保护费从人工日工资单价中删除，这也必然影响人工日工资单价的变化。

（4）劳动力市场供需变化。

劳动力市场如果需求大于供给，人工日工资单价就会提高；供给大于需求，市场竞争激烈，人工日工资单价就会下降。

（5）政府推行的社会保障和福利政策也会影响人工日工资单价的变动。

2. 材料单价的组成和确定方法

在建筑工程中，材料费占总造价的 60%～70%，在金属结构工程中所占比重还要大，因此，合理确定材料价格构成，正确计算材料单价，有利于合理确定和有效控制工程造价。

材料单价是指建筑材料从其来源地运到施工工地仓库，直至出库形成的综合单价。

1）材料单价的编制依据和确定方法

（1）材料原价（或供应价格）。

材料原价是指国内采购材料的出厂价格，国外采购材料抵达买方边境、港口或车站并交纳完各种手续费、税费（不含增值税）后形成的价格。

在确定原价时，凡同一种材料因来源地、交货地、供货单位、生产厂家不同，而有几种价格（原价）时，根据不同来源地供货数量比例，采取加权平均的方法确定其综合原价。计算公式为

$$加权平均原价 = (K_1C_1 + K_2C_2 + \cdots + K_nC_n) \div (K_1 + K_2 + \cdots + K_n)$$

式中 K——各不同供应地点的供应量或各不同使用地点的需要量；

C——各不同供应地点的原价。

若材料供货价格为含税价格，则材料原价应以购进货物适用的税率（13%或 10%）或征收率（3%）扣减增值税进项税额。

（2）材料运杂费。

材料运杂费是指国内采购材料自来源地、国外采购材料自到岸港运至工地仓库或指定堆放地点发生的费用（不含增值税），含外埠中转运输过程中所发生的一切费用和过境过桥费用，包括调车和驳船费、装卸费、运输费及附加工作费等。

同一品种的材料有若干个来源地，应采用加权平均的方法计算材料运杂费。计算公式为

$$加权平均运杂费 = (K_1T_1 + K_2T_2 + \cdots + K_nT_n) \div (K_1 + K_2 + \cdots + K_n)$$

式中 T——各不同运距的运费。

若运输费用为含税价格，则需要按“两票制”和“一票制”两种支付方式分别调整。

①“两票制”支付方式。

所谓“两票制”材料，是指材料供应商就收取的货物销售价款和运杂费向建筑业企业分别提供货物销售和交通运输两张发票的材料。在这种方式下，运杂费以接受交通运输与服务适用税率 9%扣减增值税进项税额。

②“一票制”支付方式。

所谓“一票制”材料，是指材料供应商就收取的货物销售价款和运杂费合计金额向建筑业企业仅提供一张货物销售发票的材料。在这种方式下，运杂费采用与材料原价相同的方式扣减增值税进项税额。

（3）运输损耗。

在材料的运输中应考虑一定的场外运输损耗费用。这是指材料在运输装卸过程中不可避免的损耗。运输损耗的计算公式是

$$运输损耗 = (材料原价 + 运杂费) \times 运输损耗率$$

（4）采购及保管费。

采购及保管费是指组织材料采购、检验、供应和保管过程中发生的费用，包含：采购费、仓储费、工地管理费和仓储损耗。

采购及保管费一般按照材料到库价格以费率取定。材料采购及保管费计算公式为

$$采购及保管费=材料运到工地仓库价格\times采购及保管费率（\%）$$

或

$$采购及保管费=(材料原价+运杂费+运输损耗费)\times采购及保管费率(\%)$$

综上所述，材料单价的一般计算公式为：

$$材料单价=[（供应价格+运杂费）\times（1+运输损耗率（\%）]\times[1+采购及保管费率（\%）]$$

我国幅员广阔，建筑材料产地与使用地点的距离各地差异很大，采购、保管、运输方式也不尽相同，因此材料单价原则上按地区范围编制。

【例】某建设项目材料从两个地方采购（适用13%增值税率），来源一采购量300吨，原价240元/吨，运杂费20元/吨，运输损耗率0.5%，采购及保管费费率3.5%；来源二采购量200吨，原价250元/吨，运杂费15元/吨，运输损耗率0.4%，采购及保管费费率3.5%。原价、运杂费皆为含税价，且材料采取“两票制”支付方式，求该材料的单价。

【解】

先求不含税的材料原价和运杂费，再根据公式算出该材料的单价。

材料原价的税率为13%，不含税的材料原价分别为：

来源一　　$240\div1.13=212.39$（元/吨）

来源二　　$250\div1.13=221.24$（元/吨）

因两票制支付方式，运杂费的增值税税率适用9%，不含税的运杂费分别为：

来源一　　$20\div1.09=18.35$（元/吨）

来源二　　$15\div1.09=13.76$（元/吨）

$$加权的平均原价=（300\times212.39+200\times221.24）\div（300+200）=215.93（元/吨）$$

$$加权的平均运杂费=（300\times18.35+200\times13.76）\div（300+200）=16.51（元/吨）$$

$$加权的平均运输损耗费=[300\times（212.39+18.35）\times0.005+200\times（221.24+13.76）\times0.004]\div（300+200）=1.07（元/吨）$$

$$材料单价=（材料原价+运杂费+运输损耗费）\times（1+保管费率）=（215.93+16.51+1.07）\times1.035=241.68（元）$$

2）影响材料单价变动的因素

影响材料单价变动的因素有：

（1）市场供需变化。材料原价是材料单价中最基本的组成。市场供大于求价格就会下降；反之，价格就会上升。从而也就会影响材料单价的涨落。

（2）材料生产成本的变动直接影响材料单价的波动。

（3）流通环节的多少和材料供应体制也会影响材料单价。

（4）运输距离和运输方法的改变会影响材料运输费用的增减，从而也会影响材料单价。

（5）国际市场行情会对进口材料单价产生影响。

3. 施工机械台班单价的组成和确定方法

施工机械使用费是根据施工中耗用的机械台班数量和机械台班单价确定的。施工机械台班耗用量按有关定额规定计算。施工机械台班单价是指一台施工机械，在正常运转条件下一个工作班中所发生的全部费用，每台班按 8 小时工作制计算。正确制定施工机械台班单价是合理确定和控制工程造价的重要方面。

根据《建筑工程施工机械台班费用编制规则》的规定，施工机械划分为 12 个类别：土石方及筑路机械、桩工机械、起重机械、水平运输机械、垂直运输机械、混凝土及砂浆机械、加工机械、泵类机械、焊接机械、动力机械、地下工程机械和其他机械。

施工机械台班单价由 7 项费用组成，包括折旧费、检修费、维护费、安拆费及场外运费、人工费、燃料动力费、其他费用等。

1）折旧费的组成及确定

折旧费是指施工机械在规定耐用总台班内，陆续收回其原值的费用。计算公式为

$$台班折旧费 = 机械预算价格 \times（1 - 残值率）\div 耐用总台班$$

（1）机械预算价格。

国产施工机械的预算价格，国产施工机械预算价格按照机械原值、相关手续费和一次运杂费以及车辆购置税之和计算。

① 机械原值。

机械原值应按下列途径询价、采集：

a. 编制期施工企业购进施工机械的成交价格；

b. 编制期施工机械展销会发布的参考价格；

c. 编制期施工机械生产厂、经销商的销售价格；

d. 其他能反映编制期施工机械价格水平的市场价格。

② 相关手续费和一次运杂费应按实际费用综合取定，也可按其占施工机械原值的百分率确定。

③ 车辆购置税的计算。车辆购置税应为

$$车辆购置税 = 计取基数 \times 车辆购置税率（\%）$$

其中 $$计取基数 = 机械原值 + 相关手续费和一次运杂费$$

车辆购置税率应按编制期间国家有关规定计算。

进口施工机械的预算价格，进口施工机械的预算价格按照到岸价格、关税、消费税、相关手续费和国内一次运杂费、银行财务费、车辆购置税之和计算。

① 进口施工机械原值应按下列方法取定：

a. 进口施工机械原值应按“到岸价格 + 关税”取定，到岸价格应按编制期施工企业签订的采购合同、外贸与海关等部门的有关规定及相应的外汇汇率计算取定；

b. 进口施工机械原值应按不含标准配置以外的附件及备用零配件的价格取定。

② 关税、消费税及银行财务费应执行编制期国家有关规定，并参照实际发生的费用计算，也可按占施工机械原值的百分率取定。

③ 相关手续费和国内一次运杂费应按实际费用综合取定，也可按其占施工机械原值的百分率确定。

④ 车辆购置税应为

车辆购置税＝计税价格×车辆购置税率

其中　　计税价格＝到岸价格＋关税＋消费税

车辆购置税率应执行编制期间国家有关规定计算。

（2）残值率。

残值率是指机械报废时回收其残余价值占施工机械预算价格的百分数。残值率应按编制期国家有关规定确定，目前各类施工机械均按 5%计算。

（3）耐用总台班。

耐用总台班指施工机械从开始投入使用至报废前使用的总台班数，应按相关技术指标取定。年工作台班指施工机械在一个年度内使用的台班数量。年工作台班应在编制期制度工作日基础上扣除检修、维护天数及考虑机械利用率等因素综合取定。

机械耐用总台班的计算公式为

耐用总台班＝折旧年限×年工作台班＝检修间隔台班×检修周期

其中，检修间隔台班是指机械自投入使用起至第一次检修止或自上一次检修后投入使用起至下一次检修止，应达到的使用台班数。检修周期是指机械正常的施工作业条件下，将其寿命期（即耐用总台班）按规定的检修次数划分为若干个周期。其计算公式：

检修周期＝检修次数＋1

2）检修费的组成及确定

检修费是指施工机械在规定的耐用总台班内，按规定的检修间隔进行必要的检修，以恢复其正常功能所需的费用。检修费是机械使用期限内全部检修费之和在台班费用中的分摊额，它取决于一次检修费、检修次数和耐用总台班的数量，其计算公式为

台班检修费＝一次检修费×检修次数×除税系数÷耐用总台班

其中：

（1）一次检修费指施工机械一次检修发生的工时费、配件费、辅料费、油燃料费等。一次检修费应按施工机械的相关技术指标和参数为基础，结合编制期市场价格综合确定。可按其占预算价格的百分率取定。

（2）检修次数是指施工机械在其耐用总台班内的检修次数。检修次数应按施工机械的相关技术指标取定。

（3）除税系数。除税系数是指考虑一部分维护可以考虑购买服务，从而需扣除维护费中包括的增值税进项税额，计算式为

除税系数＝自行检修比例＋委外检修比例/（1＋税率）

自行检修比例、委外检修比例是指施工机械自行检修、委托专业修理修配部门检修占检修费比例。具体比值应结合本地区（部门）施工机械检修实际综合取定。税率按增值税修理修配

劳务适用税率计取。

3）维护费的组成及确定

维护费指施工机械在规定的耐用总台班内，按规定的维护间隔进行各级维护和临时故障排除所需的费用。保障机械正常运转所需替换与随机配备工具附具的摊销和维护费用、机械运转及日常保养维护所需润滑与擦拭的材料费用及机械停滞期间的维护费用等。各项费用分摊到台班中，即为维护费。其计算公式为

$$台班维护费=\sum[（各级维护一次费用\times除税系数\times各级维护次数）+临时故障排除费]\div耐用总台班$$

当维护费计算公式中各项数值难以确定时，也可按下式计算：

$$台班维护费=台班检修费\times K_W$$

式中　K_W——维护费系数，指维护费占检修费的百分数。

其中：

（1）各级维护一次费用应按施工机械的相关技术指标，结合编制期市场价格综合取定。

（2）各级维护次数应按施工机械的相关技术指标取定。

（3）临时故障排除费可按各级维护费用之和的百分数取定。

（4）替换设备及工具附具台班摊销费应按施工机械的相关技术指标，结合编制期市场价格综合取定。

（5）除税系数。除税系数是指考虑一部分维护可以考虑购买服务，从而需扣除维护费中包括的增值税进项税额，计算式为

$$除税系数=自行维护比例+委外维护比例/（1+税率）$$

自行维护比例、委外维护比例是指施工机械自行维护、委托专业修理修配部门维护占维护费比例。具体比值应结合本地区（部门）施工机械检修实际综合取定。税率按增值税修理修配劳务适用税率计取。

4）安拆费及场外运费的组成和确定

安拆费指施工机械在现场进行安装与拆卸所需的人工、材料、机械和试运转费用以及机械辅助设施的折旧、搭设、拆除等费用。场外运费指施工机械整体或分体自停放地点运至施工现场或由一施工地点运至另一施工地点的运输、装卸、辅助材料及架线等费用。

安拆费及场外运费根据施工机械不同分为计入台班单价、单独计算和不需计算三种类型。

（1）安拆简单、移动需要起重及运输机械的轻型施工机械，其安拆费及场外运费计入台班单价。安拆费及场外运费应按下式计算：

$$台班安拆费及场外运费=一次安拆费及场外运费\times年平均安拆次数\div年工作台班$$

其中，一次安拆费应包括施工现场机械安装和拆卸一次所需的人工费、材料费、机械费、安全监测部门的检测费及试运转费；一次场外运费应包括运输、装卸、辅助材料和回程等费用；年平均安拆次数按施工机械的相关技术指标，结合具体情况综合确定；运输距离均按平均 30 km 计算。

（2）单独计算的情况包括：

① 安拆复杂、移动需要起重及运输机械的重型施工机械，其安拆费及场外运费单独计算。

② 利用辅助设施移动的施工机械，其辅助设施（包括轨道和枕木）等的折旧、搭设和拆除等费用可单独计算。

（3）不需计算的情况包括：

① 不需安拆的施工机械，不计算一次安拆费。

② 不需相关机械辅助运输的自行移动机械，不计算场外运费。

③ 固定在车间的施工机械，不计算安拆费及场外运费。

④ 自升式塔式起重机、施工电梯安拆费的超高起点及其增加费，各地区、部门可根据具体情况确定。

5）人工费的组成及确定

人工费指机上司机（司炉）和其他操作人员的人工工资。按下列公式计算：

$$台班人工费=人工消耗量\times\{1+[（年制度工作日-年工作台班）\div 年工作台班]\}\times 人工单价$$

其中，人工消耗量指机上司机（司炉）和其他操作人员工日消耗量；年制度工作日应执行编制期国家有关规定；人工单价应执行编制期工程造价管理机构发布的信息价格。

注：此公式比较难理解，其实际就是一年中所有人工费的总额除以年工作台班数。

【例】某载重汽车配司机 1 人，当年制度工作日为 250 天，年工作台班为 230 台班，人工单价为 50 元。求该载重汽车的人工费为多少？

【解】

$$人工费=1\times[1+（250-230）\div 230]\times 50=54.35（元/台班）$$

注解做法：

一年的人工费总额 = 1 人 × 250 天 × 50 元/天

年工作台班 = 230 台班

台班人工费 = 250 × 50 ÷ 230 = 54.35（元/台班）

6）燃料动力费的组成和确定

燃料动力费是指施工机械在运转作业中所耗用的燃料及水、电等费用。计算公式为

$$台班燃料动力费=\sum（燃料动力消耗量\times 燃料动力单价）$$

其中，燃料动力消耗量应根据施工机械技术指标等参数及实测资料综合确定。可采用下式：

$$台班燃料动力消耗量=（实测数\times 4+定额平均值十调查平均值）/6$$

燃料动力单价应执行编制期工程造价管理机构发布的不含税信息价格。

7）其他费用的组成和确定

其他费用是指施工机械按照国家规定应缴纳的车船税、保险费及检测费等。其计算公式为

$$台班其他费=（年车船税+年保险费+年检测费）\div 年工作台班$$

其中，年车船税、年检测费应执行编制期国家及地方政府有关部门的规定。年保险费应执行编制期国家及地方政府有关部门强制性保险的规定，非强制性保险不应计算在内。

3.3.5　单位估价表

单位估价表是以货币形式确定一定计量单位某分部分项工程或结构构件之间直接工程费的计算表格文件。它是根据预算定额所确定的人工、材料、机械台班消耗数量乘以人工工资单价、材料预算价格、机械台班单价汇总而成的估价表。

预算定额基价一般通过编制单位估价表、地区单位估价表及设备安装价目表确定单价，用于编制施工图预算。在预算定额中列出的“预算价值”或“基价”，应视作该定额编制时的工程单价。

预算定额基价的编制方法有如下两种方式：

1. 工料单价

预算定额基价就是预算定额分项工程或结构构件的单价，包括人工费、材料费和施工机具台班使用费，也称工料单价。

分项工程预算定额基价＝定额人工费＋定额材料费＋定额机具使用费

式中：定额人工费＝∑（现行预算定额中人工工日用量×人工日工资单价）

定额材料费＝∑（现行预算定额中各种材料耗用量×相应材料单价）

定额机具使用费＝∑（现行预算定额中机械台班用量×机械台班单价）＋∑（仪器仪表台班用量×仪器仪表台班单价）

2. 全费用单价

预算定额全费用单价由人工费、材料费、施工机具使用费、费用、增值税组成。

分项工程预算基价＝定额人工费＋定额材料费＋定额机械费＋费用＋增值税

式中：定额人工费＝∑（分项工程定额用工量×地区综合平均日工资标准）

定额材料费＝∑（分项工程定额材料用量×相应材料预算价格）

定额机械费＝∑（分项工程定额机械台班使用量×相应机械台班预算单价）

其中，费用包括总价措施项目费、企业管理费、利润、规费。增值税是在一般计税法下按规定计算的销项税。

3.3.6　预算定额基价编制

为了便于确定各分部分项工程或结构构件的人工、材料和机械台班等的消耗指标及相应的价值货币表现的指标，将预算定额按一定的顺序汇编成册。这种汇编成册的预算定额，称为建筑工程预算定额手册。

1. 建筑工程预算定额手册的内容

建筑工程预算定额手册的内容由目录、总说明、建筑面积计算规则、分部分项工程说明及其相应的工程量计算规则、定额项目表和有关附录等组成。

（1）定额总说明：定额总说明中，概述了建筑工程预算定额的编制目的、指导思想、编制原则、编制依据、定额的适用范围和作用，以及有关问题的说明和使用方法。

（2）建筑面积计算规则：建筑面积计算规则严格、系统地规定了计算建筑面积内容范围和计算规则，这是正确计算建筑面积的前提条件，从而使全国各地区的同类建筑产品的计划价格有一个科学的可比性。

例如，对同一类型结构性质的建筑物，通过计算单位建筑面积造价，进行技术经济效果的分析和比较。

（3）分部工程说明：分部工程说明是建筑工程预算定额手册的重要内容。它介绍了分部工程定额中包括的主要分项工程以及使用定额的一些基本规定，并阐述了该分部工程中各分项工程的工程量计算规则和方法。

（4）分项工程表头：说明分项工程的工作内容及计量单位。

（5）分项工程定额项目表（如表 3.13）

（6）分章附录与总附录包括：施工机具价格取定表；混凝土、砂浆配合比表；材料名称规格及价格取定表。主要作为定额换算和编制补充预算定额的基本依据。

表 3.13　砖基础消耗量定额及全费用基价表

工作内容：清理基槽坑、调、运、铺砂浆、运、砌砖　　　　计量单位：$10\ m^3$

定额编号				A1-1
项　目				砖基础实心砖
				直形
全费用/元				6104.16
其中	人工费/元			1476.33
	材料费/元			2621.11
	机械费/元			44.96
	费　用/元			1356.84
	增值税/元			604.92
名　称		单位	单价/元	数量
人工	普　工	工日	92.00	2.511
	技　工	工日	142.00	5.021
	高级技工	工日	212.00	2.511
材料	混凝土实心砖 240×115×53	千块	295.18	5.288
	干混砌筑砂浆 DM M10	t	257.35	4.078
	水	m^3	3.39	1.650
	电【机械】	kW·h	0.75	6.842
机械	干混砂浆罐式搅拌机 20 000 L	台班	187.32	0.240

2. 预算定额的应用

1）定额的表现形式

《湖北省各专业消耗量定额及全费用基价表》（2018）定额章节划分是按施工程序以分部工

程划分章，以分项工程划分节，以结构部位、材料品种、机械类型、使用要求不同划分子目。

《湖北省各专业消耗量定额及全费用基价表》(2018)中的全费用由人工费、材料费、施工机具使用费、费用、增值税组成。

分项工程预算基价 = 定额人工费 + 定额材料费 + 定额机械费 + 费用 + 增值税

式中　　定额人工费 = ∑（分项工程定额用工量 × 地区综合平均日工资标准）

定额材料费 = ∑（分项工程定额材料用量 × 相应材料预算价格）

定额机械费 = ∑(分项工程定额机械台班使用量 × 相应机械台班预算单价)

其中，费用包括总价措施项目费、企业管理费、利润、规费。总价措施项目费、企业管理费、利润、规费计费基数为人工费与机械费之和。增值税是在一般计税法下按规定计算的销项税。

全费用基价按实时价格计算，在使用期是变化的，定额中的基价仅为参考。在编制预算时，必须根据工程造价管理部门发布的调价文件对固定的工程预算单价进行修正。如：按鄂建办〔2019〕93 号《关于调整湖北省建设工程计价依据的通知》，增值税税率调整为 9%，全费用基价中增值税需加以调整。

表 3.14　砖墙消耗量定额及全费用基价表

工作内容：调、运、铺砂浆、运、砌砖、安放木砖、垫块　　　　计量单位：10 m^3

定额编号				A1-2	A1-3	A1-4	A1-5
项　目				混水砖墙			
				1/4 砖	1/2 砖	3/4 砖	1 砖
全费用/元				10 699.52	8102.19	7966.45	6864.11
其中	人工费/元			3652.66	2315.69	2228.52	1688.88
	材料费/元			2686.21	2848.05	2883.94	2907.88
	机械费/元			22.48	37.09	40.65	42.71
	费用/元			3277.86	2098.44	2023.87	1544.41
	增值税/元			1060.31	802.92	789.47	680.23
名　称		单位	单价/元	数　量			
人工	普工	工日	92.00	6.212	3.938	3.790	2.872
	技工	工日	142.00	12.424	7.877	7.580	5.745
	高级技工	工日	212.00	6.212	3.938	3.790	2.872
材料	蒸压灰砂砖 240×115×53	千块	349.57	6.148	5.629	5.499	5.379
	干混砌筑砂浆 DM M10	t	257.35	2.038	3.363	3.677	3.932
	水	m^3	3.39	1.530	1.625	1.641	1.638
	其他材料费	%	—	0.180	0.18	0.180	0.180
	电【机械】	kW·h	0.75	3.421	5.645	6.187	6.500
机械	干混砂浆罐式搅拌机 20 000 L	台班	187.32	0.120	0.198	0.217	0.228

【例】计算表 3.14 中定额编码 A1-5 子目的人工费、材料费、机械费、费用、增值税及全费用定额基价。(注：① 对于定额中不便计量用量少、低值易耗的零星材料列为其他材料费，其计算基数不包括机械燃料动力费；② 按鄂建办〔2019〕93 号规定，增值税税率调整为 9%)

【解】

$$人工费 = 92 \times 2.872 + 142 \times 5.745 + 212 \times 2.872 = 1688.88(元)$$

$$材料费 = (349.57 \times 5.379 + 257.35 \times 3.932 + 3.39 \times 1.638) \times (1 + 0.0018) + 0.75 \times 6.5 = 2907.88(元)$$

$$机械费 = 187.32 \times 0.228 = 42.71(元)$$

费用包括总价措施项目费、企业管理费、利润、规费。查表知：总价措施项目费率为(13.64% + 0.7%)、企业管理费费率为 28.27%、利润率为 19.73%、规费费率为 26.85%

$$费用 = (1688.88 + 42.71) \times (13.64\% + 0.7\% + 28.27\% + 19.73\% + 26.85\%) = 1731.59 \times 89.19\% = 1544.41(元)$$

$$增值税 = (1688.88 + 2907.88 + 42.71 + 1544.41) \times 9\% = 556.55(元)$$

$$全费用定额基价 = 1688.88 + 2907.88 + 42.71 + 1544.41 + 556.55 = 6740.43(元)$$

2)工料分析

单位工程施工图预算的工料分析是根据单位工程各分部分项工程的工程量，运用消耗量定额，详细计算出一个单位工程的全部人工、材料、机械的消耗量的分解汇总过程，这一分解汇总过程就称为工料分析。

3)预算定额的直接套用

根据施工图设计要求及分项工程选用的做法来确定定额项目，当分项工程做法及工作内容与定额规定内容一致时可直接套用；否则，必须根据有关规定进行换算或补充。

【例】采用干混砌筑砂浆 DM M10 干混砂浆砌筑 24 砖墙 150 m^3，试依据表 3.14 中数据，计算完成该分项工程的分项工程费及主要材料的消耗量。

【解】(1)确定定额编号。查表得定额编号 A1-5。按鄂建办〔2019〕93 号规定，增值税税率调整为 9%，全费用基价需加以调整。

$$全费用定额基价 = (1688.88 + 2907.88 + 42.71 + 1544.41) \times (1 + 9\%) = 6740.43(元)$$

(2)计算该分项工程工程费

$$分项工程工程费 = 预算基价 \times 工程量 = 6740.43 \times 150/10 = 101\ 106.45(元)$$

(3)计算主要材料的消耗量

蒸压灰砂砖 240 × 115 × 53	$5.379 \times 150/10 = 80.685$(千块)
DM M10 干混砂浆	$3.932 \times 150/10 = 58.98$(t)
水	$1.638 \times 150/10 = 24.57$($m^3$)
电	$6.5 \times 150/10 = 97.5$(kW·h)

4）预算定额的换算

确定某一分项工程或结构构件预算价值时，如果施工图纸设计内容与套用相应定额项目内容不完全一致，就不能直接套用定额，则应按定额规定的范围、内容和方法对相应定额项目的基价和人工、材料、机械消耗量进行调整换算。换算后的定额项目应在定额编号的右下角标注一个“换”字，以示区别。预算定额的换算类型有：砂浆、混凝土强度等级不同时的换算；系数换算等。

定额的换算绝大多数均属于材料换算。一般情况下，材料换算时，人工费和机械费保持不变，仅换算材料费，而且在材料费的换算过程中，定额上的材料用量保持不变，仅换算材料的预算单价。

（1）砂浆、混凝土强度等级不同时的换算，实质是换价不换量。换算的步骤和方法：

① 从定额附录中，找出设计的分项工程项目与其相应定额规定相符，并需要进行换算的不同品种、强度等级的材料的单价。

② 计算两种不同材料单价的价差。

③ 从定额项目表中查出完成定额计量单位该分项工程需要换算的材料定额消耗量，以及该分项工程的材料费。

$$\text{换算后的定额材料费}=\text{换算前的定额材料费}+\text{定额消耗量}\times(\text{换入材料的单价}-\text{换出材料的单价})$$

或

$$\text{换算后的定额材料费}=\sum(\text{预算定额中各种材料耗用量}\times\text{相应材料单价})$$

④ 计算该分项工程换算的定额基价。

$$\text{换算后的定额基价}=(\text{换算前的定额人工费}+\text{换算后的定额材料费}+\text{换算前的定额机械费}+\text{换算前的定额费用})\times(1+\text{增值税率})$$

【例】某带型基础设计采用C25毛石混凝土浇捣，工程量为50 m^3，试依据表3.15中数据，计算完成该分项工程的分项工程费及主要材料的消耗量。按鄂建办〔2019〕93号规定，增值税税率调整为9%。已知C25预拌混凝土单价：358.45 元/m^3。

表3.15　现浇混凝土基础消耗量定额及全费用基价表

工作内容：混凝土浇筑、振捣、养护等。　　　　计量单位：10 m^3

定额编号		A2-1	A2-2	A2-3
项　目		垫层	带形基础	
			毛石混凝土	混凝土
全费用/元		4667.78	4399.35	4672.96
其中	人工费/元	419.54	400.19	387.24
	材料费/元	3411.48	3206.26	3477.25
	机械费/元	—	—	—
	费　用/元	374.19	356.93	345.38
	增值税/元	462.57	435.97	463.09

续表

定额编号				A2-1	A2-2	A2-3
名　称		单位	单价/元	数量		
人工	普　工	工日	92	2.015	1.922	1.860
	技　工	工日	142	1.649	1.573	1.522
材料	预拌混凝土 C15	m^3	329.32	10.100	—	—
	预拌混凝土 C20	m^3	341.94	—	8.673	10.100
	塑料薄膜	m^2	1.47	47.775	12.012	12.590
	水	m^3	3.39	3.950	0.930	1.009
	毛石综合	m^3	79.33	—	2.752	—
	电	kW · h	0.75	2.310	1.980	2.310

【解】（1）确定定额编号。查表得定额编号 A2-2，可知 C20 预拌混凝土单价为 341.94 元/m^3，混凝土的定额用量为 8.673 m^3。

换算后的定额材料费 = 换算前的定额材料费 + 定额消耗量 ×（换入材料的单价 − 换出材料的单价）

= 3206.26 + 8.673 ×（358.45 − 341.94）= 3349.45（元）

换算后的定额基价 =（换算前的定额人工费 + 换算后的定额材料费 + 换算前的定额机械费 + 换算前的定额费用）×（1 + 增值税率）

=（400.19 + 3349.45 + 0 + 356.93）×（1 + 9%）

= 4476.16（元）

（2）计算分项工程工程费。

分项工程工程费 = 换算后的定额基价 × 工程量/定额计量单位

= 4476.16 × 50/10 = 22 380.80（元）

（3）计算主要材料的消耗量。

预拌混凝土 C25：　8.673 × 50/10 = 80.685（千块）

塑料薄膜：　12.012 × 50/10 = 60.06（m^2）

水：　0.93 × 50/10 = 4.65（m^3）

毛石综合：　2.752 × 50/10 = 13.76（m^3）

电：　1.98 × 50/10 = 9.9（kW · h）

【例】采用干混砌筑砂浆 DM M20 干混砂浆砌筑 24 砖墙 150 m^3，试依据表 3.15 中数据，计算完成该分项工程的分项工程费。DM M20 干混砂浆单价为 290.69 元/m^3。（注：① 对于定额中不便计量用量少、低值易耗的零星材料列为其他材料费，其计算基数不包括机械燃料动力费；② 按鄂建办〔2019〕93 号规定，增值税税率调整为 9%）

【解】（1）确定定额编号。查表得定额编号 A1-5。

换算后的定额材料费 = ∑（预算定额中各种材料耗用量 × 相应材料单价）

=（349.57 × 5.379 + 257.35 × 3.932 + 3.39 × 1.638）×（1 + 0.0018）+ 0.75 × 6.5 = 3039.21 元

换算后的定额基价 =（换算前的定额人工费 + 换算后的定额材料费 + 换算前的定额机械费 + 换算前的定额费用）×（1 + 增值税率）

=（1688.88 + 3039.21 + 42.71 + 1544.41）×（1 + 9%）

= 6883.58

（2）计算该分项工程工程费。

分项工程工程费 = 换算后的定额基价 × 工程量/定额计量单位

= 6883.58 × 50/10 = 34 417.89 元

（3）计算主要材料的消耗量。

蒸压灰砂砖 240 × 115 × 53：5.379 × 150/10 = 80.685（千块）

DM M10 干混砂浆：3.932 × 150/10 = 58.98（t）

水：1.638 × 150/10 = 24.57（m^3）

电：6.5 × 150/10 = 97.5（kW.h）

（2）系数换算。

为适应定额基价的不同需求，《湖北省各专业消耗量定额及全费用基价表》（2018）定额总说明及各分部说明中规定了某些情况下换算的系数。

例如，土方工程定额说明中规定：土方项目按干土编制。人工挖、运湿土时，相应项目人工乘以系数 1.18；机械挖、运湿土时，相应项目人工、机械乘以系数 1.15。采取降水措施后，人工挖、运土相应项目人工乘以系数 1.09，机械挖、运土不再乘以系数。

楼地面工程定额说明中规定：弧形踢脚线、楼梯段踢脚线按相应项目人工、机械乘以系数 1.15。

施工机械台班单价中燃料动力费并入材料中，材料数量调整时，不调整燃料动力材料数量；机械台班数量调整时，同步调整燃料动力材料数量。

【例】某弧形墙贴 120 mm 高块料踢脚线，工程量为 30 m^2，根据表 3.16 中的数据，计算该踢脚线的工程费用。

表 3.16　踢脚线消耗量定额及全费用基价表

工作内容：1. 清理基层、调运砂浆、抹面、压光、养护。

2. 基层清理、底层抹灰、面层铺贴、净面。

计量单位：100 m^2

定额编号		A9-102	A9-103	A9-104
项　目		踢脚线		
		干混砂浆	石材	陶瓷地面砖
全费用/元		6461.93	22 526.33	12 960.94
其中	人工费/元	3035.83	4024.36	4349.1
	材料费/元	1305.11	14351.25	5263
	机械费/元	79.61	74.93	74.93
	费　用/元	1401.01	1843.45	1989.49
	增值税/元	640.37	2232.34	1284.42

续表

定额编号				A9-102	A9-103	A9-104
名　称		单位	单价/元	数　量		
人工	普　工	工日	92	7.983	4.923	5.32
	技　工	工日	142	16.207	8.615	9.31
	高级技工	工日	212	—	11.076	11.97
材料	干混地面砂浆 DSM15	t	295.81	4.335	—	—
	天然石材饰面板	m^2	136.9	—	104	—
	陶瓷地砖综合	m^2	49.63	—	—	104
	白水泥	kg	0.53	—	14.28	14.28
	胶黏剂 DTA 砂浆	m^3	425.96	—	0.102	0.102
	棉纱	kg	10.27	—	1	1
	锯木屑	m^3	15.4	—	0.6	0.6
	石料切割锯片	片	26.97	—	0.67	0.302
	水	m^3	3.39	4.038	2.2	2.2
	电	kW·h	0.75	—	12.06	9.06
	电【机械】	kW·h	0.75	12.117	11.404	11.404
机械	干混砂浆罐式搅拌机 20 000 L	台班	187.32	0.425	0.4	0.4

【解】（1）确定定额编号。查表得定额编号 A9-104。定额中没弧形踢脚线定额子目，可参照直形踢脚线定额子目，定额子目人工、机械乘以系数 1.15 的系数加以调整。

调整后人工费 = 4349.1 × 1.15 = 5001.47（元）

调整后材料费 = 5263 − 11.404 × 0.75 + 11.404 × 0.75 × 1.15 = 5264.28（元）

调整后机械费 = 74.93 × 1.15 = 86.17（元）

费用包括总价措施项目费、企业管理费、利润、规费。查表知总价措施项目费（5.39% + 0.60%）、企业管理费费率 14.19%、利润率 14.64%、规费费率 10.15%；

调整后费用 =（5001.47 + 86.17）×（5.39% + 0.60% + 14.19% + 14.64% + 10.15%）

= 5087.64 × 44.97% = 2287.91（元）

调整后增值税 =（5001.47 + 5264.28 + 86.17 + 2287.91）× 9% = 1137.58（元）

调整后全费用定额基价 = 5001.47 + 5264.28 + 86.17 + 2287.91 + 1137.58

= 13 777.41（元）

（2）计算该分项工程工程费。

分项工程工程费 = 调整后全费用定额基价 × 工程量

= 13 777.41 × 30/100 = 4133.22（元）

（3）计算主要材料的消耗量。

陶瓷地砖：	$104 \times 30/100 = 31.2$（m^2）
白水泥：	$14.28 \times 30/100 = 4.284$（kg）
胶粘剂 DTA 砂浆：	$0.102 \times 30/100 = = 0.031$（$m^3$）
水：	$2.2 \times 30/100 = 0.66$（m^3）
电：	$9.06 \times 30/100 = 2.718$（kW·h）
电（机械）：	$11.404 \times 1.15 \times 30/100 = 3.935$（kW·h）

3.4 概算定额

3.4.1 概算定额的概念

概算定额，是在预算定额基础上，确定完成合格的单位扩大分项工程或单位扩大结构构件所需消耗的人工、材料和施工机械台班的数量标准及其费用标准。概算定额又称扩大结构定额。

概算定额是预算定额的综合与扩大。它将预算定额中有联系的若干个分项工程项目综合为一个概算定额项目。如钢筋混凝土矩形柱定额项目，综合了钢筋、混凝土、模板等预算定额中分项工程项目。

概算定额与预算定额的相同之处在于，它们都是以建（构）筑物各个结构部分和分部分项工程为单位表示的，内容也包括人工、材料和机械台班使用量定额三个基本部分，并列有基准价。概算定额表达的主要内容、表达的主要方式及基本使用方法都与预算定额相近。

概算定额与预算定额的不同之处，在于项目划分和综合扩大程度上的差异，同时，概算定额主要用于设计概算的编制。由于概算定额综合了若干分项工程的预算定额，因此使概算工程量计算和概算表的编制，都比编制施工图预算简化一些。

3.4.2 概算定额的作用

从 1957 年我国开始在全国试行统一的《建筑工程扩大结构定额》之后，各省、自治区、直辖市根据本地区的特点，相继编制了本地区的概算定额。概算定额和概算指标由省、自治区、直辖市在预算定额基础上组织编写，分别由主管部门审批。

概算定额主要作用如下：

（1）概算定额是初步设计阶段编制概算、扩大初步设计阶段编制修正概算的主要依据。

（2）概算定额是对设计项目进行技术经济分析比较的基础资料之一。

（3）概算定额是建设工程主要材料计划编制的依据。

（4）概算定额是控制施工图预算的依据。

（5）概算定额是施工企业在准备施工期间，编制施工组织总设计或总计划时，对生产要素提出需要量计划的依据。

（6）概算定额是工程结束后，进行竣工决算和评价的依据。
（7）概算定额是编制概算指标的依据。

3.4.3 概算定额的编制原则、依据和步骤

1. 概算定额的编制原则

概算定额应该贯彻社会平均水平和简明适用的原则。概算定额和预算定额都是工程计价的依据，应符合价值规律和反映现阶段大多数企业的设计、生产及施工管理水平。但在概预算定额水平之间应保留必要的幅度差。概算定额的内容和深度是以预算定额为基础的综合和扩大。在合并中不得遗漏或增减项目，以保证其严密和正确性。概算定额务必达到简化、准确和适用。

2. 概算定额的编制依据

由于概算定额的使用范围不同，其编制依据也略有不同。其编制依据一般有以下几种：
（1）现行的设计规范、施工验收技术规范和各类工程预算定额。
（2）具有代表性的标准设计图纸和其他设计资料。
（3）现行的人工工资标准、材料价格、机械台班单价及其他的价格资料。

3. 概算定额的编制步骤

概算定额的编制步骤与预算定额的编制步骤大体是一致的。包括准备阶段、定额初稿编制、征求意见、审查、批准发布五个步骤。在其定额初稿编制过程中，首先，需要根据已经确定的编制方案和概算定额项目，收集和整理各种编制依据；然后，对各种资料进行深入细致的测算和分析，确定人工、材料和机具台班的消耗量指标；最后，编制概算定额初稿。概算定额水平与预算定额水平之间应有一定的幅度差，幅度差一般在5%以内。

3.4.4 概算定额手册的内容与编制

按专业特点和地区特点编制的概算定额手册，内容基本上是由文字说明、定额项目表和附录三个部分组成。

1. 概算定额的内容与形式

1）文字说明部分

文字说明部分有总说明和分部工程说明。在总说明中，主要阐述概算定额的性质和作用、概算定额编纂形式和应注意的事项、概算定额编制目的和使用范围、有关定额的使用方法的统一规定。

2）定额项目表

定额项目表主要包括以下内容：

（1）定额项目的划分。

概算定额项目一般按以下两种方法划分：一是按工程结构划分：一般是按土石方、基础、墙、梁板柱、门窗、楼地面、屋面、装饰、构筑物等工程结构划分。二是按工程部位（分部）划分：一般是按基础、墙体、梁柱、楼地面、屋盖、其他工程部位等划分，如基础工程中包括了砖、石、混凝土基础等项目。

（2）定额项目表。

定额项目表是概算定额手册的主要内容，由若干分节定额组成。各节定额有工程内容、定额表及附注说明组成。定额表中列有定额编号、计量单位、概算价格、人工、材料、机具台班消耗量指标，综合了预算定额的若干项目与数量。表 3.17 为某现浇钢筋混凝土矩形柱概算定额。

表 3.17 现浇钢筋混凝土矩形柱（商品混凝土）概算定额表

工程内容：模板制作、安装、拆除，钢筋制作、安装，

混凝土浇捣、抹灰、刷浆　　计量单位：1 m^3

定额编号				3-100
项　目				现浇钢筋混凝土矩形柱商品混凝土
定额基价/元				1467.6
其中	人工费/元			523.13
	材料费/元			919.74
	机械费/元			24.73
名称		单位	单价/元	数量
综合工日		工日	30	6.975
材料	预拌混凝土 C20 碎石 20 mm	m^3	290	1.015
	圆钢 $\phi 8$	t	0.0156	2600
	螺纹钢 $\phi 20$	t	0.01	2700
	螺纹钢 $\phi 25$	t	0.143	2700
	支撑钢管及扣件	kg	6.5528	3.59
	模板板方材	m^3	0.0252	1350
	九夹板模板	m^2	2.5272	36.7
	材料费调整	元	1	20.67
	机械费调整	元	1	24.73

注：本表摘自《湖北省建筑工程概算定额统一基价表（2006）》。

2. 概算定额应用规则

概算定额应用规则为：

（1）符合概算定额规定的应用范围。

（2）工程内容、计量单位及综合程度应与概算定额一致。

（3）必要的调整和换算应严格按定额的文字说明和附录进行。

（4）避免重复计算和漏项。

（5）参考预算定额的应用规则。

3. 概算定额基价的编制

概算定额基价和预算定额基价一样，都只包括人工费、材料费和机具费，是通过编制扩大单位估价表所确定的单价，用于编制设计概算。概算定额基价和预算定额基价的编制方法相同，单价均为不含增值税进项税额的价格。概算定额基价计算公式如下：

$$概算定额基价=人工费+材料费+机具费$$

式中

$$人工费=\sum(现行概算定额中人工工日消耗量\times人工单价)$$

$$材料费=\sum(现行概算定额中材料消耗量\times相应材料单价)$$

$$机械费=\sum(现行概算定额中机械台班消耗量\times相应机械台班单价)+\sum(仪器仪表台班用量\times仪器仪表台班单价)$$

3.5 概算指标

3.5.1 概算指标的概念及其作用

建筑安装工程概算指标通常是以单位工程为对象，以建筑面积、体积或成套设备装置的台或组为计量单位而规定的人工、材料、机具台班的消耗量标准和造价指标。

从上述概念中可以看出，建筑安装工程概算定额与概算指标的主要区别如下：

1. 确定各种消耗量指标的对象不同

概算定额是以单位扩大分项工程或单位扩大结构构件为对象，而概算指标则是以单位工程为对象。因此概算指标比概算定额更加综合与扩大。

2. 确定各种消耗量指标的依据不同

概算定额以现行预算定额为基础，通过计算之后才综合确定出各种消耗量指标，而概算指标中各种消耗量指标的确定，则主要来自各种预算或结算资料。

概算指标和概算定额、预算定额一样，都是与各个设计阶段相适应的多次性计价的产物，它主要用于初步设计阶段，其作用主要有：

（1）概算指标可以作为编制投资估算的参考。

（2）概算指标是初步设计阶段编制概算书，确定工程概算造价的依据。

（3）概算指标中的主要材料指标可以作为计算主要材料用量的依据。

（4）概算指标是设计单位进行设计方案比较、设计技术经济分析的依据。

（5）概算指标是编制固定资产投资计划，确定投资额和主要材料计划的主要依据。

（6）概算指标是建筑企业编制劳动力、材料计划实行经济核算的依据。

3.5.2 概算指标的分类和表现形式

1. 概算指标的分类

概算指标可分为两大类，一类是建筑工程概算指标，另一类是设备及安装工程概算指标。

建筑工程概算指标包括：一般土建工程概算指标、给排水工程概算指标、采暖工程概算指标、通信工程概算指标、电气照明工程概算指标。

设备及安装工程概算指标包括：机械设备及安装工程概算指标、电气设备及安装工程概算指标、工器具及生产家具购置费概算指标。

2. 概算指标的组成内容及表现形式

1）概算指标的组成内容

概算指标的组成内容一般分为文字说明和列表形式两部分，以及必要的附录。

（1）总说明和分册说明。

总说明和分册说明内容一般包括：概算指标的编制范围、编制依据、分册情况、指标包括的内容、指标未包括的内容、指标的使用方法、指标允许调整的范围及调整方法等。

（2）列表形式包括：

① 建筑工程列表形式。

房屋建筑、构筑物一般是以建筑面积、建筑体积、“座”、“个”等为计算单位，附以必要的示意图，示意图画出建筑物的轮廓示意或单线平面图，列出综合指标：“元/平方米”或“元/立方米”，自然条件（如地耐力、地震烈度等），建筑物的类型、结构形式及各部位中结构主要特点，主要工程量。

② 设备及安装工程的列表形式。

设备以“吨”或“台”为计算单位，也可以设备购置费或设备原价的百分比表示；工艺管道一般以“吨”为计算单位；通信电话站安装以“站”为计算单位。列出指标编号、项目名称、规格、综合指标（元/计算单位），之后一般还要列出其中的人工费，必要时还要列出主要材料费、辅材费。

总体来讲建筑工程列表形式分为以下几个部分：

① 示意图。表明工程的结构，工业项目还表示出吊车及起重能力等。

② 工程特征。对采暖工程特征应列出采暖热媒及采暖形式；对电气照明工程特征可列出建筑层数、结构类型、配线方式、灯具名称等；对房屋建筑工程特征，主要对工程的结构形式、层高、层数和建筑面积进行说明。

③ 经济指标。说明该项目每 100 m^2 的造价指标及其土建、水暖和电气照明等单位工程的相应造价。

④ 构造内容及工程量指标。说明该工程项目的构造内容和相应计算单位的工程量指标及人工、材料消耗指标。

2）概算指标表现形式

概算指标在具体内容的表示方法上，分综合指标和单项指标两种形式。

（1）综合概算指标。

综合概算指标是按照工业或民用建筑及其结构类型而制定的概算指标。综合概算指标的概括性较大，其准确性、针对性不如单项指标。

（2）单项概算指标。

单项概算指标是指为某种建筑物或构筑物而编制的概算指标。单项概算指标的针对性较强，故指标中对工程结构形式要做介绍。只要工程项目的结构形式及工程内容与单项指标中的工程概况相吻合，编制出的设计概算就比较准确。

表 3.18～表 3.20 为××住宅小区建筑安装造价指标，作为单项概算指标示例。

表 3.18　××住宅小区工程概况

工程名称	某住宅小区	建设地点	××	造价类别	结　算
总建筑面积	67 695.33 m^2	其中地下室建筑面积	14 188.21 m^2	层数	地上 11 层，地下 1 层
结构类型	框架	工程类别	民用三类	房屋高度	36 m
开工日期	2013 年	竣工日期	2015 年 9 月	编（审）日期	××年 2 月
工程主要特征	建筑工程	建筑物功能：住宅。 结构特征： 桩基：采用 ϕ600 钻孔灌注桩。 土石方：机械挖土深度 6 米以内，原土及塘渣回填。 基　础：承台及基础梁混凝土强度为 C35 商品混凝土。 柱梁板：混凝土强度为 C30 商品混凝土。 圈过梁及其他：混凝土强度 C25 商品混凝土。 砌筑：外墙为 240 厚混凝土多孔砖，M10 水泥砂浆砌筑；内墙为 120 厚/240 厚砌黏土多孔砖墙。 平屋面：40 厚 C25 细石混凝土随捣随抹（内配双向 ϕ6@150×150 钢筋网）；挤塑聚苯板 B1 级保温层；1.5 厚 PET 聚酯复合单面自粘防水卷材，纯水泥浆一道，20 厚 1∶3 水泥砂浆找平层；最薄处 30 厚泡沫混凝土找坡层；1.5 厚 JS 防水涂料。 瓦屋面：小青瓦屋面基层灰泥浆；40 厚 C15 细石混凝土随捣随抹（内配双向 ϕ6@500×500 钢筋网）；挤塑聚苯板保温层；防水卷材为 1.5 厚聚氨酯＋1.5 厚防水涂料；20 厚 1∶3 水泥砂浆找平层；钢筋混凝土 屋面板；20 厚水泥砂浆找平。 装饰标准： 楼地面：① 30 厚 C20 细石混凝土表面撒干拌 1∶2 水泥砂浆随到随抹光，水泥浆一道（内掺建筑胶）。 ② 20 厚花岗岩水泥浆擦缝，20 厚 1∶3 干硬性水泥浆结合层，表面撒干水泥粉，水泥浆一道。 外墙面：① 真石漆，柔性耐水腻子，5 厚抗裂砂浆网格布；无机轻集料保温砂浆；10 厚水泥防水砂浆找平层；② 5 厚界面砂浆；米黄色外墙涂料，柔性耐水腻子，10 厚水泥防水砂浆找平层，5 厚界面砂浆。 内墙面：白色内墙涂料饰面；8 厚 1∶0.3∶2.5 水泥石灰膏砂浆罩面；12 厚 1∶1∶4 水泥石灰膏砂浆找平；钢筋混凝土梁柱与砖墙交界处挂 250 mm 宽钢丝网。 天棚面：10 厚 1∶2 水泥砂浆打底抹面，素水泥浆一道（内掺建筑胶）。 门窗：防火门、进户门、断热铝合金门窗、铝合金百叶窗。			
	安装工程	给排水：集水井排水（镀锌钢管）、户内给水（PPR 管）、普通排水（螺旋消音、UPVC）及雨水（UPVC）系统。 电气：照明和动力供配电，电线电缆及照明灯具。 消防水：消火栓系统。 消防电：消火栓按钮			

表 3.19　工程造价指标

项　目		造价/元	每平方米造价/（元/m²）	占总造价比例/%
总造价		148 769 054	2197.63	100
建筑工程造价		124 849 866	1844.29	83.92
其中	桩基	16 574 414	244.84	11.14
	建筑	108 275 452	1599.45	72.78
安装工程造价		13 796 705	203.81	9.27
其中	太阳能	2 171 039	32.07	1.46
	消防	3 386 254	50.02	2.28
	智能化	1 592 816	23.53	1.07
	水电	6 646 596	98.18	4.47
室外工程		10 122 483	149.53	6.80

说明：表中每平方米造价＝相应项目造价÷总建筑面积。

表 3.20　人工和主要材料指标

项　目	单位	耗用量	每平方米耗用量
1. 建筑工程			
人工	工日	220 812	3.26
钢筋	kg	4 586 000	67.74
水泥	kg	1 430 434	21.13
商品混凝土	m^3	26 107	0.39
混凝土实心砖	块	1 025 000	15.14
混凝土多孔砖	块	2 181 000	32.22
蒸压砂加气混凝土砌块	m^3	1 297	0.02
砂	t	10 336	0.15
碎石	t	4 840	0.07
2. 安装工程			
人工	工日	32 122	0.47

说明：表中每平方米耗用量＝相应工料耗用量÷总建筑面积。

表 3.21 建筑工程费用构成比例及主要工程量指标

<table>
<tr><th colspan="4">直接费构成比例</th><th colspan="4">主要工程量指标</th></tr>
<tr><th colspan="2">分部名称</th><th>分部直接费/元</th><th>占直接费比例/%</th><th>项 目</th><th>单位</th><th>工程量</th><th>每平方米工程量</th></tr>
<tr><td colspan="2">土石方工程</td><td>3 591 657</td><td>3.60</td><td>土（石）方</td><td>m^3</td><td>86 340</td><td>1.28</td></tr>
<tr><td colspan="2">打桩工程</td><td>16 574 414</td><td>16.59</td><td>ϕ600 钻孔灌注桩</td><td>m^3</td><td>12 773</td><td>0.19</td></tr>
<tr><td colspan="2">基础及垫层</td><td>5 208 871</td><td>5.21</td><td>基础及垫层</td><td>m^3</td><td>11 134</td><td>0.16</td></tr>
<tr><td colspan="2">砖石工程</td><td>3 841 744</td><td>3.85</td><td>砖墙砌体</td><td>m^3</td><td>19 423</td><td>0.29</td></tr>
<tr><td colspan="2" rowspan="2">混凝土及钢筋混凝土工程</td><td rowspan="2">39 957 363</td><td rowspan="2">40.00</td><td>混凝土柱墙梁板结构</td><td>m^3</td><td>26 107</td><td>0.39</td></tr>
<tr><td>钢筋</td><td>t</td><td>4586</td><td>0.07</td></tr>
<tr><td colspan="2">屋面工程</td><td>2 823 625</td><td>2.83</td><td>屋面</td><td>m^2</td><td>7995</td><td>0.12</td></tr>
<tr><td colspan="2">措施项目</td><td>2 802 336</td><td>2.81</td><td></td><td></td><td></td><td></td></tr>
<tr><td colspan="2" rowspan="2">楼地面工程</td><td rowspan="2">3 227 069</td><td rowspan="2">3.23</td><td>楼地面（细石混凝土）</td><td>m^2</td><td>64 909</td><td>0.96</td></tr>
<tr><td>楼地面（块料）</td><td>m^2</td><td>1270</td><td>0.02</td></tr>
<tr><td rowspan="2">墙柱面工程</td><td>外墙柱面</td><td>2 526 197</td><td>2.53</td><td>外墙柱面（保温、抹灰）</td><td>m^2</td><td>74 796</td><td>1.10</td></tr>
<tr><td>内墙柱面</td><td>2 122 471</td><td>2.12</td><td>内墙柱面（保温、抹灰）</td><td>m^2</td><td>104 745</td><td>1.55</td></tr>
<tr><td colspan="2">天棚工程</td><td>1 058 247</td><td>1.06</td><td>天棚（抹灰）</td><td>m^2</td><td>27 000</td><td>0.40</td></tr>
<tr><td colspan="2" rowspan="4">门窗工程</td><td rowspan="4">6 709 956</td><td rowspan="4">6.72</td><td>防火门</td><td>m^2</td><td>991</td><td>0.01</td></tr>
<tr><td>进户门</td><td>m^2</td><td>3129</td><td>0.05</td></tr>
<tr><td>铝合金百叶窗</td><td>m^2</td><td>676</td><td>0.01</td></tr>
<tr><td>断热铝合金门窗</td><td>m^2</td><td>7660</td><td>0.11</td></tr>
<tr><td colspan="2" rowspan="3">油漆涂料工程</td><td rowspan="3">5 623 904</td><td rowspan="3">5.63</td><td>外墙真石漆</td><td>m^2</td><td>31 784</td><td>0.47</td></tr>
<tr><td>外墙涂料</td><td>m^2</td><td>27 719</td><td>0.41</td></tr>
<tr><td>内墙涂料</td><td>m^2</td><td>50 553</td><td>0.75</td></tr>
<tr><td colspan="2">其他工程</td><td>3 825 142</td><td>3.83</td><td></td><td></td><td></td><td></td></tr>
<tr><td colspan="2">合 计</td><td>99 892 996</td><td>100</td><td></td><td></td><td></td><td></td></tr>
</table>

说明：表中每平方米工程量＝相应工程量÷总建筑面积。

3.5.3 概算指标的编制

1. 概算指标的编制依据

概预算指标的编制依据有：

（1）标准设计图纸和各类工程典型设计。

（2）国家颁布的建筑标准、设计规范、施工规范等。

（3）现行的概算定额和预算定额及补充定额。

（4）人工工资标准、材料预算价格、机具台班预算价格及其他价格资料。

2. 概算指标的编制步骤

以房屋建筑工程为例，概算指标可按以下步骤进行编制：

（1）首先成立编制小组，拟订工作方案，明确编制原则和方法，确定指标的内容及表现形式，确定基价所依据的人工工资单价、材料预算价格、机械台班单价。

（2）收集整理编制指标所必需的标准设计、典型设计以及有代表性的工程设计图纸，设计预算等资料，充分利用有使用价值的已经积累的工程造价资料。

（3）编制阶段主要是选定图纸，并根据图纸资料计算工程量和编制单位工程预算书，以及按着编制方案确定的指标项目对照人工及主要材料消耗指标，填写概算指标的表格。

（4）最后经过核对审核、平衡分析、水平测算、审查定稿。

【习题】

一、单项选择题

1. 根据现行建筑安装工程费用项目组成规定，下列费用项目属于按造价形成划分的是（　　）。

A. 人工费　　B. 企业管理费

C. 利润　　D. 税金

2. 根据现行的建筑安装工程费用项目组成规定，下列关于施工企业管理费中工具用具使用费的说法正确的是（　　）。

A. 指企业管理使用，而非施工生产使用的工具用具使用费

B. 指企业施工生产使用，而非企业管理使用的工具用具使用费

C. 采用一般计税方法时，工具用具使用费中的增值税进项税额可以抵扣

D. 包括各类资产标准的工具用具的购置、维修和摊销费用

3. 某材料原价为300元/吨，运杂费及运输损耗费台计为50元/吨，采购及保管费费率3%，则该材料预算单价为（　　）元/吨。

A. 350.0　　B. 359.0

C. 360.5　　D. 360.8

4. 关于施工机械台班单价的确定，下列表述式正确的是（　　）。

A. 台班折旧费 = 机械原值 ×（1 − 残值率）/ 耐用总台班

B. 耐用总台班 = 检修间隔台班 ×（检修次数 + 1）

C. 台班检修费 = 一次检修费 × 检修次数/耐用总台班

D. 台班维护费 = Σ（各级维护一次费用 × 各级维护次数）/耐用总台班

5. 编制某分项工程预算定额人工工日消耗量时，已知基本用工，辅助用工、超运距用工分别为 20 工日、2 工日、3 工日，人工幅度差系数为 10%，则该分项工程单位人工工日消耗量为（　　）工日。

A. 27.0　　B. 27.2

C. 27.3　　D. 27.5

6. 关于预算定额消耗量的确定方法，下列表述正确的是（　　）。

A. 人工工日消耗量由基本用工量和辅助用工量组成

B. 材料消耗量 = 材料净用量/1 – 损耗率

C. 机械幅度差包括了正常施工条件下，施工中不可避免的工序间歇

D. 机械台班消耗量 = 施工定额机械台班消耗量/1 – 机械幅度差

7. 某大型施工机械预算价格为 5 万元，机械耐用总台班为 1250 台班，大修理周期数为 4 次，一次大修理费用为 2000 元，经常修理费系数为 60%，机上人工费和燃料动力费为 60 元/台班。不考虑残值和其他有关费用，则该机械台班单价为（　　）元/台班。

A. 107.68　　B. 110.24

C. 112.80　　D. 52.80

8. 完成某分部分项工程 1 m^3 需基本用工 0.5 工日，超运距用工 0.05 工日，辅助用工 0.1 工日。如人工幅度差系数为 10%，则该工程预算定额人工工日消耗量为（　　）工日/10 m^3。

A. 6.05　　B. 5.85

C. 7.00　　D. 7.15

9. 某挖掘机械挖二类土方的台班产量定额为 100 m^3/台班。当机械幅度差系数为 20%时。该机械挖二类土方 1000 m^3 预算定额的台班耗用量应为（　　）台班。

A. 8.0　　B. 10.0

C. 12.0　　D. 12.5

10. 下列材料损耗，应计入预算定额材料损耗量的是（　　）。

A. 场外运输损耗　　B. 工地仓储损耗

C. 一般性检验鉴定损耗　　D. 施工加工损耗

11. 关于工程计价定额的概算指标，下列说法正确的是（　　）。

A. 概算指标通常以分部工程为对象

B. 概算指标中各种消耗量指标的确定，主要来自预算或结算资料

C. 概算指标的组成内容一般分为列表形式和必要的附录两部分

D. 概算指标的使用及调整方法，一般在附录中说明

12. 关于建筑安装工程费用中建筑业增值税的计算，下列说法中正确的是（　　）。

A. 当事人可以自主选择一般计税法或简易计税法计税

B. 一般计税法，简易计税法中的建筑业增值税税率均为 11%

C. 采用简易计税法时，税前造价不包含增值税的进项税额

D. 采用一般计税法时，税前造价不包含增值税的进项税额

二、多项选择题

关于概算定额与预算定额，下列说法正确的有（　　）。

A. 概算定额的主要内容、主要方式及基本使用方法与预算定额相近

B. 概算定额与预算定额的不同之处，在于项目划分和综合扩大程度上的差异

C. 概算定额是确定概算指标中各种消耗量的依据

D. 概算定额与预算定额之间的水平差一般在 10%左右

E. 概算定额项目可以按工程结构划分，也可以按工程部位划分

三、简答题

1. 简述建筑安装工程费用的构成。

2. 简述预算定额的概念、性质、编制原则。

3. 简述人工工日单价的概念及组成内容。

4. 简述材料预算单价的概念及组成内容。

5. 简述机械台班单价的概念及组成内容。

6. 简述单位工程估价表的概念。

7. 简述概算定额的概念、性质、编制原则。

8. 简述概算指标的概念、性质、编制原则。

9. 简述预算定额的应用。

四、计算题

1. 某建筑工程的造价组成见下表，求该工程的含税造价。

名　称	人工费/万元	材料费/万元	机具使用费/万元	费用/万元	增值税
金额及费率	800	3450	1600	750	9%
说　明		含税，可抵扣综合进项税率为 13%	不含税	—	—

2. 某建设项目材料从两个地方采购（适用 13%增值税率），原价、运杂费皆为含税价，且材料采取“一票制”支付方式，求该材料的单价。

来源地	采购量/t	出厂价/（元/吨）	运杂费/（元/吨）	运输损耗率	采购及保管费费率
A	200	300	25	0.5%	3%
B	250	320	20	0.4%	3.5%

3. 某市政工程需砌筑一段毛石护坡，拟采用 DM M15 水泥砂浆砌筑。根据甲、乙双方商定，工程单价的确定方法是，首先现场测定每 10 m^3 砌体人工工日、材料、机械台班消耗指标，并将其乘以相应的当地价格确定。各项测定能数如下：

（1）砌筑 1 m^3 毛石砌体需工时参数为：基本工作时间为 12.6 h（折算为一人工作）；辅助

工作时间为工作延续时间为工作延续时间的 2%休息时间为工作延续时间的 18%，人工幅度差系数为 10%。

（2）砂筑 1 m^3 毛石砌体需各种材料净用量为：毛石 0.72 m^3，DM M15 水泥砂浆 0.2 m^3，水 75 m^3。毛石和砂浆的损耗率分别为 20%、8%。

（3）砌筑 1 m^3 毛石砌体需 200 L 砂浆搅拌机 0.5 台班，机械幅度差为 15%。

请回答以下问题：

（1）试确定该砌体工程的人工时间定额和产量定额。

（2）假设当地人工日工资标准为 120 元/工日；毛石单价为 100 元/立方米；DM M15 水泥砂浆单价为 250 元/m^3；水单位为 2.5 元/立方米；其他材料费为毛石、水泥砂浆和水费用 2%。200 L 砂浆搅拌机台班费为 150 元/台班。试确定每 10 m^3 砌体的单价。

4. 采用干混砌筑砂浆 DM M15 干混砂浆砌筑 24 砖墙 200 m^3，试计算完成该分项工程的分项工程费及主要材料消耗量。

4 建筑工程计价原理

4.1 工程计价方法简述

在计划经济时代，我国一直以预算定额为依据，采用定额计价方法来确定工程造价。这种方法从产生到完善的数十年中，对国内的工程造价管理发挥了巨大作用，为政府进行工程项目的投资控制提供了很好的工具。但是，随着国内市场经济体制改革的深度和广度不断地增加，传统的定额计价方式也暴露出了很多弊端，已经不能满足现在的市场竞争的需求。

为此，国家颁布并实施了《建设工程工程量清单计价规范》(GB 50500)，推行了工程量清单计价制度。即由招标人按照国家统一的工程量计算规则提供工程数量，投标人自主报价，并按照经评审的低价中标的工程造价计价模式来承包建设工程。《建设工程工程量清单计价规范》(GB 50500)的发布实施，是工程建设项目招投标模式改革的重要突破，也是工程造价管理工作面向我国工程建设市场进行工程造价管理改革的一个新的里程碑，必将推动工程造价管理改革的深入和管理体制的创新，最终建立由政府宏观调控，市场有序竞争形成工程造价的新机制。工程造价计价制度的变革如图4.1所示。

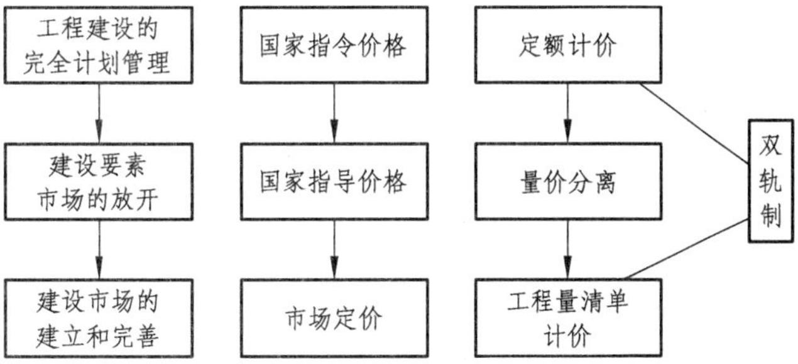

图 4.1 工程造价计价制度的变革

4.2 建筑工程定额计价

1. 定额计价概念

国内实行的工程造价定额计价模式是借鉴苏联的做法逐步建立起来的，是与计划经济相适应的预算定额计价模式。定额计价模式是采用国家、部门或地区统一规定的预算定额和取费标准进行工程造价计价的模式，通常也称为传统计价模式。定额计价模式是我国长期使用的一种施工图预算编制方法。

传统的定额计价模式的工、料、机消耗量是根据“社会平均水平”综合测定，取费标准是根据不同地区价格水平平均测算，企业自主报价的空间很小，不能结合项目具体情况、自身技术管理水平和市场价格自主报价，也不能满足招标人对建筑产品质优价廉的要求。同时，由于工程量计算由投标的各方单独完成，计价基础不统一，不利于招标工作的规范性。在工程完工后，工程结算烦琐，易引起争议。

2. 定额计价的编制依据

定额计价的编制依据有：

（1）国家、地方政府有关工程建设和造价管理的法律、法规和方针政策或规定。

（2）建设项目建议书、可行性研究报告、设计概算、合同、协议等。

（3）施工图设计项目一览表，各专业施工图设计的图纸和文字说明、标准图集、工程地质勘查资料、施工组织设计或施工方案。

（3）主管部门颁布的现行建筑工程和安装工程预算定额、调价规定、工程费用定额和取费标准、材料与构配件价格信息。

（4）预算工作手册及有关工具书。

3. 定额计价的编制方法

湖北省 2018 定额计价是以全费用基价表中的全费用为基础，先根据施工图设计文件和消耗量定额计算各分项工程的工程量；再以消耗量定额基价表中的人工费、材料费和施工机具使用费为基础，计算工程所需的全部费用，包括人工费、材料费、施工机具使用费、企业管理费、利润、规费和税金。具体步骤为：

（1）准备资料，熟悉施工图纸及相关定额。

（2）计算分部分项工程量和单价措施项目工程量。

（3）套用定额单价，计算分部分项工程费和单价措施项目费。

（4）按计价程序计取其他费用，并汇总造价。

（5）编制工料分析表。

（6）复核。

（7）编制说明、填写封面。

4. 计算程序

采用定额计价，湖北省建筑安装工程费用计算程序见表 4.1。

表 4.1　湖北省建筑安装工程费用计算程序

序号	费用项目		计算方法
1	分部分项工程和单价措施项目费		1.1 + 1.2 + 1.3 + 1.4 + 1.5
1.1	其中	人工费	Σ（人工费）
1.2		材料费	Σ（材料费）
1.3		施工机具使用费	Σ（施工机具使用费）
1.4		费用	Σ（费用）
1.5		增值税	Σ（增值税）

续表

序号	费用项目		计算方法
2	其他项目费		2.1＋2.2＋2.3
2.1	其中	总包服务费	项目价值×费率
2.2		索赔与现场签证费	Σ（价格×数量）/ Σ费用
2.3		增值税	（2.1＋2.2）×税率
3	含税工程造价		1＋2

【例】 如表 4.2 所示，某工程外墙砖基础工程量 65 m^3，合同约定项目采用一般计税法报价，请用定额计价计算该项目的含税造价。

表 4.2　砖基础消耗量定额及全费用基价表

工作内容：清理基槽坑、调、运、铺砂浆、运、砌砖　　　　计量单位 m^3

定额编号				A1-1
项　目				砖基础实心砖
				直形
全费用/元				6104.16
其中	人工费/元			1476.33
	材料费/元			2621.11
	机械费/元			44.96
	费　用/元			1356.84
	增值税/元			604.92
名　称		单位	单价/元	数量
人工	普　工	工日	92.00	2.511
	技　工	工日	142.00	5.021
	高级技工	工日	212.00	2.511
材料	混凝土实心砖 240×115×53	千块	295.18	5.288
	干混砌筑砂浆 DM M10	t	257.35	4.078
	水	m^3	3.39	1.650
	电【机械】	kW · h	0.75	6.842
机械	干混砂浆罐式搅拌机 20 000 L	台班	187.32	0.240

【解】

$$
\begin{aligned}
\text{人工费} &= (92\times2.511+142\times5.021+212\times2.511)\times6.5\\
&=(231.012+712.982+532.332)\times6.5\\
&=1476.326\times6.5\\
&=9596.12\text{（元）}
\end{aligned}
$$

材料费 = (295.18 × 5.288 + 257.35 × 4.078 + 3.39 × 1.65 + 0.75 × 6.842) × 6.5
= (1560.912 + 1049.473 + 5.594 + 5.132) × 6.5
= 2621.11 × 6.5
= 17 037.22 (元)

机械费 = 187.32 × 0.24 × 6.5
= 44.96 × 6.5
= 292.22 (元)

企业管理费 = (9596.12 + 292.22) × 28.27%
= 9888.34 × 28.27%
= 2795.43 (元)

利润 = (9596.12 + 292.22) × 19.73%
= 9888.34 × 19.73%
= 1950.97 (元)

总价措施费 = (9596.12 + 292.22) × (13.64% + 0.7%) = 1417.99 (元)

规费 = (9596.12 + 292.22) × 26.85% = 2655.02 (元)

增值税 = 35 744.97 × 9% = 3217.05 (元)

含税工程造价 = 35 744.97 + 3217.05 = 38 962.02 (元)

4.3 工程量清单计价

4.3.1 概　述

随着社会主义市场经济的发展，自 2003 年在全国范围内开始逐步推广工程量清单计价法，2008 年加以修订，到 2013 推出新版《建设工程工程量清单计价规范》(GB 50500—2013)，标志着我国工程量清单计价法的应用逐渐完善。

工程量清单计价是指在建设工程招标投标时，招标人依据施工图纸、招标文件要求、统一的工程量计算规则和统一的施工项目划分规定，为投标人提供工程数量清单；投标人根据本企业消耗标准、利润目标，结合工程情况、市场竞争情况和企业实力，并充分考虑各种风险因素，自主填报清单，清单项目中包括工程直接成本、间接成本、利润和税金在内的综合单价与合价，并以所报的单价作为竣工结算时调整工程造价的依据。

工程量清单计价的基本过程可以描述为：在统一的工程量清单项目设置的基础上，制订工程量清单计量规则，先根据具体工程的施工图纸计算出各个清单项目的工程量，再根据各种渠道所获得的工程造价信息和经验数据计算得到工程造价。

4.3.2 工程量清单计价的作用

1. 提供一个平等的竞争条件

采用施工图预算来投标报价，由于设计图纸的缺陷，不同施工企业的人员理解不一，计算出的工程量也不同，报价就更相去甚远，也容易产生纠纷。而工程量清单报价就为投标者提供了一个平等竞争的条件，相同的工程量，由企业根据自身的实力来填报不同的单价。投标人的这种自主报价，使得企业的优势体现到投标报价中，可在一定程度上规范建筑市场秩序，确保工程质量。

2. 满足市场经济条件下竞争的需要

招投标过程就是竞争的过程，招标人提供工程量清单，投标人根据自身情况确定综合单价，利用单价与工程量逐项计算每个项目的合价，再分别填入工程量清单表内，计算出投标总价。单价成了决定性的因素，定高了不能中标，定低了又要承担过大的风险。单价的高低直接取决于企业管理水平和技术水平的高低，这种局面促成了企业整体实力的竞争，有利于我国建设市场的快速发展。

3. 有利于提高工程计价效率，能真正实现快速报价

采用工程量清单计价方式，避免了传统计价方式下，招标人与投标人之间的在工程量计算上的重复工作，各投标人以招标人提供的工程量清单为统一平台，结合自身的管理水平和施工方案进行报价，促进了各投标人企业定额的完善和工程造价信息的积累和整理，体现了现代工程建设中快速报价的要求。

4. 有利于工程款的拨付和工程造价的最终结算

中标后，业主要与中标单位签订施工合同，中标价就是确定合同价的基础，投标清单上的单价就成了拨付工程款的依据。业主根据施工企业完成的工程量，可以很容易地确定进度款的拨付额。工程竣工后，根据设计变更、工程量增减等，业主也很容易确定工程的最终造价，可在某种程度上减少业主与施工单位之间的纠纷。

5. 有利于业主对投资的控制

采用施工图预算形式，业主对因设计变更、工程量的增减所引起的工程造价变化不敏感，往往等到竣工结算时才知道这些对项目投资的影响有多大，但此时常常是为时已晚。而采用工程量清单报价的方式则可对投资变化一目了然，在要进行设计变更时，能马上知道它对工程造价的影响，业主就能根据投资情况来决定是否变更或进行方案比较，以决定最恰当的处理方法。

4.3.3 工程量清单一般规定

1. 工程量清单分类

工程量清单的项目设置分为分部分项工程项目、措施项目、其他项目，以及规费和税金项目四大类。

工程量清单又可分为招标工程量清单和已标价工程量清单，由招标人根据国家标准、招

标文件、设计文件以及施工现场实际情况编制的称为招标工程量清单，作为投标文件组成部分的已标明价格并经承包人确认的称为已标价工程量清单。

招标工程量清单应由具有编制能力的招标人或受其委托，具有相应资质的工程造价咨询人或招标代理人编制。采用工程量清单方式招标，招标工程量清单必须作为招标文件的组成部分，其准确性和完整性由招标人负责。

招标工程量清单应以单位（项）工程为单位编制，由分部分项工程项目清单、措施项目清单、其他项目清单、规费项目清单、税金项目清单组成。

2. 编制工程量清单的依据

编制工程量清单的依据有：

（1）计价规范和相关工程的国家计量规范。

（2）国家或省级、行业建设主管部门颁发的计价定额和办法。

（3）建设工程设计文件及相关资料。

（4）与建设工程有关的标准、规范、技术资料。

（5）拟定的招标文件。

（6）施工现场情况、地勘水文资料、工程特点及常规施工方案。

（7）其他相关资料。

3. 分部分项工程项目清单

分部分项工程项目清单必须载明项目编码、项目名称、项目特征、计量单位和工程量。分部分项工程项目清单必须根据各专业工程工程量计算规范规定的项目编码、项目名称、项目特征、计量单位和工程量计算规则进行编制。其格式如表 4.3 所示，在分部分项工程项目清单的编制过程中，由招标人负责前六项内容填列，金额部分在编制招标控制价或投标报价时填列。

表 4.3　分部分项工程和单价措施项目清单与计价表

工程名称：　　　　　　　　　　　　标段：　　　　　　　　　　　　第　页　共　页

序号	项目编码	项目名称	项目特征描述	计量单位	工程量	金额/元		
						综合单价	合价	其中：暂估价
1	010101004001	挖基坑土方	1. 土壤类别：投标人自行踏勘考虑 2. 挖土深度：1.9 m 3. 弃土运距：投标人自行踏勘考虑 4. 人工辅助开挖	m^3	767.14			
本页小计								
合　计								

1）项目编码

项目编码是分部分项工程和措施项目清单名称的阿拉伯数字标识。清单项目编码以五级编码设置，用十二位阿拉伯数字表示。一、二、三、四级编码为全国统一，即一至九位应按《建设工程工程量清单计价规范》（GB 50500—2013）附录的规定设置；第五级即十至十二位为清单项目编码，应根据拟建工程的工程量清单项目名称设置，不得有重号，这三位清单项目编码由招标人针对招标工程项目具体编制，并应自 001 起顺序编制。

各级编码代表的含义如下：

（1）第一级表示专业工程代码（分二位）。

（2）第二级表示附录分类顺序码（分二位）。

（3）第三级表示分部工程顺序码（分二位）。

（4）第四级表示分项工程项目名称顺序码（分三位）。

（5）第五级表示工程量清单项目名称顺序码（分三位）。

以房屋建筑与装饰工程为例，项目编码结构如图 4.2 所示

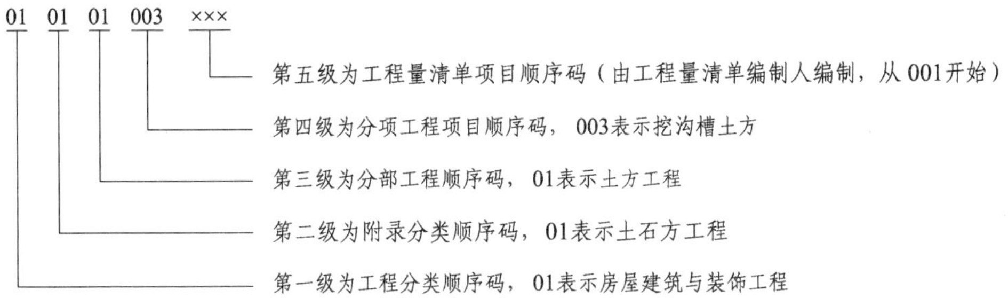

图 4.2　工程量清单项目编码结构

当同一标段（或合同段）的一份工程量清单中含有多个单位工程且工程量清单是以单位工程为编制对象时，在编制工程量清单时应特别注意对项目编码十至十二位的设置不得有重码的规定。

2）项目名称

分部分项工程项目清单的项目名称应按各专业工程工程量计算规范附录的项目名称结合拟建工程的实际确定。《建设工程工程量清单计价规范》（GB 50500—2013）附录表中的“项目名称”为分项工程项目名称，是形成分部分项工程项目清单项目名称的基础。即在编制分部分项工程项目清单时，以附录中的分项工程项目名称为基础，考虑该项目的规格、型号、材质等特征要求，结合拟建工程的实际情况，使其工程量清单项目名称具体化、细化，以反映影响工程造价的主要因素。

有的项目名称包含的范围大，需采用具体的名称加以细化较为恰当，如“011407001 墙面喷刷涂料”，可采用“011407001001 外墙乳胶漆”“011407001002 内墙乳胶漆”较为直观。

3）项目特征

项目特征是构成分部分项工程项目、措施项目自身价值的本质特征。项目特征是对项目的准确描述，是确定一个清单项目综合单价不可缺少的重要依据，是区分清单项目的依据，是履行合同义务的基础。分部分项工程项目清单的项目特征应按各专业工程工程量计算规范

附录中规定的项目特征，结合技术规范、标准图集、施工图纸，按照工程结构、使用材质及规格或安装位置等，予以详细而准确的表述和说明。

项目特征描述可以按以下原则进行：

① 项目特征中必须描述的内容：涉及正确计量的内容、结构要求的内容、材质要求的内容、安装要求的内容必须描述，如混凝土强度等级、窗户材质、管道连接方式等。总之，与计价实质影响内容都必须描述。

② 项目特征中可不描述的内容：对计量计价没有实质影响的内容可不描述，如对现浇混凝土柱的高度、断面大小。

③ 项目特征中可不详细描述的内容：无法准确描述的可不详细描述，如土壤类别，清单编制人无法准确判断的情况下，可考虑将土壤类别描述为综合，并注明由投标人根据地勘资料自行确实土壤类别；施工图纸、标准图集标注明确的可不再详细描述，对这些项目的描述为见××图集××页号及节点大样等；有一些项目虽然可不详细描述，但清单编制人在项目特征中应注明由投标人自定，如土方工程的“取土运距”“弃土运距”。

4）计量单位

计量单位应采用基本单位，除各专业另有特殊规定外均按以下单位计量：

（1）以重量计算的项目——吨或千克（t 或 kg）。

（2）以体积计算的项目——立方米（m^3）。

（3）以面积计算的项目——平方米（m^2）。

（4）以长度计算的项目——米（m）。

（5）以自然计量单位计算的项目——个、套、块、樘、组、台……

（6）没有具体数量的项目——宗、项……

各专业有特殊计量单位的，再另外加以说明，当计量单位有两个或两个以上时，应根据所编工程量清单项目的特征要求，选择最适宜表现该项目特征并方便计量的单位。

计量单位的有效位数应遵守下列规定：

（1）以“t”为单位，应保留三位小数，第四位小数四舍五入。

（2）以“m^2”“m^3”“m”“kg”为单位，应保留两位小数，第三位小数四舍五入。

（3）以“个”“项”等为单位，应取整数。

5）工程数量的计算

工程数量主要通过工程量计算规则计算得到。工程量计算规则是指对清单项目工程量计算的规定。除另有说明外，所有清单项目的工程量应以实体工程量为准，并以完成后的净值计算；投标人投标报价时，应在单价中考虑施工中的各种损耗和需要增加的工程量。

6）工作内容

项目特征体现的是清单项目质量或特性的要求或标准，工作内容体现的是完成一个合格的清单项目需要具体做的施工作业和操作程序，对于一项明确的分部分项工程项目或措施项目，工作内容确定了其工程成本，可供招标人确定清单项目和投标人投标报价参考。

7）清单项目的补充

随着工程建设中新材料、新技术、新工艺等的不断涌现，工程量计算规范附录所列的工程量清单项目不可能包含所有项目。在编制工程量清单时，当出现工程量计算规范附录中未包括的清单项目时，编制人应作补充。在编制补充项目时应注意以下三个方面。

（1）补充项目的编码应按工程量计算规范的规定确定。

（2）在工程量清单中应附补充项目的项目名称、项目特征、计量单位、工程量计算规则和工作内容。

（3）将编制的补充项目报省级或行业工程造价管理机构备案。

4. 措施项目清单

1）措施项目列项

措施项目是指为完成工程项目施工，发生于该工程施工准备和施工过程中的技术、生活、安全、环境保护等方面的项目。

措施项目清单应根据相关专业现行工程量计算规范的规定编制，并应根据拟建工程的实际情况列项。

按照计量规范规定，措施项目分为应予计量的措施项目（单价措施项目）和不宜计量的措施项目（总价措施项目）两类。

2）措施项目清单的格式

单价措施项目即可以计算工程量的措施项目，如脚手架工程、混凝土模板及支架、垂直运输、超高施工增加、大型机械设备进出场及安拆、施工排水降水。同分部分项工程一样，编制工程量清单时必须列出项目编码、项目名称、项目特征、计量单位、工程量（参见表 4.3）。

总价措施项目即不能计算工程量的措施项目，如安全文明施工、夜间施工和二次搬运等，计量规范仅列出了项目编码、项目名称和包含的范围，未列出项目特征、计量单位和工程量计算规则，编制工程量清单时，必须按计量规范规定的项目编码、项目名称确定清单项目，不必描述项目特征和确定计量单位。以“项”为计量单位进行编制（参见表 4.4）。

表 4.4　总价措施项目清单与计价表

工程名称：　　　　　　　　　　　　　标段：　　　　　　　　　　第　页　共　页

序号	项目编码	项目名称	计算基础	费率/%	金额/元	调整费率/%	调整后金额/元	备注
		安全文明施工费						
		夜间施工增加费						
		二次搬运费						
		冬雨季施工增加费						
		已完工程及设备保护费						
		……						
合　计								

5. 其他项目清单

其他项目清单是指分部分项工程项目清单、措施项目清单所包含的内容以外，因招标人的特殊要求而发生的与拟建工程有关的其他费用项目和相应数量的清单。工程建设标准的高低、工程的复杂程度、工程的工期长短、工程的组成内容、发包人对工程管理的要求等都直接影响其他项目清单的具体内容。其他项目清单包括暂列金额、暂估价（包括材料暂估单价、工程设备暂估单价、专业工程暂估价）、计日工、总承包服务费。其他项目清单宜按照表 4.5 的格式编制，出现未包含在表格中内容的项目，可根据工程实际情况补充。

表 4.5　其他项目清单与计价汇总表

工程名称：　　　　　　　　　　　　　　标段：　　　　　　　　　　第　页　共　页

序号	项目名称	金额/元	结算金额/元	备注
1	暂列金额	100 000		明细详见表 4.6
2	暂估价	500 000		
2.1	材料（工程设备）暂估价/结算价		—	明细详见表 4.7
2.2	专业工程暂估价/结算价	500 000		明细详见表 4.8
3	计日工			明细详见表 4.9
4	总承包服务费			明细详见表 4.10
5	索赔与现场签证			
	……			
合　　计				

注：材料暂估单价进入清单项目综合单价，此处不汇总。

1）暂列金额

暂列金额是招标人在工程量清单中暂定并包括在合同价款中的一笔款项，见表 4.6。用于工程合同签订时尚未确定或者不可预见的所需材料、工程设备、服务的采购，施工中可能发生的工程变更、合同约定调整因素出现时的合同价款调整以及发生的索赔、现场签证确认等的费用。

表 4.6　暂列金额明细表

工程名称：　　　　　　　　　　　　　　标段：　　　　　　　　　　第　页　共　页

序号	项目 名称	计量单位	暂定金额/元	备注
1	工程量偏差及设计变更	项	100 000	
2				
3				
…				
合　　计				—

注：此表由招标人填写，也可只列暂定金额总额，投标人应将上述暂列金额计入投标总价中。

暂列金额由招标人确实，可根据工程的复杂程度、设计深度、工程环境条件（包括地质、水文、气候条件等）进行估算，一般可按分部分项工程费的 10% ~ 15%为参考。

2）暂估价

暂估价是指招标人在工程量清单中提供的用于支付必然发生但暂时不能确定价格的材料、工程设备的单价以及专业工程的金额，包括材料暂估单价、工程设备暂估单价和专业工程暂估价，以及在招标阶段预见肯定要发生，只是因为标准不明确或者需要由专业承包人完成，暂时无法确定价格。

暂估价中的材料、工程设备暂估单价应根据工程造价信息或参照市场价格估算，列出明细表；专业工程暂估价应分不同专业，按有关计价规定估算，列出明细表。

暂估价可按照表 4.7、表 4.8 的格式所示。

表 4.7 材料（工程设备）暂估单价及调整表

工程名称：　　　　　　　　　　　标段：　　　　　　　　　　第　页　共　页

序号	材料（工程设备）名称规格、型号	计量单位	数量		暂估/元		确认/元		差额±/元		备注
			暂估	确认	单价	合价	单价	合价	单价	合价	
1	800×800 地板砖	m^2			100						用于办公室楼地面

表 4.8 专业工程暂估价表

工程名称：　　　　　　　　　　　标段：　　　　　　　　　　第　页　共　页

序号	工程 名称	工程内容	暂估金额/元	结算金额/元	差额±/元	备注
1	消防报警系统	合同图纸中标明的以及消防工程规范和技术说明中规定的设备、管道、阀门、线缆等得供应、安装和调试工作	500 000			

3）计日工

在施工过程中，承包人完成发包人提出的工程合同范围以外的零星项目或工作，按合同中约定的单价计价的一种方式。计日工是为了解决现场发生的零星工作的计价而设立的。计日工的格式如下表 4.9 所示。

表 4.9　计日工表

工程名称：　　　　　　　　　　　　　　　标段：　　　　　　　　　　　　第　页　共　页

编号	项目名称	单位	暂定数量	实际数量	综合单价/元	合价/元	
一	人　工						
1	普　工	工日	50				
2							
…							
人工小计							
二	材　料						
1	水泥 42.5	t	1				
2	中粗砂	m^3	5				
…							
材料小							
三	施工机械						
1	灰浆搅拌机（400 L）	台班	2				
2							
…							
施工机具小计							
四	企业管理费和利润						
总　计							

注：此表项目名称、数量由招标人填写，编制招标控制价时。单价由招标人按有关计价规定确定；投标时，单价由投标人自主报价，计入投标总价中。结算时，按发承包双方确认的实际数量计算合价。

4）总承包服务费

总承包服务费是指总承包人为配合协调发包人进行的专业工程发包，对发包人自行采购的材料、工程设备等进行保管以及施工现场管理、竣工资料汇总整理等服务所需的费用。招标人应预计该项费用并按投标人的投标报价向投标人支付该项费用。总承包服务费应列出服务项目及其内容等。总承包服务费计价见表 4.10。

表 4.10　总承包服务费计价表

工程名称：　　　　　　　　　　　　　　　标段：　　　　　　　　　　　　第　页　共　页

序号	工程名称	项目价值/元	服务内容	费率/%	金额/元
1	发包人发包专业工程	100 000	对分包单位的管理、协调和施工配合等费用；施工现场水电设施、管线敷设的摊销费用；共用脚手架搭拆的摊销费用；共用垂直运输设备，加压设备的使用、折旧、维修费用等		
2	发包人供应材料	40 000	对发包人供应的材料进行验收及保管和使用发放		
…					
	合计				

注：此表项目名称、服务内容由招标人填写，编制招标控制价时，费率及金额由招标人按有关计价规定确定；投标时，费率及金额由投标人自主报价，计入投标总价中。

5）规费、税金项目清单

规费项目清单应按照下列内容列项：社会保险费，包括养老保险费、失业保险费、医疗保险费、工伤保险费、生育保险费；住房公积金；工程排污费。出现计价规范中未列的项目，应根据省级政府或省级有关权力部门的规定列项。

税金项目主要是指增值税。出现计价规范未列的项目，应根据税务部门的规定列项。规费、税金项目计价表如表 4.11 所示。

表 4.11　规费、税金项目计价表

工程名称：　　　　　　　　　　　　标段：　　　　　　　　　　　　第　页　共　页

序号	项目名称	计算基础	计算基数	计算费率/%	金额/元
1	规费	定额人工费			
1.1	社会保障费	定额人工费			
（1）	养老保险费	定额人工费			
（2）	失业保险费	定额人工费			
（3）	医疗保险费	定额人工费			
（4）	工伤保险费	定额人工费			
（5）	生育保险费	定额人工费			
1.2	住房公积金	定额人工费			
1.3	工程排污费	按工程所在地环境保护部门收取标准，按实计入			
…					
2	税金（增值税）	人工费＋材料费＋施工机具使用费＋企业管理费＋利润＋规费			
合　计					

编制人（造价员）：　　　　　　　　　　　　复核人（造价工程师）：

6）各级工程造价的汇总

各个工程量清单编制好后，将各个清单合计进行汇总，就形成相应单位工程的造价。根据所处计价阶段的不同，单位工程造价汇总表可分为单位工程招标控制价汇总表、单位工程投标报价汇总表和单位工程竣工结算汇总表。单位工程招标控制价/投标报价汇总表见表 4.12。

各单位工程相应造价汇总后，形成单项工程及建设项目的工程造价。

表 4.12　单位工程招标控制价/投标报价汇总表

工程名称：　　　　　　　　　　　　　　标段：　　　　　　　　　　　　第　页　共　页

序号	汇总内容	金额/元	其中：暂估价/元
1	分部分项工程		
1.1			
1.2			
1.3			
1.4			
1.5			
2	措施项目		
2.1	其中：安全文明施工费		
3	其他项目		
3.1	其中：暂列金额		
3.2	其中：专业工程暂估价		
3.3	其中：计日工		
3.4	其中：总承包服务费		
4	规费		
5	税金		
招标控制价合计＝1＋2＋3＋4＋5			

注：本表适用于单位工程招标控制价或投标报价的汇总，如无单位工程划分，单项工程也使用本表汇总。

4.3.4　工程量清单计价程序

1. 工程量清单计价内容

工程量清单计价的过程可以分为两个阶段，即工程量清单的编制和工程量清单的应用两个阶段，工程量清单的编制程序如图 4.3 所示，工程量清单的应用过程如图 4.4 所示。

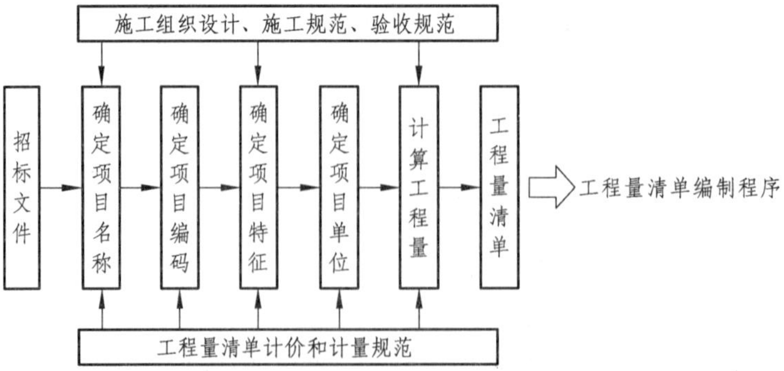

图 4.3　工程量清单的编制程序

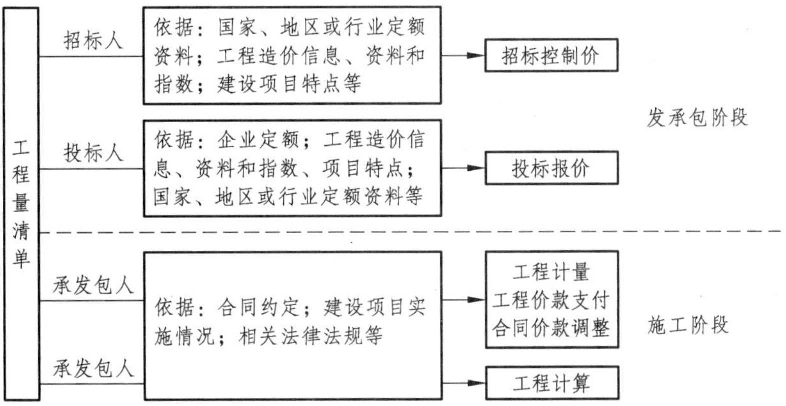

图 4.4　工程量清单的应用程序

2. 招标控制价

1）概　念

招标控制价是指招标人根据国家或省级、行业建设主管部门颁发的有关计价依据和办法，以及拟定的招标文件和招标工程量清单，结合工程具体情况编制的招标工程的最高投标限价。

2）编制依据

招标控制价编制依据：

（1）计价规范。

（2）国家或省级、行业建设主管部门颁发的计价定额和计价办法。

（3）建设工程设计文件及相关资料。

（4）拟定的招标文件及招标工程量清单。

（5）与建设项目相关的标准、规范、技术资料。

（6）施工现场情况、工程特点及常规施工方案。

（7）工程造价管理机构发布的工程造价信息；当工程造价信息没有发布时，参照市场价。

（8）其他的相关资料。

3）招标控制价编制注意要点

招标工程发布的分部分项工程量清单对应的综合单价，应依据招标人发布的分部分项工程量清单的项目名称、工程量、项目特征描述，依据工程所在地区颁发的计价定额和人工、材料、机械台班价格信息等进行组价确定，并应编制工程量清单综合单价分析表。

不可竞争的措施项目和规费、税金等费用的计算均以属于强制性的条款，编制招标控制价时应按国家有关规定计算。

不同工程项目、不同施工单位会有不同的施工组织方法，所发生的措施费也会有所不同，因此，对于竞争性的措施费用的确定，招标人应首先编制常规的施工组织设计或施工方案，然后经专家论证确认后再确定措施项目与费用。

根据计价规范的规定，由发包人承担的计价风险包括：国家法律、法规、规章和政策发生变化；省级或行业建设主管部门发布的人工费调整，但承包人对人工费人工单价的报价高于发布的除外；由政府定价或政府指导价管理的原材料等价格进行的调整。这些全部由发包人承担的计价风险应在编制控制价时予以充分考虑。

综合单价中应包括招标文件中划分的应由投标人承担的风险范围及其费用。招标文件中没有明确的，如是工程造价咨询人编制，应提请招标人明确；如是招标人编制，应予明确。

3. 投标价

1）概　念

投标价：投标人投标时响应招标文件要求所报出的对已标价工程量清单汇总后标明的总价。

2）投标报价的依据

投标报价应根据下列依据编制和复核：

（1）计价规范。

（2）国家或省级、行业建设主管部门颁发的计价办法。

（3）企业定额，国家或省级、行业建设主管部门颁发的计价定额和计价办法。

（4）招标文件、招标工程量清单及其补充通知、答疑纪要。

（5）建设工程设计文件及相关资料。

（6）施工现场情况、工程特点及投标时拟定的施工组织设计或施工方案。

（7）与建设项目相关的标准、规范等技术资料。

（8）市场价格信息或工程造价管理机构发布的工程造价信息。

（9）其他的相关资料。

3）投标报价编制要点

投标报价编制的要点是：

（1）投标人必须按招标工程量清单填报价格。项目编码、项目名称、项目特征、计量单位、工程量必须与招标工程量清单一致。

（2）招标工程量清单与计价表中列明的所有需要填写单价和合价的项目，投标人均应填写且只允许有一个报价。未填写单价和合价的项目，可视为此项费用已包含在已标价工程量清单中其他项目的单价和合价之中。当竣工结算时，此项目不得重新组价予以调整。

（3）投标总价应当与分部分项工程费、措施项目费、其他项目费和规费、税金的合计金额一致。

（4）综合单价中应包括招标文件中划分的应由投标人承担的风险范围及其费用，招标文件中没有明确的，应提请招标人明确。

（5）措施项目中的总价项目金额应根据招标文件及投标时拟定的施工组织设计或施工方案自主确定，其中安全文明施工费为不可竞争费用。

4. 工程量清单计价与全费用工程量清单计价

综合单价除包括人工、材料、机具使用费外，还包括可能分摊在单位工程基本构造单元上的费用，根据我国现行有关规定，分为清单综合单价（不完全综合单价）与全费用综合单价（完全综合单价）两种：清单综合单价中除包括人工、材料、机具使用费外，还包括企业管理费、利润和风险因素；全费用综合单价中除包括人工、材料、机具使用费外，还包括企业管理费、利润、规费和税金。湖北省 2018 费用定额列出工程量清单计价与全费用工程量清单计价的计价程序与之相适应。

1）工程量清单计价计价程序

（1）分部分项工程及单价措施项目综合单价计算程序，见表 4.13。

表 4.13 分部分项工程及单价措施项目综合单价计算程序

序号	费用项目	计算方法
1	人工费	Σ（人工费）
2	材料费	Σ（材料费）
3	施工机具使用费	Σ（施工机具使用费）
4	企业管理费	（1+3）×费率
5	利润	（1+3）×费率
6	风险因素	按招标文件或约定
7	综合单价	1+2+3+4+5+6

（2）总价措施项目费计算程序，见表 4.14。

表 4.14 总价措施项目费计算程序

序号	费用项目		计算方法
1	分部分项工程和单价措施项目费		Σ（分部分项工程和单价措施项目费）
1.1	其中	人工费	Σ（人工费）
1.2		施工机具使用费	Σ（施工机具使用费）
2	总价措施项目费		2.1+2.2
2.1	安全文明施工费		（1.1+1.2）×费率
2.2	其他总价措施项目费		（1.1+1.2）×费率

（3）其他项目费计算程序，见表 4.15。

表 4.15 其他项目费计算程序

序号	费用项目		计算方法
1	暂列金额		按招标文件
2	专业工程暂估价/结算价		按招标文件/结算价
3	计日工		3.1+3.2+3.3+3.4+3.5
3.1	其中	人工费	Σ（人工价格×暂定数量）
3.2		材料费	Σ（材料价格×暂定数量）
3.3		施工机具使用费	Σ（机械台班价格×暂定数量）
3.4		企业管理费	（3.1+3.3）×费率
3.5		利润	（3.1+3.3）×费率

续表

序号	费用项目		计算方法
4	总包服务费		4.1 + 4.2
4.1	其中	发包人发包专业工程	Σ（项目价值×费率）
4.2		发包人提供材料	Σ（材料价值×费率）
5	索赔与现场签证费		Σ（价格×数量）/ Σ费用
6	其他项目费		1 + 2 + 3 + 4 + 5

（4）单位工程造价计算程序，见表 4.16。

表 4.16　单位工程造价计算程序

序号	费用项目		计算方法
1	分部分项工程和单价措施项目费		Σ（分部分项工程和单价措施项目费）
1.1	其中	人工费	Σ（人工费）
1.2		施工机具使用费	Σ（施工机具使用费）
2	总价措施项目费		Σ（总价措施项目费）
3	其他项目费		Σ（其他项目费）
3.1	其中	人工费	Σ（人工费）
3.2		施工机具使用费	Σ（施工机具使用费）
4	规费		（1.1 + 1.2 + 3.1 + 3.2）×费率
5	增值税		（1 + 2 + 3 + 4）×税率
6	含税工程造价		1 + 2 + 3 + 4 + 5

2）工程量清单计价综合单价的确定

（1）综合单价的概念。

工程量清单计价分部分项工程及单价措施项目综合单价为不完全综合单价，综合单价是指完成一个规定清单项目所需的人工费、材料和工程设备费、施工机具使用费和企业管理费、利润，以及一定范围内的风险费用。

综合单价 = 人工费 + 材料和工程设备费 + 施工机具使用费 + 企业管理费 + 利润 + 风险费

企业管理费 =（人工费 + 施工机具使用费）×管理费率

利润 =（人工费 + 施工机具使用费）×利润率

分部分项工程费 = Σ分部分项工程量×分部分项工程综合单价

（2）分部分项工程量清单综合单价的确定方法。

首先，确定所组价的定额项目名称，并计算出相应的计价工程量；其次，确定其人工、材料和工程设备、机械台班单价；再次，在考虑风险因素确定管理费率和利润率的基础上，按规定程序计算出所组价定额项目的合价；然后，将若干项所组价的定额项目合价相加除以工程量清单项目工程量，便得到工程量清单项目综合单价，对于未计价材料（包括暂估单价的材料费）应计入综合单价。

$$定额项目合价 = \sum 计价工程量 \times [\sum(定额人工消耗量 \times 人工单价) + \sum(定额材料或工程设备消耗量 \times 材料或工程设备单价) + \sum(定额机械台班消耗量 \times 机械台班单价) + 管理费、利润和风险费]$$

$$工程量清单综合单价 = (\sum(定额项目合价) + 未计价材料) / 工程量清单项目工程量$$

（3）措施项目清单计价的确定方法。

措施项目清单分为单价措施项目清单和总价措施项目清单两种。

措施项目清单计价根据拟建工程的施工组织设计，对单价措施项目清单，应按分部分项工程量清单的方式采用综合单价计价。

对总价措施项目清单，应按有关规定确定计算基数和费率的方法综合取定，结果应是包括除规费、税金外的全部费用。措施项目清单中的安全文明施工费应当按照国家或省级、行业建设主管部门的规定标准计算，该部分不得作为竞争性费用。总价措施项目清单计算公式如下：

$$单价措施项目费 = \sum 单价措施项目工程量 \times 单价措施项目综合单价$$

$$总价措施项目费 = \sum 总价措施项目计算基数 \times 费率$$

（4）其他项目费计价的方法。

① 暂列金额应按招标工程量清单中列出的金额填写。

② 招标控制价计日工应按招标工程量清单中列出的项目根据工程特点和有关计价依据确定综合单价计算。投标报价计日工应按招标工程量清单中列出的项目和数量，自主确定综合单价并计算计日工金额。

③ 暂估价中的材料、工程设备暂估单价应按招标工程量清单中列出的单价填写，并计入综合单价中。

④ 暂估价中的专业工程暂估价应按招标工程量清单中列出的金额填写。

⑤ 招标控制价总承包服务费应根据招标工程量清单列出的内容和要求估算。

⑥ 投标报价总承包服务费应根据招标工程量清单中列出的内容和提出的要求自主确定。

（5）规费和增值税应按国家或省级、行业建设主管部门规定的标准计算，不得作为竞争性费用。

3）全费用基价表清单计价程序

（1）分部分项工程及单价措施项目综合单价计算程序，见表4.17。

表4.17 分部分项工程及单价措施项目综合单价计算程序

序号	费用名称	计算方法
1	人工费	Σ（人工费）
2	材料费	Σ（材料费）
3	施工机具使用费	Σ（施工机具使用费）
4	费用	Σ（费用）
5	增值税	Σ（增值税）
6	综合单价	1+2+3+4+5

（2）其他项目费计算程序，见表 4.18。

表 4.18 其他项目费计算程序

序号	费用名称		计算方法
1	暂列金额		按招标文件
2	专业工程暂估价		按招标文件
3	计日工		3.1 + 3.2 + 3.3 + 3.4
3.1	其中	人工费	Σ（人工单价 × 暂定数量）
3.2		材料费	Σ（材料价格 × 暂定数量）
3.3		施工机具使用费	Σ（机械台班价格 × 暂定数量）
3.4		费用	（3.1 + 3.3）× 费率
4	总包服务费		4.1 + 4.2
4.1	其中	发包人发包专业工程	Σ（项目价值 × 费率）
4.2		发包人提供的材料	Σ（材料价值 × 费率）
5	索赔与现场签证费		Σ（价格 × 数量）/ Σ费用
6	增值税		（1 + 2 + 3 + 4 + 5）× 税率
7	其他项目费		1 + 2 + 3 + 4 + 5 + 6

注：项目 3.4 中费用包含企业管理费、利润、规费。

（3）单位工程造价计算程序，见表 4.19。

表 4.19 单位工程造价计算程序

序号	费用名称	计算方法
1	分部分项工程和单价措施项目费	Σ（全费用单价 × 工程量）
2	其他项目费	Σ（其他项目费）
3	单位工程造价	1 + 2

4）全费用综合单价

（1）概念。

分部分项工程及单价措施项目全费用综合单价中除包括人工、材料、机具使用费外，还包括总价措施费、企业管理费、利润、规费及增值税。

$$全费用综合单价 = 人工费 + 材料和工程设备费 + 施工机具使用费 + 费用 + 增值税 + 风险费$$

$$费用 = 总价措施费 + 企业管理费 + 利润 + 规费$$

（2）全费用综合单价的确定方法：

首先，确定所组价的定额项目名称，并计算出相应的计价工程量；其次，确定其人工、材料和工程设备、机械台班单价；再次，在考虑风险因素确定价总价措施费、企业管理费、利润、规费及增值税的基础上，按规定程序计算出所组价定额项目的合价；然后，将若干项所组价的定额项目合价相加除以工程量清单项目工程量，便得到工程量清单项目全费用综合单价。

【例】某工程外墙砖基础采用砌筑砂浆 DM M10 干混砂浆，MU15 灰砂砖砌筑，工程量 65 m^3，基础 20 mm 厚防潮层采用 DS M15 干混地面砂浆掺 5%的防水粉 12 m^2，合同约定项目采用一般计税法报价。MU15 灰砂砖市场除税价为 460 元/千块，试编制工程量清单。

（1）用工程量清单计价方式计算该项目综合单价和含税工程造价。

（2）用全费用清单计价方式计算该项目全费用综合单价及含税工程造价。（提示：费率采用湖北省 2018 费用定额一般计税法费率标准。建筑工程费率：安全文明施工费费率为 13.64%，其他总价措施费费率为 0.7%，企业管理费费率为 28.27%，利润率为 19.73%，规费费率为 26.85%）

【解】（1）砖基础清单工程量为 65 m^3，根据清单计价规范编制工程量清单，如表 4.20。

表 4.20 分部分项工程量清单

序号	项目编码	项目名称	项目特征描述	计量单位	工程量	金额/元		
						综合单价	合价	其中 暂估价
1	010401001001	砖基础	1. 砖品种、规格、强度等级：MU15 灰砂砖 2. 砂浆强度等级：DM M10 干混砂浆 3. 防潮层材料种类：20 厚 DS M15 干混地面砂浆掺 5%的防水粉	m^3	65			

（2）工程量清单计价。

① 通过工程量清单的项目特征描述及计价规范中关于该项工程内容的描述确定为清单项目组价定额项目（计价项目）为砖基础及防潮层，并查的定额项目所对应的基价表。

清单项目 010401001001“砖基础”对应《湖北省房屋建筑与装饰工程消耗量定额及全费用基价表》（2018）年的定额子目 A1-1 砖基础及定额子目 A6-117 防水砂浆。

② 计算计价项目的定额工程量。

砖基础的定额工程量同清单工程量为 65 m^3，防潮层的定额工程量为 12 m^2。

砖基础消耗量定额及全费用基价表如表 4.21 所示。

表 4.21 砖基础消耗量定额及全费用基价表

工作内容：清理基槽坑、调、运、铺砂浆、运、砌砖　　　　计量单位：m^3

定额编号		A1-1
项　目		砖基础实心砖 直形
全费用/元		6104.16
其中	人工费/元	1476.33
	材料费/元	2621.11
	机械费/元	44.96
	费　用/元	1356.84
	增值税/元	604.92

续表

定额编号				A1-1
项　目				砖基础实心砖
				直形
名　称		单位	单价/元	数量
人工	普　工	工日	92.00	2.511
	技　工	工日	142.00	5.021
	高级技工	工日	212.00	2.511
材料	混凝土实心砖 240×115×53	千块	295.18	5.288
	干混砌筑砂浆 DM M10	t	257.35	4.078
	水	m^3	3.39	1.650
	电【机械】	kW·h	0.75	6.842
机械	干混砂浆罐式搅拌机 20 000 L	台班	187.32	0.240

表 4.22　防水砂浆消耗量定额及全费用基价表

工作内容：清理基层、调配砂浆、抹砂浆。　　　　计量单位：100 m^3

定　额　编　号				A6-117	A6-118	A6-119	A6-120
项目				防水砂浆			
				掺防水粉		掺防水剂	
				20 mm 厚	每增减 10 mm	20 mm 厚	每增减 10 mm
全费用/元				3675.44	1189.21	5231.74	1966.72
其中	人工费/元			927.2	168.5	927.81	168.5
	材料费/元			1521.96	735.93	2922.88	1436.39
	机械费/元			18.54	8.8	18.54	8.8
	费用/元			843.51	158.13	844.05	158.13
	增值税/元			364.23	117.85	518.46	194.9
名　称		单位	单价/元	数　量			
人工	普　工	工日	92.00	3.04	0.552	3.042	0.552
	技　工	工日	142.00	4.56	0.829	4.563	0.829
材料	干混地面砂浆 D SM15	t	295.81	3.655	1.743	3.655	1.743
	防水粉	kg	6.59	66.3	33.150	—	—
	防水剂	kg	13.86	—	—	132.600	66.300
	水	m^3	3.39	0.513	0.256	0.513	0.256
	电【机械】	kW·h	0.75	2.822	1.340	2.822	1.340
机械	干混砂浆罐式搅拌机 20000 L	台班	187.32	0.099	0.047	0.099	0.047

② 计算综合单价并编制综合单价分析表。

人工费 =（92×2.511 + 142×5.021 + 212×2.511）×65/10 +
（92×3.04 + 142×4.56）×12/100
= 1476.326×6.5 + 927.2×0.12
= 9707.38（元）

材料费 =（460×5.288 + 257.35×4.078 + 3.39×1.65 + 0.75×6.842）×
65/10 + 1521.96×12/100
= 3492.68×6.5 + 1521.96×12/100
= 22 885.06（元）

机械费 = 187.32×0.24×65/10 + 18.54×12/100
= 44.96×6.5 + 18.54×12/100
= 294.46（元）

直接工程费 = 9707.38 + 22885.06 + 294.46 = 32 886.91 元

企业管理费 =（9707.38 + 294.46）×28.27%
= 10 001.84×28.27%　= 2827.52（元）

利润 =（9707.38 + 294.46）×19.73%
= 10 001.84×19.73%
= 1973.36（元）

综合单价 =（9707.38 + 22 885.04 + 294.46 + 2827.52 + 1973.36）÷65
= 579.81（元/m^3）

③ 计算总价措施费

（9707.38 + 294.46）×（13.64% + 0.7%）= 1434.26（元）

④ 计算规费

（9707.38 + 294.46）×26.85% = 2685.49（元）

⑤ 计算增值税

（9707.38 + 22 885.06 + 294.46 + 2827.52 + 1973.36 + 1434.26 + 2685.49）×9%
= 3762.68（元）

⑥ 含税工程造价

9707.38 + 22 885.04 + 294.46 + 2827.52 + 1973.36 + 1434.26 + 2685.49 + 3762.68
= 45 570.19（元）

⑦ 具体详见表 4.22 ~ 表 4.26 所示。

表 4.22　综合单价分析表

工程名称：　　　　　　　　　　标段：　　　　　　　　　　第 1 页　共 1 页

项目编码		010401001001		项目名称		砖基础		计量单位	m^3	工程量	65
清单综合单价组成明细											
定额编号	定额项目名称	定额单位	数量	单价/元				合价/元			
				人工费	材料费	机械费	管理费和利润	人工费	材料费	机械费	管理费和利润
A1-1	砖基础 实心砖直形	10 m^3	0.1	1476.33	3492.68	44.96	730.22	147.63	349.27	4.5	73.02
A6-117	防水砂浆 掺防水粉 20 mm 厚	100 m^2	0.0018	927.2	1521.96	18.54	453.95	1.71	2.81	0.03	0.84
人工单价		小计						149.34	352.08	4.53	73.86
高级技工 212 元/工日；技工 142 元/工日；普工 92 元/工日		未计价材料费						0			
清单项目综合单价								579.81			

材料费明细	主要材料名称、规格、型号	单位	数量	单价/元	合价/元	暂估单价/元	暂估合价/元
	混凝土实心砖 240×115×53	千块	0.529	460	243.25		
	干混砌筑砂浆 DM M10	t	0.408	257.35	104.95		
	水	m^3	0.166	3.39	0.56		
	电【机械】	kW·h	0.689	0.75	0.52		
	干混地面砂浆 DS M15	t	0.007	295.81	2.01		
	防水粉	kg	0.122	6.59	0.81		
	材料费小计			—	352.1	—	0

备注：表中的数量是相对量或折算量或单位清单工程量：

数量＝（定额量/定额单位）/清单量

A1-1 砖基础的相对量＝（65/100）/65＝0.01

A6-117 防水砂浆的相对量＝（12/100）/65＝0.018

表 4.23　分部分项工程和单价措施项目清单与计价表

工程名称：单位工程　　　　　　　　标段：　　　　　　　　第 1 页　共 1 页

序号	项目编码	项目名称	项目特征描述	计量单位	工程量	金额/元		
						综合单价	合价	其中 暂估价
		整个项目						
1	010401001001	砖基础	1. 砖品种、规格、强度等级：MU15 灰砂砖 2. 砂浆强度等级：DM M10 干混砂浆 3. 防潮层材料种类：20 厚 DS M15 干混地面砂浆掺 5%的防水粉	m^3	65	579.81	37687.65	
		分部小计					37687.65	

表 4.24 总价措施项目清单与计价表

工程名称：单位工程　　　　　　　　　　标段：　　　　　　　　　　　　第 1 页 共 1 页

项目编码	项目名称	计算基础	费率/%	金额/元	调整费率/%	调整后金额/元	备注
2.1	安全文明施工费			1364.26			
011707001001	安全文明施工费(房屋建筑工程)	建筑人工费+建筑机械费	13.64	1364.26			
2.2	夜间施工增加费			16			
011707002001	夜间施工增加费(房屋建筑工程)	建筑人工费+建筑机械费	0.16	16			
2.3	二次搬运费						
2.4	冬雨季施工增加费			40.01			
011707005001	冬雨季施工增加费(房屋建筑工程)	建筑人工费+建筑机械费	0.4	40.01			
2.5	工程定位复测费			14			
01B999	工程定位复测费(房屋建筑工程)	建筑人工费+建筑机械费	0.14	14			
合计				1434.27			

表 4.25 规费、税金项目计价表

工程名称：单位工程　　　　　　　　　　标段：　　　　　　　　　　第 1 页 共 2 页

序号	项目名称	计算基础	计算基数	计算费率/%	金额/元
1	规费	社会保险费+住房公积金+工程排污费			2685.51
1.1	社会保险费	养老保险金+失业保险金+医疗保险金+工伤保险金+生育保险金			2008.38
1.1.1	养老保险金	房屋建筑工程+装饰工程+通用安装工程+市政工程+园建工程+绿化工程+土石方工程			1268.24
1.1.1.1	房屋建筑工程	建筑人工费+建筑机械费+其他项目建筑工程人工费+其他项目建筑工程机械费		12.68	1268.24
1.1.2	失业保险金	房屋建筑工程+装饰工程+通用安装工程+市政工程+园建工程+绿化工程+土石方工程			127.02
1.1.2.1	房屋建筑工程	建筑人工费+建筑机械费+其他项目建筑工程人工费+其他项目建筑工程机械费		1.27	127.02
1.1.3	医疗保险金	房屋建筑工程+装饰工程+通用安装工程+市政工程+园建工程+绿化工程+土石方工程			402.08
1.1.3.1	房屋建筑工程	建筑人工费+建筑机械费+其他项目建筑工程人工费+其他项目建筑工程机械费		4.02	402.08

续表

序号	项目名称	计算基础	计算基数	计算费率/%	金额/元
1.1.4	工伤保险金	房屋建筑工程+装饰工程+通用安装工程+市政工程+园建工程+绿化工程+土石方工程			148.03
1.1.4.1	房屋建筑工程	建筑人工费+建筑机械费+其他项目建筑工程人工费+其他项目建筑工程机械费		1.48	148.03
1.1.5	生育保险金	房屋建筑工程+装饰工程+通用安装工程+市政工程+园建工程+绿化工程+土石方工程			63.01
1.1.5.1	房屋建筑工程	建筑人工费+建筑机械费+其他项目建筑工程人工费+其他项目建筑工程机械费		0.63	63.01
1.2	住房公积金	房屋建筑工程+装饰工程+通用安装工程+市政工程+园建工程+绿化工程+土石方工程			529.1
1.2.1	房屋建筑工程	建筑人工费+建筑机械费+其他项目建筑工程人工费+其他项目建筑工程机械费		5.29	529.1
1.3	工程排污费	房屋建筑工程+装饰工程+通用安装工程+市政工程+园建工程+土石方工程			148.03
1.3.1	房屋建筑工程	建筑人工费+建筑机械费+其他项目建筑工程人工费+其他项目建筑工程机械费		1.48	148.03
2	增值税	分部分项工程费+措施项目合计-税后包干价+其他项目费+规费		9	3762.67
合　计					6448.18

表 4.26　单位工程造价汇总表

工程名称：单位工程　　　　标段：　　　　第 1 页　共 1 页

序号	汇总内容	金额/元	其中：暂估价/元
一	分部分项工程费	37687.65	
1.1	其中：人工费	9707.41	
1.2	其中：施工机具使用费	294.46	
二	措施项目合计	1434.27	
2.1	单价措施		
2.1.1	其中：人工费		
2.1.2	其中：施工机具使用费		
2.2	总价措施	1434.27	
2.2.1	安全文明施工费	1364.26	
2.2.2	其他总价措施费	70.01	

续表

序号	汇总内容	金额/元	其中：暂估价/元
三	其他项目费		—
3.1	其中：人工费		—
3.2	其中：施工机具使用费		—
四	规费	2685.51	—
五	增值税	3762.67	—
六	甲供费用（单列不计入造价）		
七	含税工程造价	45 570.1	
招标控制价合计：		45 570.10	

注：本表适用于单位工程招标控制价或投标报价的汇总，如无单位工程划分，单项工程也使用本表汇总。

（3）全费用清单计价。

① 通过工程量清单的项目特征描述及计价规范中关于该项工程内容的描述确定为清单项目组价定额项目（计价项目）为砖基础及防潮层，并查的定额项目所对应的基价表。

清单项目 010401001001“砖基础”对应《湖北省房屋建筑与装饰工程消耗量定额及全费用基价表》（2018）的定额子目 A1-1 砖基础及定额子目 A6-117 防水砂浆。

② 计算计价项目的定额工程量。

砖基础的定额工程量同清单工程量为 65 m^3；防潮层的定额工程量为 12 m^2，计算全费用综合单价。

人工费 =（92×2.511 + 142×5.021 + 212×2.511）×65/10 +（92×3.04 + 142×4.56）×12/100

= 1476.326×6.5 + 927.2×0.12

= 9707.38（元）

材料费 =（460×5.288 + 257.35×4.078 + 3.39×1.65 + 0.75×6.842）×65/10 + 1521.96×12/100

= 3492.68×6.5 + 1521.96×12/100

= 22 885.06（元）

机械费 = 187.32×0.24×65/10 + 18.54×12/100

= 44.96×6.5 + 18.54×12/100

= 294.46（元）

总价措施费（9707.38 + 294.46）×（13.64% + 0.7%）= 1434.26（元）

企业管理费 =（9707.38 + 294.46）×28.27% = 10001.84×28.27% = 2827.52（元）

规费 =（9707.38 + 294.46）×26.85% = 2685.49 元

利润 =（9707.38 + 294.46）×19.73% = 10 001.84×19.73% = 1973.36（元）

费用 = 总价措施费 + 企业管理费 + 规费 + 利润

= 1434.26 + 2827.52 + 2685.49 + 1973.36

增值税 =（9707.38 + 22885.06 + 294.46 + 2827.52 + 1973.36 + 1434.26 + 2685.49）× 9% = 3762.68（元）

全费用综合单价 =（9707.38 + 22885.06 + 294.46 + 2827.52 + 1973.36 + 1434.26 + 2685.49 + 3762.68）÷ 65

= 45570.20 ÷ 65 = 701.08（元/m^3）

含税工程造价 = 全费用综合单价 × 工程量 = 701.08 × 65 = 45570.20（元）

表 4.27　全费用综合单价分析表

工程名称：单位工程　　　　标段：　　　　第 1 页　共 1 页

项目编码		010401001001		项目名称		砖基础			计量单位	m^3	工程量	65	
清单全费用综合单价组成明细													
定额编号	定额项目名称	定额单位	数量	单价					合价				
				人工费	材料费	施工机具使用费	费用	增值税	人工费	材料费	施工机具使用费	费用	增值税
A1-1	砖基础 实心砖直形	10 m^3	0.1	1476.33	3492.68	44.96	1356.85	573.37	147.63	349.27	4.5	135.69	57.34
A6-117	防水砂浆 掺防水粉 20 mm 厚	100 m^2	0.0018	927.2	1521.96	18.54	843.5	298.01	1.71	2.81	0.03	1.56	0.55
人工单价		小计							149.34	352.08	4.53	137.25	57.89
高级技工 212 元/工日；技工 142 元/工日；普工 92 元/工日		未计价材料费							0				
清单全费用综合单价									701.08				
材料费明细	主要材料名称、规格、型号					单位	数量		单价/元	合价/元	暂估单价/元	暂估合价/元	
	混凝土实心砖 240*115*53					千块	0.529		460	243.25			
	干混砌筑砂浆 DM M10					t	0.408		257.35	104.95			
	水					m^3	0.166		3.39	0.56			
	电【机械】					kW·h	0.689		0.75	0.52			
	干混地面砂浆 DS M15					t	0.007		295.81	2.01			
	防水粉					kg	0.122		6.59	0.81			
	材料费小计								—	352.1	—	0	

注：1. 如不使用省级或行业建设主管部门发布的计价依据，可不填定额编码、名称等；

2. 招标文件提供了暂估单价的材料，按暂估的单价填入表内“暂估单价”栏及“暂估合价”栏。

表 4.28　分部分项工程和单价措施项目清单与计价表

序号	项目编码	项目名称	项目特征描述	计量单位	工程量	金额/元		
						综合单价	合价	其中 暂估价
		整个项目						
1	010401001001	砖基础	1. 砖品种、规格、强度等级：MU15 灰砂砖 2. 砂浆强度等级：DM M10 干混砂浆 3. 防潮层材料种类：20 厚 DS M15 干混地面砂浆掺 5%的防水粉	m^3	65	701.08	45 570.2	
		分部小计					45 570.2	

表 4.29　单位工程造价汇总表

工程名称：单位工程　　　　　　　　标段：　　　　　　　　第 1 页　共 1 页

序号	汇总内容	金额/元	其中：暂估价/元
一	分部分项工程和单价措施项目	45 570.2	
1.1	其中：人工费	9707.41	
1.2	其中：施工机具使用费	294.46	
1.3	其中：安全文明施工费	1364.35	
二	其他项目费		–
三	甲供费用（单列不计入造价)		
四	含税工程造价	45570.2	
单位工程数据：			
	人工费	9707.41	
	材料费	22 885.06	
	施工机具使用费	294.46	
	费用	8920.6	
	主材费	0	
	设备费	0	
	增值税	3762.85	
	招标控制价合计	45 570.20	

注：本表适用于单位工程招标控制价或投标报价的汇总，如无单位工程划分，单项工程也使用本表汇总。

【习题】

一、单项选择题

1. 用全费用综合单价法编制施工图预算，下列建筑安装工程施工图预算费计算式正确的是（　　）。

A. ∑（子目工程量×子目工料单价）+企业管理费+利润+规费+税金

B. ∑（分部分项工程量×分部分项工程全费用综合单价）

C. 分部分项工程费+措施项目费

D. 分部分项工程费+措施项目费+其他项目费+规费+税金

2. 招标工程量清单的项目特征中通常不需描述的内容是（　　）。

A. 材料材质　　B. 结构部位　　C. 工程内容　　D. 规格尺寸

3. 根据《建设工程工程量计价规范》(GB 50500—2013)，关于其他项目清单的编制和计价，下列说法正确的是（　　）。

A. 暂列金额由招标人在工程量清单中暂定

B. 暂列金额包括暂不能确定价格的材料暂定价

C. 专业工程量暂估价中包括规费和税金

D. 计日工单价中不包括企业管理费和利润

4. 根据《建设工程工程量清单计价规范》(GB 50500—2013)，下列关于工程量清单项目编码的说法中，正确的是（　　）

A. 第三级编码为分部工程顺序码，由三位数字表示

B. 第五级编码应根据拟建工程的工程量清单项目名称设置，不得重码

C. 同一标段含有多个单位工程，不同单位工程中项目特征相同的工程应采用相同编码

D. 补充项目编码以加上计量规范代码后跟三位数字表示

5. 对于不能计算工程量的措施项目，当按施工方案计算措施费时，若无“计算基础”和“费率”数值，则（　　）。

A. 以“定额基价”为计算基础，以国家、行业、地区定额中相应的费率计算金额

B. 以“定额人工费+定额机械费”为计算基础，以国家、行业、地区定额中相应费率计算金额

C. 只填写“金额”数值，在备注中说明施工方案出处或计算方法

D. 以备注中说明的计算方法，补充填写“计算基础”和“费率”

6. 采用工程量清单计价的总承包服务费计价表中，应由投标人填写的内容是（　　）。

A. 项目价值　　B. 服务内容　　C. 计算基础　　D. 费率和金额

7. 根据《建设工程工程量清单计价规范》(GB 50500—2013)，下列费用项目中需纳入分部分项工程项目综合单价中的是（　　）。

A. 工程设备暂估价　　B. 专业工程暂估价

C. 暂列金额　　D. 计日工费

8. 根据《建设工程工程量清单计价规范》(GB 50500—2013)，一般不作为安全文明施工费计算基础的是（　　）。

A. 定额人工费　　B. 定额人工费+定额材料费

C. 定额人工费+定额施工机具使用费

D. 定额人工费+定额材料费+定额施工机具使用费

9. 根据《建设工程工程量清单计价规范》(GB 50500—2013)，关于计日工，下列说法中正确的是（　　）。

A. 计日工包括各种人工，不应包括材料、施工机械

B. 计日工按综合单价计价，投标时应计入投标总价

C. 计日工表中的项目名称由招标人填写，工程数量由投标人填写

D. 计日工单价由投标人自主确定，并按计日工表中所列数量结算

10. 施工招标工程量清单中，应由投标人自主报价的其他项目是（　　）。

A. 专业工程暂估价　B. 暂列金额　C. 工程设备暂估价　D. 计日工单价

二、多项选择题

1. 应予计量的措施项目费包括（　　）。

A. 垂直运输费　B. 排水、降水费　C. 冬雨季施工增加费

D. 临时设施费　E. 超高施工增加费

2. 关于工程量清单计价和定额计价，下列计价公式中正确的有（　　）。

A. 单位工程直接费 = ∑（建筑安装产品工程量 × 工料单价）+ 措施费

B. 单位工程概预算费 = 单位工程直接费 + 企业管理费 + 利润 + 税金

C. 分部分项工程费 = ∑（分部分项工程量 × 分部分项工程综合单价）

D. 措施项目费 = ∑按“项”计算的措施项目费 + ∑（措施项目工程量 × 措施项目综合单价）

E. 单位工程报价 = 分部分项工程费 + 措施项目费 + 其他项目费 + 规费 + 税金

3. 关于分部分项工程量清单的编制，下列说法中正确的有（　　）。

A. 以清单计算规范附录中的名称为基础，结合具体工作内容补充细化项目名称

B. 清单项目的工作内容在招标工程量清单的项目特征中加以描述

C. 有两个或以上计量单位时，选择最适宜表现项目特征并方便计量的单位

D. 除另有说明外，清单项目的工程量应以实体工程量为准，各种施工中的损耗和需要增加的工程量应在单价中考虑

E. 在工程量清单中应附补充项目的项目名称、项目特征、计量单位和工程量

4. 关于暂估价的计算和填写，下列说法中正确的有（　　）。

A. 暂估价数量和拟用项目应结合工程量清单中的《暂估价表》予以补充说明

B. 材料暂估价应由招标人填写暂估单价，无须指出拟用于哪些清单项目

C. 工程设备暂估价不应纳入分部分项工程综合单价

D. 专业工程暂估价应分不同专业，列出明细表

E. 专业工程暂估价由招标人填写，并计入投标总价

5. 关于工程量清单计价的基本程序和方法，下列说法正确的有（　　）。

A. 单位工程造价通过直接费、间接费、利润汇总

B. 计价过程包括工程量清单的编制和应用两个阶段

C. 项目特征和计量单位的确定与施工组织设计无关

D. 招标文件中划分的由投标人承担的风险费用包含在综合单价中

E. 工程量清单计价活动伴随竣工结算而结束

三、简答题

1. 根据《建设工程工程量清单计价规范》（GB 50500—2013）规定，如何编制工程工程量清单？

2. 根据《建设工程工程量清单计价规范》(GB 50500—2013)规定，确定综合单价的程序是什么?

3. 根据《建设工程工程量清单计价规范》(GB 50500—2013)规定，建筑工程项目一般有哪些施工措施项目?

4. 根据《建设工程工程量清单计价规范》(GB 50500—2013)规定，建筑工程其他项目费用如何确定?

四、计算题

1. 某拟建建筑物，采用工程量清单方式招标，部分工程量清单如表4.30所示。根据《房屋建筑与装饰工程工程量计算规范》(GB 50854—2013)试计算分部分项工程量清单综合单价。(计价工程量：人工挖基坑300 m^3，土方运输100 m^3 、基底钎探80 m^2)

表4.30　部分工程量清单

序号	项目编码	项目名称	项目特征描述	计量单位	工程量	金额/元		
						综合单价	合价	其中 暂估价
1	010101004001	挖基坑土方	1. 土壤类别：三类土 2. 挖土深度：1.9 m 3. 弃土运距：100 m 4. 基底钎探	m^3	300			

2. 某拟建商住楼，采用工程量清单方式招标，部分工程量清单如表4.31所示。根据《房屋建筑与装饰工程工程量计算规范》(GB 50854—2013)试计算分部分项工程量清单全费用综合单价，地板砖单价为120元/m^2。

表4.31　部分工程量清单

序号	项目编码	项目名称	项目特征描述	计量单位	工程量	金额/元		
						综合单价	合价	其中 暂估价
1	011102003001	块料地面	1. 面层：8.10 厚地砖(800×800)，水泥浆或1∶1水泥砂浆填缝 2. 结合层：30厚DS M20干混地面砂浆 3. 垫层：80厚C15混凝土垫层 4. 100厚1∶3∶6石灰、砂、碎石三合土垫层	m^2	1000			

5 建筑面积的计算

1. 建筑面积的概念

建筑面积是指建筑物外围结构所围成的水平面积的总和。建筑面积还包括附属于建筑物的室外阳台、雨篷、檐廊、室外走廊、室外楼梯等建筑部件的面积。

建筑面积分为使用面积、辅助面积和结构面积三部分。其中，使用面积与辅助面积之和称为有效面积。

$$建筑面积 = 有效面积 + 结构面积 = 使用面积 + 辅助面积 + 结构面积$$

（1）使用面积是指建筑物各层平面布置中直接为生产或生活使用的净面积总和。例如，住宅建筑中的居室、客厅、书房面积等。

（2）辅助面积是指建筑物各层平面布置中为辅助生产或生活所占净面之和。例如，住宅建筑的楼梯、走道、卫生间、厨房面积等。

（3）结构面积是指建筑物各层平面布置中的墙体、柱等结构所占面积的总和（不包括抹灰厚度所占面积）。

2. 建筑面积的作用

建筑面积计算是工程计量的最基础工作，在工程建设中具有重要意义。首先，工程建设的技术经济指标中，大多数以建筑面积为基数，建筑面积是核定估算、概算、预算工程造价的一个重要基础数据，是计算和确定工程造价，并分析工程造价和工程设计合理性的一个基础指标。其次，建筑面积是国家进行建设工程数据统计、固定资产宏观调控的重要指标；再次，建筑面积还是房地产交易、工程承发包交易、建筑工程有关运营费用的核定等的一个关键指标。

1）确定建设规模的重要指标

建筑面积的多少可以用来控制建设规模，如根据项目立项批准文件所核准的建筑面积，来控制施工图设计规模。在一定时期内完成建筑面积的多少也反映了国家或企业工程建设的发展状况和完成生产情况等。

2）确定各项技术经济指标的基础

建筑面积是衡量工程造价、人工消耗量、材料消耗量和机械台班消耗量的重要经济指标，如

$$单方造价 = \frac{工程造价}{建筑面积}$$

$$单位建筑面积材料消耗量指标=\frac{工程材料消耗量}{建筑面积}$$

$$单位建筑面积人工用量=\frac{工程人工工日消耗量}{建筑面积}$$

3）评价设计方案的依据

建筑设计和建筑规划中，经常使用建筑面积控制某些指标，比如容积率、建筑密度、建筑系数等。在评价设计方案时，通常采用居住面积系数、土地利用系数、有效面积系数、单方造价等指标都与建筑面积密切相关。因此，为了评价设计方案，必须准确计算建筑面积。

4）计算有关分项工程量的依据和基础

在编制一般土建工程预算时，建筑面积是确定一些分项工程量的基本数据。应用统筹计算方法，根据底层建筑面积，就可以很方便地推算出室内回填土体积、地（楼）面面积和天棚面积等。另外，建筑面积也是脚手架、垂直运输机械费用的计算依据。

3. 建筑面积有关术语

（1）层高：上下两层楼面或楼面与地面之间的垂直距离。

结构层高：楼面或地面结构层上表面至上部结构层上表面之间的垂直距离。

结构净高：楼面或地面结构层上表面至上部结构层下表面之间的垂直距离。

（2）自然层：按楼板、地板结构分层的楼层。

结构层：整体结构体系中承重的楼板层

架空层：建筑物深基础或坡地建筑吊脚架空部位不回填土石方形成的建筑空间。

（3）永久性顶盖：经规划批准设计的永久使用的顶盖。

围护结构：围合建筑空间四周的墙体、门、窗等。

围护设施：为保障安全而设置的栏杆、栏板等围挡。

（4）走廊：建筑物的水平交通空间。

挑廊：挑出建筑物外墙的水平交通空间。

檐廊：附属于建筑物底层外墙有屋檐作为顶盖，其下部一般有柱或栏杆、栏板等的水平交通空间。

门廊：在建筑物出入口，无门、三面或二面有墙，上部有板（或借用上部楼板）围护的部位。

回廊：在建筑物门厅、大厅内设置在二层或二层以上的回形走廊。

架空走廊：建筑物与建筑物之间，在二层或二层以上专门为水平交通设置的走廊。

（5）围护性幕墙：直接作为外墙起围护作用的幕墙。

装饰性幕墙：设置在建筑物墙体外起装饰作用的幕墙。

（6）建筑物通道：为道路穿过建筑物而设置的建筑空间。

骑楼：沿街二层以上用承重柱支撑骑跨在公共人行空间之上，其底层沿街面后退的建筑物，如图 5.1 所示。

过街楼：当有道路在建筑群穿过时为保证建筑物之间的功能联系，设置跨越道路上空使两边建筑相连接的建筑物，如图 5.2 所示。

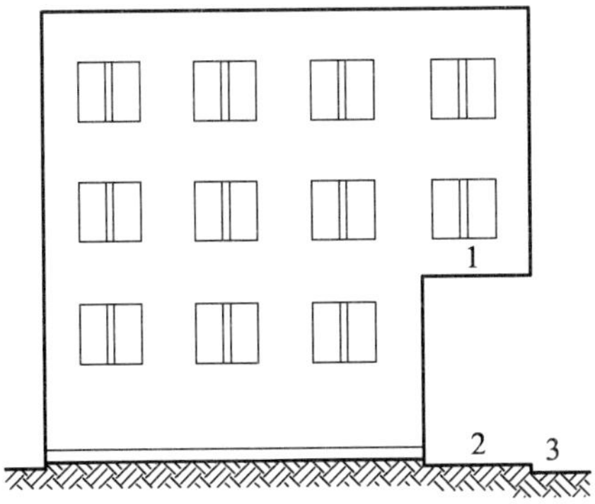

1—骑楼；2—人行道；3—街道。

图 5.1　骑楼

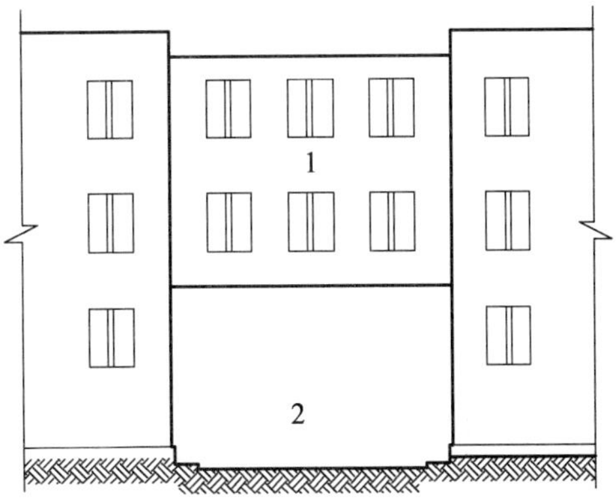

1—过街楼；2—建筑物通道。

图 5.2　过街楼

（7）雨篷：建筑物出入口上方、凸出墙面、为遮挡雨水而单独设立的建筑部件。雨篷划分为有柱雨篷（包括独立柱雨篷、多柱雨篷、柱墙混合支撑雨篷、墙支撑雨篷）和无柱雨篷（悬挑雨篷）。如凸出建筑物，且不单独设立顶盖，利用上层结构板（如楼板、阳台底板）进行遮挡，则不视为雨篷，不计算建筑面积。对于无柱雨篷，如顶盖高度达到或超过两个楼层时，也不视为雨篷，不计算建筑面积。

（8）飘窗：为房间采光和美化造型而设置的突出外墙的窗。

（9）落地橱窗：突出外墙面根基落地的橱窗。

落地橱窗在商业建筑临街面设置的下槛落地、可落在室外地坪也可落在室内首层地板，用来展览各种样品的玻璃窗。

（10）眺望间：设置在建筑物顶层或挑出房间的供人们远眺或观察周围情况的建筑空间。

（11）门斗：在建筑物出入口设置的起分隔、挡风、御寒等作用的建筑过渡空间。

（12）勒脚：建筑物的外墙与室外地面或散水接触部位墙体的加厚部分。

（13）变形缝：伸缩缝（温度缝）、沉降缝和抗震缝的总称。

4. 建筑面积计算规则

建筑面积计算的一般原则是：凡在结构上、使用上形成具有一定使用功能的建筑物和构筑物，并能单独计算出其水平面积的，应计算建筑面积；反之，不应计算建筑面积。

取定建筑面积的顺序为：有围护结构的，按围护结构计算面积；无围护结构、有底板的，按底板计算面积（如室外走廊、架空走廊）；底板也不利于计算的，则取顶盖（如车棚、货棚等）；主体结构外的附属设施按结构底板计算面积。

即在确定建筑面积时，围护结构优于底板，底板优于顶盖。所以，有盖无盖不作为计算建筑面积的必备条件，如阳台、架空走廊、楼梯是利用其底板，顶盖只是起遮风挡雨的辅助功能。

建筑面积的计算主要依据现行国家标准《建筑工程建筑面积计算规范》（GB/T 50353—2013）。

1）应计算建筑面积的范围及规则

（1）建筑物的建筑面积应按自然层外墙结构外围水平面积之和计算。结构层高在 2.20 m 及以上的，应计算全面积；结构层高在 2.20 m 以下的，应计算 1/2 面积。

当外墙结构本身在一个层高范围内不等厚时（不包括勒脚，外墙结构在该层高范围内材质不变），以楼地面结构标高处的外围水平面积计算，如图 5.3 所示；当围护结构下部为砌体，上部为彩钢板围护的建筑物，如图 5.4 所示，其建筑面积的计算：当 $h<0.45$ m 时，建筑面积按彩钢板外围水平面积计算；当 $h\geqslant 0.45$ mm 时，建筑面积按下部砌体外围水平面积计算。

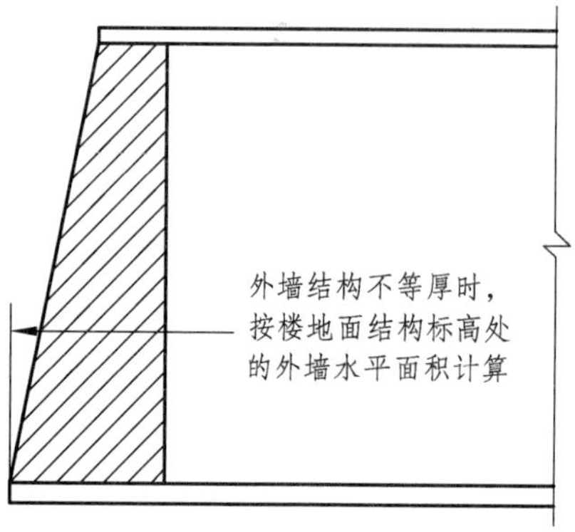

图 5.3　外墙结构不等厚建筑物示意图

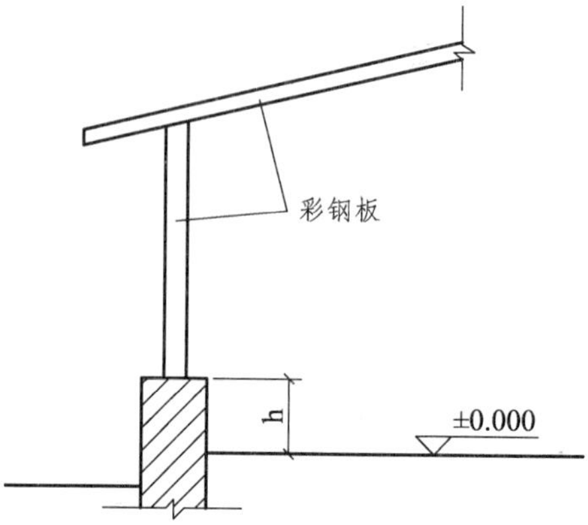

图 5.4　下部为砌体上部为彩钢板围护的建筑物示意图

【例】已知一多层建筑如图 5.5 所示，试计算其建筑面积。

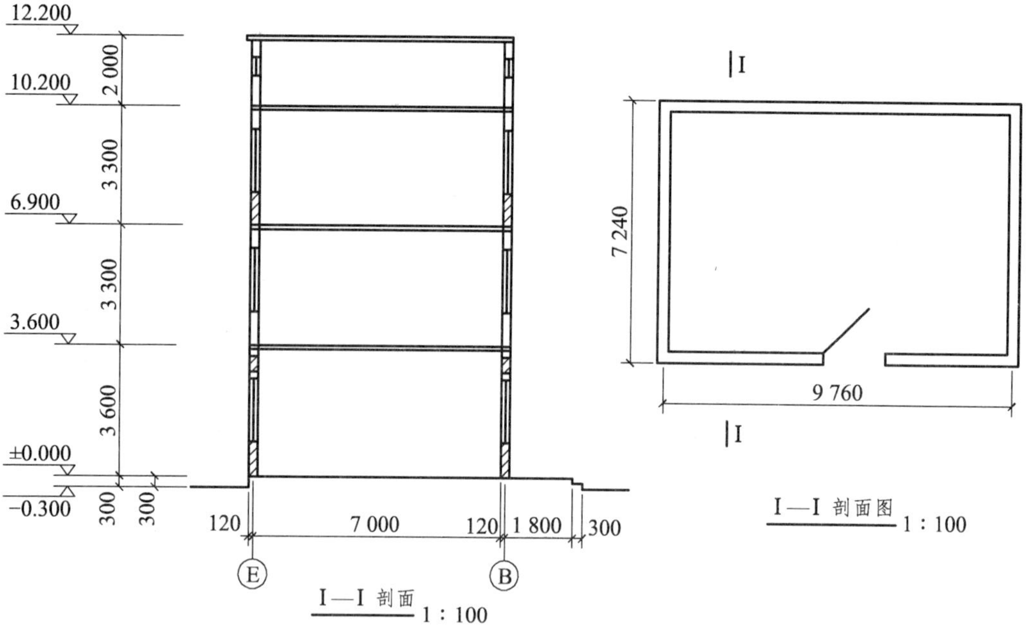

图 5.5　建筑物示意图（单位：mm）

【解】1 ~ 3 层层高均高于 2.2 m，应计算全面积，顶层层高不足 2.2 m，按一半计算建筑面积。

$$S = 7.24\times(9.76+0.24)\times 3+7.24\times(9.76+0.24)\times\frac{1}{2}=253.4\ (\mathrm{m}^2)$$

（2）建筑物内设有局部楼层时，如图 5.6 所示，对于局部楼层的二层及以上楼层，有围护结构的应按其围护结构外围水平面积计算，无围护结构的应按其结构底板水平面积计算，且结构层高在 2.20 m 及以上的，应计算全面积，结构层高在 2.20 m 以下的，应计算 1/2 面积。

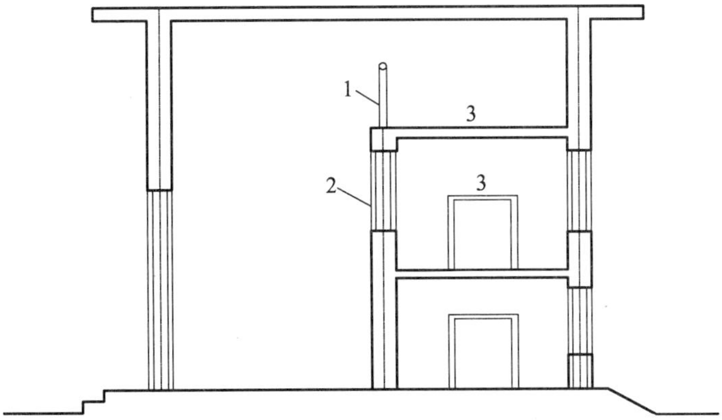

1—围护设施；2—围护结构；3—局部楼层。

图 5.6　建筑物内的局部楼层

【例】已知一建筑如图 5.7 和图 5.8 所示，局部楼层层高均超过 2.2 m 试计算其建筑面积。

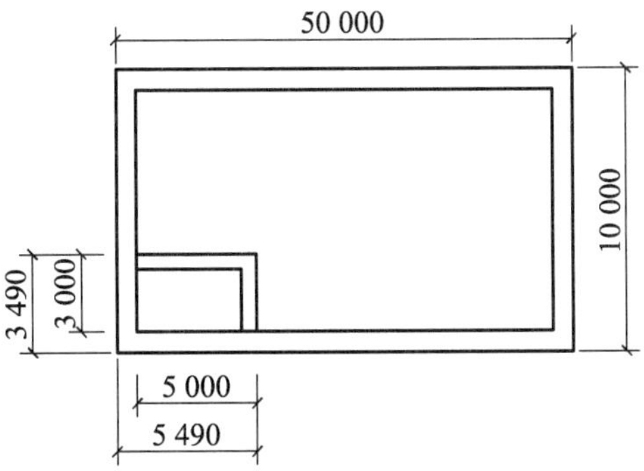

图 5.7　建筑物平面图（单位：mm）

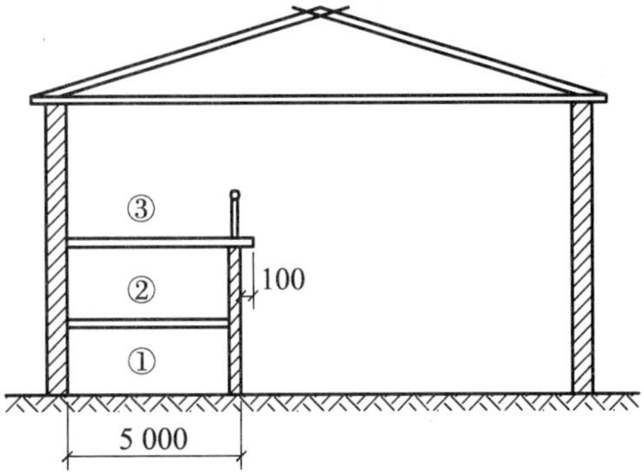

图 5.8　建筑物剖面图（单位：mm）

【解】

一层　　$S_1 = 50 \times 10 = 500$（m^2）

二层　　$S_2 = 5.49 \times 3.49 = 19.16$（$m^2$）（按围护结构计算）

三层　　$S_3 = (5+0.1) \times (3+0.1) = 15.81$（$m^2$）（按底板计算）

建筑面积　　$S = S_1 + S_2 + S_3 = 534.97$（$m^2$）

（3）对于形成建筑空间的坡屋顶，结构净高在 2.10 m 及以上的部位应计算全面积；结构净高在 1.20 m 及以上至 2.10 m 以下的部位应计算 1/2 面积；结构净高在 1.20 m 以下的部位不应计算建筑面积。

【例】已知一建筑如图 5.9 和图 5.10 所示，试计算其建筑面积。

【解】

底层：　　$S_1 = (5.76+0.24) \times (9.76+0.24) \times \dfrac{1}{2} = 30$（$m^2$）

坡屋顶：　　$S_2 = (2.76+0.24) \times (9.76+0.24) \times \dfrac{1}{2} + (5.76-2.76) \times 10 = 45$（$m^2$）

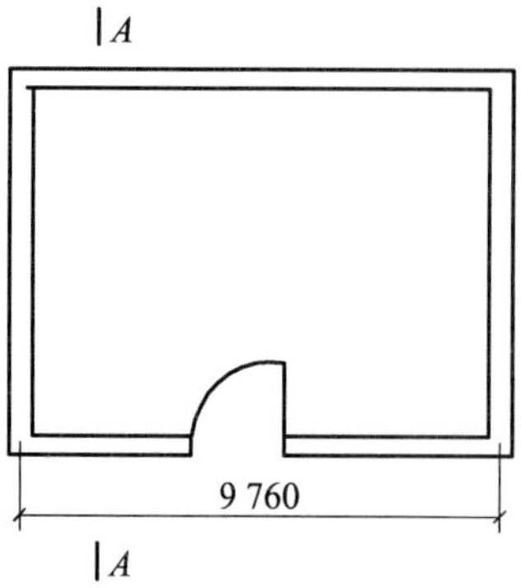

图 5.9　建筑物平面图（单位：mm）

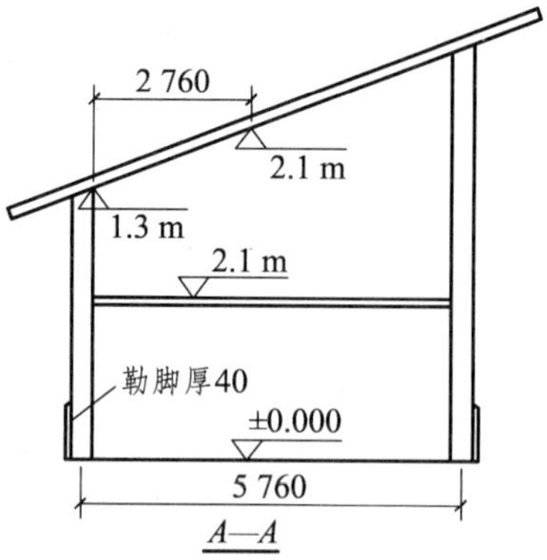

图 5.10　建筑物 A—A 剖面图（单位：mm）

建筑面积：　　　$S = S_1 + S_2 = 75$（m^2）

（4）对于场馆看台下的建筑空间，结构净高在 2.10 m 及以上的部位应计算全面积；结构净高在 1.20 m 及以上至 2.10 m 以下的部位应计算 1/2 面积；结构净高在 1.20 m 以下的部位不应计算建筑面积。

室内单独设置的有围护设施的悬挑看台，应按看台结构底板水平投影面积计算建筑面积。有顶盖无围护结构的场馆看台应按其顶盖水平投影面积的 1/2 计算面积。

（5）地下室、半地下室应按其结构外围水平面积计算。结构层高在 2.20 m 及以上的，应计算全面积；结构层高在 2.20 m 以下的，应计算 1/2 面积。

（6）出入口外墙外侧坡道有顶盖的部位，应按其外墙结构外围水平面积的 1/2 计算面积，如图 5.11 所示。

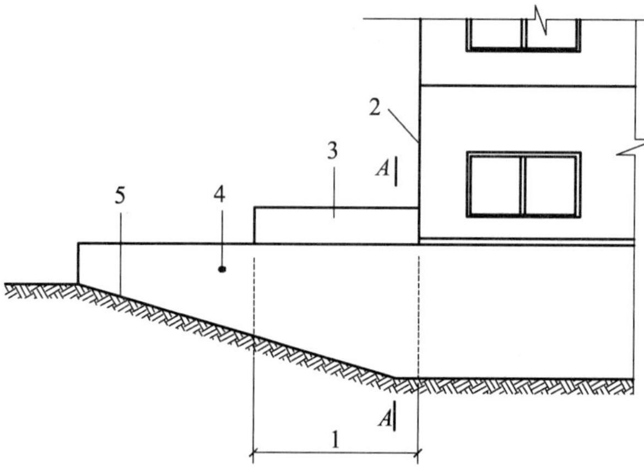

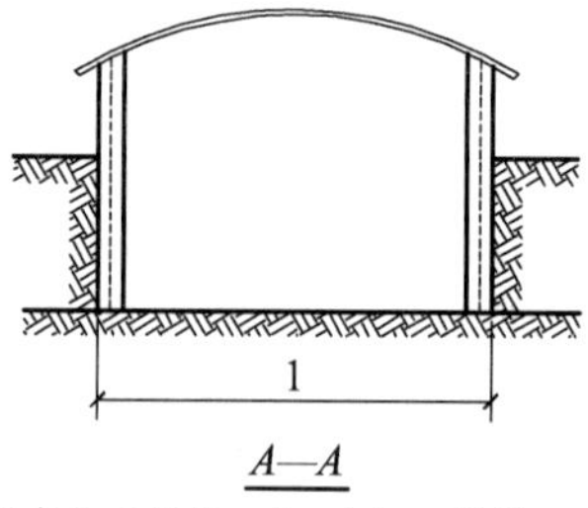

1—计算 1/2 投影面积部位；2—主体建筑；3—出入口顶盖；4—封闭出入口侧墙；5—出入口坡道。

图 5.11　地下室出入口

出入口坡道分有顶盖出入口坡道和无顶盖出入口坡道，出入口坡道顶盖的挑出长度，为顶盖结构外边线至外墙结构外边线的长度；顶盖以设计图纸为准，对后增加及建设单位自行增加的顶盖等，不计算建筑面积。顶盖不分材料种类（如钢筋混凝土顶盖、彩钢板顶盖、阳光板顶盖等）。

（7）建筑物架空层及坡地建筑物吊脚架空层，如图 5.12 所示，应按其顶板水平投影计算建筑面积。结构层高在 2.20 m 及以上的，应计算全面积；结构层高在 2.20 m 以下的，应计算 1/2 面积。

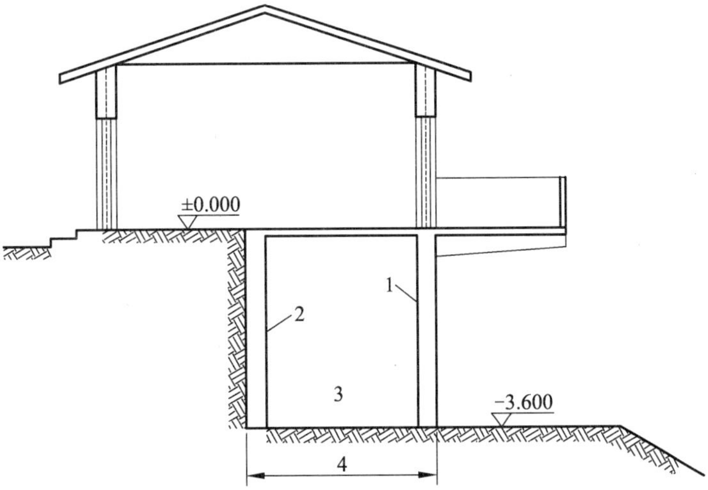

1—柱；2—墙；3—吊脚架空层；4—计算建筑面积部位。

图 5.12　建筑物吊脚架空层

（8）建筑物的门厅、大厅应按一层计算建筑面积，门厅、大厅内设置的走廊应按走廊结构底板水平投影面积计算建筑面积。结构层高在 2.20 m 及以上的，应计算全面积；结构层高在 2.20 m 以下的，应计算 1/2 面积。

（9）对于建筑物间的架空走廊，有顶盖和围护结构的，如图 5.13 所示，应按其围护结构外围水平面积计算全面积；无围护结构、有围护设施的，如图 5.14 所示，应按其结构底板水平投影面积计算 1/2 面积。

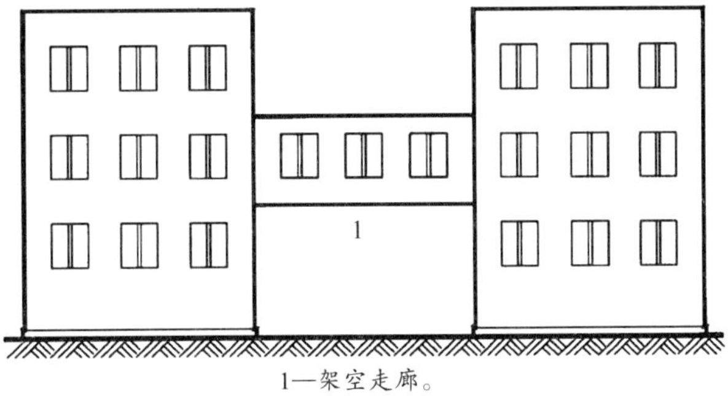

1—架空走廊。

图 5.13　有围护结构的架空走廊

1—栏杆；2—架空走廊。

图 5.14　有围护设施的架空走廊（无围护结构）

（10）对于立体书库、立体仓库、立体车库，有围护结构的，应按其围护结构外围水平面积计算建筑面积；无围护结构、有围护设施的，应按其结构底板水平投影面积计算建筑面积。无结构层的应按一层计算，有结构层的应按其结构层面积分别计算。结构层高在 2.20 m 及以上的，应计算全面积；结构层高在 2.20 m 以下的，应计算 1/2 面积。

（11）有围护结构的舞台灯光控制室，如图 5.15 所示。应按其围护结构外围水平面积计算。结构层高在 2.20 m 及以上的，应计算全面积；结构层高在 2.20 m 以下的，应计算 1/2 面积。

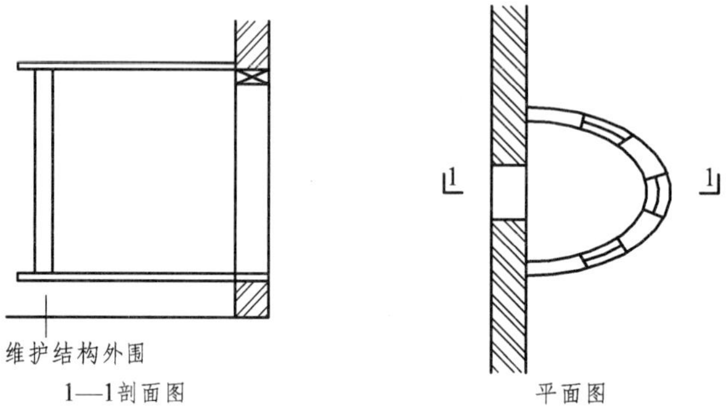

图 5.15　舞台灯光控制室

（12）附属在建筑物外墙的落地橱窗，如图 5.16 所示，应按其围护结构外围水平面积计算。结构层高在 2.20 m 及以上的，应计算全面积；结构层高在 2.20 m 以下的，应计算 1/2 面积。

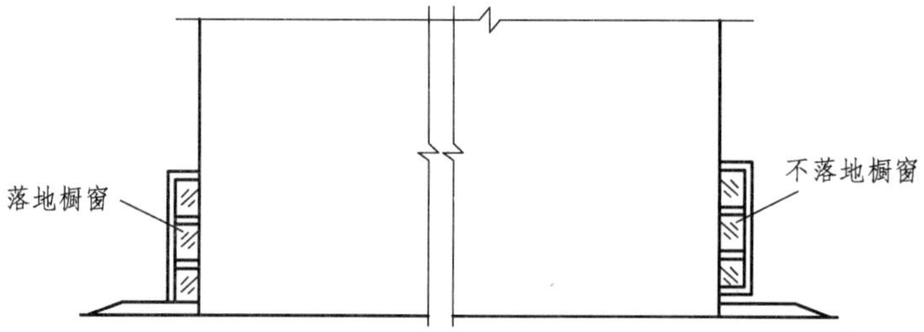

图 5.16　橱窗示意图

（13）窗台与室内楼地面高差在 0.45 m 以下且结构净高在 2.10 m 及以上的凸（飘）窗，应按其围护结构外围水平面积计算 1/2 面积。

（14）有围护设施的室外走廊（挑廊），应按其结构底板水平投影面积计算 1/2 面积；有围护设施（或柱）的檐廊，如图 5.17 所示，应按其围护设施（或柱）外围水平面积计算 1/2 面积。

（15）门斗应按其围护结构外围水平面积计算建筑面积，且结构层高在 2.20 m 及以上的，应计算全面积；结构层高在 2.20 m 以下的，应计算 1/2 面积，如图 5.18 所示。

（16）门廊应按其顶板的水平投影面积的 1/2 计算建筑面积；有柱雨篷应按其结构板水平投影面积的 1/2 计算建筑面积；无柱雨篷的结构外边线至外墙结构外边线的宽度在 2.10 m 及以上的，应按雨篷结构板的水平投影面积的 1/2 计算建筑面积。

（17）设在建筑物顶部的、有围护结构的楼梯间、水箱间、电梯机房等，结构层高在 2.20 m 及以上的应计算全面积；结构层高在 2.20 m 以下的，应计算 1/2 面积。

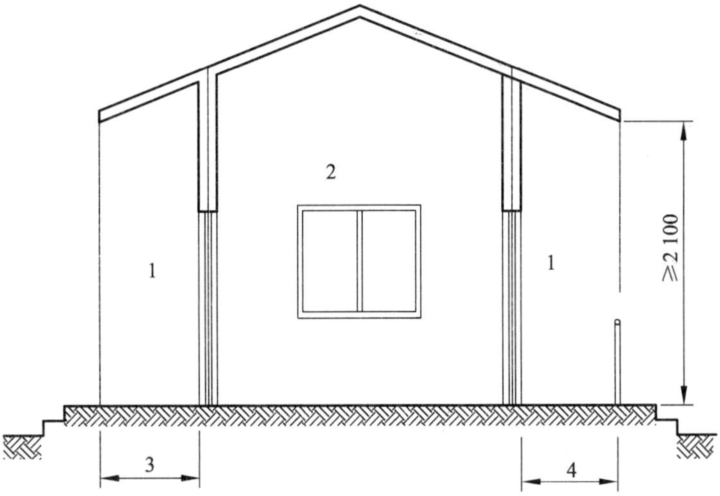

1—檐廊；2—室内；3—不计算建筑面积部位；4—计算 1/2 建筑面积部位。

图 5.17　檐廊

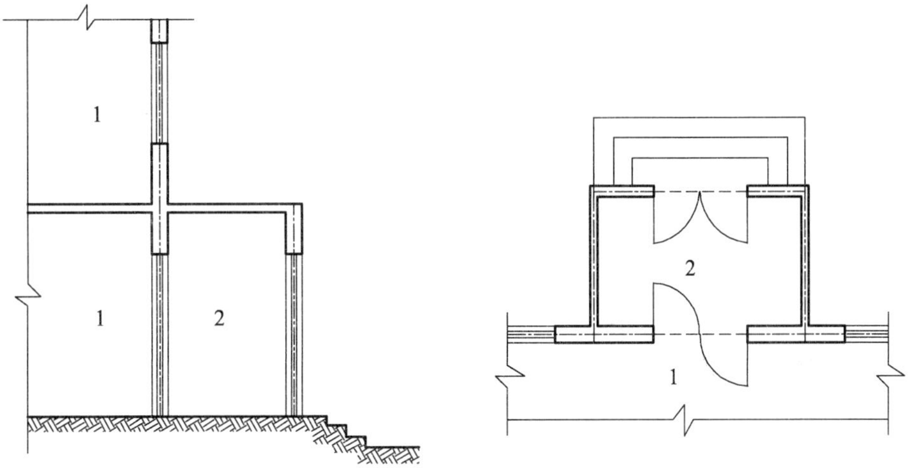

1—室内；2—门斗。

图 5.18　门斗

（18）围护结构不垂直于水平面的楼层，如图 5.19 所示，应按其底板面的外墙外围水平面积计算。结构净高在 2.10 m 及以上的部位，应计算全面积；结构净高在 1.20 m 及以上至 2.10 m 以下的部位，应计算 1/2 面积；结构净高在 1.20 m 以下的部位，不应计算建筑面积。

（19）建筑物的室内楼梯、电梯井（图 5.20）、提物井、管道井、通风排气竖井、烟道，应并入建筑物的自然层计算建筑面积。

有顶盖的采光井（图 5.21）应按一层计算面积，且结构净高在 2.10 m 及以上的，应计算全面积；结构净高在 2.10 m 以下的，应计算 1/2 面积。

（20）室外楼梯应并入所依附建筑物自然层，并应按其水平投影面积的 1/2 计算建筑面积。

室外楼梯不论是否有顶盖都需要计算建筑面积。层数为室外楼梯所依附的楼层数，即梯段部分投影到建筑物范围的层数。利用室外楼梯下部的建筑空间不得重复计算建筑面积；利用地势砌筑的为室外踏步，不计算建筑面积。

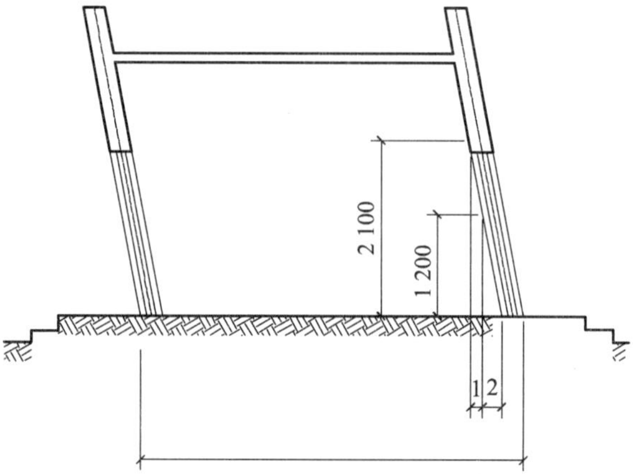

1—计算 1/2 建筑面积部位；2—不计算建筑面积部位。

图 5.19 斜围护结构

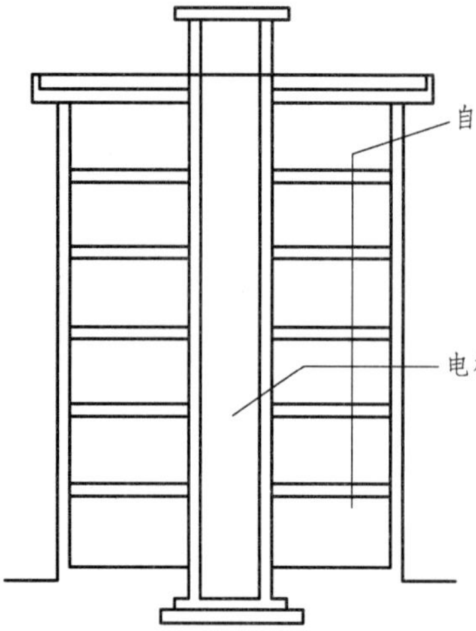

图 5.20 电梯井示意图

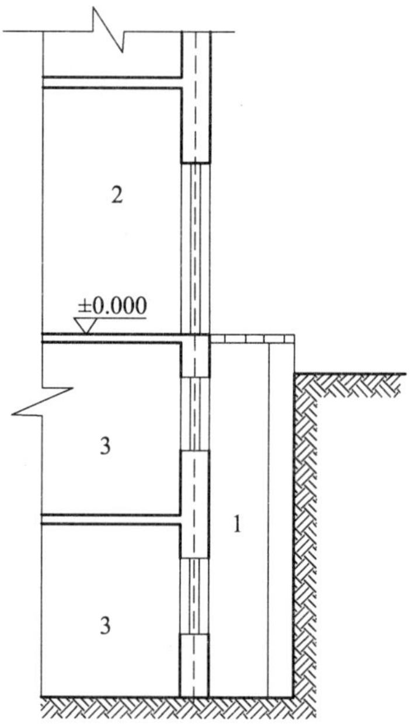

1—采光井；2—室内；3—地下室。

图 5.21 地下室采光井

【例】已知一建筑如图 5.22 和图 5.23 所示，试计算其室外楼梯建筑面积。

【解】室外楼梯建筑面积

$$S = 3\times 6.625\times \frac{1}{2}\times 2 = 19.875\ (\mathrm{m}^2)$$

（21）在主体结构内的阳台（凹阳台），应按其结构外围水平面积计算全面积；在主体结构外的阳台（挑阳台），应按其结构底板水平投影面积计算 1/2 面积，如图 5.24 所示。

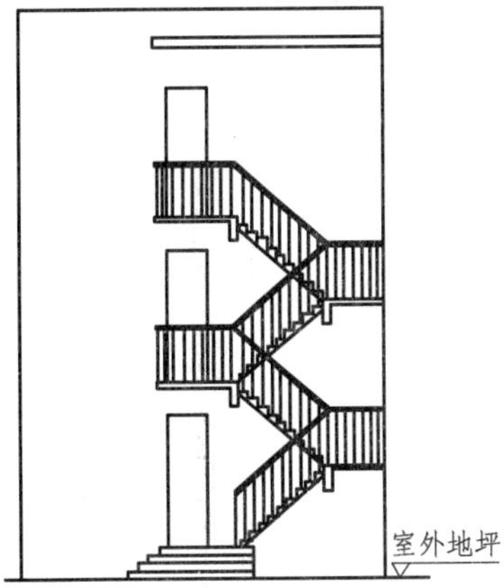

图 5.22　建筑物立面图

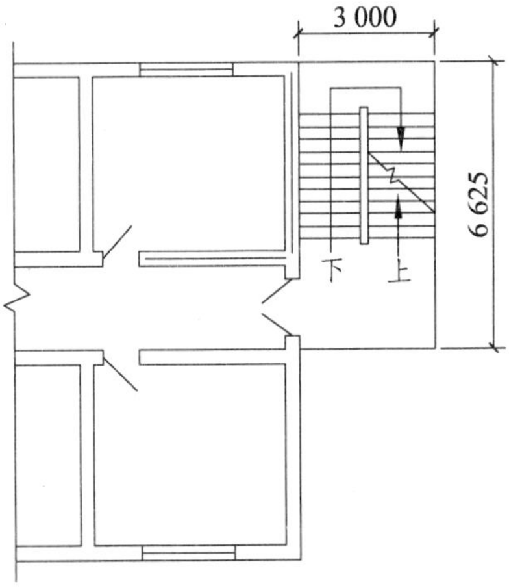

图 5.23　建筑物平面图

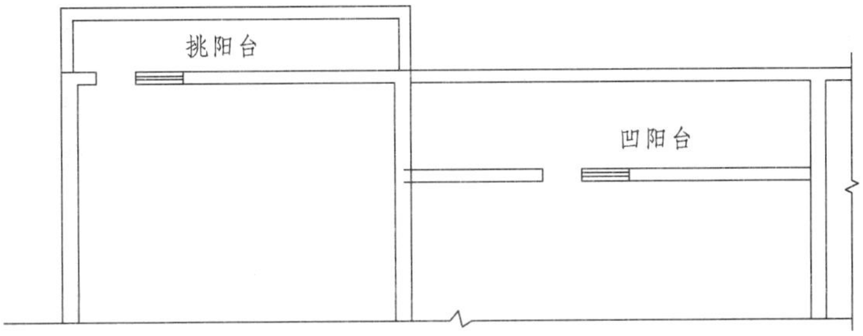

图 5.24　凹阳台、挑阳台示意图

（22）有顶盖无围护结构的车棚、货棚、站台、加油站、收费站等，应按其顶盖水平投影面积的 1/2 计算建筑面积。

【例】试计算图 5.25 和图 5.26 所示独立柱候车棚的建筑面积。

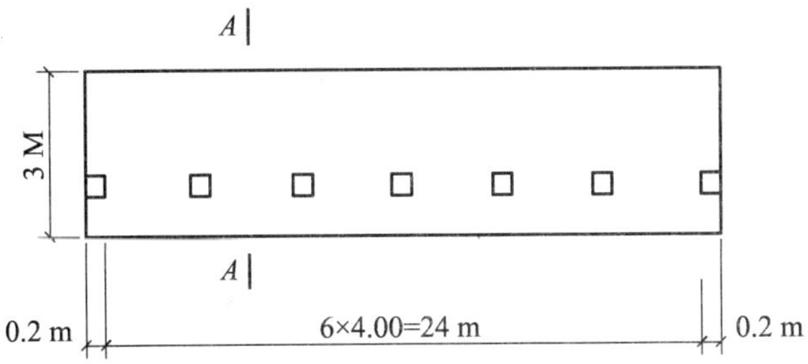

图 5.25　独立柱候车棚平面图

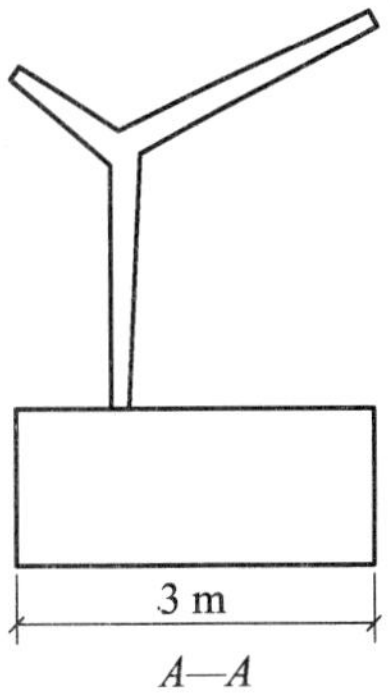

图 5.26　独立柱候车棚剖面图

【解】建筑面积

$$S = 24.4 \times 3 \times \frac{1}{2} = 36.6\ (\mathrm{m}^2)$$

（23）以幕墙作为围护结构的建筑物，应按幕墙外边线计算建筑面积。

（24）建筑物的外墙外保温层，应按其保温材料的水平截面积计算，并计入自然层建筑面积。

建筑物外墙外侧有保温隔热层的，如图 5.27 所示，保温隔热层以保温材料的净厚度乘以外墙结构外边线长度按建筑物的自然层计算建筑面积，其外墙外边线长度不扣除门窗和建筑物外已计算建筑面积构件（如阳台、室外走廊、门斗、落地橱窗等部件）所占长度。当建筑物外已计算建筑面积的构件（如阳台、室外走廊、门斗、落地橱窗等部件）有保温隔热层时，其保温隔热层也不再计算建筑面积。

外墙是斜面者按楼面楼板处的外墙外边线长度乘以保温材料的净厚度计算。外墙外保温以沿高度方向满铺为准，某层外墙外保温铺设高度未达到全部高度时（不包括阳台、室外走廊、门斗、落地橱窗、雨篷、飘窗等），不计算建筑面积。

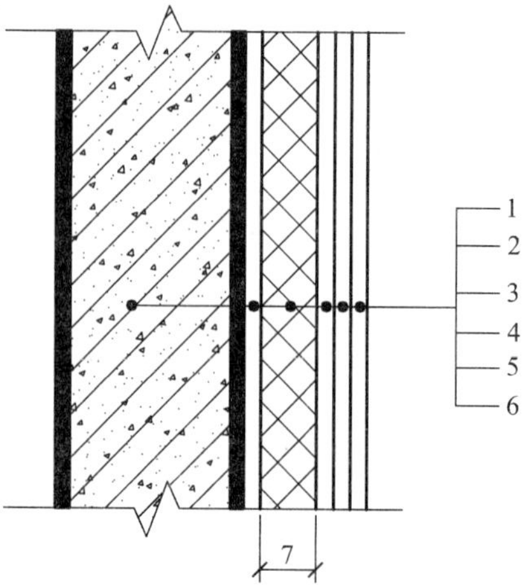

1—墙体；2—黏结胶浆；3—保温材料；4—标准网；5—加强网；6—抹面胶浆；7—计算建筑面积部位。

图 5.27 建筑外墙保温

保温隔热层的建筑面积是以保温隔热材料的厚度来计算的，不包含抹灰层、防潮层、保护层（墙）的厚度。

（25）与室内相通的变形缝，应按其自然层合并在建筑物建筑面积内计算。对于高低联跨的建筑物，当高低跨内部连通时，其变形缝应计算在低跨面积内。

（26）对于建筑物内的设备层、管道层、避难层等有结构层的楼层，如图 5.28 所示，结构层高在 2.20 m 及以上的，应计算全面积；结构层高在 2.20 m 以下的，应计算 1/2 面积。

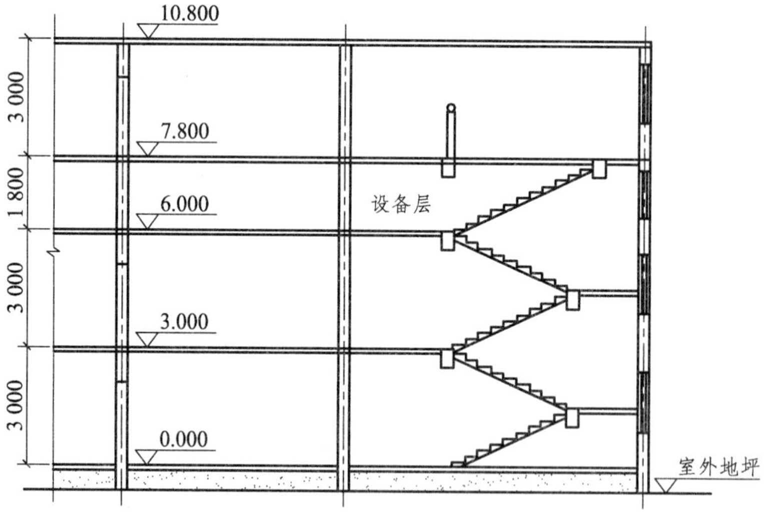

图 5.28 设备层示意图

2）不应计算建筑面积的项目

以下情况不应计算建筑面积：

（1）与建筑物内不相连通的建筑部件。

（2）骑楼、过街楼底层的开放公共空间和建筑物通道。

（3）舞台及后台悬挂幕布和布景的天桥、挑台等。

（4）露台、露天游泳池、花架、屋顶的水箱及装饰性结构构件。

（5）建筑物内的操作平台、上料平台、安装箱和罐体的平台。

（6）勒脚、附墙柱、垛、台阶、墙面抹灰、装饰面、镶贴块料面层、装饰性幕墙，主体结构外的空调室外机搁板（箱）、构件、配件，挑出宽度在 2.10 m 以下的无柱雨篷和顶盖高度达到或超过两个楼层的无柱雨篷。

（7）窗台与室内地面高差在 0.45 m 以下且结构净高在 2.10 m 以下的凸（飘）窗，窗台与室内地面高差在 0.45 m 及以上的凸（飘）窗。

（8）室外爬梯、室外专用消防钢楼梯。

（9）无围护结构的观光电梯。

（10）建筑物以外的地下人防通道，独立的烟囱、烟道、地沟、油（水）罐、气柜、水塔、贮油（水）池、贮仓、栈桥等构筑物。

【习题】

一、单项选择题

1. 根据《建筑工程建筑面积计算规范》（GB/T 50353—2013）规定，建筑物的建筑面积应按自然层外墙结构外围水平面积之和计算。以下说法正确的是（　　）。

A. 建筑物高度为 2.00 m 部分，应计算全面积

B. 建筑物高度为 1.80 m 部分不计算面积

C. 建筑物高度为 1.20 m 部分不计算面积

D. 建筑物高度为 2.10 m 部分应计算 1/2 面积

2. 根据《建筑工程建筑面积计算规范》（GB/T 50353—2013），围护结构不垂直于水平面结构净高 2.15 m 楼层部位，其建筑面积应（　　）。

A. 按顶板水平投影面积的 1/2 计算　　B. 按顶板水平投影面积计算全面积

C. 按底板外墙外围水平面积的 1/2 计算　　D. 按底板外墙外围水平面积计算全面积

3. 根据《建筑工程建筑面积计算规范》（GB/T 50353—2013），主体结构内的阳台，其建筑面积应为（　　）。

A. 是按其结构外围水平面积 1/2 计算　　B. 按其结构外围水平面积算

C. 按其结构底板水平面积 1/2　　D. 按其结构底板水平面积计算

4. 根据《建筑工程建筑面积规范》（GB/T 50353—2013），形成建筑空间，结构净高 2.18 m 部位的坡屋顶，其建筑面积（　　）。

A. 不予计算　　B. 按 1/2 面积计算

C. 按全面积计算　　D. 视使用性质确定

5. 根据《建筑工程建筑面积规范》（GB/T 50353—2013），建筑物间有两侧护栏的架空走廊，其建筑面积（　　）。

A. 按护栏外围水平面积的 1/2 计算　　B. 按结构底板水平投影面积的 1/2 计算

C. 按护栏外围水平面积计算全面积　　D. 按结构底板水平投影面积计算全面积

6. 根据《建筑工程建筑面积计算规范》（GB/T 50353—2013）规定，建筑物内设有局部楼层，局部二层层高 2.15 m，其建筑面积计算正确的是（　　）。

A. 无围护结构的不计算面积

B. 无围护结构的按其结构底板水平面积计算

C. 有围护结构的按其结构底板水平面积计算

D. 有围护结构的按其结构底板水平面积的 1/2 计算

7. 根据《建筑工程建筑面积计算规范》(GB/T 50353—2013)规定，地下室、半地下室建筑面积计算正确的是(　　)。

A. 层高不足 1.80 m 者不计算面积　　B. 层高为 2.10 m 的部位计算 1/2 面积

C. 层高为 2.10 m 的部位应计算全面积　　D. 层高为 2.10 m 以上的部位应计算全面积

8. 根据《建筑工程建筑面积计算规范》(GB/T 50353—2013)规定，建筑物大厅内的层高在 2.20 m 及以上的回(走)廊，建筑面积计算正确的是(　　)。

A. 按回(走)廊水平投影面积并入大厅建筑面积

B. 不单独计算建筑面积

C. 按结构底板水平投影面积计算

D. 按结构底板水平面积的 1/2 计算

9. 根据《建筑工程建筑面积计算规范》(GB/T50353—2013)规定，层高在 2.20 m 及以上有围护结构的舞台灯光控制室建筑面积计算正确的是(　　)。

A. 按围护结构外围水平面积计算　　B. 按围护结构外围水平面积的 1/2 计算

C. 按控制室底板水平面积计算　　D. 按控制室底板水平面积的 1/2 计算

10. 根据《建筑工程建筑面积计算规范》(GB/T 50353—2013)，高度为 2.1 m 的立体书库结构层，其建筑面积(　　)。

A. 不予计算　　B. 按 1/2 面积计算

C. 按全面积计算　　D. 只计算一层面积

11. 根据《建筑工程建筑面积计算规范》(GB/T 50353—2013)，建筑物室外楼梯，其建筑面积(　　)。

A. 按水平投影面积计算全面积

B. 按结构外围面积计算全面积

C. 依附于自然层按水平投影面积的 1/2 计算

D. 依附于自然层按结构外层面积的 1/2 计算

12. 根据《房屋建筑与装饰工程工程量计算规范》(GB/T 50353—2013)，有顶盖无围护结构的货棚，其建筑面积应(　　)。

A. 按其顶盖水平投影面积的 1/2 计算　　B. 按其顶盖水平投影面积计算

C. 按柱外围水平面积的 1/2 计算　　D. 按柱外围水平面积计算

二、多项选择题

1. 根据《建筑工程建筑面积计算规范》(GB/T 50353—2013)，不计算建筑面积的有(　　)。

A. 建筑物首层地面有围护设施的露台

B. 兼顾消防与建筑物相同的室外钢楼梯

C. 与建筑物相连的室外台阶

D. 与室内相同的变形缝

E. 形成建筑空间，结构净高 1.50 m 的坡屋顶

2. 根据《建筑工程建筑面积计算规范》(GB/T 50353—2013)规定，关于建筑面积计算正确的为(　　)。

A. 建筑物顶部有围护结构的电梯机房不单独计算

B. 建筑物顶部层高为 2.10 m 的有围护结构的水箱间不计算

C. 围护结构不垂直于水平面的楼层，应按其底板面外墙外围水平面积计算

D. 建筑物室内提物井不计算

E. 建筑物室内楼梯按自然层计算

3. 根据《房屋建筑与装饰工程工程量计算规范》(GB 50854—2013)规定，关于建筑面积计算正确的是(　　)。

A. 过街楼底层的建筑物通道按通道底板水平面积计算

B. 建筑物露台按围护结构外围水平面积计算

C. 挑出宽度 1.80 m 的无柱雨棚不计算

D. 建筑物室外台阶不计算

E. 挑出宽度超过 1.00 m 的空调室外机搁板不计算

4. 根据《房屋建筑与装饰工程工程量计算规范》(GB 50854—2013)，不计算建筑面积的有(　　)

A. 结构层高为 2.10 m 的门斗

B. 建筑物内的大型上料平台

C. 无围护结构的观光电梯

D. 有围护结构的舞台灯光控制室

E. 过街楼底层的开放公共空间

三、简答题

1. 简述建筑面积的定义和作用。

2. 简述计算一半建筑面积的项目。

四、计算题

1. 如图 5.29 所示，求其建筑面积。

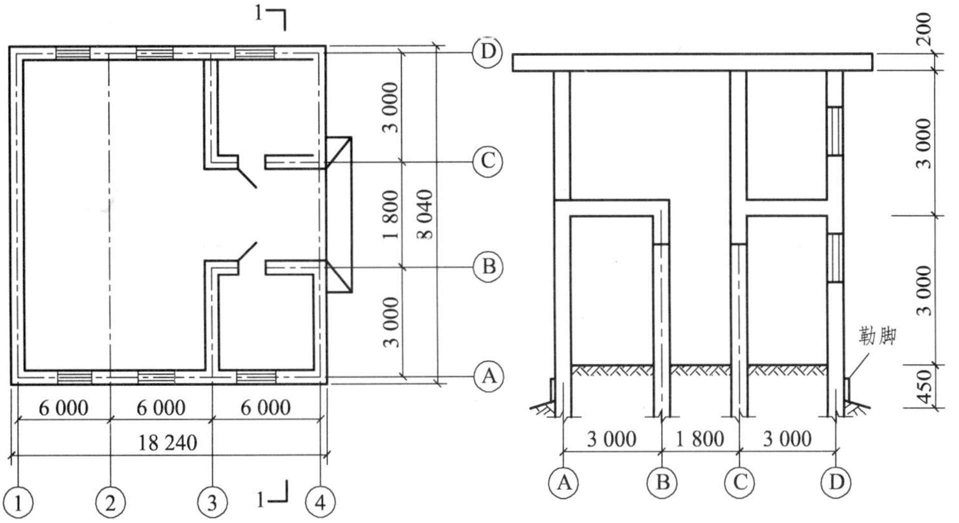

(a) 平面图　　(b) 剖面图

图 5.29　单层厂房(墙厚 240 mm)

2. 如图 5.30 所示，某 6 层砖混结构住宅楼，2～6 层建筑平面图均相同，阳台为不封闭阳台，首层无阳台，其他均与二层相同。计算其建筑面积。

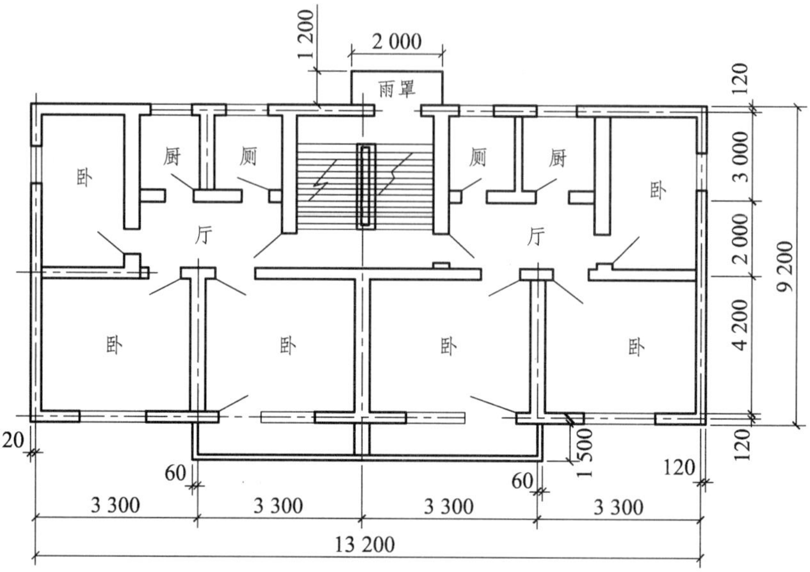

图 5.30　某砖混结构住宅楼 2～6 层平面图

3. 计算附录工程实例的建筑面积。

6　土石方工程计量与计价

1. 土石方工程项目的划分

1）清单分项

《房屋建筑与装饰工程计算规范》（GB 50854—2013）将土石方工程划分为土方工程、石方工程、回填土。土方工程包括平整场地、挖一般土方、挖沟槽土方、挖基坑土方、冻土开挖、挖淤泥（流沙）、管沟土方等项目。工程量清单项目设置、项目特征描述的内容、计量单位及工程量计算规则具体见表 6.1 ~ 表 6.3 的规定执行。

表 6.1　土方工程（编号：010101）

项目编码	项目名称	项目特征	计量单位	工程量计算规则	工作内容
010101001	平整场地	1. 土壤类别 2. 弃土运距 3. 取土运距	m^2	按设计图示尺寸以建筑物首层面积计算	1. 土方挖填 2. 场地找平 3. 运输
010101002	挖一般土方	1. 土壤类别 2. 挖土深度 3. 弃土运距	m^3	按设计图示尺寸以体积计算	1. 排地表水 2. 土方开挖 3. 围护（挡土板）及拆除 4. 基底钎探 5. 运输
010101003	挖沟槽土方			按设计图示尺寸以基础垫层底面积乘以挖土深度计算	
010101004	挖基坑土方				
010101005	冻土开挖	1. 冻土厚度 2. 弃土运距		按设计图示尺寸开挖面积乘以厚度以体积计算	1. 爆破 2. 开挖 3. 清理 4. 运输
010101006	挖淤泥、流砂	1. 挖掘深度 2. 弃淤泥、流砂距离		按设计图示位置、界限以体积计算	1. 开挖 2. 运输
010101007	管沟土方	1. 土壤类别 2. 管外径 3. 挖沟深度 4. 回填要求	1. m 2. m^3	1. 以米计量，按设计图示以管道中心线长度计算 2. 以立方米计量，按设计图示管底垫层面积乘以挖土深度计算；无管底垫层按管外径的水平投影面积乘以挖土深度计算。不扣除各类井的长度，井的土方并入	1. 排地表水 2. 土方开挖 3. 围护（挡土板）、支撑 4. 运输 5. 回填

表 6.2 石方工程（编号：010102）

项目编码	项目名称	项目特征	计量单位	工程量计算规则	工程内容
010102001	挖一般石方	1. 岩石类别 2. 开凿深度 3. 弃渣运距	m^3	按设计图示尺寸以体积计算	1. 排地表水 2. 凿石 3. 运输
010102002	挖沟槽石方			按设计图示尺寸沟槽底面积乘以挖石深度以体积计算	
010102003	挖基坑石方			按设计图示尺寸基坑底面积乘以挖石深度以体积计算	
010102004	基底摊座		m^2	按设计图示尺寸以展开面积计算	
010102005	管沟石方	1. 岩石类别 2. 管外径 3. 挖沟深度	1. m 2. m^3	1. 以米计量，按设计图示以管道中心线长度计算。 2. 以立方米计量，按设计图示截面积乘以长度计算	1. 排地表水 2. 凿石 3. 回填 4. 运输

表 6.3 回填（编号：010103）

项目编码	项目名称	项目特征	计量单位	工程量计算规则	工程内容
010103001	回填方	1. 密实度要求 2. 填方材料品种 3. 填方粒径要求 4. 填方来源、运距	m^3	按设计图示尺寸以体积计算 1. 场地回填：回填面积乘平均回填厚度 2. 室内回填：主墙间面积乘回填厚度，不扣除间隔墙 3. 基础回填：按挖方清单项目工程量减去自然地坪以下埋设的基础体积（包括基础垫层及其他构筑物）	1. 运输 2. 回填 3. 压实
010103002	余方弃置	1. 废弃料品种 2. 运距		按挖方清单项目工程量减利用回填方体积（正数）计算	余方点装料运输至弃置点
10103003	缺方内运	1. 填方材料品种 2. 运距		按挖方清单项目工程量减利用回填方体积（负数）计算	取料点装料运输至缺方点

2. 土石方工程定额项目的划分及相关说明

《湖北省建设工程公共专业消耗量定额及全费用基价表》（2018）将土石方工程分为土方工程、石方工程、回填土及其他，其中土方工程根据开挖方式不同分为人工挖土方和机械挖土方。

1）土壤与岩石分类

（1）工程项目土壤类别的划分需依据工程地质勘测资料与土壤分类表，并与定额规定对照后予以确定。

土壤按一、二类土，三类土，四类土分类，其具体分类见表 6.4。

表 6.4　土壤分类表

土壤分类	土壤名称	开挖方法
一、二类土	粉土、砂土（粉砂、细砂、中砂、粗砂、砾砂）、粉质黏土、弱中盐渍土、软土（淤泥质土、泥炭、泥炭质土）、软塑红黏土、冲填土	用锹、少许用镐，条锄开挖。机械能全部直接铲挖满载者
三类土	黏土、碎石土（圆砾、角砾）混合土、可塑红黏土、硬塑红黏土、强盐渍土、素填土、压实填土	主要用镐、条锄，少许用锹开挖。机械需部分刨松方能铲挖满载者，或可直接铲挖但不能满载者
四类土	碎石土（卵石、碎石、漂石、块石）、坚硬红黏土、超盐渍土、杂填土	全部用镐、条锄挖掘、少许用撬棍挖掘。机械须普遍刨松方能铲挖满载者

注：本表土的名称及其含义按国家标准《岩土工程勘察规范》（GB 50021—2001）（2009 年版）定义。

（2）岩石按极软岩、软岩、较软岩、较硬岩、坚硬岩分类，其具体分类见表 6.5。

表 6.5　岩石分类表

岩石分类		定性鉴定	岩石单轴饱和抗压强度 R_c/MPa	代表性岩石	开挖方法
	极软岩	锤击声哑，无回弹，有较深凹痕，手可捏碎；浸水后，可捏成团	<5	1. 全风化的各种岩石 2. 各种半成岩	部分用手凿工具、部分用爆破法开挖
软质石	软岩	锤击声哑，无回弹，有凹痕，易击碎；浸水后，可掰开	15～5	1. 强风化的坚硬岩或较硬岩 2. 中等风化-强风化的较软岩 3. 未风化-微风化的页岩、泥岩、泥质岩等	用风镐和爆破法开挖
	较软岩	锤击声不清脆，无回弹，较易击碎：浸水后，指甲可刻出印痕	30～15	1. 中等风化-强风化的坚硬岩或较硬岩 2. 未风化-微风化的凝灰岩、千枚岩、泥灰岩、砂质岩等	用爆破法开挖
硬质岩	较硬岩	锤击声较清脆，有轻微回弹，稍震手，较难击碎；浸水后，有轻微吸水反应	60～30	1. 微风化的坚硬岩 2. 未风化-微风化的大理岩、板岩、石灰岩、白云岩、钙质砂岩等	用爆破法开挖
	坚硬岩	锤击声清脆，有回弹，震手，难击碎；浸水后，大多无吸水反应	>60	未风化-微风化的花岗岩、闪长岩、辉绿岩、玄武岩、安山岩、片麻岩、石英岩、石英砂岩、硅质砾岩、硅质石灰岩等	用爆破法开挖

注：本表依据国家标准《工程岩体分级标准》（GB 50218—94）和《岩土工程勘察规范》（GB 50021—2001）（2009 年版）整理。

2）土壤的干湿划分及调整系数

干土、湿土的划分，以地质勘测资料的地下常水位为准。地下常水位以上为干土，以下为湿土。地表水排出后，土壤含水率≥25%时为湿土。含水率超过 30%，液性指数 $I_c>1$，土和水的混合物呈流塑状态时为淤泥。

《湖北省建设工程公共专业消耗量定额及基价表》（2018）土方项目按干土编制。人工挖、运湿土时，相应项目人工乘以系数 1.18；机械挖、运湿土时，相应项目人工、机械乘以系数 1.15。采取降水措施后，人工挖、运土相应项目人工乘以系数 1.09，机械挖、运土不再乘以系数。

3）工作面

工作面是指工人在施工中所需的工作空间。

基础施工的工作面宽度，按施工组织设计（须经过批准，下同）计算；施工组织设计无规定时，按下列规定计算：

（1）当组成基础的材料不同或施工方式不同时，基础施工的工作面宽度按表 6.6 计算。

表 6.6　基础施工工作面宽度计算表

基础材料	每面增加工作面宽度/mm
砖基础	200
毛石、方整石基础	250
混凝土基础（支模板）	400
混凝土基础垫层（支模板）	150
基础垂直做砂浆防潮层	400（自防潮层面）
基础垂直面做防水层或防腐层	1000（自防水层或防腐层面）
支挡土板	100（另加）

（2）基础施工需要搭设脚手架时，基础施工的工作面宽度：条形基础按 1.50 m 计算（只计算一面）；独立基础按 0.45 m 计算（四面均计算）。

（3）基坑土方大开挖需做边坡支护时，基础施工的工作面宽度按 2.00 m 计算。

（4）基坑内施工各种桩时，基础施工的工作面宽度按 2.00 m 计算。

4）基础土方的放坡

土壤的类别和挖土的深度决定是否放坡；土壤的类别和施工方法决定放坡坡度的大小。

（1）土方放坡的起点深度和放坡坡度，按施工组织设计计算；施工组织设计无规定时，按表 6.7 计算。

表 6.7　土方放坡起点深度和放坡坡度表

土壤类别	起点深度/m	放坡坡度			
		人工挖土	机械挖土		
			基坑内作业	基坑上作业	沟槽上作业
一、二类土	>1.20	1∶0.50	1∶0.33	1∶0.75	1∶0.50
三类土	>1.50	1∶0.33	1∶0.25	1∶0.67	1∶0.33
四类土	>2.00	1∶0.25	1∶0.10	1∶0.33	1∶0.25

（2）放坡起点位置：基础土方放坡，自基础（含垫层）底标高算起。

（3）混合土质的基础土方，放坡的起点深度和放坡坡度，按不同土类厚度加权平均计算。

（4）计算基础土方放坡时，不扣除放坡交叉处的重复工程量。

（5）基础土方支挡土板时，土方放坡不另行计算。

5）土方体积折算

土石方的开挖、运输均按开挖前的天然密实体积计算。土方回填，按回填后的竣工体积计算。不同状态的土石方体积按表 6.8 换算。

表 6.8　土石方体积换算系数表

名称	虚方	松填	天然密实	夯填
土方	1.00	0.83	0.77	0.67
	1.20	1.00	0.92	0.80
	1.30	1.08	1.00	0.87
	1.50	1.25	1.15	1.00
石方	1.00	0.85	0.65	—
	1.18	1.00	0.76	—
	1.54	1.31	1.00	—
块石	1.75	1.43	1.00	（码方）1.67
砂夹石	1.07	0.94	1.00	

注：1. 虚方指未经碾压，堆积时间不超过 1 年的土壤。

2. 设计密实度超过规定的，填方体积按工程设计要求执行；无设计密实度要求的，编制招标控制价时，填方体积按天然密实度体积计算，结算时应根据实际情况由发包人和承包人双方现场签证确认土方状态，再按此表系数执行。

6）沟槽、基坑、一般土石方、平整场地的划分

沟槽、基坑、一般土石方、平整场地的划分见表 6.9。

表 6.9　沟槽、基坑、一般土方、平整场地的划分

划分条件项目	坑底面积/m^2	槽底宽度/m
挖基坑土石方	底面积≤150 m^2 且底长≤3 倍底宽	—
挖沟槽土石方	—	底宽≤7 m，且底长>3 倍底宽
挖一般土石方	底面积>150 m^2	底宽>7 m
	建筑物场地厚度>±300 mm 的竖向布置挖土（石）或山坡切土（凿石）	
平整场地	建筑物场地厚度≤±300 mm 的挖、填、运、找平	

7）挖土深度

基础土石方的开挖深度，应按基础（含垫层）底标高至设计室外地坪标高确定，如图 6.1 所示。

交付施工场地标高与设计室外地坪标高不同时，应按交付施工场地标高确定。

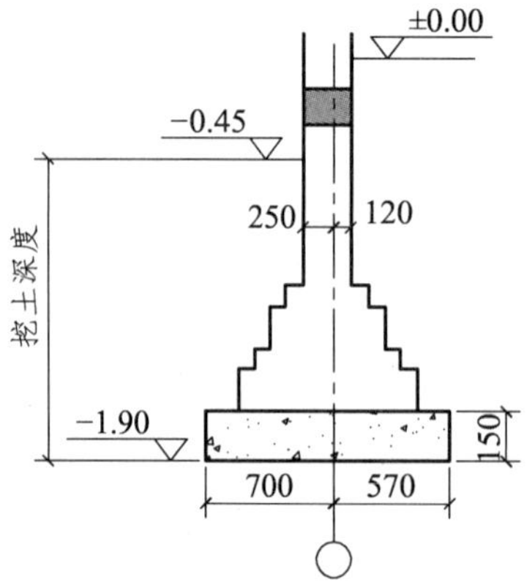

图 6.1 挖土深度

3. 计算规则

1）平整场地

建筑物场地厚度≤±300 mm 的挖、填、运、找平，应按平整场地项目编码列项，如图 6.2 所示。厚度>±300 mm 的竖向布置挖土或山坡切土应按一般土方项目编码列项。

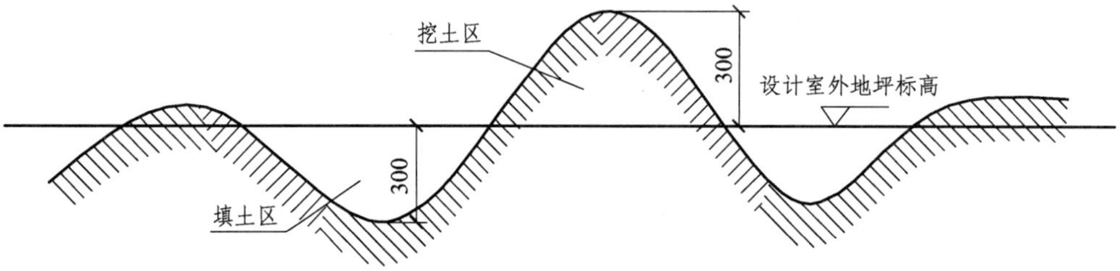

图 6.2 平整场地

（1）工程量计算。

① 计算规则：

a. 平整场地的清单计算规则与定额计算规则相同。

b. 平整场地（定额计算规则），按设计图示尺寸，以建筑物首层建筑面积计算。

建筑物地下室结构外边线突出首层结构外边线时，其突出部分的建筑面积合并计算。

② 计算方法：

$$S_{场} = S_{底}$$

③ 其他定额注意事项：

a. 围墙、挡土墙、窨井、化粪池都不计算平整场地。

b. 挖填土方厚度>（±30 cm）时，全部厚度按一般土方相应规定另行计算，但仍应计算平整场地。

④ 清单编制：

a. 项目特征包括土壤类别、弃土运距、取土运距。

b. 平整场地若需要外运土方或取土回填时，在清单项目特征中应描述弃土运距或取土运距，其报价应包括在平整场地项目中；当清单中没有描述弃、取土运距时，应注明由投标人根据施工现场实际情况自行考虑到投标报价中。

2）挖沟槽土方

（1）计算规则：

挖沟槽（见图 6.3）土方清单计算规则有两种方式：一种是按设计图示尺寸以基础垫层底面积乘以挖土深度计算；另一种方式是考虑放坡和加宽工作面，把因工作面和放坡增加的工程量，并入各土方工程量中。

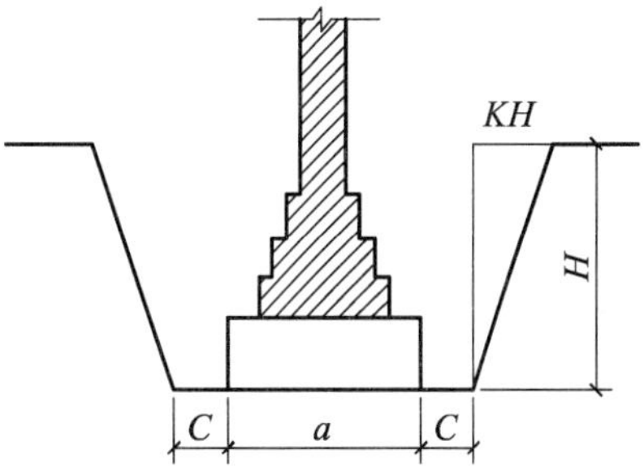

$C=0$，0.15 m，0.2 m，0.3 m，1 m

图 6.3　沟槽示意图

挖沟槽土方定额计算规则与清单计算规则第二方式相同：按设计图示沟槽长度乘以沟槽断面面积，以体积计算。沟槽的断面面积，应包括工作面宽度、放坡宽度或石方允许超挖量的面积。

（2）计算方法：

$$V=[(a+2C+a+2C+2kh)\times h\div 2]\times L=(a+2C+kh)hL$$

式中　a——基础底宽；

C——工作面宽度；

k——放坡系数；

h——挖土深度；

L——沟槽长度，条形基础的沟槽长度，按设计规定计算；设计无规定时，按下列规定计算。

外墙沟槽，按外墙中心线长度计算。突出墙面的墙垛，按墙垛突出墙面的中心线长度，并入相应工程量内计算。内墙沟槽、框架间墙沟槽，按基础（含垫层）之间基础底（或垫层）的净长度计算。

3）挖基坑土方

（1）计算规则。

挖基坑（见图 6.4）土方清单计算规则有两种方式：一种是按设计图示尺寸以基础垫层底面积乘以挖土深度计算，不考虑放坡和加宽工作面；另一种方式是考虑放坡和加宽工作面，把因加宽工作面和放坡增加的工程量，并入各土方工程量中。

挖基坑土方定额计算规则与清单计算规则第二方式相同，基坑土石方按设计图示基础（含垫层）尺寸，另加工作面宽度、土方放坡宽度或石方允许超挖量乘以开挖深度，以体积计算。

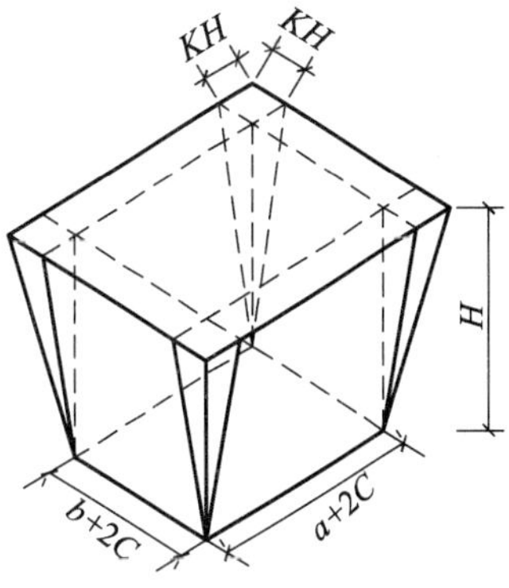

图 6.4　基坑示意图

（2）计算方法

基坑土方量计算公式为

$$V=\frac{1}{3}H(S_{下}+S_{上}+\sqrt{S_{上}S_{下}})$$

$$S_{下}=(a+2C)(b+2C)$$

$$S_{上}=(a+2C+2kh)(b+2C+2kh)$$

式中　$S_{下}$——基坑下底面积；

$S_上$——基坑上底面积；

a——基础底宽；

b——基础底长；

C——加宽工作面，见表 6.4；

k——放坡系数，见表 6.5。

圆形基坑考虑加宽工作面和放坡的土方工程量计算公式为

$$V=\frac{1}{3}H\pi\ (R_1^2+R_2^2+R_1R_2)$$

式中　R_1、R_2——为圆形基坑的下底半径和上口半径。

4）回填方

（1）计算规则。

回填土（见图 6.5）定额计算规则与清单计算规则相同，按设计图示尺寸以体积计算，规则如下：

① 场地回填：回填面积乘平均回填厚度。

② 室内回填：主墙间面积乘回填厚度，不扣除间隔墙。

③ 基础回填：按挖方清单项目工程量减去自然地坪以下埋设的基础体（包括基础垫层及其他构筑物）。

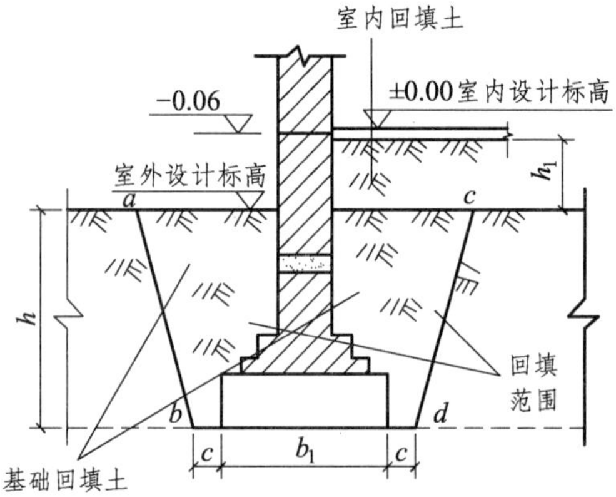

图 6.5　回填土示意图

（2）计算方法

① 场地回填。

场地回填工程量体积 = 回填面积 × 平均回填厚度

② 基础回填土。

基础回填土体积 = 挖土体积 − 设计室外地坪以下埋设砌筑物体积（体积包括基础垫层、基础等）

③ 室内（房心）回填土。

室内回填土系为形成室内外高差，而在室外设计地面上、地面垫层以下，房心的部位填设的土体。工程量计算式为

$$V = \text{室内主墙之间的面积} \times \text{回填土厚度}\ h$$
$$= (S_{底} - L_{中} \times \text{外墙厚} - L_{内} \times \text{内墙厚}) \times$$
$$(\text{室内外高差} - \text{地面垫层厚} - \text{地面面层厚})$$

5）余方弃置

（1）计算规则：

清单计算规则与定额计算规则相同。土方运输，以天然密实体积计算。

① 土石方运距，按挖土区重心至填方区（或堆放区）重心间的最短距离计算。

② 挖土总体积减去回填土（折合天然密实体积），总体积为正，则为余土外运；总体积为负，则为取土内运。

（2）计算方法。

$$\text{余方弃置工程量} = \text{挖方体积} - \text{回填方体积}$$

总体积为负，则为取土内运。

4. 工程实例分析

【例】某项目基础工程施工图见图 6.6 ~ 图 6.8。基础垫层非原槽浇筑，垫层支模，砖基础使用 MU15 蒸压灰砂砖岩标准砖，M7.5 水泥砂浆砌筑。基础土方施工方案采用人工开挖，需要完成基底钎探，考虑放坡和加宽工作面来完成土方的开挖，不考虑支挡土板施工。

开挖的基础土方，场内运输按挖方量的 40%进行现场运输、堆放，采用人力车运输，距离为 50 m，其余部分土在开挖位置 5 m 内堆放。弃土外运为 5 km，基础回填和室内回填均为夯填。土壤为黏土。

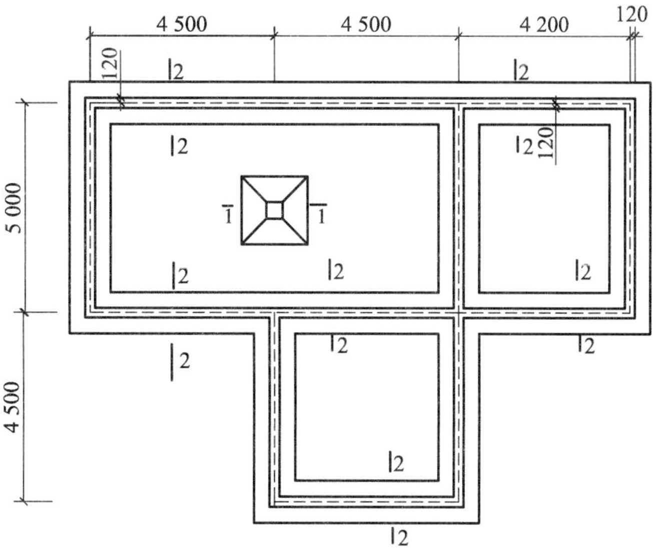

图 6.6　基础平面图

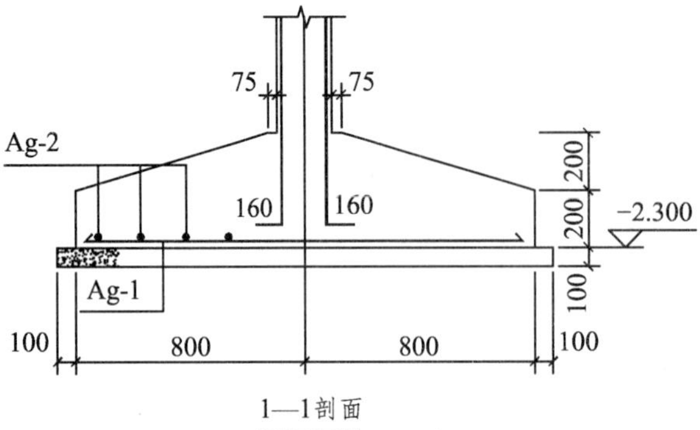

图 6.7　独立基础剖面图

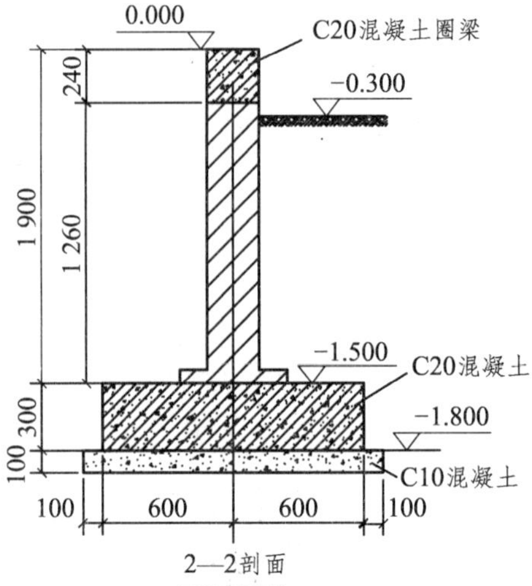

图 6.8　条形基础剖面图

试编制平整场地、基础工程挖沟槽土方、挖基坑土方、回填方和余方弃置项目的分部分项工程量清单，并对该工程量清单项目挖沟槽土方进行计价并编制综合单价分析表。（鄂建办〔2019〕93 号）规定，增值税税率调整为 9%）

【解】（1）计算清单工程量。

依题意，土方为黏土，可判定为三类土；挖沟槽和挖基坑土方清单工程量计算考虑放坡和加宽工作面，加宽工作面查表基础垫层支模板需两边各加宽 0.15 m，清单工程量计算见表 6.10。

表 6.10　工程量计算表

序号	清单项目编码	清单项目名称	计量单位	工程量	计算式	
1	010101001001	平整场地	m^2	91.76	$S=$（4.5＋4.5＋4.2＋0.24）×5.24＋4.5×（4.5＋0.24） ＝70.43＋21.33＝91.76 m^2	
1	010101003001	挖沟槽土方	m^3	183.59	挖土深度 $H=1.8+0.1-0.3=1.6$ m 由表 6.8 知，三类土需放坡。 人工挖土放坡系数 0.33 挖土宽度 $B=1.4+0.15\times2=1.7$ m 外墙中心线长度 $L_{中}=$（13.2＋9.5）×2＝45.4 m 内墙净长线长度 $L_{内}=5-1.7+4.5-1.7=6.1$ m $V=$（1.7＋0.33×1.6）×1.6×（45.4＋6.1）＝183.59 m^3	
2	010101004001	挖基坑土方	m^3	16.72	挖土深度 $H=2.3+0.1-0.3=2.1$ m $S_{上}=$（1.8＋0.15×2）^{2}＝4.41 $S_{下}=$（1.8＋0.15×2＋2×0.33×2.1）^{2}＝12.15 $V=\frac{1}{3}H(S_{上}+S_{下}+\sqrt{S_{下}\cdot S_{上}})$ ＝1/3×2.1×（4.41＋12.15＋2.1×3.486）＝16.72 m^3	

续表

序号	清单项目编码	清单项目名称	计量单位	工程量	计算式	
3	010103001001	回填方	m^3	136.03	① 垫层： $V=(45.4+9.5-1.4\times 2)\times 1.4\times 0.1+1.8\times 1.8\times 0.1=7.62\ m^3$ ② 埋在室外地坪下的砖基础： $V=(45.4+9.5-0.24\times 2)\times(0.24\times 1.2+0.0625\times 0.126\times 2)$ $=16.53\ m^3$ ③ 埋在室外地坪下的混凝土基础及柱： 条形基础 $V=(45.4+9.5-1.2\times 2)\times 0.3\times 1.2=54.04\ m^3$ 独立基础 $V=1/3\times 0.2\times(0.55^2+1.6^2+0.5\times 1.6)+1.6\times 1.6\times 0.2$ $=0.756\ m^3$ 柱 $V=0.4\times 0.4\times 1.6=0.256\ m^3$ 基础回填： $V=183.59+16.72-7.62-16.53-54.04-0.756-0.256$ $=121.11\ m^3$ 室内回填： $V=(8.76\times 4.76+3.96\times 4.76+4.26\times 4.26-0.4\times 0.4)\times(0.3-0.11)$ $=14.92\ m^3$ 回填方： $V=121.11+14.92=136.03\ m^3$	
4	010103002001	余方弃置	m^3	64.28	$V=183.59+16.72-136.03=64.28$	

（2）编制分部分项工程量清单，见表 6.11。

表 6.11　分部分项工程量清单

序号	项目编码	项目名称	项目特征描述	计量单位	工程量	金额/元		
						综合单价	合价	其中 暂估价
1	010101001001	平整场地	1. 土壤类别：三类土	m^2	91.76			
2	010101003001	挖沟槽土方	1. 土壤类别：三类土 2. 挖土深度：1.6 m 3. 弃土运距：50 m	m^3	183.59			
3	010101004001	挖基坑土方	1. 土壤类别：三类土 2. 挖土深度：2.1 m 3. 弃土运距：50 m	m^3	16.72			

续表

序号	项目编码	项目名称	项目特征描述	计量单位	工程量	金额/元		
						综合单价	合价	其中
								暂估价
4	010103001001	回填方	1. 密实度要求：符合设计要求 2. 填方材料品种：满足规范及设计	m^3	136.03			
5	010103002001	余方弃置	1. 废弃料品种：土方 2. 运距：5 km	m^3	64.28			

（3）对工程量清单“010101003001 挖沟槽土方”计价。

① 确定挖沟槽土方的组价内容并计算计价工程量。

挖沟槽土方组价内容有人工挖沟槽、基底钎探和运土方三个定额子目，分别对应《湖北省建设工程公共专业消耗量定额及全费用计价表》（2018）G1-11 子目、G1-332 子目和 G1-51 子目，见表 6.12～表 6.14。

表 6.12　人工挖沟槽土方消耗量定额及全费用基价表

工作内容：挖土、弃土于槽边 5 m 以内或装土、修整边底　　　　计量单位：10 m^3

定额编号				G1-11	G1-12	G1-13
项目				人工挖沟槽土方/槽深		
				三类土		
				≤2 m	≤4 m	≤6 m
全费用/元				556.05	646.08	751.57
其中	人工费/元			347.21	403.42	469.29
	材料费/元			—	—	—
	机械费/元			—	—	—
	费　用/元			153.74	178.63	207.80
	增值　税/元			55.10	64.03	74.48
名称		单位	单价/元	数量		
人工	普工	工日	92	3.774	4.385	5.101

表 6.13　基底钎探消耗量定额及全费用基价表

工作内容：钎孔布置、打钎、拔钎、灌砂堵眼　　计量单位：100 m^2

定额编号				G1-332
项　目				基底钎探
全费用/元				276.48
其中	人工费/元			84.64
	材料费/元			96.71
	机械费/元			20.97
	费用/元			46.76
	增值税/元			27.4
名　称		单位	单价/元	数量
人工	普工	工日	92.00	0.920
材料	砂子中粗砂	m^3	128.68	0.251
	钢钎 ϕ22～25	kg	3.85	8.173
	水	m^3	3.39	0.050
	烧结煤矸石砖 240×115×53	千块	286.09	0.029
	电【机械】	kW·h	0.75	32.640
机械	轻便钎探器	台班	26.21	0.800

表 6.14　人力车运土方消耗量定额及全费用基价表

工作内容：装土、运土、弃土　　计量单位：10 m^3

定额编号				G1-51	G1-52
项　目				人力车运土方	
				运距≤50 m	≤500 m，每增运 50 m
全费用/元				154.56	37.28
其中	人工费/元			96.51	23.28
	材料费/元			—	—
	机械费/元			—	—
	费用/元			42.73	10.31
	增值税/元			15.32	3.69
名　称		单位	单价/元	数量	
人工	普工	工日	92.00	1.049	0.253

人工挖沟槽定额计算规则与清单计算规则相同，人工挖沟槽定额工程量为

$$V = 183.59\ m^3$$

基底钎探定额工程量以垫层底面积计算：

$$S =（45.4 + 9.5 - 1.4 \times 2）\times 1.4 = 72.94\ m^2$$

人力车运输土方：场内运输按挖方量的 40%进行现场运输、

$$V = 183.59 \times 40\% = 73.44\ m^3$$

② 计价。

a. 按全费用综合单价计价。

全费用综合单价与全费用定额基价都是由人工费、材料费、机械费、费用、增值税构成。

人工费 = 183.59/10×347.21 + 72.94/100×84.64 + 73.44/10×96.51 = 7144.86（元）

材料费 = 72.94/100×96.71 = 70.54（元）

机械费 = 72.94/100×20.97 = 15.30（元）

费　用 = 183.59/10×153.74 + 72.94/100×46.76 + 73.44/10×42.73 = 3170.43（元）

增值税 = 183.59/10×（347.21 + 153.74）×9% + 72.94/100×（84.64 + 96.71 + 20.97 + 46.76）×9% + 73.44/10×（96.51 + 42.73）×9% = 936.11（元）

挖沟槽土方的全费用综合单价：

（7144.86 + 70.54 + 15.30 + 3170.43 + 936.11）/183.59 = 61.75（元/m^2）

人工挖沟槽全费用综合单价分析表见表 6.15。

表 6.15　人工挖沟槽全费用综合单价分析表

工程名称：单位工程　　　　　　　　标段：　　　　　　　　第 1 页　共 1 页

项目编码		010101003001		项目名称			挖沟槽土方		计量单位	m^3	工程量	183.59	
清单全费用综合单价组成明细													
定额编号	定额项目名称	定额单位	数量	单价					合价				
				人工费	材料费	施工机具使用费	费用	增值税	人工费	材料费	施工机具使用费	费用	增值税
G1-11	人工挖沟槽土方（槽深）三类土≤2 m	10 m^3	0.1	347.21	0	0	153.76	45.09	34.72	0	0	15.38	4.51
G1-332	基底钎探	100 m^2	0.004	84.64	96.71	20.97	46.78	22.42	0.34	0.38	0.08	0.19	0.09
G1-51	人力车运土方运距≤50 m	10 m^3	0.04	96.51	0	0	42.74	12.53	3.86	0	0	1.71	0.5
人工单价		小计							38.92	0.38	0.08	17.28	5.1
普工 92 元/工日		未计价材料费							0				
清单全费用综合单价									61.75				
材料费明细	主要材料名称、规格、型号						单位	数量	单价/元	合价/元	暂估单价/元	暂估合价/元	
	砂子中粗砂						m^3	0.001	128.68	0.13			
	钢钎ϕ22～25						kg	0.033	3.85	0.13			
	水						m^3	0	3.39	0			
	烧结煤矸石砖 240×115×53						千块	0	286.09	0.03			
	电【机械】						kW·h	0.13	0.75	0.1			
	材料费小计								—	0.39	—	0	

b. 按综合单价计价。

参照《湖北省建筑安装工程费用定额》（2018 年），管理费和利润的计费基数均为人工费和机械费之和，费率分别是 15.42%和 9.42%。

人工费 = 183.59/10 × 347.21 + 72.94/100 × 84.64 + 73.44/10 × 96.51 = 7144.86（元）

材料费 = 72.94/100 × 96.71 = 70.54（元）

机械费 = 72.94/100 × 20.97 = 15.30（元）

管理费 =（7144.86 + 15.30）× 15.42% = 1104.1（元）

利　润 =（7144.86 + 15.30）× 9.42% = 674.49（元）

挖沟槽土方的综合单价

（7144.86 + 70.54 + 15.30 + 1104.1 + 674.49）/183.59 = 49.07（元/m^2）

人工挖沟槽综合单价分析表见表 6.16。

表 6.16　人工挖沟槽综合单价分析表

工程名称：单位工程　　　　标段：　　　　第 1 页　共 1 页

项目编码		010101003001		项目名称		挖沟槽土方		计量单位	m^3	工程量	183.59
清单综合单价组成明细											
定额编号	定额项目名称	定额单位	数量	单价				合价			
				人工费	材料费	机械费	管理费和利润	人工费	材料费	机械费	管理费和利润
G1-11	人工挖沟槽土方（槽深）三类土≤2 m	10 m^3	0.1	347.21	0	0	86.25	34.72	0	0	8.63
G1-332	基底钎探	100 m^2	0.004	84.64	96.71	20.97	26.24	0.34	0.38	0.08	0.1
G1-51	人力车运土方运距≤50 m	10 m^3	0.04	96.51	0	0	23.97	3.86	0	0	0.96
人工单价		小计						38.92	0.38	0.08	9.69
普工 92 元/工日		未计价材料费						0			
清单项目综合单价								49.07			
材料费明细	主要材料名称、规格、型号					单位	数量	单价/元	合价/元	暂估单价/元	暂估合价/元
	砂子中粗砂					m^3	0.001	128.68	0.13		
	钢钎 ϕ22 ~ 25					kg	0.033	3.85	0.13		
	水					m^3	0	3.39	0		
	烧结煤矸石砖 240 × 115 × 53					千块	0	286.09	0.03		
	电【机械】					kW · h	0.13	0.75	0.1		
	材料费小计							—	0.39	—	0

【习题】

一、单项选择题

1. 根据《房屋建筑与装饰工程计算规范》(GB 50854—2013)，在三类土中挖基坑不放坡的坑深可达(　　)。

A. 1.2 m　　B. 1.3 m　　C. 1.5 m　　D. 2.0 m

2. 根据《房屋建筑与装饰工程量计量规范》(GB 50854—2013)，关于土石方回填工程量计算，说法正确的是(　　)。

A. 回填土方项目特征应包括填方来源及运距

B. 室内回填应扣除间隔墙所占体积

C. 场地回填按设计回填尺寸以面积计算

D. 基础回填不扣除基础垫层所占面积

3. 根据《房屋建筑与装饰工程工程量计算规范》(GB/T 50854—2013)，某建筑物场地土方工程，设计基础长 27 m，宽为 8 m，周边开挖深度均为 2 m，实际开挖后场内堆土量为 570 m^3，则土方工程量为(　　)。

A. 平整场地 216 m^3　　B. 沟槽土方 655 m^3

C. 基坑土方 528 m^3　　D. 一般土方 438 m^3

4. 根据《房屋建筑与装饰工程工程量计算规范》(GB 50854—2013)规定，关于土方的项目列项或工程量计算正确的为(　　)。

A. 建筑物场地厚度为 350 mm 挖土应按平整场地项目列项

B. 挖一般土方的工程量通常按开挖虚方体积计算

C. 基础土方开挖需区分沟槽、基坑和一般土方项目分别列项

D. 冻土开挖工程量需按虚方体积计算

二、多项选择题

1. 根据《房屋建筑与装饰工程工程量计算规范》(GB 50854—2013)，关于土方工程量计算与项目列项，说法正确的有(　　)。

A. 建筑物场地挖、填高度≤±300 mm 的挖土应按一般土方项目编码列项计算

B. 平整场地工程量按设计图示尺寸以建筑物首层建筑面积计算

C. 挖一般土方应按设计图示尺寸以挖掘前天然密实体积计算

D. 挖沟槽土方工程量按沟槽设计图示中心线长度计算

E. 挖基坑土方工程量按设计图示尺寸以体积计算

2. 某坡地建筑基础，设计基底垫层宽为 8.0 m，基础中心线长为 22.0 m，开挖深度为 1.6 m，地基为中等风化软岩，根据《房屋建筑与装饰工程计算规范》(GB 50854—2013)规定，关于基础石方的项目列项或工程量计算正确的为(　　)。

A. 按挖沟槽石方列项　　B. 按挖基坑石方列项

C. 按挖一般石方列项　　D. 工程量为 281.6 m^3

E. 工程量为 22.0 m

三、计算题

图 6.9 所示为某工程基础平面图和剖面图，试编制平整场地、挖地槽、回填土、余土弃置工程量清单并对其计价。已知土壤为二类土、混凝土垫层体积 14.68 m^3，砖基础体积 37.30 m^3，地面垫层、面层厚度共计 85 mm。

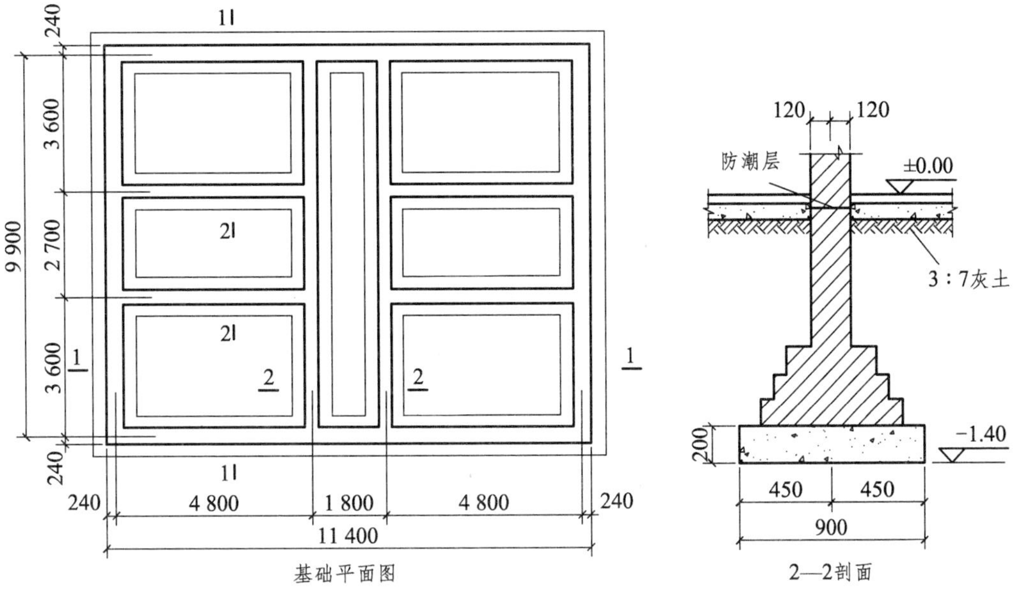

图 6.9　某工程基础平面图和剖面图

7 砌筑工程计量与计价

1. 砌筑工程清单项目的划分

《房屋建筑与装饰工程工程量计算规范》（GB 50854—2013）将砌筑工程划分为砖砌体、砌块砌体、石砌体、垫层等4个方面的内容共28个清单项目，工程量清单项目设置及工程量计算规则，见表7.1～表7.4。

表7.1 砖砌体（编号：010401）

项目编码	项目名称	项目特征	计量单位	工程量计算规则	工作内容
010401001	砖基础	1. 砖品种、规格、强度等级 2. 基础类型 3 砂浆强度等级 4. 防潮层材料种类	m^3	按设计图示尺寸以体积计算。 包括附墙垛基础宽出部分体积，扣除地梁（圈梁）、构造柱所占体积，不扣除基础大放脚T形接头处的重叠部分及嵌入基础内的钢筋、铁件、管道、基础砂浆防潮层和单个面积≤0.3 m^2 的孔洞所占体积，靠墙暖气沟的挑檐不增加	1. 砂浆制作、运输 2. 砌砖 3. 防潮层铺设 4. 材料运输
010401002	砖砌挖孔桩护壁	1. 砖品种、规格、强度等级 2. 砂浆强度等级		按设计图示尺寸以立方米计算	1. 砂浆制作、运输 2. 砌砖 3. 材料运输
010401003	实心砖墙	1. 砖品种、规格、强度等级 2. 墙体类型 3. 砂浆强度等级、配合比	m^3	按设计图示尺寸以体积计算。扣除门窗洞口、过人洞、空圈、嵌入墙内的钢筋混凝土柱、梁、圈梁、挑梁、过梁及凹进墙内的壁龛、管槽、暖气槽、消火栓箱所占体积，不扣除梁头、板头、檩头、垫木、木楞头、沿缘木、木砖、门窗走头、砖墙内加固钢筋、木筋、铁件、钢管及单个面积≤0.3 m^2 的孔洞所占的体积。凸出墙面的腰线、挑檐、压顶、窗台线、虎头砖、门窗套的体积亦不增加。凸出墙面的砖垛并入墙体体积内计算	1. 砂浆制作、运输 2. 砌砖 3. 刮缝 4. 砖压顶砌筑 5. 材料运输
010401004	多孔砖墙				

续表

<table>
<tr><th>项目编码</th><th>项目名称</th><th>项目特征</th><th>计量单位</th><th>工程量计算规则</th><th>工作内容</th></tr>
<tr><td>010401003</td><td>实心砖墙</td><td rowspan="2">1. 砖品种、规格、强度等级
2. 墙体类型
3. 砂浆强度等级、配合比</td><td rowspan="2">m³</td><td rowspan="2">1. 墙长度：外墙按中心线、内墙按净长计算；
2. 墙高度：
（1）外墙：斜（坡）屋面无檐口天棚者算至屋面板底；有屋架且室内外均有天棚者算至屋架下弦底另 200 mm；无天棚者算至屋架下弦底另加 300 mm，出檐宽度超过 600 mm 时按实砌高度计算；与钢筋混凝土楼板隔层者算至板顶。平屋顶算至钢筋混凝土板底。
（2）内墙：位于屋架下弦者，算至屋架下弦底；无屋架者算至天棚底另加 100 mm；有钢筋混凝土楼板隔层者算至楼板顶；有框架梁时算至梁底。
（3）女儿墙：从屋面板上表面算至女儿墙顶面（如有混凝土压顶时算至压顶下表面）。
（4）内、外山墙：按其平均高度计算。
3. 框架间墙：不分内外墙按墙体净尺寸以体积计算。
4. 围墙：高度算至压顶上表面（如有混凝土压顶时算至压顶下表面），围墙柱并入围墙体积内</td><td rowspan="2"></td></tr>
<tr><td>010401004</td><td>多孔砖墙</td></tr>
<tr><td>010401005</td><td>空心砖墙</td><td></td><td></td><td></td><td></td></tr>
<tr><td>010401006</td><td>空斗墙</td><td rowspan="3">1. 砖品种、规格、强度等级
2. 墙体类型
3. 砂浆强度等级、配合比</td><td rowspan="3">m³</td><td>按设计图示尺寸以空斗墙外形体积计算。墙角、内外墙交接处、门窗洞口立边、窗台砖、屋檐处的实砌部分体积并入空斗墙体积内</td><td rowspan="3">1. 砂浆制作、运输
2. 砌砖
3. 装填充料
4. 刮缝
5. 材料运输</td></tr>
<tr><td>010401007</td><td>空花墙</td><td>按设计图示尺寸以体积计算，空花部分外形不扣除空洞部分体积</td></tr>
<tr><td>010401008</td><td>填充墙</td><td>按设计图示尺寸以填充墙外形体积计算</td></tr>
<tr><td>010401009</td><td>实心砖柱</td><td rowspan="2">1. 砖品种、规格、强度等级
2. 柱类型
3. 砂浆强度等级、配合比</td><td rowspan="2">m³</td><td rowspan="2">按设计图示尺寸以体积计算。扣除混凝土及钢筋混凝土梁垫、梁头所占体积</td><td rowspan="2">1. 砂浆制作、运输
2. 砌砖
3. 刮缝
4. 材料运输</td></tr>
<tr><td>010401010</td><td>多孔砖柱</td></tr>
</table>

续表

项目编码	项目名称	项目特征	计量单位	工程量计算规则	工作内容
010401011	砖检查井	1. 井截面 2. 垫层材料种类、厚度 3. 底板厚度 4. 井盖安装 5. 混凝土强度等级 6. 砂浆强度等级 7. 防潮层材料种类	座	按设计图示数量计算	1. 土方挖、运 2. 砂浆制作、运输 3. 铺垫层 4. 底板混凝土浇筑、养护 5. 砌砖 6. 刮缝 7. 抹灰 8. 防潮层 9. 回填 10. 材料运输
010401012	零星砌砖	1. 零星砌砖名称、部位 2. 砂浆强度等级、配合比	1. m^3 2. m^2 3. m 4. 个	1. 以立方米计量，按设计图示尺寸截面积乘以长度计算。 2. 以平方米计量，按设计图示尺寸水平投影面积计算。 3. 以米计量,按设计图示尺寸长度计算。 4. 以个计量，按设计图示数量计算	1.砂浆制作、运输 2.砌砖 3.刮缝 4.材料运输
010401013	砖散水、地坪	1. 砖品种、规格、强度等级 2. 垫层材料种类、厚度 3. 散水、地坪厚度 4. 面层种类、厚度 5. 砂浆强度等级	m^2	按设计图示尺寸以面积计算	1. 土方挖、运 2. 地基找平、夯实 3. 铺设垫层 4. 砌砖散水、地坪 5. 抹砂浆面层
010401014	砖地沟、明沟	1. 砖品种、规格、强度等级 2. 沟截面尺寸 3. 垫层材料种类、厚度 4. 混凝土强度等级 5. 砂浆强度等级	m	以米计量，按设计图示以中心线长度计算	1. 土方挖、运 2. 铺垫层 3. 底板混凝土制浇筑、养护 4. 砌砖 5. 抹灰 6. 材料运输

表 7.2　砌块砌体（编号：010402）

项目编号	项目名称	项目特征	计量单位	工程量计算规则	工作内容
010402001	砌块墙	1. 砌块品种、规格、强度等级 2. 墙体类型 3. 砂浆强度等级	m^3	按设计图示尺寸以体积计算。规则参照实心砖墙	1. 砂浆制作、运输 2. 砌砖、砌块 3. 勾缝 4. 材料运输
010402002	砌块柱	1. 砖品种、规格、强度等级 2. 墙体类型 3. 砂浆强度等级	m^3	按设计图示尺寸以体积计算。扣除混凝土及钢筋混凝土梁垫、梁头、板头所占体积	

表 7.3　石砌体（编号：010403）

项目编码	项目名称	项目特征	计量单位	工程量计算规则	工作内容
010403001	石基础	1. 石料种类、规格 2. 基础类型 3. 砂浆强度等级	m^3	按设计图示尺寸以体积计算。参照砖基础执行	1. 砂浆制作、运输 2. 吊装 3. 砌石 4. 防潮层 5. 材料运输
010403002	石勒脚	1. 石料种类、规格 2. 石表面加工要求 3. 勾缝要求 4. 砂浆强度等级、配合比	m^3	按设计图示尺寸以体积计算，扣除单个面积>0.3 m^2的孔洞所占的体积	1. 砂浆制作、运输 2. 吊装 3. 砌石 4. 表面加工 5. 勾缝 6. 材料运输
010403003	石墙	1. 石料种类、规格 2. 石表面加工要求 3. 勾缝要求 4. 砂浆强度等级、配合比	m^3	按设计图示尺寸以体积计算。规则参照实心砖墙执行	1. 砂浆制作、运输 2. 吊装 3. 砌石 4. 变形缝、泄水孔、压顶抹灰 5. 滤水层 6. 勾缝 7. 材料运输
010403004	石挡土墙	1. 石料种类、规格 2. 石表面加工要求 3. 勾缝要求 4. 砂浆强度等级、配合比	m^3	按设计图示尺寸以体积计算	
010403005	石柱	1. 石料种类、规格 2. 石表面加工要求 3. 勾缝要求 4. 砂浆强度等级、配合比	m^3	按设计图示尺寸以体积计算	1. 砂浆制作、运输 2. 吊装 3. 砌石 4. 石表面加工 5. 勾缝 6. 材料运输
010403006	石栏杆		m	按设计图示以长度计算	

续表

项目编码	项目名称	项目特征	计量单位	工程量计算规则	工作内容
010403007	石护坡	1. 垫层材料种类、厚度 2. 石料种类、规格 3. 护坡厚度、高度 4. 石表面加工要求 5. 勾缝要求 6. 砂浆强度等级、配合比	m^3	按设计图示尺寸以体积计算	1. 铺设垫层 2. 石料加工 3. 砂浆制作、运输 4. 砌石 5. 石表面加工 6. 勾缝 7. 材料运输
010403008	石台阶				
010403009	石坡道		m^2	按设计图示以水平投影面积计算	
010403010	石地沟、明沟	1. 沟截面尺寸 2. 土壤类别 3. 垫层材料种类、厚度 4. 料种类、规格 5. 表面加工要求 6. 勾缝要求 7. 砂浆强度等级、配合比	m	按设计图示以中心线长度计算	1. 土方挖、运 2. 砂浆制作、运输 3. 铺设垫层 4. 砌石 5. 石表面加工 6. 勾缝 7. 回填 8. 材料运输

表 7.4　垫层（编号：010404）

项目编码	项目名称	项目特征	计量单位	工程量计算规则	工作内容
010404001	垫层	垫层材料种类、配合比、厚度	m^3	按设计图示尺寸以立方米计算	1. 垫层材料的拌制 2. 垫层铺设 3. 材料运输

2. 砌筑工程定额项目的划分及相关说明

《湖北省房屋建筑与装饰工程消耗量定额及全费用基价表（2018）》将砌筑工程项目划分为砖砌体、砌块砌体、石砌体、轻质隔墙、垫层等 5 个分项，与砌筑工程清单分项基本相同。但在定额使用过程中应注意以下事项：

（1）定额中砖块、砌块和石料是按标准或常用规格编制，设计规格与定额不同时，砌体材料和砌筑（黏结）材料用量应做调整；砌筑砂浆按干混预拌砌筑砂浆编制。定额所列砌筑砂浆种类和强度等级、砌块专用砌筑黏结剂品种如设计与定额不同时应作换算。

（2）墙体砌筑高度超过 3.6 m 时，其超过部分工程量的定额人工乘以系数 1.3 计算。

（3）基础与墙（柱）身的划分，按以下规定执行：

① 基础与墙（柱）身使用同一种材料时，以设计室内地面为界（有地下室者以地下室室内设计地面为界），以下为基础以上为墙（柱）身。

② 基础与墙（柱）身使用不同材料时，位于设计室内地面高度≤±300 mm 时，以不同材料为分界线；高度>±300 mm 时，以设计室内地面为分界线。

③ 围墙以设计室外地坪为界，以下为基础以上为墙身。

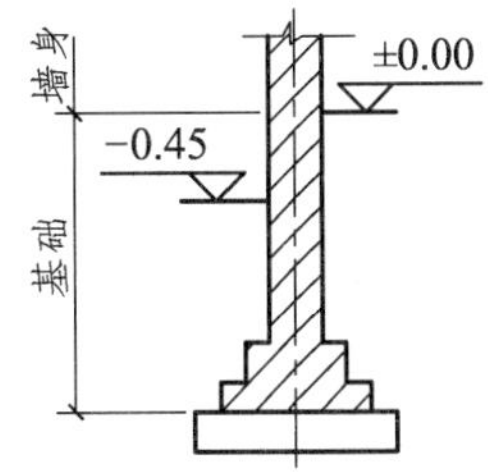

图 7.1　基础与墙身使用同一种材料

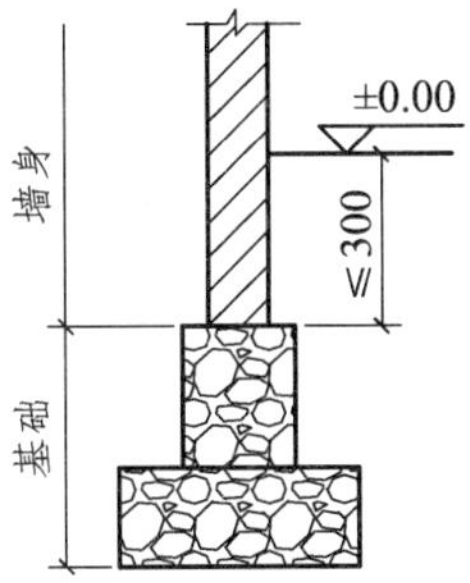

图 7.2　基础与墙身使用不同材料（分界线位于设计室内地面高度≤300）

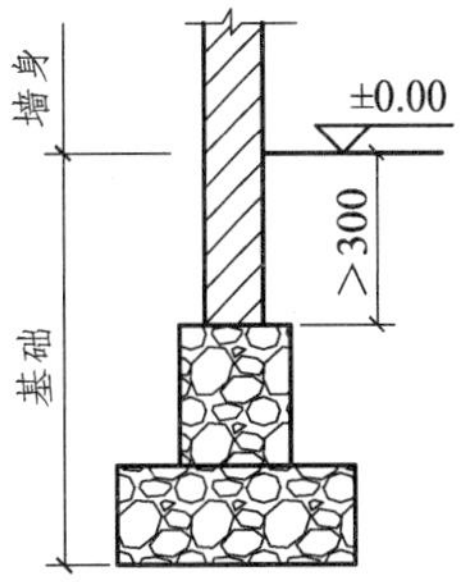

图 7.3　基础与墙身使用不同材料（分界线位于设计室内地面高度>±300）

（4）石基础、石勒脚、石墙的划分：基础与勒脚应以设计室外地坪为界；勒脚与墙身应以设计室内地面为界；石围墙内外地坪标高不同时，应以较低地坪标高为界，以下为基础；内外标高之差为挡土墙时，挡土墙以上为墙身。

（5）砖基础不分砌筑宽度及是否有大放脚，均执行对应品种及规格砖的同一项目。地下混凝土构件所用砖模及砖砌挡土墙套用砖基础项目。

（6）砖砌体和砌块砌体不分内、外墙，均执行对应品种的砖和砌块项目。

（7）零星砌体系指台阶、台阶挡墙、梯带、锅台、炉灶、蹲台、池槽、池槽腿、花台、花池、楼梯栏板、阳台栏板、地垄墙、≤0.3 m^2 的孔洞填塞、突出屋面的烟囱、屋面伸缩缝砌体、隔热板砖墩等。

（8）贴砌砖项目适用于地下室外墙保护墙部位的贴砌砖、框架外表面的镶贴砖部分，套用零星砌体项目。

（9）围墙套用墙相关定额项目，设计需加浆勾缝时，应另行计算。

（10）石砌体项目中粗、细料石（砌体）墙按 400 mm × 220 mm × 200 mm 规格编制。

（11）毛料石护坡高度超过 4 m 时，其超过部分工程量的定额人工乘以系数 1.15。

（12）定额中各类砖块、砌块及石砌体的砌筑均按直形砌筑编制，如为圆弧形砌筑者，按相应定额人工用量乘以系数 1.10，砖块、砌块、石砌体及砂浆（黏结剂）用量乘以系数 1.03 计算。

（13）砖砌体内灌注混凝土，以及墙基、墙身的防潮、防水、抹灰等按本定额其他相关章节的项目及规定计算。

（14）砌体加固常见施工方法有砌体专用连接件、预埋铁件、预留钢筋及植筋等几种，依据实际情况选择相应项目，砌体专用连接件按本章节相关项目执行。预埋铁件、预留钢筋及植筋按钢筋混凝土章节相关项目执行。

3. 工程量计算规则

湖北省 2018 定额中，砖砌体、砌块砌体、石砌体、轻质隔墙、垫层等分项工程的工程量计算规则与清单项目的工程量计算规则和表述基本一致。

1）砖（石）砌体、砌块砌体

砖（石）基础工程量，按设计图示尺寸以体积 m^3 计算。

（1）计算规则：

应增加——附墙垛基础宽出部分体积；

不增加——靠墙暖气沟的挑檐部分；

应扣除——地梁（圈梁）、构造柱所占体积；

不扣除——基础大放脚T形接头处的重叠部分及嵌入基础内的钢筋、铁件、管道、基础砂浆防潮层和单个面积≤0.3 m^2 的孔洞所占体积。

（2）计算式：

$$砖（石）基础工程\ V = L_{外} \times S_{断面} + L_{内} \times S_{断面}$$

式中 $L_{外}$——外墙中心线长度；

$L_{内}$——内墙净长线长度；

$S_{断面}$——基础断面面积。

条形基础大的构造中，砖基础大放脚的砌筑通常采用等高式和不等式两种形式，如图7.4所示。则砖基础断面面积可按下述两种方法进行计算。

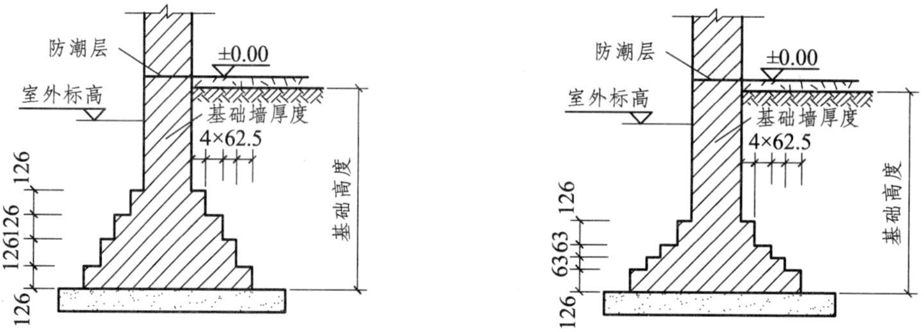

（a）等高大放脚砖基础　　（b）不等高大放脚砖基础

图7.4　大放脚砖基础示意图

① 采用折加高度计算。

$$S_{断面} = 基础墙宽 \times（基础墙高 + 折加高度）$$

② 采用增加断面面积计算

$$S_{断面} = 基础墙宽 \times 基础高度 + 大放脚增加断面面积$$

砖基础大放脚折加高度与增加断面面积见表7.5。

表7.5　砖基础大放脚折加高度与增加断面面积表

放脚层数	折加高度/m								增加断面面积/m^2	
	1/2砖		1砖		1.5砖		2砖			
	等高	不等高	等高	不等高	等高	不等高	等高	不等高	等高	不等高
1	0.137	0.137	0.066	0.066	0.043	0.043	0.032	0.032	0.0157	0.0157
2	0.411	0.342	0.197	0.164	0.129	0.108	0.096	0.080	0.0473	0.0394
3			0.394	0.328	0.259	0.216	0.193	0.161	0.0945	0.0788
4			0.656	0.525	0.432	0.345	0.321	0.253	0.1575	0.1260
……										

2）砖（石）墙、砌块墙工程量

砖（石）墙、砌块墙工程量，按设计图示尺寸以体积计算。

（1）计算规则：

应扣除——门窗洞口、嵌入墙内的钢筋混凝土柱、梁、圈梁、挑梁、过梁及凹进墙内的壁龛、管槽、暖气槽、消火栓箱所占体积；

不扣除——梁头、板头、檩头、垫木、木楞头、沿缘木、木砖、门窗走头、砖墙内加固钢筋、木筋、铁件、钢管及单个面积≤0.3 m^2的孔洞所占的体积；

应增加——凸出墙面的砖垛体积；

不增加——凸出墙面的腰线、挑檐、压顶、窗台线、虎头砖、门窗套的体积。

（2）计算式。

$$\text{墙体工程量 } V=(L_{外}\times\text{外墙高}+L_{内}\times\text{内墙高}-\text{门、窗洞口面积})\times\text{墙厚}-\Sigma\text{应扣除构件体积}$$

（3）墙高度确定，见表7.6。

① 外墙：斜（坡）屋面檐口天棚出檐宽度超过600 mm时按实砌高度计算；有钢筋混凝土楼板隔层者算至板顶。

② 内墙：有钢筋混凝土楼板隔层者算至楼板底，有框架梁时算至梁底。

③ 女儿墙：从屋面板上表面算至女儿墙顶面（如有混凝土压顶时算至压顶下表面）。

表7.6　墙高确定表

填别	屋面类型		填高计算方法	示意图
外墙	坡屋面	无檐口天棚	以外墙中心线为准，算至屋面板底面	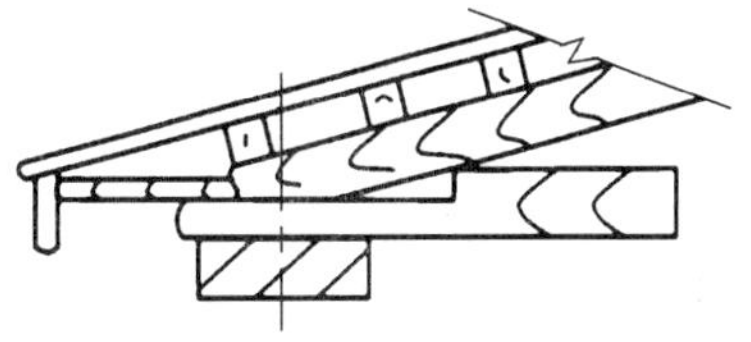
		有檐口天棚	算至屋架下弦底面另加200 mm	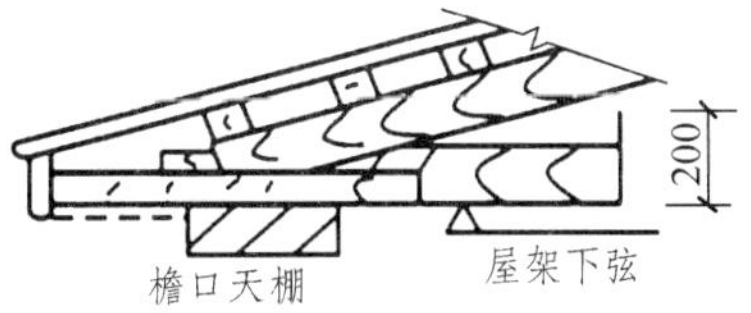
	平屋面		以外墙中心线为准，算至屋面板底面	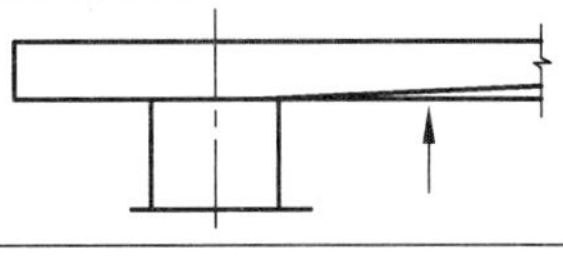
内墙	有下弦者		算至屋架下弦底面	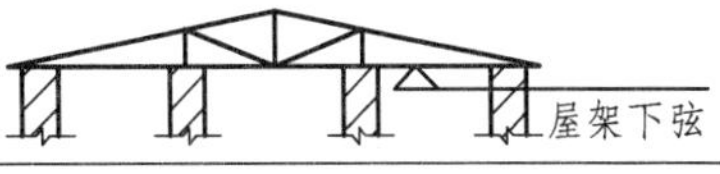
	无下弦者		算至天棚底面另加100 mm	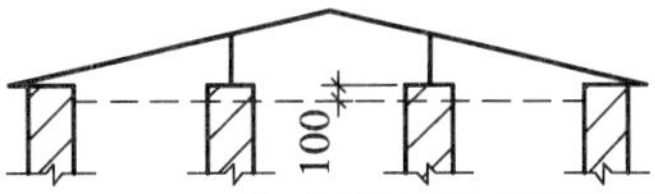
出墙	内、外出墙		按山墙平均高度计算 $\frac{1}{2}(H_1+H_2)$	

（4）标准砖墙厚度按表 7.7 确定。

表 7.7　标准砖砌体计算厚度表

砖数（厚度）	1/4	1/2	3/4	1	3/2	2	5/2	3
计算厚度/mm	53	115	178	240	365	490	615	740

注：1. 标准砖以 240 mm × 115 mm × 53 mm 为准，其砌体厚度按上表计算；
2. 非标准砖砌体厚度应按砖实际规格和设计厚度计算，如设计厚度与实际规格不同时，按实际规格计算。

（5）框架间墙：不分内外墙，均按墙体净尺寸以体积计算。

（6）围墙：高度算至压顶上表面（如有混凝土压顶时算至压顶下表面），围墙柱并入围墙体积内。

3）其他墙体工作量

（1）空斗墙按设计图示尺寸以空斗墙外形体积计算。空斗墙的窗间墙、窗台下、楼板下、梁头下等的实砌部分，应另行计算，套用零星砌体项目。

（2）空花墙按设计图示尺寸以空花部分外形体积计算，不扣除空花部分体积，其中实砌体部分另行计算。

（3）填充墙按设计图示尺寸以填充墙外形体积计算，其中实砌部分已包括在定额内，不另计算。

（4）砖柱按设计图示尺寸以体积计算，扣除混凝土及钢筋混凝土梁垫、梁头、板头所占体积。

（5）零星砌体、地沟、砖过梁按设计图示尺寸以体积计算。

（6）砖散水、地坪按设计图示尺寸以面积计算。

（7）附墙烟囱、通风道、垃圾道，应按设计图示尺寸以体积（扣除孔洞所占体积）计算并入所依附的墙体体积内；当设计规定孔洞内需抹灰时，另按“第十章　墙柱面工程”相应项目计算。

（8）轻质砌块 L 型专用连接件的工程量按设计数量计算。

（9）轻质隔墙按设计图示尺寸以面积计算。

4）其他石砌体

（1）石勒脚、石挡土墙、石台阶、按设计图示尺寸以体积计算。

（2）石坡道按设计图示尺寸以水平投影面积计算；墙面勾缝按设计图示尺寸以面积计算。

5）垫层工作量

垫层工程量按设计图示尺寸以体积计算。

4. 工程实例分析

【例】某建筑物基础平面布置图和基础剖面图，如图 7.5 所示，所有墙厚 240 mm，轴线居中。试计算砌筑砖基础的工程量。

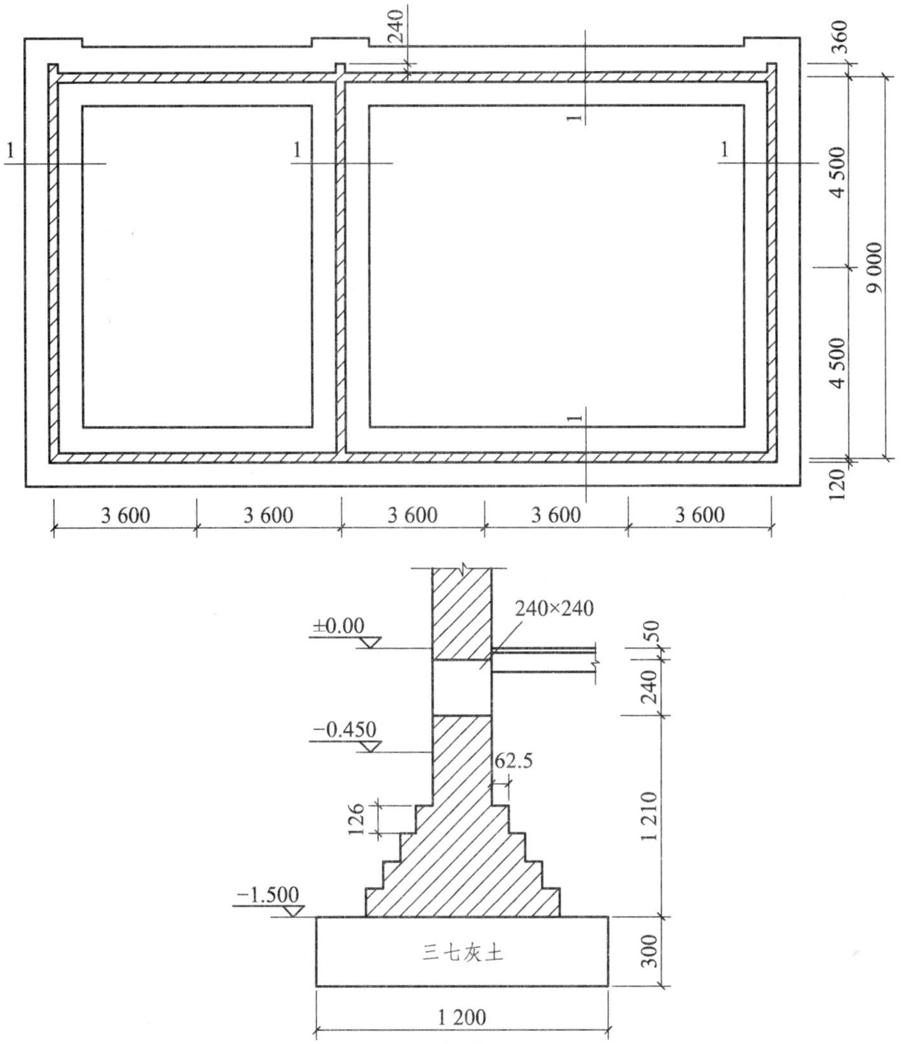

1—1

图 7.5

【解】

基础数据 $L_{外}=(3.6\times5+9.0)\times2+0.24\times3=54.72$ m，

$L_{内}=9.0-0.24=8.76$（m）

基础高度 $=1.50$（m）

基础墙厚 $=0.24$（m），

等高式大放脚（4 层）增加断面面积 $=0.158$（m^2）

或　折加高度 $=0.656$（m）

$V_{砖基}=(54.72+8.76)\times(1.50\times0.24+0.158)-$ 基础圈梁 $0.24\times0.24\times63.48$ m

$=29.23$（m^3）

或　$V_{砖基}=(54.72+8.76)\times(1.50+0.656)\times0.24-$ 基础圈梁 $0.24\times0.24\times63.48$ m

$=29.23$（m^3）

【例】根据图 7.8 所示基础工程，混凝土实心砖 240 mm × 115 mm × 53 mm，M10.0 水泥砂浆砌筑，3∶7 灰土垫层 300 mm 厚。试依据湖北省建筑工程预算定额（节选）列项对基础工程进行计价。

表 7.8 预算定额表

工作内容：（略） 单位：10 m^3

定额编号			A1-1		A1-70	
项目			砖基础 实心砖		垫层	
			直形		灰土	
全费用		元	6104.16		2303.59	
其中	人工费	元	1476.33		549.86	
	材料费	元	2621.11		1022.83	
	机械费	元	44.96		6.45	
	费用	元	1356.84		496.17	
	增值税	元	604.92		228.28	
名称		单位	单价/元	数量		
人工	普工	工日	92.00	2.511	3.396	
	技工	工日	142.00	5.021	1.672	
	高级技工	工日	212.00	2.511	—	
材料	混凝土实心砖	千块	2295.18	5.288	—	（标砖）
	干混砌筑砂浆	t	257.35	4.078	—	（M10）
	3∶7 灰土	m^3	99.74	—	10.20	
	电【机械】	kW · h	0.75	6.842	7.304	
	水	m^3	33.39	1.65	—	
机械	罐式搅拌机	台班	1187.32	0.24	—	（20000 L）
	电动夯实机 250 Nm	台班	14.67	—	0.44	

【解】（1）工程量计算。

$$V_{砖基} = 29.23\ (m^3)$$

$$V_{垫层} = 1.2 \times 0.3 \times (54.72 + 9.0 - 1.2) = 22.51\ (m^3)$$

（2）全费用清单计价法。

$$6104.16\ 元/10\ m^3 \times 29.23\ (m^3) + 2303.59\ 元/10\ m^3 \times 22.51\ m^3 = 23027.83\ (元)$$

（3）工程量清单计价法：参照《湖北省建筑安装工程费用定额》（2018），管理费和利润的计费基数均为人工费与机械费之和，费率分别是 28.27%和 19.73%。则砖基础费用、综合单价分别为：

$$人工费 = 1476.33/10 \times 29.23 = 4315.31\ (元)$$

材料费 = 2621.11/10 × 29.23 = 7661.50（元）

机械费 = 44.96/10 × 29.23 = 131.42（元）

管理费和利润 =（4315.31 + 131.42）×（28.27% + 19.73%）= 2134.43（元）

费用 = 4315.31 + 7661.50 + 131.42 + 2134.43 = 14242.66（元）

综合单价 = 14242.66/29.23 = 487.26（元/m^3）

同理，计算垫层的费用与综合单价分别为 4155.72 元，184.62 元/m^3。

（4）编制分部分项工程量清单计价表，见表 7.9。

表 7.9　编制分部分项工程量清单计价表

序号	项目编码	项目名称	项目特征	计量单位	工程数量	金额/元		
						综合单价	合价	其中 暂估价
1	010401001001	砖基础	1. 混凝土实心砖：标砖 2. 砂浆强度等级：M10 水泥砂浆 3. 条形基础	m^3	29.23	487.2	14242.6	
2	010404001001	垫层	3∶7 灰土厚 300 mm	m^3	22.51	184.6	4155.7	

【习题】

一、单项选择题

1. 根据《房屋建筑与装饰工程量计量规范》（GB 50854—2013），关于砌墙工程量计算，说法正确的是（　　）。

A. 扣除凹进墙内的管槽、暖气槽所占体积

B. 扣除伸入墙内的梁头、板头所占体积

C. 扣除凸出墙面砌垛体积

D. 扣除檩头、垫木所占体积

2. 根据《房屋建筑与装饰工程工程量计算规范》（GB 50854—2013）规定，关于砖砌体工程量计算说法正确的为（　　）。

A. 砖基础工程量中不含基础砂浆防潮层所占体积

B. 使用同一种材料的基础与墙身以设计室内地面为分界

C. 实心砖墙的工程量中不应计入凸出墙面的砖垛体积

D. 坡屋面有屋架的外墙高由基础顶面算至屋架下弦底面

3. 根据《房屋建筑与装饰工程工程量计算规范》（GB 50854—2013）规定，关于砌块墙高度计算正确的为（　　）。

A. 外墙从基础顶面算至平屋面板底面

B. 女儿墙从屋面板顶面算至压顶顶面

C. 围墙从基础顶面算至混凝土压顶上表面

D. 外山墙从基础顶面算至山墙最高点

4. 根据《房屋建筑与装饰工程工程量计算规范》（GB 50854—2013）规定，关于石砌体

工程量计算正确的为（　　）。

A. 挡土墙按设计图示中心线长度计算

B. 勒脚工程量按设计图示尺寸以延长米计算

C. 石围墙内外地坪标高之差为挡土墙墙高时，墙身与基础以较低地坪标高为界

D. 石护坡工程量按设计图示尺寸以体积计算

5. 根据《房屋建筑与装饰工程工程量计算规范》（GB 50854—2013），砖基础工程量计算正确的是（　　）。

A. 外墙基础断面积（含大放脚）乘以外墙中心线长度以体积计算

B. 内墙基础断面积（大放脚部分扣除）乘以内墙净长线以体积计算

C. 地圈梁部分体积并入基础计算

D. 靠墙暖气沟挑檐体积并入基础计算

6. 根据《房屋建筑与装饰工程工程量计算规范》（GE 50854—2013），实心砖墙工程量计算正确的是（　　）。

A. 凸出墙面的砖垛单独列项

B. 框架梁间内墙按梁间墙体积计算

C. 围墙扣除柱所占体积

D. 平屋顶外墙算至钢筋混凝土板顶面

7. 根据《房屋建筑与装饰工程工程量计算规范》（GB 50854—2013），砌筑工程垫层工程量应（　　）。

A. 按基坑（槽）底设计图示尺寸以面积计算

B. 按垫层设计宽度乘以中心线长度以面积计算

C. 按设计图示尺寸以体积计算

D. 按实际铺设垫层面积计算

二、计算题

1. 如图 7.6 所示，某砖基础放大脚折加高度为 0.525 m（0.345 m），试编制砖基础的清单工程量并计价。

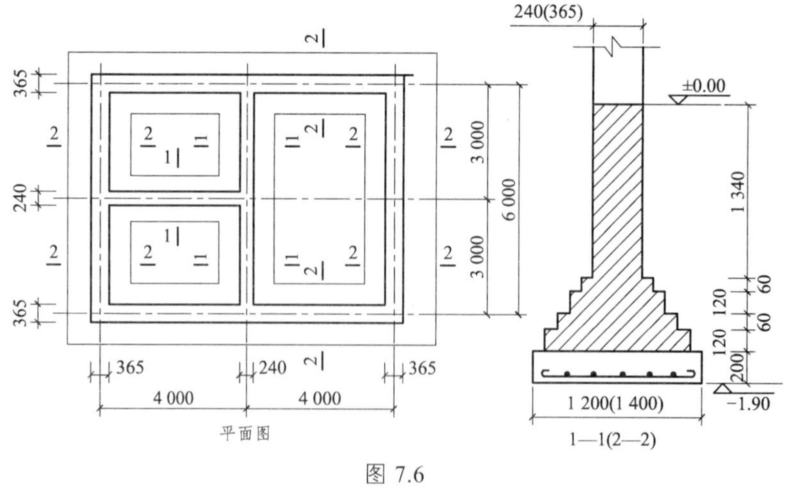

图 7.6

2. 如图 7.7 所示，KJ-1：柱 400 mm × 400 mm，梁 400 mm × 600 mm，试编制墙体的工程量清单并计价。

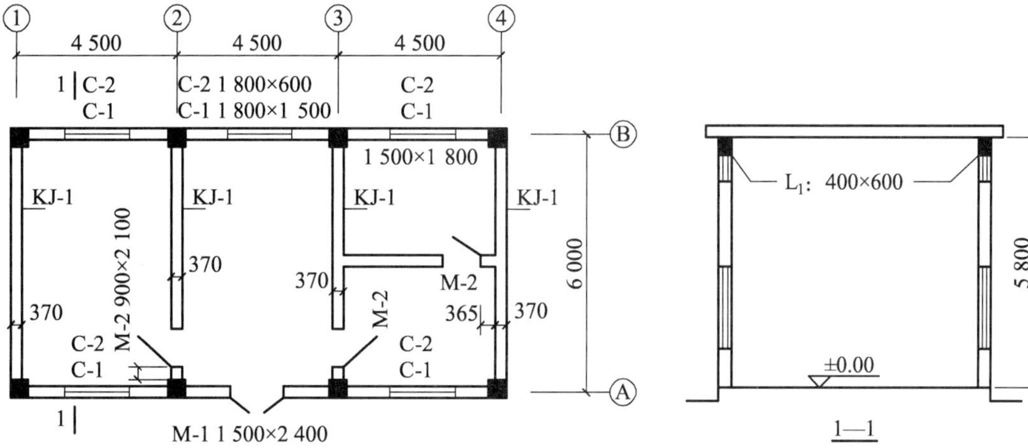

图 7.7

8 混凝土工程计量与计价

8.1 现浇混凝土工程计量与计价

8.1.1 现浇混凝土清单分项

《房屋建筑与装饰工程工程量计算规范》（GB 50854—2013）将现浇混凝土工程分为现浇混凝土基础、现浇混凝土柱、现浇混凝土梁、现浇混凝土墙、现浇混凝土板、现浇混凝土楼梯、现浇混凝土其他构件、后浇带 8 个方面的内容共 39 个清单项目。其清单项目设置及工程量计算规则按表 8.1 ~ 表 8.5 规定。

表 8.1 现浇混凝土基础（编号：010501）

项目编码	项目名称	项目特征	计量单位	工程量计算规则	工作内容
010501001	垫层	1. 混凝土种类 2. 混凝土强度等级	m^3	按设计图示尺寸以体积计算。不扣除伸入承台基础的桩头所占体积	1. 模板及支撑制作、安装、拆除、堆放、运输及清理模内杂物、刷隔离剂等 2. 混凝土制作、运输、浇筑、振捣、养护
010501002	带形基础				
010501003	独立基础				
010501004	满堂基础				
010501005	桩承台基础				
010501006	设备基础	1. 混凝土种类 2. 混凝土强度等级 3. 灌浆材料及其强度等级			

表 8.2 现浇混凝土柱（编号：010502）

项目编码	项目名称	项目特征	计量单位	工程量计算规则	工作内容
010502001	矩形柱	1. 混凝土种类 2. 混凝土强度等级	m^3	按设计图示尺寸以体积计算。不扣除构件内钢筋，预埋铁件所占体积。 型钢混凝土柱扣除构件内型钢所占体积。 柱高： 1. 有梁板的柱高，应自柱基上表面（或楼板上表面）至上一层楼板上表面之间的高度计算。	1. 模板及支架（撑）制作、安装、拆除、堆放、运输及清理模内杂物、刷隔离剂等
010502002	构造柱				
010502003	异形柱	1.柱形状 2.混凝土种类 3. 混凝土强度等级			

续表

项目编码	项目名称	项目特征	计量单位	工程量计算规则	工作内容
			m^3	2. 无梁板的柱高，应自柱基上表面（或楼板上表面）至柱帽下表面之间的高度计算。 3. 框架柱的柱高：应自柱基上表面至柱顶高度计算。 4. 构造柱按全高计算，嵌接墙体部分（马牙槎）并入柱身体积。 5. 依附柱上的牛腿和升板的柱帽，并入柱身体积计算	2. 混凝土制作、运输、浇筑、振捣、养护

表 8.3　现浇混凝土梁（编号：010503）

项目编码	项目名称	项目特征	计量单位	工程量计算规则	工作内容
010503001	基础梁	1. 混凝土类别 2. 混凝土强度等级	m^3	按设计图示尺寸以体积算。 不扣除构件内钢筋、预埋铁件所占体积，伸入墙内的梁头、梁垫并入梁体积内。 型钢混凝土梁扣除构件内型钢所占体积。 梁长： 1. 梁与柱连接时，梁长算至柱侧面。 2. 主梁与次梁连接时，次梁长算至主梁侧面	1. 模板及支架（撑）制作、安装、拆除、堆放、运输及清理模内杂物、刷隔离剂等。 2. 混凝土制作、运输、浇筑、振捣、养护
010503002	矩形梁				
010503003	异形梁				
010503004	圈梁				
010503005	过梁				
010503006	弧形、拱形梁	1. 混凝土类别 2. 混凝土强度等级	m^3	按设计图示尺寸以体积算。 不扣除构件内钢筋、预埋铁件所占体积，伸入墙内的梁头、梁垫并入梁体积内。 梁长： 1. 梁与柱连接时，梁长算至柱侧面。 2. 主梁与次梁连接时，次梁长算至主梁侧面	1. 模板及支架（撑）制作、安装、拆除、堆放、运输及清理模内杂物、刷隔离剂等 2. 混凝土制作、运输、浇筑、振捣、养护

表 8.4　现浇混凝土板（编号：010505）

项目编码	项目名称	项目特征	计量单位	工程量计算规则	工作内容
010505001	有梁板	1. 混凝土强度种类 2. 混凝土强度等级	m^3	按设计图示尺寸以体积计算。不扣除单个面积≤0.3 m^2 的柱、垛以及孔洞所占体积。压形钢板混凝土楼板扣除构件内压形钢板所占体积。有梁板（包括主、次梁与板）按梁、板体积之和计算，无梁板按板和柱帽体积之和计算，各类板伸入墙内的板头并入板体积内，薄壳板的肋、基梁并入薄壳体积内计算。	1. 模板及支架（撑）制作、安装、拆除、堆放、运输及清理模内杂物、刷隔离剂等
010505002	无梁板				
010505003	平板				
010505004	拱板				
010505005	薄壳板				
010505006	栏板				

续表

项目编码	项目名称	项目特征	计量单位	工程量计算规则	工作内容
010505007	天沟（檐沟）、挑檐板	1. 混凝土强度种类 2. 混凝土强度等级	m^3	按设计图示尺寸以体积计算	2. 混凝土制作、运输、浇筑、振捣、养护
010505008	雨篷、悬挑板、阳台板			按设计图示尺寸以墙外部分体积计算。包括伸出墙外的牛腿和雨篷反挑檐的体积。	
010505009	空心板			按设计图示尺寸以体积计算。空心板（GBF 高强薄壁蜂巢芯板等）应扣除空心部分体积	
010505010	其他板			按设计图示尺寸以体积计算	

表 8.5　现浇混凝土楼梯（编号：010506）

项目编码	项目名称	项目特征	计量单位	工程量计算规则	工作内容
010506001	直形楼梯	1. 混凝土类别 2. 混凝土强度等级	1. m^2 2. m^3	1. 以平方米计量，按设计图示尺寸以水平投影面积计算。不扣除宽度≤500 mm 的楼梯井，伸入墙内部分不计算。 2. 以立方米计量，按设计图示尺寸以体积计算。	1. 模板及支架（撑）制作、安装、拆除、堆放、运输及清理模内杂物、刷隔离剂等 2. 混凝土制作、运输、浇筑、振捣、养护
010506002	弧形楼梯				

8.1.2　定额分项及定额说明

《湖北省房屋建筑与装饰工程消耗量定额及全费用基价表》（2018）将混凝土构件项目的划分工程分为现浇混凝土基础、现浇混凝土柱、现浇混凝土梁、现浇混凝土板、现浇混凝土墙、现浇混凝土梁与清单分项基本相同。但在定额使用中注意以下事项：

（1）本章混凝土按预拌混凝土编制，采用现场搅拌时，执行相应的预拌混凝土项目，再执行现场搅拌混凝土调整费项目。

（2）预拌混凝土是指在混凝土厂集中搅拌、含运输、泵送到施工现场并入模的混凝土。圈梁、过梁及构造柱、设备基础项目，综合考虑了因施工条件限制不能直接入模的因素。

（3）混凝土定额按自然养护制定，如发生蒸汽养护，可另增加蒸汽养护费。

（4）混凝土按常用强度等级考虑，设计强度等级不同时可以换算；混凝土各种外加剂统一在配合比中考虑；图纸设计要求增加的外加剂另行计算。

（5）毛石混凝土，按毛石占混凝土体积的 20%计算，如设计要求不同时，可以换算。

（6）大体积混凝土（指基础底板厚度大于 1 m 的地下室底板或满堂基础）养护期保温按相应定额子目每 10 m^3 增加人工 0.01 工日，土工布增加 0.469 m^2；大体积混凝土温度控制费用按照经批准的专项施工方案另行计算。

（7）独立桩承台执行独立基础项目；带形桩承台执行带形基础项目；与满堂基础相连的桩承台执行满堂基础项目。

（8）二次灌浆，如灌注材料与设计不同时，可以换算；空心砖内灌注混凝土，执行小型构件项目。

（9）现浇钢筋混凝土柱、墙项目，均综合了每层底部灌注水泥砂浆的消耗量。

（10）钢管柱制作、安装执行“金属结构工程”相应项目；钢管柱浇筑混凝土使用反顶升浇筑法施工时，增加的材料、机械另行计算。

（11）斜梁（板）按坡度>10°且≤30°综合考虑的。斜梁（板）坡度在10°以内的执行梁、板项目；坡度在30°以上、45°以内时人工乘以系数1.05；坡度在45°以上、60°以内时人工乘以系数1.10；坡度在60°以上时人工乘以系数1.20。车库车道板按斜梁（板）项目执行。

（12）压型钢板上浇捣混凝土，执行平板项目，人工乘以系数1.10。

（13）型钢组合混凝土构件，执行普通混凝土相应构件项目，人工、机械乘以系数1.20。

（14）挑檐、天沟壁高度≤400 mm，执行挑檐项目；挑檐、天沟壁高度>400 mm，按全高执行栏板项目；单体体积0.1 m^3以内，执行小型构件项目。

（15）阳台不包括阳台栏板及压顶内容。

（16）预制板间补现浇板缝，适用于板缝小于预制板的模数，但需支模才能浇筑的混凝土板缝。

（17）楼梯是按建筑物一个自然层双跑楼梯考虑，如单坡直行楼梯（即一个自然层无休息平台）按相应项目定额乘以系数1.2；三跑楼梯（即一个自然层两个休息平台）按相应项目定额乘以系数0.9；四跑楼梯（即一个自然层三个休息平台）按相应项目定额乘以系数0.75。

当图纸设计板式楼梯梯段底板（不含踏步三角部分）厚度大于150 mm、梁式楼梯梯段底板（不含踏步三角部分）厚度大于80 mm时，混凝土消耗量按实调整，人工按相应比例调整。

（18）弧形楼梯是指一个自然层旋转弧度小于180°的楼梯，螺旋楼梯是指一个自然层旋转弧度大于180°的楼梯。

（19）散水混凝土按厚度 60 mm 编制，如设计厚度不同时，可以调整；散水包括了混凝土浇筑、表面压实抹光及嵌缝内容，未包括基础夯实、垫层内容。

（20）台阶混凝土含量是按1.22 $m^3/10\ m^2$综合编制的，如设计含量不同时，可以换算；台阶包括了混凝土浇筑及养护内容，未包括基础夯实、垫层及面层装饰内容，发生时执行其他章节相应项目。

8.1.3　计算规则

湖北省2018定额混凝土构件工程量计算规则与清单规则的表述基本一致。

一般规定：混凝土工程量除另有规定者外，均按设计图示尺寸以体积计算。不扣除构件内钢筋、预埋铁件及墙、板中0.3 m^2以内的孔洞所占体积。型钢混凝土中型钢骨架按所占体积（密度7850 kg/m^3）扣除。

1. 现浇混凝土基础

1）带形基础

带形基础也叫条型基础，其外形呈长条状，断面形式一般有梯形、阶梯形、矩形等，一般用于上部荷载比较大，地基承载能力比较差的混合结构房屋墙下基础，如图8.1所示。

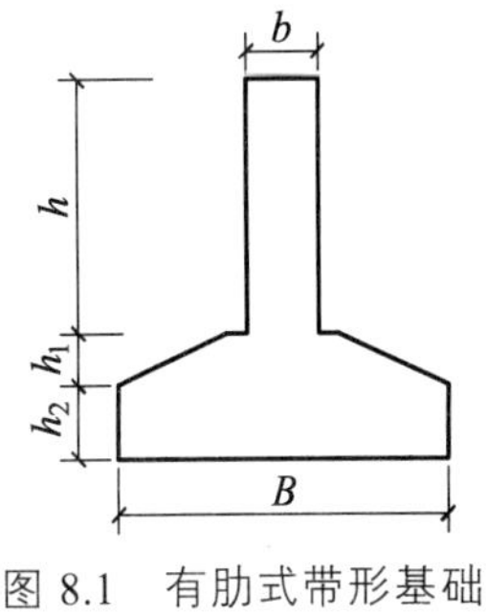

图8.1　有肋式带形基础

（1）计算规则。

① 基础与柱或墙的分界线以基础的扩大顶面为界：以下为基础，以上为柱或墙。

② 无论有肋式还是无肋式均按带形基础项目计算，有肋式带形基础肋高（指基础扩大顶面至梁顶面的高）≤1.2 m时，合并计算；>1.2 m时，扩大顶面以下的基础部分，按无肋带形基础项目计算，扩大顶面以上部分，按墙项目计算。

（2）工程量计算。

① 计算公式：

$$V = F \times L + V_T$$

式中 V——带形基础工程量（m^3）；

F——带形基础断面面积（m^2）；

L——带形基础长度（m）；

V_T——T形接头的搭接部分体积（m^3）。

T 形搭接部分是指带形基础的丁字相连、十字相连处，既没有计入外墙带形基础工程量内，又没有计入内墙带形基础工程量内的那一部分搭接体积。

② 基础长度确定。

外墙基础长度：按外墙带形基础中心线长度。

内墙基础长度：按内墙带形基础净长线长度。

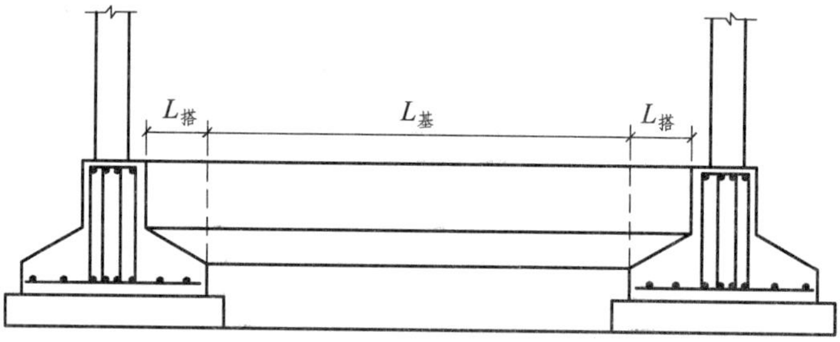

图 8.2　带形基础长度示意图

③ T 形搭接部分工程量计算，以图 8.3 和图 8.4 为例。

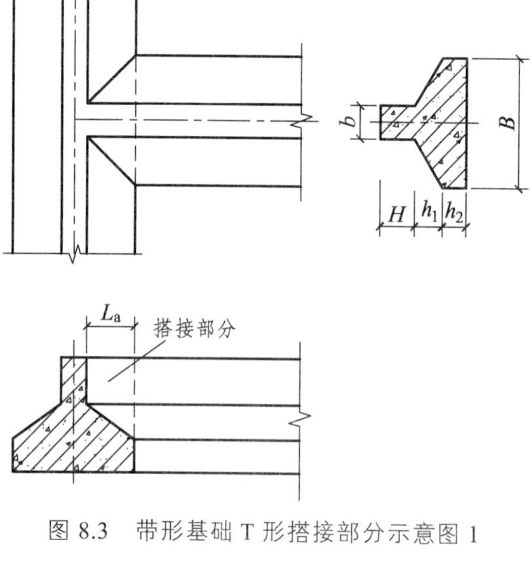

图 8.3　带形基础 T 形搭接部分示意图 1

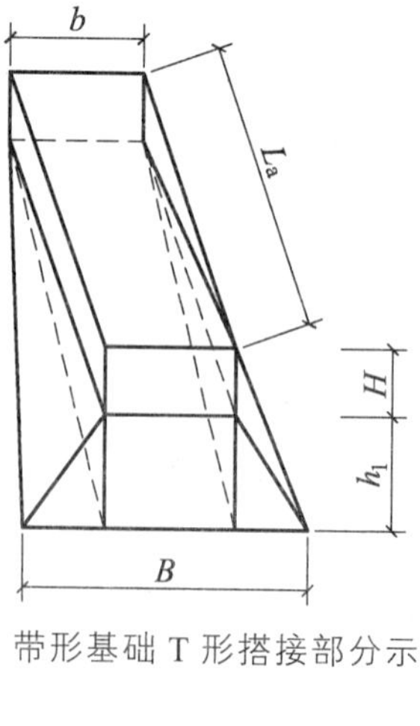

图 8.4　带形基础 T 形搭接部分示意图 2

$$V_1 = L_a \times b \times H$$

$$V_2 = \frac{1}{2} L_a \times b \times h_1$$

$$V_3 = 2 \times \frac{1}{3}\left[h_1 \times \frac{(B-b)}{2} \times \frac{1}{2}\right] \times La$$

$$V_{\mathrm{T}} = V_1 + V_2 + V_3 = La \times \left(b \times H + h_1 \times \frac{B+2b}{6}\right)$$

2）独立基础

独立基础是指现浇钢筋混凝土柱下的单独基础。其施工特点是柱子与基础整浇为一体。独立基础是柱子基础的主要形式，按其型式可分为：阶梯形和四棱锥台形，如图 8.5 所示。

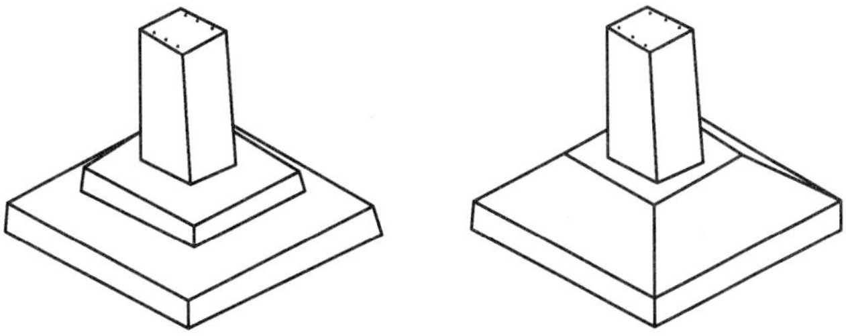

图 8.5　独立基础

（1）独立基础与柱子的划分。

独立基础与柱子的划分，以柱基上表面为分界线，以下为独立基础。图 8.6 所示为三种独立基础与柱子的划分示意。

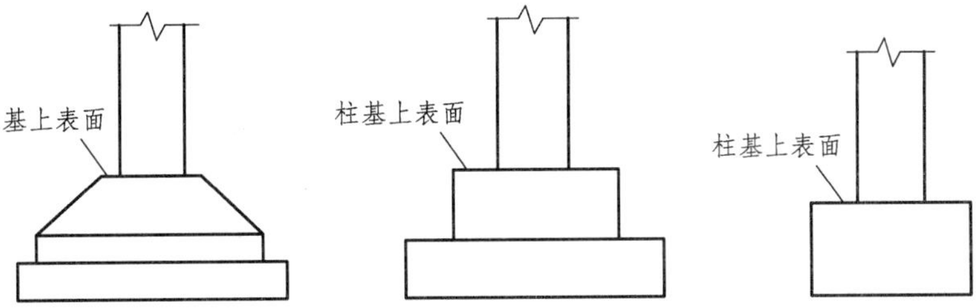

图 8.6　基础与柱子划分示意图

（2）工程量计算。

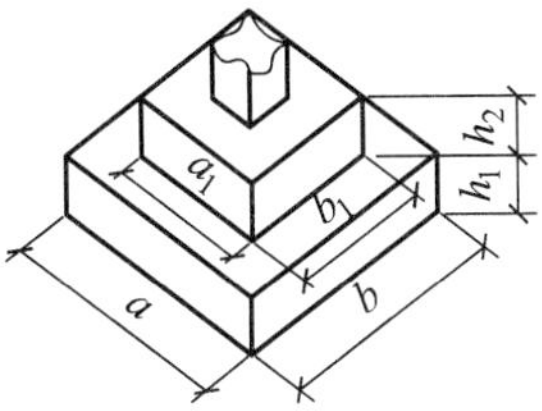

$$V = abh_1 + a_1b_1h_2$$

图 8.7　阶台形基础示意图

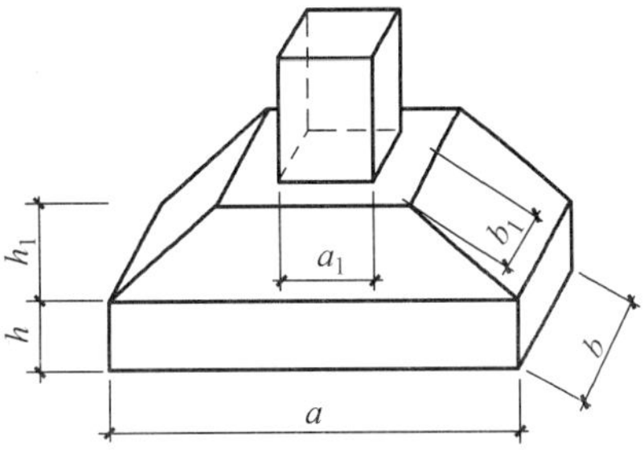

$$V = abh + \frac{h_1}{6}[ab + (a+a_1)(b+b_1) + a_1b_1]$$

图 8.8　锥台形基础示意图

3）满堂基础

用板梁墙柱组合浇筑而成的基础，称为满堂基础。一般无梁式满堂基础、有梁式满堂基础和箱型满堂基础三种形式。

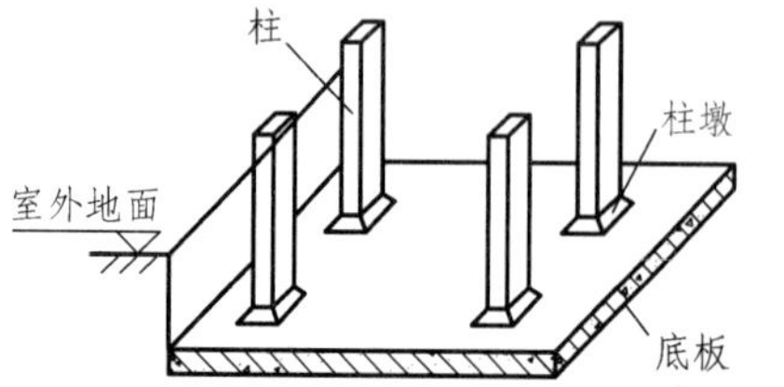

图 8.9　无梁式满堂基础

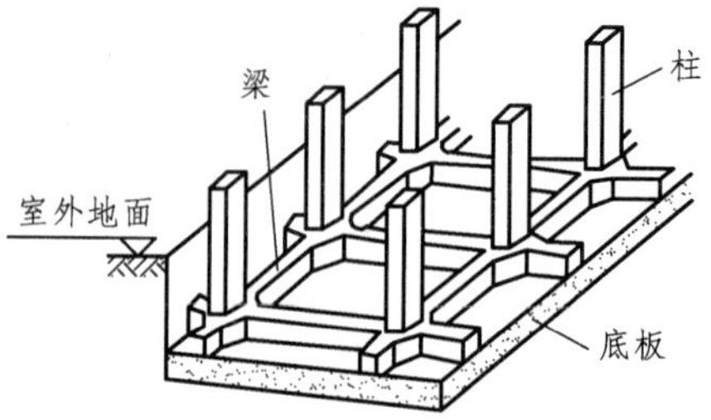

图 8.10　有梁式满堂基础

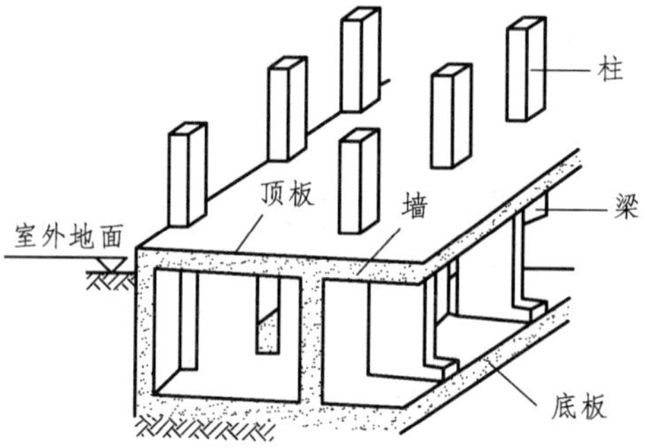

图 8.11　箱型基础

（1）无梁式满堂基础计算公式为

$$V = \text{底板长} \times \text{宽} \times \text{板厚} + \text{单个柱墩体积} \times \text{柱墩个数}$$

（2）有梁式满堂基础计算公式为

$$V = \text{底板长} \times \text{宽} \times \text{板厚} + \Sigma（\text{梁断面面积} \times \text{梁长}）$$

（3）箱型满堂基础。

箱式基础分别按基础、柱、墙、梁、板等有关规定计算。底板按无梁满堂基础定额项目以 m^3 计算。顶板按现浇板体积执行板定额。内外纵横墙体或柱按体积分别执行剪力墙或柱定额。

4）桩承台

桩承台是指当建筑物采用桩基础时，在群桩基础上将桩顶用钢筋混凝土平台或者平板连成整体基础，以承受其上荷载的结构。

独立桩承台执行独立基础项目；带形桩承台执行带形基础项目；与满堂基础相连的桩承台执行满堂基础项目。

5）设备基础

设备基础：设备基础除块体（块体设备基础是指没有空间的实心混凝土形状）以外，其他类型设备基础分别按基础、柱、墙、梁、板等有关规定计算。

2. 现浇混凝土柱

现浇混凝土柱分为矩形柱、异形柱、圆形柱和构造柱、钢管混凝土柱四大类。

1）计算规则

按设计图示尺寸以体积计算。依附柱上的牛腿，并入柱身体积内计算。

2）柱体积的计算

（1）等断面柱：圆形柱、矩形柱、正多边形柱、异形柱等体积等于断面积乘以柱高。

V = 柱的横截面面积×柱高+所依附牛腿体积

（2）不等断面柱：构造柱。

V = 柱的折算横截面面积×柱高

（3）钢管混凝土柱以钢管高度按照钢管内径计算混凝土体积。

V = 钢管高度×钢管内径面积

（4）柱高的确定。

① 有梁板的柱高，应自柱基上表面（或楼板上表面）至上一层楼板上表面之间的高度计算，如图 8.12。

② 无梁板的柱高，应自柱基上表面（或楼板上表面）至柱帽下表面之间的高度计算，如图 8.13。

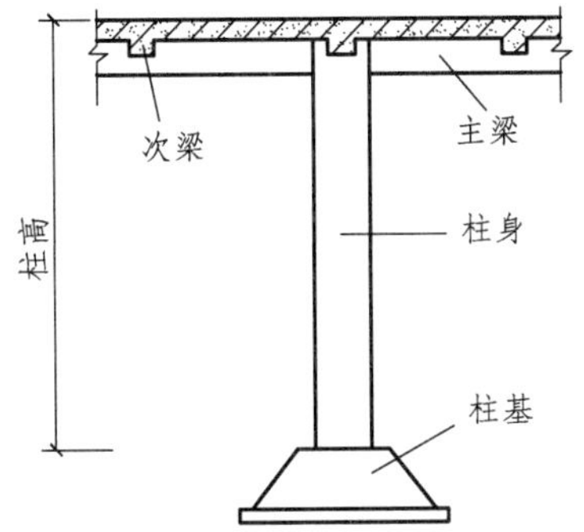

图 8.12　有梁板的柱高示意图

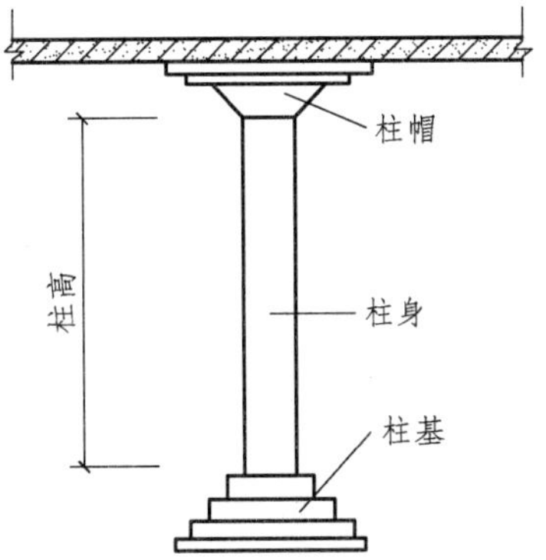

图 8.13　无梁板的柱高示意图

③ 框架柱的柱高，应自柱基上表面至柱顶面高度计算，如图 8.14。

④ 构造柱按全高计算，嵌接墙体部分（马牙槎）并入柱身体积，如图 8.15。

⑤ 钢管混凝土柱以钢管高度按照钢管内径计算混凝土体积。

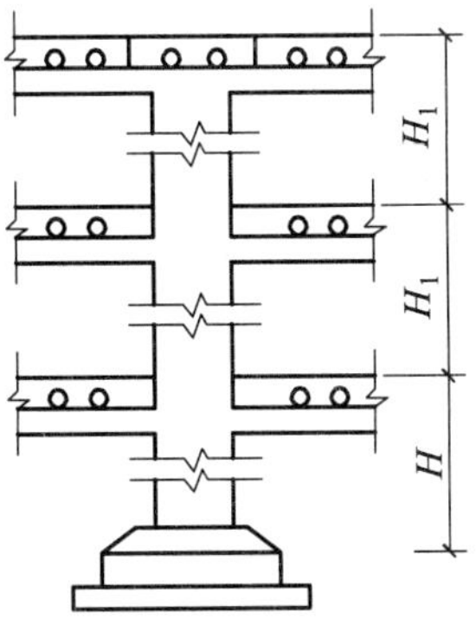

图 8.14　框架柱的柱高示意图

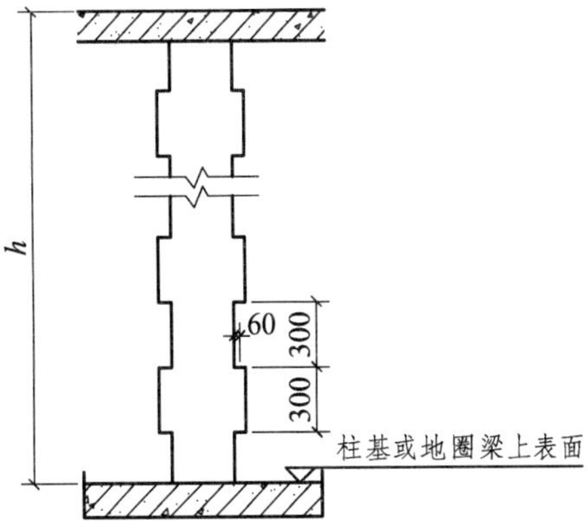

图 8.15　构造柱的柱高示意图

（5）构造柱横截面面积：计算构造柱体积时，与墙体嵌接部分的体积应并入到柱身体积内。因此，可按基本截面宽度两边各加 30 mm 计算。计算方法见图 8.16。

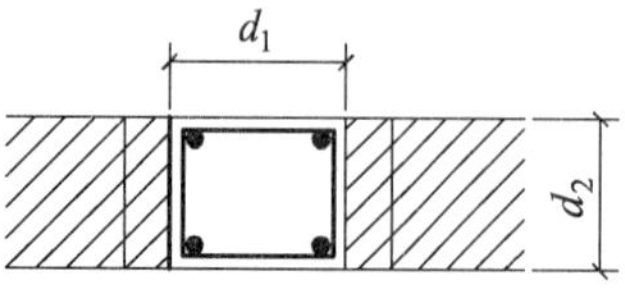

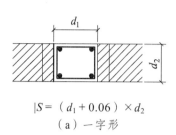

$S=（d_1+0.06）\times d_2$

（a）一字形

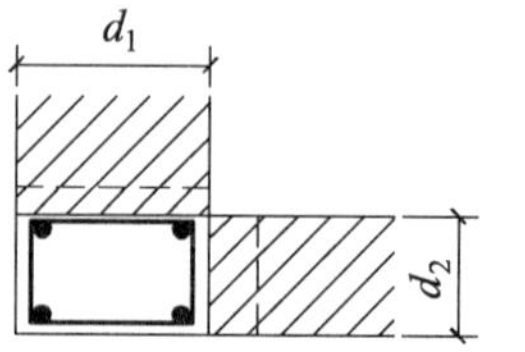

$S=d_1\times d_2+0.03d_1+0.03d_2$

（b）L 形

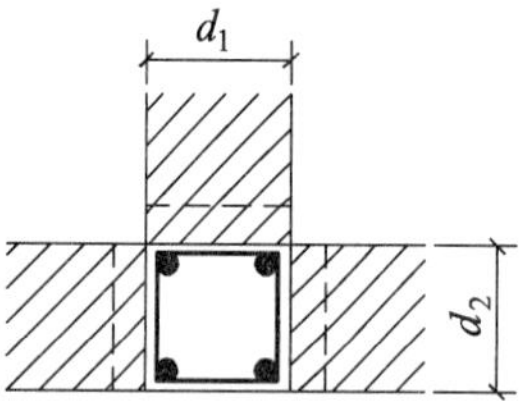

$S=d_1\times d_2+0.03d_1+2\times0.03d_2$

（c）T 形

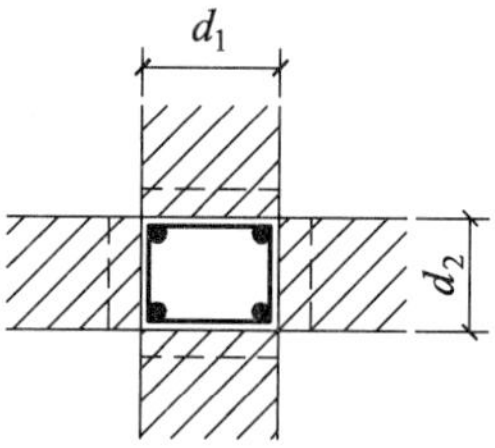

$S=d_1\times d_2+2\times0.03d_1+2\times0.03d_2$

（d）十字形

图 8.16　构造柱横截面示意图

【例】某建筑物层高 3.6 m，屋面标高 7.200 m，柱混凝土强度等级 C25，断面 400 mm × 400 mm，采用木模，柱基剖面及尺寸见右图及下表 8.6，试列项计算混凝土柱工程量。

表 8.6　独立基础尺寸表

编号	基底标高	基础尺寸			
		A	B	h_1	h_2
J1（2）	−1.300	2500	1800	500	0
J2（2）	−1.300	1800	1500	400	0
J3（4）	−1.300	2800	2000	300	300

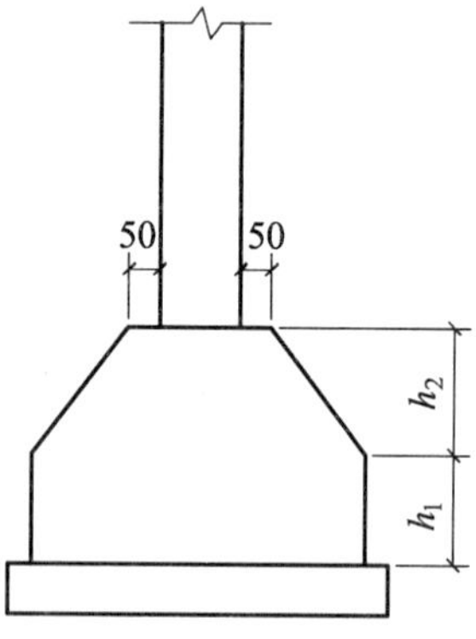

图 8.17　独立基础剖面图

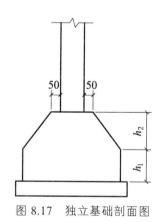

【解】J1 上柱：$0.4\times0.4\times（0.8+7.2）\times2=2.56（m^3）$

J2 上柱：$0.4\times0.4\times（0.9+7.2）\times2=2.592（m^3）$

J3 上柱：$0.4\times0.4\times（0.7+7.2）\times4=5.056（m^3）$

3. 现浇混凝土梁

（1）计算公式。

$$V=\text{梁长}\times\text{梁断面面积}$$

（2）梁长的取法。

断梁不断柱、断次梁不断主梁。即主、次梁与柱连接时，梁长算至柱侧面；次梁与柱或主梁连接时，次梁长度算至柱侧面或主梁侧面。

（3）梁体积计算注意伸入砖墙内的梁头、梁垫并入梁体积内。

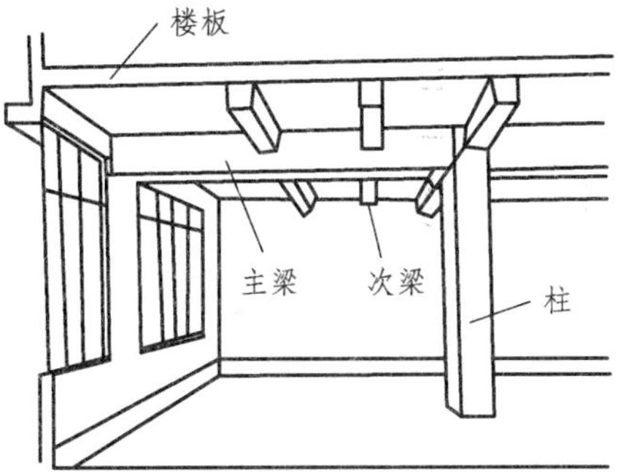

图 8.18　主次梁示意图

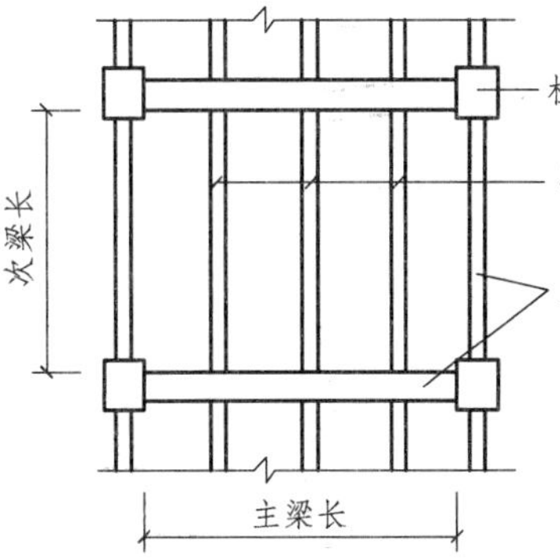

图 8.19　主次梁长度计算示意图

（4）圈梁与过梁连接时，应分别套用圈梁、过梁定额，其过梁长度按门窗洞口外围宽度两端共加 500 mm 计算。

圈梁的计算长度：外墙圈梁按中心线长度，内墙圈梁按净长线长度。

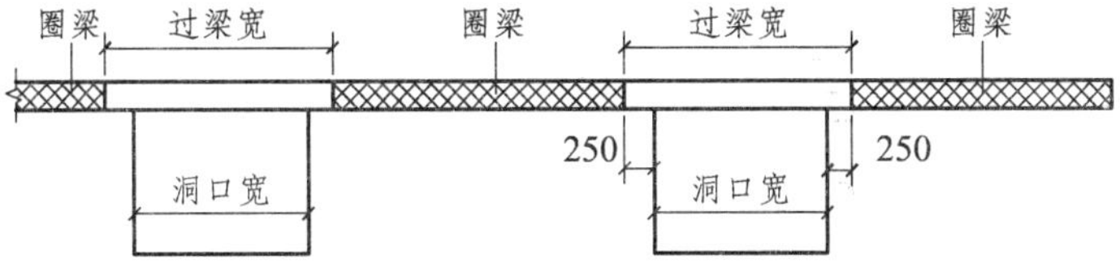

图 8.20　圈过梁示意图

4. 现浇混凝土板

按设计图示尺寸以体积计算，不扣除单个面积 0.3 m² 以内的柱、垛及孔洞所占体积。

（1）计算公式

$$V=\text{板长}\times\text{板宽}\times\text{板厚}$$

（2）一般现浇板计算方法如下：

① 有梁板系指梁（包括主、次梁）与板构成一体，其工程量按梁、板的体积总和计算，与柱头重合部分体积应扣除。

② 无梁板系指不带梁直接用柱头支承的板，其体积按板与柱帽体积之和计算。

③ 平板系指无柱、梁，直接用墙支承的板。

④ 各类板伸入砖墙内的板头并入板体积内计算，薄壳板的肋、基梁并入薄壳体积内计算。

⑤ 空心板按设计图示尺寸以体积（扣除空心部分）计算

5. 现浇混凝土墙

（1）计算方法：按设计图示尺寸以体积计算，扣除门窗洞口及 0.3 m^2 以外孔洞所占体积，墙垛及凸出部分并入墙体积内计算。直形墙中门窗洞口上的梁并入墙体积；短肢剪力墙结构砌体内门窗洞口上的梁并入梁体积。墙与柱连接时墙算至柱边；墙与梁连接时墙算至梁底；墙与板连接时墙算至板底；未凸出墙面的暗梁暗柱并入墙体积。

（2）计算公式

$$V=\text{墙长}\times\text{墙高}\times\text{墙厚}-0.3\ \text{m}^2\text{以外的门窗洞口面积}\times\text{墙厚}$$

式中：墙长——外墙按 $L_{中}$，内墙按 $L_{内}$（有柱者均算至柱侧）；

墙高——自基础上表面算至墙顶；

墙厚——按图纸规定。

（3）短肢剪力墙是指截面厚度≤300 mm，各肢截面高度与厚度之比的最大值>4 但≤8 的剪力墙。各肢截面高度与厚度之比的最大值≤4 的剪力墙执行柱子目。

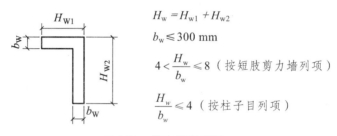

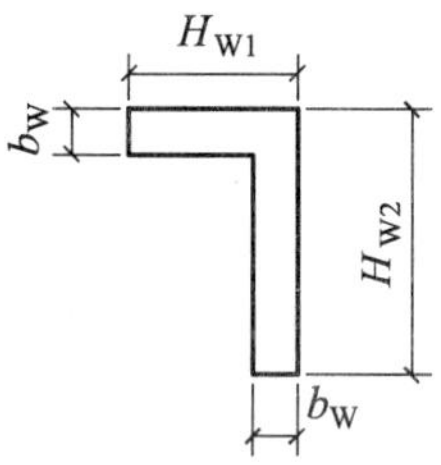

$$H_w=H_{w1}+H_{w2}$$

$$b_w\leqslant 300\ \text{mm}$$

$$4<\frac{H_w}{b_w}\leqslant 8\ \text{（按短肢剪力墙列项）}$$

$$\frac{H_w}{b_w}\leqslant 4\ \text{（按柱子目列项）}$$

图 8.21　剪力墙示意图

（4）后浇墙带、后浇板带（包括主、次梁）混凝土按设计图示尺寸以体积计算。

6. 现浇整体楼梯

整体楼梯（包括直形楼梯、弧形楼梯）水平投影面积包括休息平台、平台梁、斜梁和楼梯的连接梁。

当整体楼梯与现浇楼板无梯梁连接时，以楼梯的最后一个踏步边缘加 300 mm 为界。

楼梯（包括休息平台，平台梁、斜梁及楼梯的连接梁）按设计图示尺寸以水平投影面积计算，不扣除宽度小于 500 mm 楼梯井，伸入墙内部分不计算。

楼梯与楼板的划分以楼梯梁的外边缘为界，该楼梯梁已包括在楼梯水平投影面积内。

如果楼梯与楼板之间没有梯梁连接，楼梯与楼板的划分可以楼梯段最上一个踏步外边缘加 300 mm 为界。

【例】计算图 8.22 所示楼梯工程量。

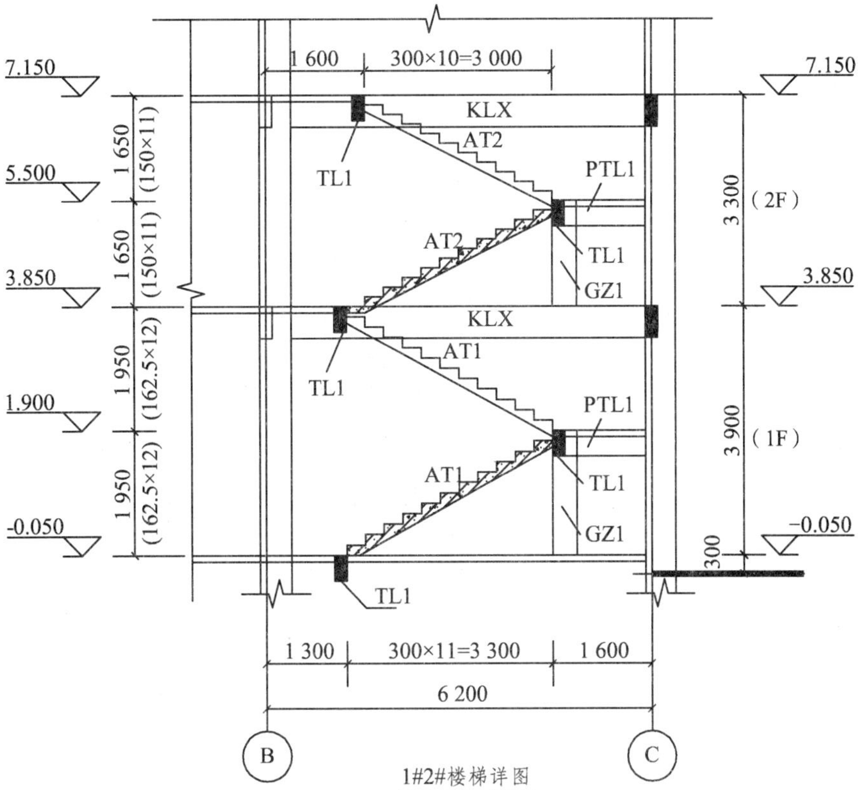

1#2#楼梯详图

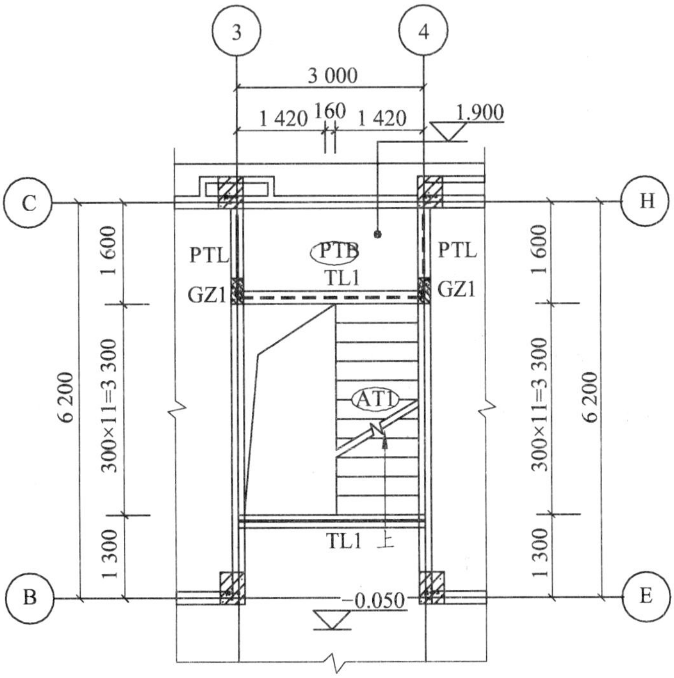

楼梯平面图一

(−0.050~1.900)

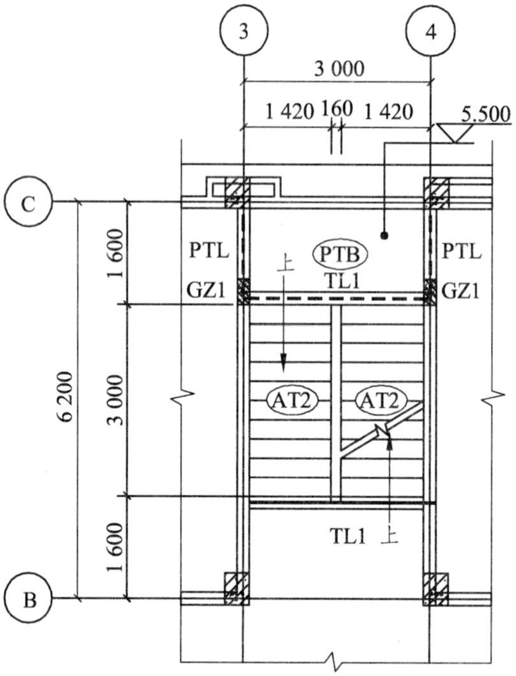

楼梯平面图三

(3.850~7.150)

图 8.22　楼梯剖面图、楼梯平面图

【解】

一层整体楼梯工程量为

$$S=(1.6-0.1+3.3+0.2)\times(3-0.2)=14\ (\mathrm{m}^2)$$

二层整体楼梯工程量为

$$S=(1.6-0.1+3+0.2)\times(3-0.2)=13.16\ (\mathrm{m}^2)$$

7. 现浇混凝土阳台、雨篷、栏板、扶手

（1）栏板、扶手按设计图示尺寸以体积计算，伸入砖墙内的部分并入栏板、扶手体积计算。

（2）凸阳台（凸出外墙外侧用悬挑梁悬挑的阳台）按阳台项目计算；凹进墙内的阳台，按梁、板分别计算，阳台栏板、压顶分别按栏板、压顶项目计算。

（3）雨篷梁、板工程量合并，按雨篷以体积计算，高度≤400 mm 的栏板并入雨篷体积内计算，栏板高度>400 mm 时，按栏板计算。

8. 其他现浇混凝土构件工程量计算

（1）散水、台阶按设计图示尺寸，以水平投影面积计算。台阶与平台连接时其投影面积应以最上层踏步外沿加 300 mm 计算。

（2）架空式混凝土台阶，按现浇楼梯计算。

（3）场馆看台、地沟、混凝土后浇带按设计图示尺寸以体积计算。

（4）二次灌浆、空心砖内灌注混凝土，按照实际灌注混凝土体积计算。

【例】某三层钢筋混凝土现浇框架办公楼，其 1-3 层第一跨平面结构示意图和独立柱基础断面图如图 8.23 和图 8.24 所示。已知 C30 柱顶标高为 11.05 m，柱截面为 400 mm × 500 mm；C30 梁断面见平面图，板厚 120 mm，施工采用预拌混凝土。试编制柱、KZ-1 有梁板分项工程工程量清单，并对矩形柱工程量清单进行报价。（注：① C30 混凝土材料价格（除税价）为每立方米 446.6 元；② 按鄂建办〔2019〕93 号规定，增值税税率为 9%；③ 基础底标高 − 1.5 m）。

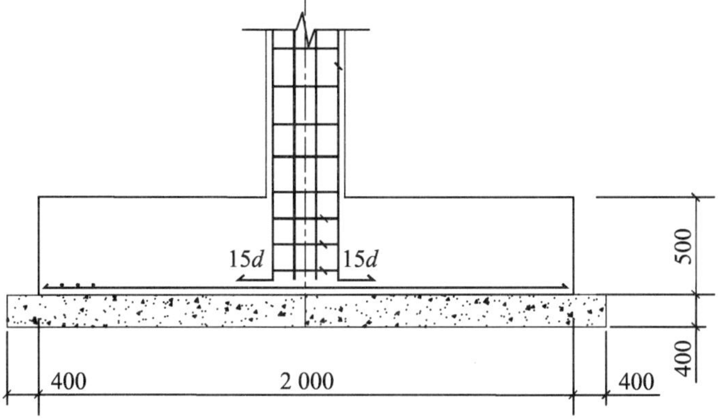

图 8.23　基础剖面图

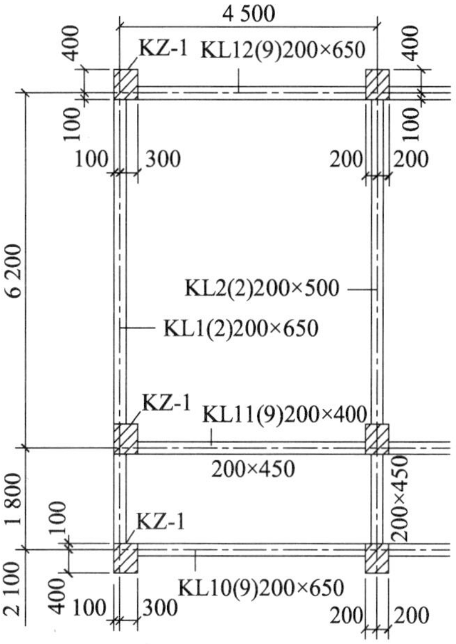

图 8.24　1-3 层结构平面图

【解】（1）计算清单工程量。

① 现浇混凝土矩形柱。

清单工程量为

$$V = 0.4 \times 0.5 \times (11.05 + 1.5 - 0.5) \times 6 = 14.46\ (m^3)$$

② 现浇混凝土有梁板

KL1 梁清单工程量为

$$V = [(6.2 - 0.5) + (1.8 - 0.2)] \times 0.65 \times 0.2 = 0.949\ (m^3)$$

KL2 梁清单工程量为

$$V = (6.2 - 0.5) \times 0.5 \times 0.2 + (1.8 - 0.2) \times 0.45 \times 0.2 = 0.748\ (m^3)$$

KL12 梁第一跨清单工程量为

$$V = (4.5 - 0.5) \times 0.65 \times 0.2 = 0.52\ (m^3)$$

KL11 梁第一跨清单工程量为

$$V = (4.5 - 0.5) \times 0.45 \times 0.2 = 0.36\ (m^3)$$

KL10 梁第一跨清单工程量为

$$V=(4.5-0.5)\times 0.65\times 0.2=0.52\ (m^3)$$

现浇板清单工程量为

$$V=(6.2-0.2)\times(4.5-0.2)\times 0.12=3.096\ (m^3)$$

清单工程量为

$$V=(6.2-0.2)\times(1.8-0.2)\times 0.12=1.152\ (m^3)$$

现浇混凝土有梁板清单工程量为

$$V=0.949+0.748+0.52+0.36+0.52+3.096+1.152=7.345\ (m^3)$$

1～3 层现浇混凝土有梁板清单工程量为

$$V=7.345\times 3=22.035\ (m^3)$$

（2）根据清单计价规范编制工程量清单。

分部分项工程量清单见表 8.7。

表 8.7　分部分项工程量清单

序号	项目编码	项目名称	项目特征描述	计量单位	工程量	金额/元		
						综合单价	合价	其中 暂估价
1	010502001001	矩形柱	1. 混凝土种类：商品混凝土 2. 混凝土强度等级：C30	m^3	14.46			
2	010505001001	有梁板	1. 混凝土种类：商品混凝土 2. 混凝土强度等级：C30	m^3	22.035			

（3）对 010502001001“矩形柱”工程量清单报价。

① 确定为清单项目组价定额项目（计价项目），并查的定额项目所对应的基价表。

清单项目 010502001001“矩形柱”对应《湖北省房屋建筑与装饰工程消耗量定额及全费用基价表》（2018）的项目为：A2-11，矩形柱见表 8.8。

表 8.8　现浇混凝土柱消耗量定额及全费用基价表

工作内容：混凝土浇筑、振捣、养护等　　　　计量单位：10 m^3

定额编号		A2-11	A2-12	A2-13	A2-14
项　目		矩形柱	构造柱	异形柱	圆形柱
全费用/元		5402.37	6458.85	5520.1	5521.52
其中	人工费/元	742.99	1244.03	796.92	797.95
	材料费/元	3461.34	3465.2	3465.37	3464.70
	机械费/元	—	—	—	—
	费　用/元	662.67	1109.55	710.77	711.69
	增值税/元	535.37	640.07	547.04	547.18

续表

定额编号				A2-11	A2-12	A2-13	A2-14
项　目				矩形柱	构造柱	异形柱	圆形柱
名　称		单位	单价/元	数量			
人工	普工	工日	92	3.569	5.976	3.828	3.833
	技工	工日	142	2.920	4.889	3.132	3.136
材料	预拌混凝土 C20	m^3	341.94	9.797	9.797	9.797	9.797
	预拌水泥砂浆	m^3	330	0.303	0.303	0.303	0.303
	土工布	m^2	5.99	0.912	0.885	0.912	0.885
	水	m^3	3.39	0.911	2.105	2.105	1.950
	电	kW · h	0.75	3.750	3.720	3.720	3.750

② 计算计价项目的定额工程量。

该项目的定额工程量同清单工程量。

③ 计价。

a. 按全费用综合单价计价。

全费用综合单价与全费用定额基价都是由人工费、材料费、机械费、费用、增值税构成。按鄂建办〔2019〕93 号规定增值税税率调整为 9%

人工费 = 742.99/10 × 14.46 = 1074.36（元）

材料费：3461.34 + 9.797 ×（446.6 − 341.94）= 4486.69（元）

4486.69/10 × 14.46 = 6487.75（元）

机械费 = 0

费用 = 662.67/10 × 14.46 = 958.22（元）

增值税：（742.99 + 4486.69 + 0 + 662.67）× 9% = 530.31（元）

530.31/10 × 14.46 = 766.83（元）

$$全费用综合单价 = \frac{1074.36 + 6487.75 + 958.22 + 766.83}{14.46} = 642.27（元）$$

矩形柱全费用综合单价分析见表 8.9。

b. 按综合单价计价。

参照 2018 年湖北省建筑安装工程费用定额，管理费和利润的计费基数均为人工费和机械费之和，费率分别是 28.27%和 19.73%。

人工费 = 742.99/10 × 14.46 = 1074.36（元）

材料费：3461.34 + 9.797 ×（446.6 − 341.94）= 4486.69（元）

4486.69/10 × 14.46 = 6487.75（元）

机械费 = 0

管理费与利润 =（1074.36 + 0）×（28.27% + 19.73%）= 515.69（元）

$$综合单价 = \frac{1074.36 + 6487.75 + 515.69}{14.46} = 558.63（元）$$

表 8.9 矩形柱全费用综合单价分析表

工程名称：单位工程　　　　标段：　　　　第 1 页　共 1 页

项目编码		010502001001		项目名称		矩形柱		计量单位	m^3	工程量	14.46		
清单全费用综合单价组成明细													
定额编号	定额项目名称	定额单位	数量	单价/元					合价/元				
				人工费	材料费	施工机具使用费	费用	增值税	人工费	材料费	施工机具使用费	费用	增值税
A2-11换	现浇混凝土矩形柱换为【预拌混凝土 C30】	10 m^3	0.1	742.99	4486.69	0	662.67	530.31	74.3	448.67	0	66.27	53.03
人工单价		小计							74.3	448.67	0	66.27	53.03
技工 142 元/工日；普工 92 元/工日		未计价材料费							0				
清单全费用综合单价									642.27				
材料费明细	主要材料名称、规格、型号						单位	数量	单价/元	合价/元	暂估单价/元	暂估合价/元	
	预拌水泥砂浆						m^3	0.03	330	10			
	土工布						m2	0.091	5.99	0.55			
	水						m^3	0.091	3.39	0.31			
	电						kW·h	0.375	0.75	0.28			
	预拌混凝土 C30						m^3	0.98	446.6	437.53			
	材料费小计								—	448.67	—	0	

表 8.10 矩形柱综合单价分析表

工程名称：单位工程　　　　标段：　　　　第 1 页　共 1 页

项目编码		010502001001		项目名称		矩形柱		计量单位	m^3	工程量	14.46
清单综合单价组成明细											
定额编号	定额项目名称	定额单位	数量	单价				合价			
				人工费	材料费	机械费	管理费和利润	人工费	材料费	机械费	管理费和利润
A2-11换	现浇混凝土矩形柱换为【预拌混凝土 C30】	10 m^3	0.1	742.99	4486.69	0	356.63	74.3	448.67	0	35.66
人工单价		小计						74.3	448.67	0	35.66
技工 142 元/工日；普工 92 元/工日		未计价材料费						0			
清单项目综合单价								558.63			

续表

项目编码	010502001001	项目名称	矩形柱	计量单位	m^3	工程量	9.64
材料费明细	主要材料名称、规格、型号	单位	数量	单价/元	合价/元	暂估单价/元	暂估合价/元
	预拌水泥砂浆	m^3	0.03	330	10		
	土工布	m2	0.091	5.99	0.55		
	水	m^3	0.091	3.39	0.31		
	电	kW·h	0.375	0.75	0.28		
	预拌混凝土 C30	m^3	0.98	446.6	437.53		
	材料费小计			—	448.67	—	0

8.2 预制混凝土工程

8.2.1 预制混凝土工程清单分项

计量规范将预制混凝土工程分为预制混凝土柱、预制混凝土梁、预制混凝土屋架、预制混凝土板、预制混凝土楼梯、其他预制构件共 6 项 24 个子目，其部分清单项目设置及工程量计算规则按表 8.11 ~ 表 8.14 规定。

表 8.11 预制混凝土柱（编号：010509）

项目编码	项目名称	项目特征	计量单位	工程量计算规则	工作内容
010509001	矩形柱	1. 图代号 2. 单件体积 3. 安装高度 4. 混凝土强度等级 5. 砂浆强度等级、配合比	1. m^3 2. 根	1. 以立方米计量，按设计图示尺寸以体积计算。不扣除构件内钢筋、预埋铁件所占体积。 2. 以根计量，按设计图示尺寸以数量计算	1. 构件安装 2. 砂浆制作、运输 3. 接头灌缝、养护
010509002	异形柱				

表 8.12 预制混凝土梁（编号：010510）

项目编码	项目名称	项目特征	计量单位	工程量计算规则	工作内容
010510001	矩形梁	1. 图代号 2. 单件体积 3. 安装高度 4. 混凝土强度等级 5. 砂浆强度等级、配合比	1.m^3 2.根	1. 以立方米计量，按设计图示尺寸以体积计算。不扣除构件内钢筋、预埋铁件所占积。 2. 以根计量，按设计图示尺寸以数量计算	1. 构件安装 2. 砂浆制作、运输 3. 接头灌缝、养护
010510002	异形梁				
010510003	过梁				
010510004	拱形梁				
010510005	鱼腹式吊车梁				
010510006	风道梁				

表 8.13　预制混凝土屋架（编号：010511）

项目编码	项目名称	项目特征	计量单位	工程量计算规则	工作内容
010511001	折线型屋架	1. 图代号 2. 单件体积 3. 安装高度 4. 混凝土强度等级 5. 砂浆强度等级、配合比	1. m^3 2. 榀	1. 以立方米计量，按设计图示尺寸以体积计算。不扣除构件内钢筋、预埋铁件所占体积。 2. 以榀计量，按设计图示尺寸以数量计算	1. 构件安装 2. 砂浆制作、运输 3. 接头灌缝、养护
010511002	组合屋架				
010511003	薄腹屋架				
010511004	门式刚架屋架				
010511005	天窗架屋架				

表 8.14　预制混凝土板（编号：010512）

项目编码	项目名称	项目特征	计量单位	工程量计算规则	工作内容
010512001	平板	1. 图代号 2. 单件体积 3. 安装高度 4. 混凝土强度等级 5. 砂浆强度等级、配合比	1. m^3 2. 块	1. 以立方米计量，按设计图示尺寸以体积计算。不扣除构件内钢筋、预埋铁件及单尺寸≤300 mm×300 mm 的孔洞所占体积，扣除空心板空洞体积。 2. 以块计量，按设计图示尺寸以“数量”计算	1. 构件安装 2. 砂浆制作、运输 3. 接头灌缝、养护
010512002	空心板				
010512003	槽形板				
010512004	网架板				
010512005	折线板				
010512006	带肋板				
010512007	大型板				
10512008	沟盖板、井盖板、井圈	1. 单件体积 2. 安装高度 3. 混凝土强度等级 4. 砂浆强度等级、配合比	1. m^3 2. 块（套）	1. 以立方米计量，按设计图示尺寸以体积计算。不扣除构件内钢筋、预埋铁件所占体积 2. 以块计量，按设计图示尺寸以"数量"计算	1. 构件安装 2. 砂浆制作、运输 3. 接头灌缝、养护

8.2.2　定额说明

（1）预制混凝土构件定额采用成品形式，成品构件按外购列入预制混凝土构件安装项目。

定额含量包含了构件安装损耗。成品构件的定额取定价包括混凝土构件制作及运输、钢筋制作及运输、预制混凝土模板五项内容。

（2）构件安装不分履带式起重机或轮胎式起重机，以综合考虑编制。构件安装是按单机作业考虑的，如因构件超重（以起重机械起重量为限）须双机台吊时，按相应项目人工、机械乘以系数 1.20。

（3）构件安装是按机械起吊点中心回转半径 15 m 以内距离计算。如超过 15 m 时，构件须用起重机移运就位，且运距在 50 m 以内的，起重机械乘以系数 1.25；运距超过 50 m 的，应另按构件运输项目计算。

（4）小型构件安装是指单体构件体积小于 0.1 m^3 以内的构件安装。

（5）构件安装不包括运输、安装过程中起重机械、运输机械场内行驶道路的加固、铺垫工作的人工、材料、机械消耗，发生该费用时另行计算。

（6）构件安装高度以 20 m 以内为准，安装高度（除塔吊施工外）超过 20 m 并小于 30 m 时，按相应项目人工、机械乘以系数 1.20。安装高度（除塔吊施工外）超过 30 m 时，另行计算。

（7）构件安装需另行搭设的脚手架，按批准的施工组织设计要求执行相应项目。

（8）塔式起重机的机械台班均已包括在垂直运输机械费项目中。单层房屋屋盖系统预制混凝土构件，必须在跨外安装的，按相应项目的人工、机械乘以系数 1.18；但使用塔式起重机施工时，不乘系数。

（9）预制烟道、通风道安装定额未包含进气口、支管以及接口件安装的相关消耗，发生时另行计算。

（10）预制烟道、通风道安装定额按照构件断面外包周长划分项目。如设计烟道、通风道规格与定额不同时，可按设计要求调整，其他不变。

（11）风帽按照材质划分为混凝土及钢制，定额中未包含风帽表面抹灰及烟道底座的相关工艺内容。

8.2.3　计算规则

（1）预制混凝土构件安装，预制混凝土均按图示尺寸以体积计算，不扣除构件内钢筋、铁件及小于 0.3 m^2 以内孔洞所占体积。

（2）预制混凝土矩形柱、工形柱、双肢柱、空格柱、管道支架等安装，均按柱安装计算。

（3）组合屋架安装，以混凝土部分体积计算，钢杆件部分不计算。

（4）预制板安装，不扣除单个面积≤0.3 m^2 的孔洞所占体积，扣除空心板空洞体积。

（5）预制混凝土构件接头灌缝，均按预制混凝土构件体积计算。

（6）预制烟道、通风道安装的工程量区分不同的截面大小，按照图示高度以“m”计算。

（7）风帽安装的工程量，按设计图示数量以“个”计算。

【习题】

一、单项选择题

1. 根据《房屋建筑与装饰工程量计量规范》（GB 50854—2013），关于现浇混凝土柱高计算，说法正确的是（　　）。

A. 有梁板的柱高自楼板上表面至上一层楼板下表面之间的高度计算

B. 无梁板的柱高自楼板上表面至上一层楼板下表面之间的高度计算

C. 框架柱的柱高自柱基上表面至柱顶高度减去各层板厚的高度计算

D. 构造柱按全高计算

2. 根据《房屋建筑与装饰工程工程量计算规范》（GB 50854—2013），关于预制混凝土构件工程量计算，说法正确的是（　　）。

A. 如以构件数量作为计量单位，特征描述中必须说明单件体积

B. 异形柱应扣除构件内预埋铁件所占体积，铁件另计

C. 大型板应扣除单个尺寸≤300 mm × 300 mm 的孔洞所占体积

D. 空心板不扣除空洞体积

3. 编制房屋建筑工程施工招标的工程量清单，对第一项现浇混凝土无梁板的清单项目应编码为（　　）。

A. 010503002001　　B. 010405001001　　C. 010505002001　　D. 010506002001

4. 根据《房屋建筑与装饰工程工程量计算规范》（GB 50854—2013）规定，关于现浇混凝土基础的项目列项或工程量计算正确的为（　　）。

A. 箱式满堂基础中的墙按现浇混凝土墙列项

B. 箱式满堂基础中的梁按满堂基础列项

C. 框架式设备基础的基础部分按现浇混凝土墙列项

D. 框架式设备基础的柱和梁按设备基础列项

5. 根据《房屋建筑与装饰工程工程量计算规范》（GB 50854—2013）规定，关于现浇混凝土柱的工程量计算正确的为（　　）。

A. 有梁板的柱按设计图示截面积乘以柱基以上表面或楼板上表面至上一层楼板底面之间的高度以体积计算

B. 无梁板的柱按设计图示截面积乘以柱基以上表面或楼板上表面至柱帽下表面之间的高度以体积计算

C. 框架柱按柱基上表面至柱顶高度以米计算

D. 构造柱按设计柱高以米计算

6. 根据《房屋建筑与装饰工程工程量计算规范》（GB 50854—2013）规定，关于现浇混凝土板的工程量计算正确的为（　　）。

A. 栏板按设计图示尺寸以面积计算

B. 雨篷按设计外墙中心线外图示体积计算

C. 阳台板按设计外墙中心线外图示面积计算

D. 散水按设计图示尺寸以面积计算

7. 根据《房屋建筑与装饰工程工程量计算规范》（GB 50854—2013），混凝土框架柱工程量应（　　）。

A. 按设计图示尺寸扣除板厚所占部分以体积计算

B. 区别不同截面以长度计算

C. 按设计图示尺寸不扣除梁所占部分以体积计算

D. 按柱基上表面至梁底面部分以体积计算

8. 根据《房屋建筑与装饰工程工程量计算规范》（GB 50854—2013），现浇混凝土墙工程量应（　　）。

A. 扣除凸出墙面部分体积

B. 不扣除面积为 0.33 m^2 孔洞体积

C. 将伸入墙内的梁头计入

D. 扣除预埋铁件体积

9. 根据《房屋建筑与装饰工程计算规范》（GB 50854—2013），现浇混凝土工程量计算正确的是（　　）。

A. 雨篷与圈梁连接时其工程量以梁中心为分界线

B. 阳台梁与圆梁连接部分并入圈梁工程量

C. 挑檐板按设计图示水平投影面积计算

D. 空心板按设计图示尺寸以体积计算，空心部分不予扣除

二、多项选择题

1. 根据《房屋建筑与装饰工程工程量计算规范》(GB 50854—2013）规定，关于现浇混凝土构件工程量计算正确的为（　　）。

A. 电缆沟、地沟按设计图示尺寸以面积计算

B. 台阶按设计图示尺寸以水平投影面积或体积计算

C. 压顶按设计图示尺寸以水平投影面积计算

D. 扶手按设计图示尺寸以体积计算

E. 检查井按设计图示尺寸以体积计算

2. 根据《房屋建筑与装饰工程工程量计算规范》(GB 50854—2013）规定，关于现浇混凝土构件工程量计算正确的为（　　）。

A. 电缆沟、地沟按设计图示尺寸以面积计算

B. 台阶按设计图示尺寸以水平投影面积或体积计算

C. 压顶按设计图示尺寸以水平投影面积计算

D. 扶手按设计图示尺寸以体积计算

E. 检查井按设计图示尺寸以体积计算

三、计算题

1. 如图 8.25 所示，编制现浇混凝土雨篷工程工程量清单并计价。

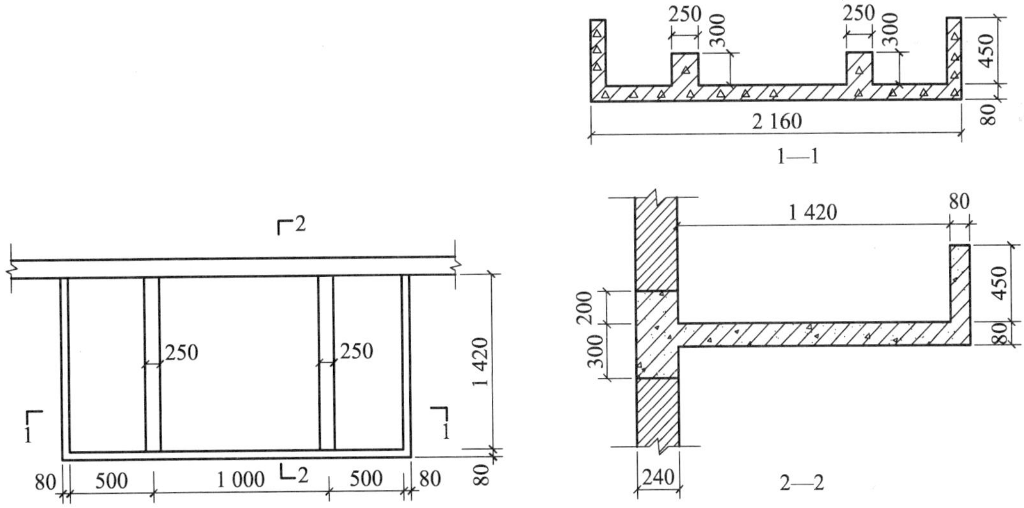

图 8.25

2. 某工程现浇有梁板平、剖面图如图 8.26 所示，编制现浇混凝土有梁板工程量清单并计价。

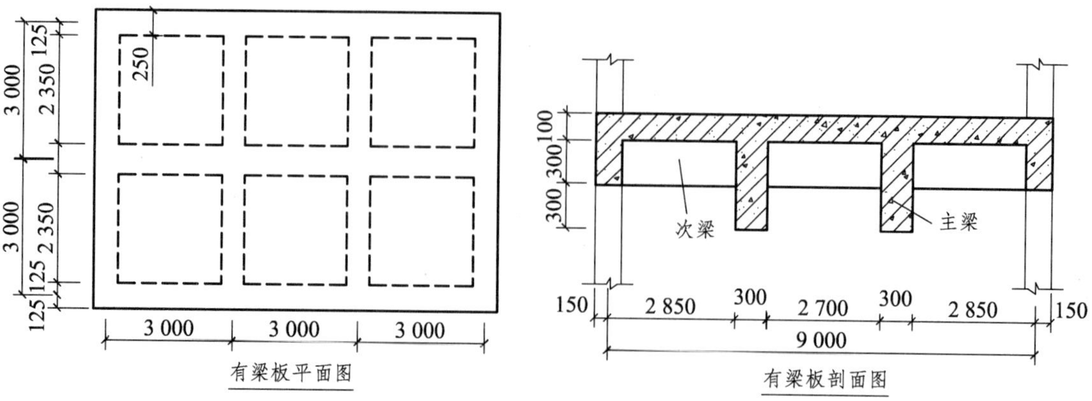
125
3 000
2 350
250
3 000
2 350
125
125
3 000
3 000
3 000
有梁板平面图
100
300
300
次梁
主梁
150
2 850
300
2 700
300
2 850
150
9 000
有梁板剖面图

图 8.26

9 钢筋工程计量与计价

9.1 概　述

9.1.1 钢筋工程清单分项

1. 钢筋工程及螺栓、铁件清单项目

《房屋建筑与装饰工程工程量计算规范》（GB 50854—2013）将钢筋工程分为现浇构件钢筋、预制构件钢筋、钢筋网片、钢筋笼、先张法预应力钢筋、后张法预应力钢筋、预应力钢丝、预应力钢绞线、支撑钢筋（铁马）、声测管 10 个清单项目。将螺栓、铁件分为螺栓、预埋铁件及机械连接 3 个清单项目。其清单项目设置及工程量计算规则如表 9.1 ~ 9.2 所示。

表 9.1　钢筋工程（编号：010515）

<table>
<tr><th>项目编码</th><th>项目名称</th><th>项目特征</th><th>计量单位</th><th>工程量计算规则</th><th>工程内容</th></tr>
<tr><td>010515001</td><td>现浇构件钢筋</td><td rowspan="4">钢筋种类、规格</td><td rowspan="10">t</td><td rowspan="4">按设计图示钢筋（网）长度（面积）乘单位理论质量计算</td><td rowspan="4">1. 钢筋（网、笼）制作、运输
2. 钢筋（网、笼）安装
3. 焊接（绑扎）</td></tr>
<tr><td>010515002</td><td>预制构件钢筋</td></tr>
<tr><td>010515003</td><td>钢筋网片</td></tr>
<tr><td>010515004</td><td>钢筋笼</td></tr>
<tr><td>010515005</td><td>先张法预应力钢筋</td><td>1. 钢筋种类、规格
2. 锚具种类</td><td>按设计图示钢筋长度乘单位理论质量计算</td><td>1. 钢筋制作、运输
2. 钢筋张拉</td></tr>
<tr><td>010515006</td><td>后张法预应力钢筋</td><td rowspan="3">1. 钢筋种类、规格
2. 钢丝种类、规格
3. 钢绞线种类、规格
4. 锚具种类
5. 砂浆强度等级</td><td rowspan="3">按设计图示钢筋（丝束、绞线）长度乘单位理论质量计算</td><td rowspan="3">1. 钢筋、钢丝、钢绞线制作、运输
2. 钢筋、钢丝、钢绞线安装
3. 预埋管孔道铺设
4. 锚具安装
5. 砂浆制作、运输
6. 孔道压浆、养护</td></tr>
<tr><td>010515007</td><td>预应力钢丝</td></tr>
<tr><td>010515008</td><td>预应力钢绞线</td></tr>
<tr><td>010515009</td><td>支撑钢筋（铁马）</td><td>1. 钢筋种类
2. 规格</td><td>按设计图示钢筋长度乘单位理论质量计算</td><td>钢筋制作、焊接、安装</td></tr>
<tr><td>0105150010</td><td>声测管</td><td>1. 材质
2. 规格型号</td><td>按设计图示尺寸以质量计算</td><td>1. 检测管截断、封头
2. 套管制作、焊接
3. 定位、固定</td></tr>
</table>

表 9.2 螺栓、铁件（编号：010516）

项目编码	项目名称	项目特征	计量单位	工程量计算规则	工程内容
010516001	螺栓	1. 螺栓种类； 2. 规格	t	按设计图示尺寸以质量计算	1. 螺栓、铁件制作、运输； 2. 螺栓、铁件安装；
010516002	预埋铁件	1. 钢材种类； 2. 规格； 3. 铁件尺寸			
010516003	机械连接	1. 连接方式 2. 螺纹套筒种类； 3. 规格	个	按数量计算	1. 钢筋套丝； 2. 套筒连接；

注：编制工程量清单时，如果设计未明确，其工程数量可为暂估价，实际工程量按现场签证数量计算。

2. 钢筋工程定额项目的划分及相关说明

（1）现浇混凝土钢筋、预制构件钢筋、钢筋网片、钢筋笼。其工程量应区分钢筋种类、规格，按设计图示钢筋（网）长度（面积）乘以单位理论质量计算。

现浇构件中伸出构件的锚固钢筋应并入钢筋工程量内。除设计（包括规范规定）标明的搭接外，其他施工搭接不计算工程量，在综合单价中综合考虑。

清单项目工作内容中综合了钢筋的焊接（绑扎）连接，钢筋的机械连接单独列项。在工程计价中，钢筋连接的数量可根据《房屋建筑与装饰工程消耗量定额》（TY01-31-2015）中规定确定。即钢筋连接的数量按设计图示及规范要求计算，设计图纸及规范要求未标明的，按以下规定计算：

① ϕ10 以内的长钢筋按每 12 m 计算一个钢筋接头。

② ϕ10 以上的长钢筋按每 9 m—个接头。

③ 先张法预应力钢筋，按设计图示钢筋长度乘以单位理论质量计算。

④ 后张法预应力钢筋、预应力钢丝、预应力钢绞线，按设计图示钢筋（丝束、绞线）长度乘以单位理论质量计算。

（2）先张法预应力钢筋，按设计图示钢筋长度乘以单位理论质量计算。

（3）后张法预应力钢筋、预应力钢丝、预应力钢绞线，按设计图示钢筋（丝束、绞线）长度乘以单位理论质量计算。其长度应按以下规定计算：

① 低合金钢筋两端均采用螺杆锚具时，钢筋长度按孔道长度减 0.35 m 计算，螺杆另行计算。

② 低合金钢筋一端采用镦头插片、另一端采用螺杆锚具时，钢筋长度按孔道长度计算，螺杆另行计算。

③ 低合金钢筋一端采用镦头插片、另一端采用帮条锚具时，钢筋长度按孔道长度增加 0.15 m 计算；两端均采用帮条锚具时，钢筋长度按孔道长度增加 0.3 m 计算。

④ 低合金钢筋采用后张混凝土自锚时，钢筋长度按孔道长度增加 0.35 m 计算。

⑤ 低合金钢筋（钢绞线）采用 JM、XM、QM 型锚具，孔道长度不大于 20 m 时，钢筋长度按孔道长度增加 1 m 计算；孔道长度大于 20 m 时，钢筋长度按孔道长度增加 1.8 m 计算。

⑥ 碳素钢丝采用锥形锚具，孔道长度在不大于 20 m 时，钢丝束长度按孔道长度增加 1 m

计算；孔道长度在大于 20 m 时，钢丝束长度按孔道长度增加 1.8 m 计算。

⑦ 碳素钢丝采用镦头锚具时，钢丝束长度按孔道长度增加 0.35 m 计算。

（4）支撑钢筋（铁马）应区分钢筋种类和规格，按钢筋长度乘以单位理论质量计算。现浇构件中固定位置的支撑钢筋、双层钢筋用的“铁马”以及螺栓、预埋件、机械连接工程数量，在编制工程量清单时，如果设计未明确，其工程数量可为暂估量，结算时按现场签证数量计算。

（5）声测管应区分材质和规格型号，按设计图示尺寸以质量计算。

3. 钢筋工程量计算基本方法

钢筋工程量计算首先计算其图示长度，然后乘以单位长度质量确定。即

钢筋工程量 = 图示钢筋长度（m）× 单位理论质量（kg/m）

钢筋单位理论质量可查表 9.3 确定，也可根据钢筋直径计算理论质量，钢筋的容重可按 7850 kg/m^3 计算。

表 9.3 钢筋每米长度理论质量表

直径/mm	理论质量/（kg/m）	横截面积/m^2	直径/mm	理论质量/（kg/m）	横截面积/m^2
4	0.099	0.126	6.5	0.260	0.332
5	0.154	0.196	8	0.395	0.503
6	0.222	0.283	10	0.617	0.785
12	0.888	1.131	24	3.551	4.524
14	1.208	1.539	25	3.850	4.909
16	1.578	2.011	28	4.830	5.153
18	1.998	2.545	30	5.550	7.069
20	2.466	3.142	32	6.310	8.043
22	2.984	3.801	40	9.865	12.561

普通钢筋长度还可按下式计算：

钢筋图示长度 = 构件长度 − 两端保护层 + 末端弯钩长度 + 中间弯起增加长度 + 钢筋搭接长度

平法标注钢筋的长度可按下式计算：

钢筋图示长度 = 净长 + 末端弯钩长度 + 中间弯起增加长度 + 钢筋搭接长度 + 节点锚固长度

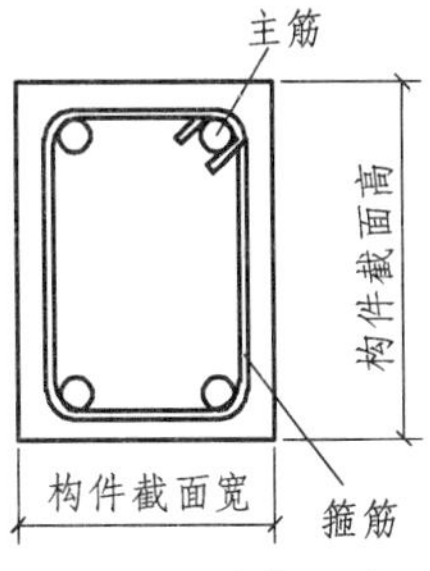

图 9.1 双肢箍示意图

箍筋长度的计算时先计算单个箍筋的长度，再计算箍筋的个数。箍筋示意如图 9.1 所示。若该箍筋有抗震要求，末端作 135°弯钩，弯钩平直部分的长度为箍筋直径的 10 倍，则：

箍筋长度 =（构件截面宽 + 构件截面高）×2 − 8× 保护层厚度 +2× 弯钩增加长度

箍筋的布置通常分为加密区和非加密区，计算个数时可分加密区长度和非加密区长度分别计算，即

箍筋根数 = 加密区长度/加密区间距 + 非加密区长度/非加密区间距 + 1

9.2　梁钢筋计量

平法标注的现浇混凝土框架梁钢筋构造（部分内容）如图 9.2 ~ 图 9.6 所示，全部构造内容参见 16G10-1 规范梁标准构造详图。

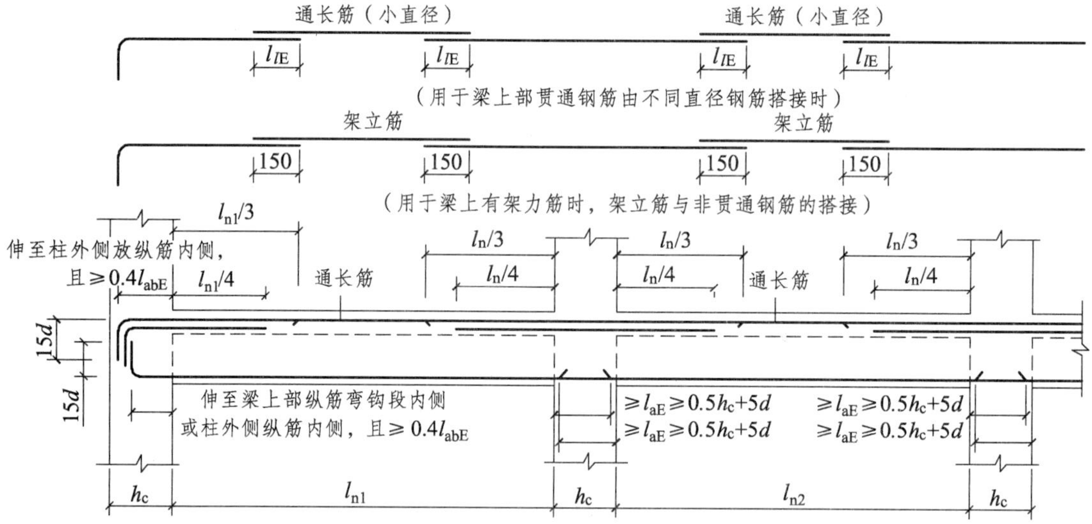

图 9.2　抗震楼层框架梁 KL 纵向钢筋构造（单位：mm）

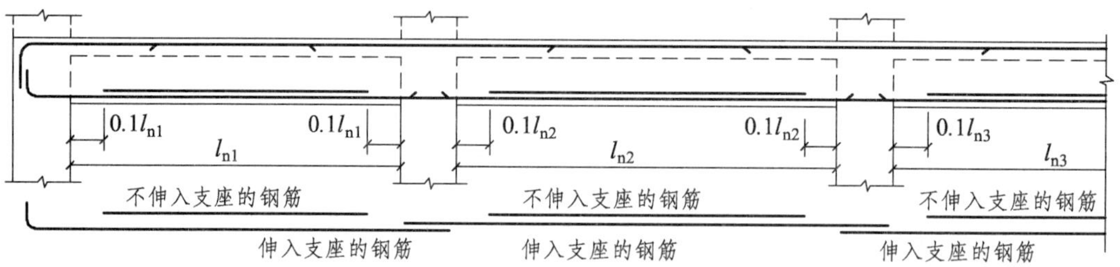

图 9.3　不伸入支座的梁下部纵向钢筋断点位置
（本构造详图不适用于框支梁、框架扁梁）

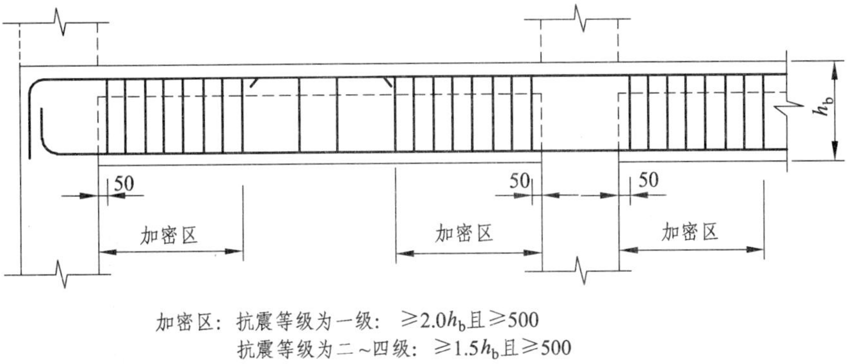

图 9.4　框架梁箍筋加密区范围示意图（单位：mm）

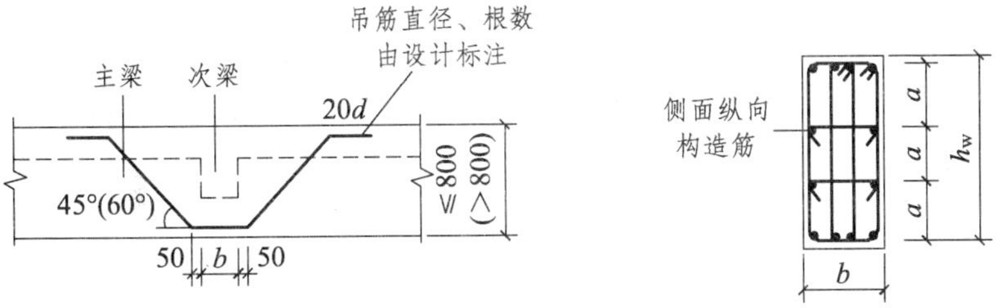

图 9.5　附加吊筋和侧面拉筋构造示意图（单位：mm）

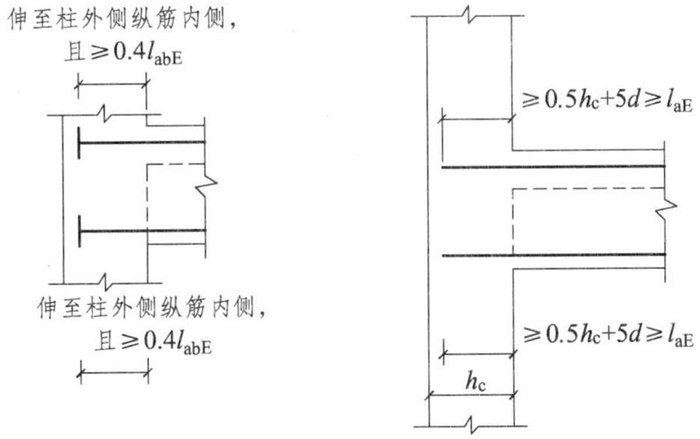

图 9.6　端支座加锚头（锚板）锚固和直锚

平法标注框架梁钢筋计算长度公式见表 9.4。

表 9.4　平法标注框架梁钢筋计算长度公式

钢筋部位及名称	计算公式	备　注
上部通长筋或下部通长筋	长度＝通跨净跨长＋首尾端支座锚固值	首尾端支座锚固长度的取值判断： 当 h_c－保护层（直锚长度）>L_{ae} 时，取 Max（L_{ae}，$0.5h_c+5$ d） 当 h_c－保护层（直锚长度）≤L_{ae} 时，必须弯锚，取 Max（L_{ae}，h_c－保护层＋15 d） 参见图 9.2 和图 9.6

续表

钢筋部位及名称	计算公式	备注
端支座负筋	第一排钢筋长度＝L_n/3＋端支座锚固值 第二排钢筋长度＝L_n/4＋端支座锚固值	Ln为本跨净跨长，端支座锚固值计算同上部通长筋 参见图9.2和图9.6
中间支座负筋	第一排钢筋长度＝L_n/3＋中间支座值＋L_n/3 第二排钢筋长度＝L_n/4＋中间支座值＋L_n/4	当中间跨两端的支座负筋延伸长度之和≥该跨的净跨长时，其钢筋长度： 第一排为该跨净跨长＋（L_n/3＋前中间支座值）＋（L_n/3＋后中间支座值） 第二排为该跨净跨长＋（L_n/4＋前中间支座值）＋（L_n/4＋后中间支座值）参见图9.2
腰筋	构造钢筋长度＝净跨长＋2×15d 抗扭钢筋：算法同下部纵向钢筋	参见图9.2和图9.5
拉筋	拉筋长度＝（梁宽－2×保护层）＋2×1.9d＋2×max（10d，75）（抗震弯钩值） 根数＝[布筋长度/布筋间距＋1]×排数	参见图9.5
下部非通长筋伸入支座	长度＝净跨长＋左右支座锚固值	钢筋的中间支座锚固值＝Max（L_{ae}，0.5h_c＋5d）端支座锚固值计算同上部通长筋 下部钢筋不论分排与否，计算的结果都是一样的。参见图9.2、图9.3和图9.6
下部钢筋不伸入支座	长度＝本跨净跨长－2×0.1L_n	L_n为本跨净跨长参见图9.3
箍筋	长度＝（梁宽－2×保护层＋梁高－2×保护层）×2＋2×1.9d＋2×max（10d，75）（抗震弯钩值） 箍筋根数＝[（加密区长度－0.05）/加密区间距＋1]×2＋（非加密区长度/非加密区间距－1）	参见图9.4
吊筋	长度＝2×20d＋2×斜段长度＋次梁宽度＋2×50	框梁高度>800 mm，夹角＝60°；框架高度≤800 mm，夹角＝45°。参见图9.5
架立筋	长度＝本跨净跨长－左侧负筋伸入长度－右侧负筋伸入长度＋2×搭接（0.15）	参见图9.2

【例】图9.7为二层梁结构平面图中的KL8，计算其钢筋工程量。已知：该混凝土构件的环境类别为一类，柱子截面尺寸为400 mm×500 mm，抗震等级为四级，混凝土强度等级为C30，查图集16G101-1-56页可知保护层厚度为20 mm，查图集16G101-1-58页可知锚固长度为35d。

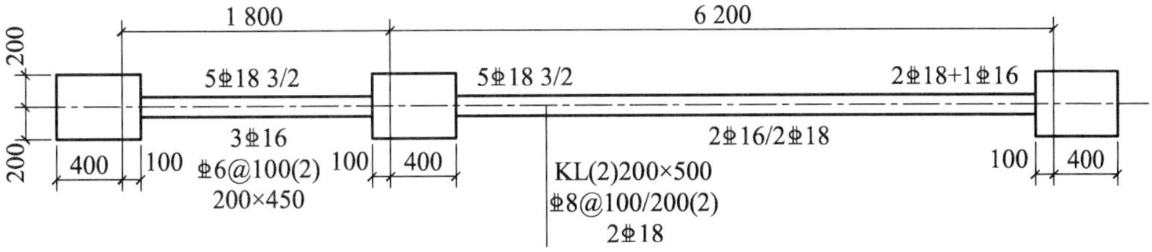

图 9.7　KL8 配筋示意图

【解】（1）上部通长筋：2Φ18。

$$L = 8000 - 200 + 2\max(35\times18,\ 500 - 20 + 15\times18) = 9300\ \text{mm}$$

$$2L = 9300\times2 = 18600\ \text{mm} = 18.6\ \text{m}$$

（2）左支座处负筋：5Φ18，3/2。

第一排角部钢筋为上部通长筋，另一根为

$$L = (6200 - 500)/3 + 1800 - 200 + 500 + \max(35\times18,\ 500 - 20 + 15\times18)$$
$$= 4750\ \text{mm} = 4.75\ \text{m}$$

第二排两根

$$L = (6200 - 500)/4 + 1800 - 200 + 500 + \max(35\times18,\ 500 - 20 + 15\times18)$$
$$= 4250\ \text{mm}$$

$$2L = 2\times4250 = 8500\ \text{mm} = 8.5\ \text{m}$$

（3）右支座处负筋：2Φ18 + 1Φ16。

第一排角部钢筋为上部通长筋，另一根为：

$$L = (6200 - 500)/3 + \max(35\times16,\ 500 - 20 + 15\times16) = 2620\ \text{mm} = 2.62\ \text{m}$$

（4）下部非通长筋。

第一跨：3Φ16

$$L = 1800 - 200 + \max(35\times16,\ 500 - 20 + 15\times16) + \max(35\times16,\ 0.5\times500 + 5\times16) = 2880\ \text{mm}$$

$$3L = 2880\times3 = 8640\ \text{mm} = 8.64\ \text{m}$$

第二跨：2Φ16/2Φ18

第一排 2Φ16 为

$$L = 6200 - 500 + \max(35\times16,\ 500 - 20 + 15\times16) + \max(35\times16,\ 0.5\times500 + 5\times16)$$
$$= 6980\ \text{mm}$$

$$2L = 6980\times2 = 13960\ \text{mm} = 13.96\ \text{m}$$

第二排 2Φ18 为

$$L = 6200 - 500 + \max(35\times18,\ 500 - 20 + 15\times18) + \max(35\times18,\ 0.5\times500 + 5\times18)$$
$$= 7080\ \text{mm}$$

$$2L = 7080\times2 = 14160\ \text{mm} = 14.16\ \text{m}$$

（5）箍筋。

第一跨：ф6@100，双肢箍：

单根长：

$$L = (200-2\times20+450-2\times20)\times2+2\times1.9\times6+2\times\max(10\times6, 75)$$
$$=1312.8\ \text{mm}$$

根数：

$$n=(1800-200-50\times2)/100+1=16\ 根$$
$$16L=16\times1312.8=21004.8\ \text{mm}=21\ \text{m}$$

第二跨：ф 8@100/200，双肢箍

单根长：

$$L=(200-2\times20+500-2\times20)\times2+2\times1.9\times8+2\times\max(10\times8, 75)$$
$$=1430.4\ \text{mm}$$

根数：

$$n=(750-50)/100+1]\times2+(6200-500-750\times2)/200-1=34\ 根$$
$$34L=34\times1430.4=48633.6\ \text{mm}=48.6\ \text{m}$$

汇总计算：

ф18 钢筋重量 =（18.6 + 4.75 + 8.5 + 14.16）× 1.998 = 92.9 kg

ф16 钢筋重量 =（2.62 + 8.64 + 13.96）× 1.578 = 39.79 kg

ф6 钢筋重量 = 21 × 0.222 = 4.66 kg

ф8 钢筋重量 = 48.6 × 0.395 = 19.2 kg

9.3 柱钢筋计算

平法标注的现浇混凝土框架柱钢筋构造（部分内容）如图 9.8 ~ 图 9.12 所示，全部构造内容参见 16G101-1 规范柱标准构造详图及 16G101-3 柱插筋在基础中的锚固。

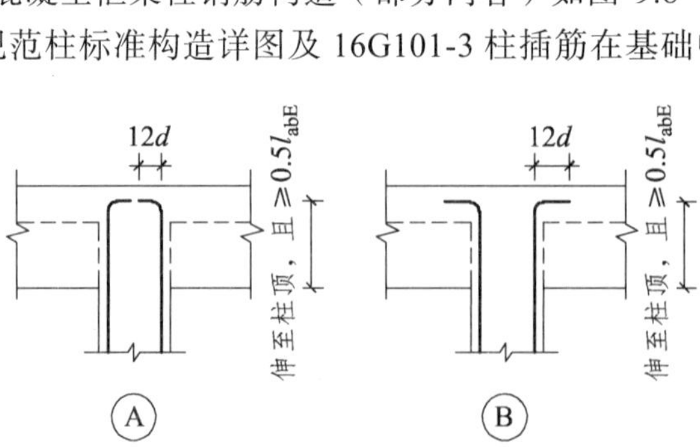

图 9.8 抗震 KZ 中柱柱顶纵向钢筋构造

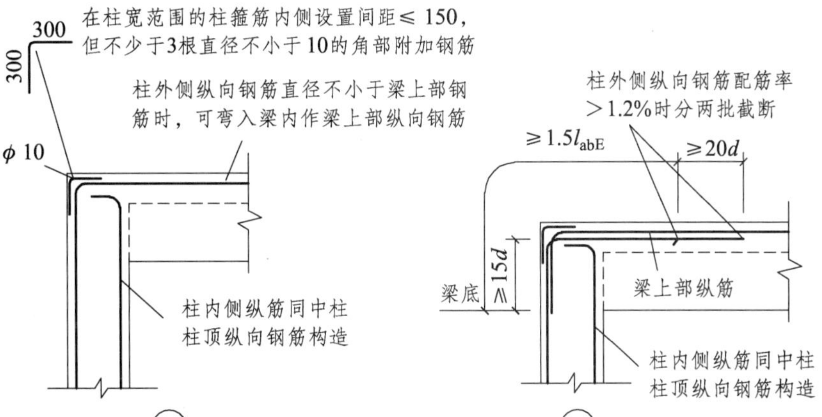

Ⓐ 柱筋作为梁上部钢筋使用

Ⓑ 从梁底算起1.5l_{abE}超过柱内侧边缘

图 9.9　抗震 KZ 边柱和角柱柱顶纵向钢筋构造

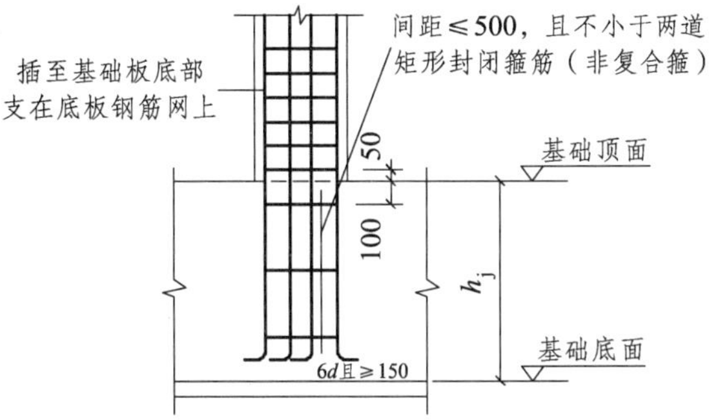

柱插筋在基础中锚固构造（一）

插筋保护层厚度>5d；$h_j > l_{aE}(l_a)$

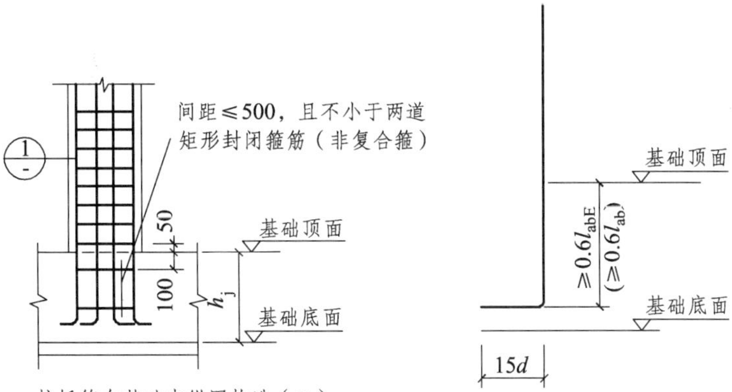

柱插筋在基础中锚固构造（二）

插筋保护层厚度>5d；$h_j \leq l_{aE}(l_a)$

①

图 9.10　柱插筋在基础中的锚固

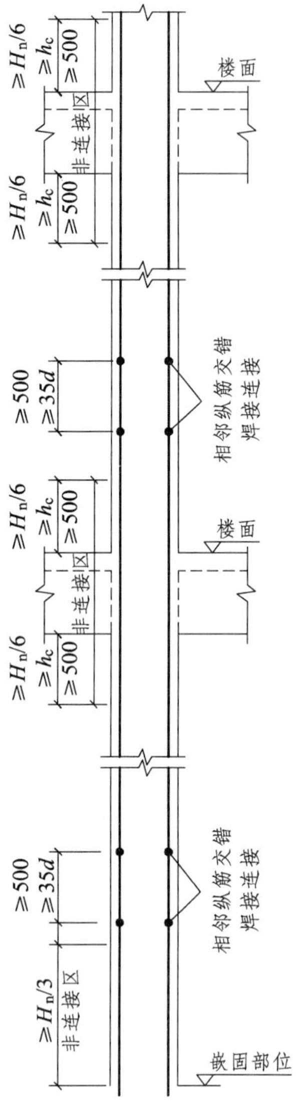

图 9.11　抗震 KZ 纵向钢筋连接构造

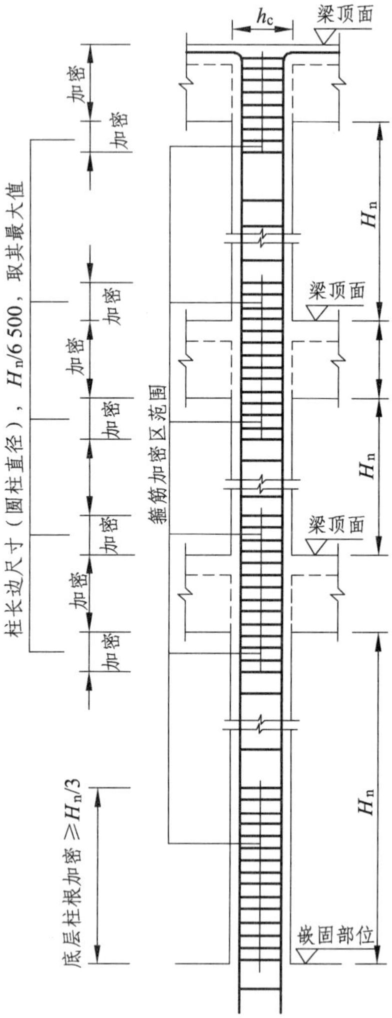

图 9.12　抗震 KZ 箍筋加密区范围

表 9.5　平法标注框架柱钢筋计算长度公式

钢筋部位及名称	计算公式	备　注
柱插筋	长度＝伸入上层的钢筋长度＋基础高－保护层＋末端弯折长度	伸入上层的钢筋长度为 $H_n/3$ 或[$H_n/3$ + Max（500，35d）]，其中 H_n 表示所在楼层的柱净高。末端弯折长度，当基础高>L_{aE}（L_a），为 6d 且≥150，当基础高≤L_{aE}（L_a），为 15d 参见图 9.10
柱在基础部分的箍筋根数	当保护层厚度>5d，为间距≤500，且不少于两道，当保护层厚度≤5d，为间距≤10d 且≤100	参见图 9.10

续表

钢筋部位及名称	计算公式	备注
中间层柱纵筋	长度＝层高-当前层伸出楼面的高度＋上一层伸出楼面的高度	当前层伸出楼面的高度和上一层伸出楼面的高度为 Max（H_n/6，h_c，500）或[Max（H_n/6，h_c，500）＋Max（500，35d）]参见图 9.11
边柱、角柱顶层纵筋	长度＝H_n－当前层伸出楼面的高度＋顶层钢筋锚固值	顶层钢筋锚固值外侧为 Max[1.5 L_{abE}，（梁高－保护层＋柱宽－保护层）]内侧为弯锚（≤L_{aE}）：梁高－保护层＋12d，直锚（≥L_{aE}）：梁高－保护层参见图 9.8 和图 9.9
中柱顶层纵筋	长度＝H_n－当前层伸出楼面的高度＋顶层钢筋锚固值层	弯锚（≤L_{aE}）：梁高－保护层＋12d，直锚（≥L_{aE}）：梁高－保护层　参见图 9.8
箍筋	长度＝（柱截面宽－2×保护层＋柱截面高－2×保护层）×2＋2×1.9d＋2×max（10d，75）（抗震弯钩值） 中间层的箍筋根数＝N 个加密区/加密区间距＋N＋非加密区/非加密区间距－1	首层柱箍筋的加密区有三个，分别为：下部的箍筋加密区长度取 H_n/3；上部取 Max[500，柱长边尺寸，H_n/6]；梁节点范围内加密；如果该柱采用绑扎搭接，那么搭接范围内同时需要加密。 首层以上柱箍筋分别为：上、下部的箍筋加密区长度均取 Max[500，柱长边尺寸，H_n/6]；梁节点范围内加密；如果该柱采用绑扎搭接，那么搭接范围内同时需要加密参见图 9.12

【例】图 9.13 为柱平面定位图中的②轴 KZ1，计算其钢筋工程量。已知：该混凝土构件

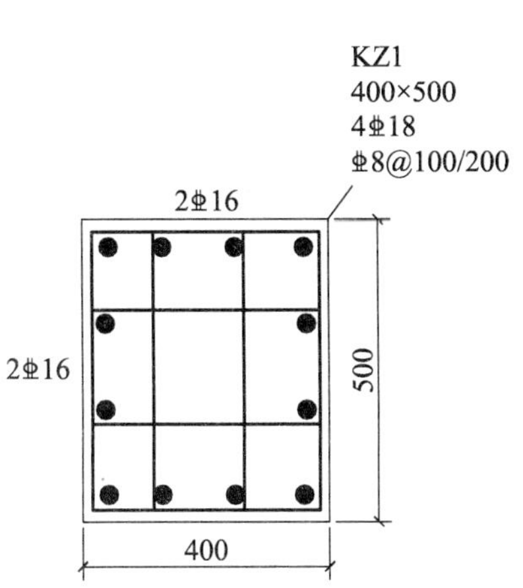

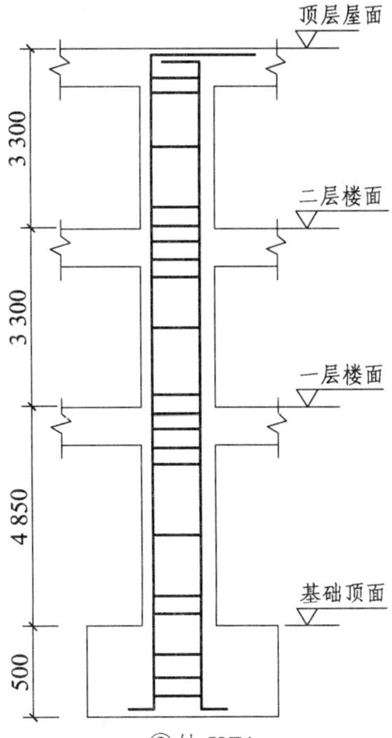

图 9.13　边柱 KZ1 配筋示意图（单位：mm）

的环境类别为一类，柱子截面尺寸为 400 mm × 500 mm，框架梁截面尺寸 200 mm × 500 mm，基础箍筋 3 根，抗震等级为四级，混凝土强度等级为 C30，基础底板保护层厚度为 40 mm，查表 16G101-1-56 页可知保护层厚度为 20 mm，则主筋的保护层厚度是 28 mm，查图集 16G101-1-58 页可知锚固长度为 $35d$。（板筋标注含含支座）

【解】柱纵筋考虑接头错开，计算钢筋量时纵筋分为两种长度计算。

（1）基础插筋 4⌀18 分两种长度计算。

短钢筋：L_1 = 底部弯折 + 基础高 − 保护层 + 基础顶面到上层接头的距离（满足 ≥ $H_n/3$）

$= 15 \times 18 + 500 - 40 + (4850 - 500)/3$

$= 2160$ mm

长钢筋：L_2 = 底部弯折 + 基础高 − 保护层 + 基础顶面到上层接头的距离 + 纵筋交错距离

$= 15 \times 18 + 500 - 40 + (4850 - 500)/3 + \max(35 \times 18, 500)$

$= 2790$ mm

基础插筋 8⌀16 分两种长度计算

短钢筋：L_1 = 底部弯折 + 基础高 − 保护层 + 基础顶面到上层接头的距离（满足 ≥ $H_n/3$）

$= 15 \times 16 + 500 - 40 + (4850 - 500)/3$

$= 2130$ mm

长钢筋：L_2 = 底部弯折 + 基础高 − 保护层 + 基础顶面到上层接头的距离 + 纵筋交错距离

$= 15 \times 16 + 500 - 40 + (4850 - 500)/3 + \max(35 \times 16, 500)$

$= 2690$ mm

（2）一层柱钢筋。

4⌀18：$L_1 = L_2$ = 层高 − 基础顶面距接头距离 + 上层楼面距接头距离

$= 4850 - H_n/3 + \max(H_n/6, \text{hc}, 500)$

$= 4850 - (4850 - 500)/3 + \max[(4850 - 500)/6, 500, 500]$

$= 4850 - 1450 + 725 = 7025$ mm

8⌀16：$L_1 = L_2$ = 层高 − 基础顶面距接头距离 + 上层楼面距接头距离

$= 4850 - H_n/3 + \text{Max}(H_n/6, h_c, 500)$

$= 4850 - (4850 - 500)/3 + \max[(4850 - 500)/6, 500, 500]$

$= 4850 - 1450 + 725 = 7025$ mm

（3）二层柱钢筋。

4⌀18：$L_1 = L_2$ = 层高 − 基础顶面距接头距离 + 上层楼面距接头距离

$= 3300 - \max(H_n/6, h_c, 500) + \max(H_n/6, h_c, 500)$

$= 3300 - 500 + 500$

$= 3300$ mm

8⌀16：$L_1 = L_2$ = 层高 − 基础顶面距接头距离 + 上层楼面距接头距离

$= 3300 - \max(H_n/6, h_c, 500) + \max(H_n/6, h_c, 500)$

$= 3300 - 500 + 500$

$= 3300$ mm

（4）顶层柱纵筋。

① 柱外侧纵筋 2⌀18 + 2⌀16。

1Φ18：$L_1 = H_n -$ 本层楼面距接头距离 + Max[1.5L_{abE},（梁高 − 保护层 + 柱宽 − 保护层）]

= 3300 − 500 − Max（H_n/6，h_c，500）+ Max[1.5 × 35d,（500 − 28 + 400 − 28）]

= 3300 − 500 − 500 + 945

= 3245 mm

1Φ18：$L_2 = H_n -$（本层楼面距接头距离 + 本层相邻纵筋交错距离）+

max[1.5L_{abE},（梁高 − 保护层 + 柱宽 − 保护层）]

= 3300 − 500 − [max（H_n/6，h_c，500）+ max（35 × d，500）] +

max[1.5 × 35d,（500 − 28 + 400 − 28）]

= 3300 − 500 − 500 − 630 + 945 = 2615 mm

1Φ16：$L_1 = H_n -$ 本层楼面距接头距离 + Max[1.5L_{abE},（梁高 − 保护层 + 柱宽 − 保护层）]

= 3300 − 500 − Max（H_n/6，h_c，500）+ Max[1.5 × 35d,（500 − 28 + 400 − 28）]

= 3300 − 500 − 500 + 844

= 3144 mm

1Φ16：$L_2 = H_n -$（本层楼面距接头距离 + 本层相邻纵筋交错距离）+

Max[1.5L_{abE},（梁高 − 保护层 + 柱宽 − 保护层）]

= 3300 − 500 − [Max（H_n/6，h_c，500）+ max（35 × d，500）] +

Max[1.5 × 35d,（500 − 28 + 400 − 28）]

= 3300 − 500 − 500 − 560 + 844 = 2584 mm

② 柱内侧纵筋 2Φ18 + 6Φ16。

1Φ18：$L_1 = H_n -$ 本层楼面距接头距离 + 锚固

= 3300 − 500 − [Max（H_n/6，h_c，500）+ $H_b - c + 12d$

= 3300 − 500 − 500 + 500 − 28 + 12 × 18 = 2988 mm

1Φ18：$L_2 = H_n -$（本层楼面距接头距离 + 本层相邻纵筋交错距离）+ 锚固

= 3300 − 500 − [Max（H_n/6，h_c，500）+ max（35 × d，500）] + $H_b - c + 12d$

= 3300 − 500 − 500 − 630 + 500 − 28 + 12 × 18 = 1358 mm

3Φ16：$L_1 = H_n -$ 本层楼面距接头距离 + 锚固

= 3300 − 500 − [Max（H_n/6，h_c，500）+ $H_b - c + 12d$

= 3300 − 500 − 500 + 500 − 28 + 12 × 16 = 2964 mm

3Φ16：$L_2 = H_n -$（本层楼面距接头距离 + 本层相邻纵筋交错距离）+ 锚固

= 3300 − 500 − [Max（H_n/6，h_c，500）+ max（35 × d，500）] + H_b-c + 12d

= 3300 − 500 − 500 − 560 + 500 − 28 + 12 × 16 = 1404 mm

（5）箍筋。

Φ8@100/200；箍筋类型 1（4 × 4）

单根箍筋长度：

大箍筋：L_1 =（400 − 2 × 20 + 500 − 2 × 20）× 2 + 2 × 1.9 × d + 2 × max（10 × d，75）

= 1830.4 mm

竖向小箍筋：L_2 = [400 − 2 × 20 +（500 − 2 × 20 − 2 × 8 − 18）/3 + 16 + 2 × 8] × 2 + 2 ×

1.9 × d + 2 × max（10 × d，75）

= 1258.4 mm

横向小箍筋：$L_3 = [500 - 2\times20 + (400 - 2\times20 - 2\times8 - 18)/3 + 16 + 2\times8]\times2 + 2\times1.9\times d + 2\times\max(10\times d, 75)$
$= 1391.7$ mm

箍筋根数：

一层：加密区长度 $= H_n/3 + H_b + \max$（柱长边尺寸，$H_n/6$，500）
$= (4850 - 500)/3 + 725 = 2175$ mm

非加密区长度 $= H -$ 加密区长度
$= 4850 - 2175 = 2675$ mm

根数 $n = 2175/100 + 2675/200 - 1 = 34$ 根

二层：加密区长度 $= 2\times\max$（柱长边尺寸，$H_n/6$，500）$+ H_b$
$= 2\times500 + 500 = 1500$ mm

非加密区长度 $= H -$ 加密区长度
$= 3300 - 1500 = 1800$ mm

根数 $n = 1500/100 + 1800/200 - 1 = 23$ 根

三层同二层，插筋 3 根，则总根数 $= 34 + 23 + 23 + 3 = 83$ 根

（6）钢筋汇总计算。

⌀18 钢筋重量 $= (2.16\times2 + 2.79\times2 + 7.03\times4 + 3.3\times4 + 3.25 + 2.62 + 1.99 + 1.36)\times1.998$
$= 120.76$ kg

⌀16 钢筋重量 $= (2.13\times4 + 2.69\times4 + 7.03\times8 + 3.3\times8 + 3.14 + 2.58 + 1.96\times3 + 1.4\times3)\times 1.578 = 185.76$ kg

⌀8 钢筋重量 $= 83\times(1.83 + 1.26 + 1.39)\times0.395 = 146.88$ kg

9.4 板钢筋计量

平法标注的板钢筋构造（部分内容）如图 9.14 ~ 图 9.16 所示，全部构造内容参见 16G101-1 规范板标准构造详图。

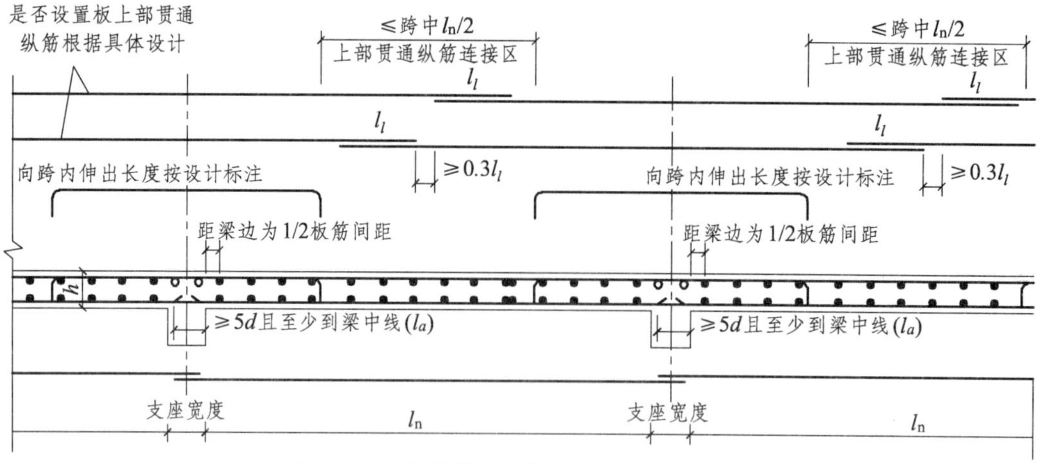

图 9.14 有梁楼盖楼面板和屋面板钢筋构造

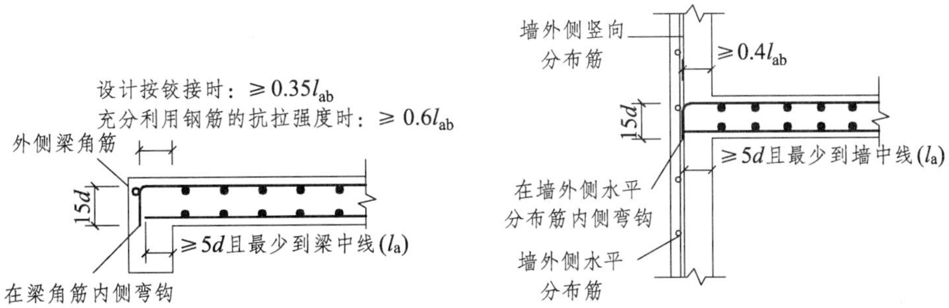

图 9.15　板在端部支座的锚固构造

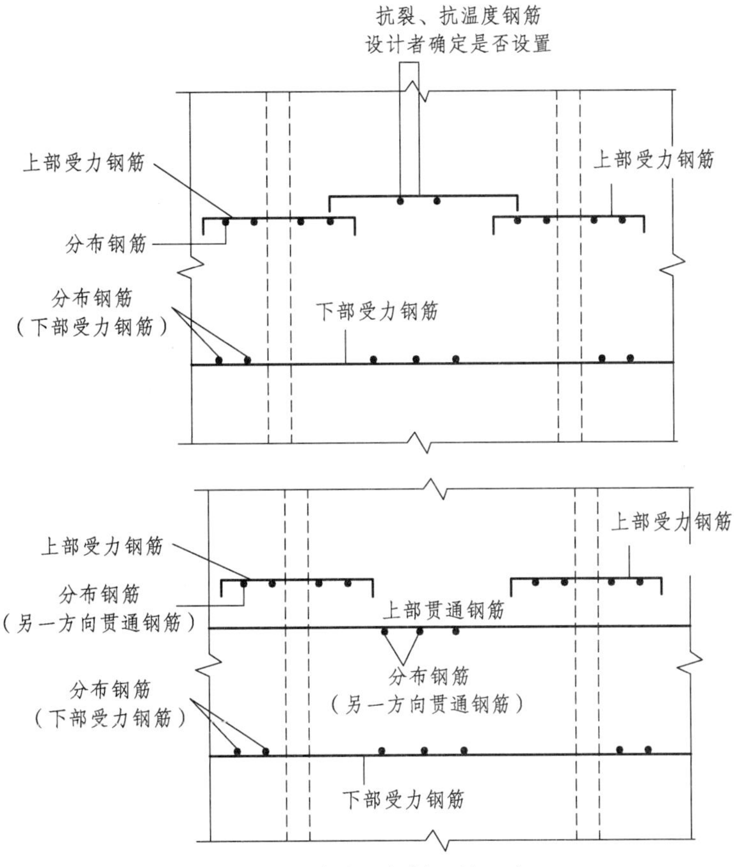

图 9.16　单（双）板配筋示意

表 9.6　板平法钢筋长度计算公式

钢筋部位及名称	计算公式	备　注
板底钢筋	长度 = 伸入左支座长度 + 净跨长 + 伸入右支座长度 + 末端弯钩增长值 第一根钢筋距支座边为 1/2 板筋间距	伸入梁支座长度：≥5d 且至少到梁中线（或≥L_a） 伸入砌体墙支座长度：≥120 mm 且≥h（板厚）且≥墙厚/2 伸入剪力墙支座长度：≥5d 且至少到墙中线（或≥L_a）参见图 9.14 和图 9.15

续表

钢筋部位及名称	计算公式	备注
板面钢筋	长度＝伸入左支座长度＋通跨净长＋伸入右支座长度＋搭接长度×搭接个数＋末端弯钩增长值 第一根钢筋距支座边为1/2板筋间距	伸入梁支座长度＝支座宽－保护层＋$15d$ 伸入砌体墙支座长度＝$0.35L_{ab}+15d$: 伸入剪力墙支座长度＝$0.4L_{ab}+15d$ 参见图9.14和图9.15
支座负筋	端支座：长度＝伸入支座长度＋伸入跨内长度＋弯折长度 中间支座：长度＝伸入左跨内长度＋中间支座宽度＋伸入右跨内长度＋弯折长度×2 第一根钢筋距支座边为1/2板筋间距	伸入支座长度同板面钢筋 弯折长度＝板厚－保护层×2 参见图9.15和图9.16
负筋分布筋	X向负筋的分布筋长度＝y向板跨净长－y向负筋在跨内长度＋搭接长度（2×150 mm） 分布筋根数计算的范围是X向负筋的长度 y向负筋的分布筋长度计算同理。	参见图9.16

【**例**】如图9.17所示，某二层板结构平面图中的②-③轴；Ⓑ-Ⓒ轴板LB1，计算其钢筋

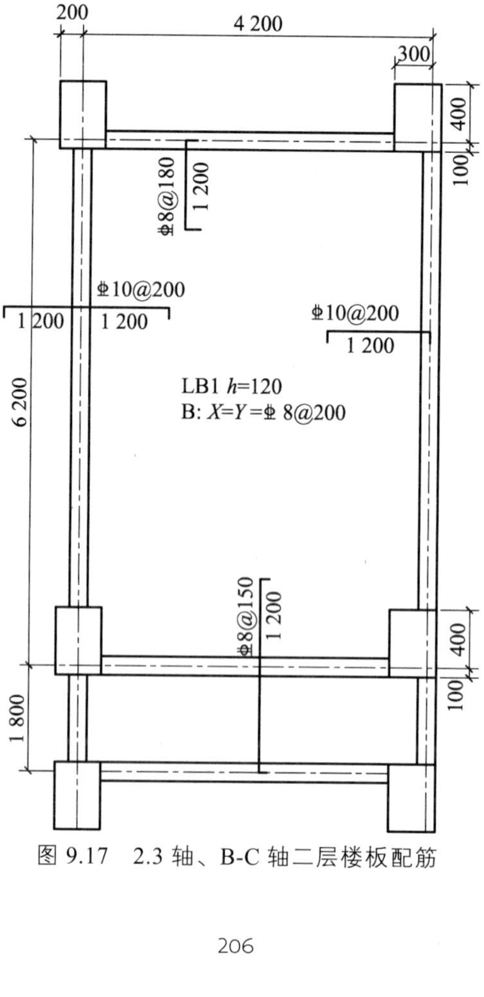

图9.17　2.3轴、B-C轴二层楼板配筋

工程量。已知：该混凝土构件的环境类别为一类，柱子截面尺寸为 400×500 mm，抗震等级为四级，混凝土强度等级为 C30，查表 16G101-1-56 页可知保护层厚度为 15 mm，查表 16G101-1-58 页可知锚固长度为 35d。

【解】由图纸中可知：梁宽为 200 mm，板厚 120 mm，分布筋为 ⌀8@250。

（1）板底筋 X⌀8@200

$$L = 伸入左支座长度 + 净跨长 + 伸入右支座长度 + 末端弯钩增长值$$
$$= \max（5d，200/2）+ 4200 - 100 - 100 + \max（5d，200/2）$$
$$= 100 + 4000 + 100 = 4200\ \text{mm}$$

根数 n =（6200 − 200 − 200）/200 + 1 = 30 根

（2）板底筋 Y⌀8@200

$$L = \max（5d，200/2）+ 6200 - 100 - 100 + \max（5d，200/2）$$
$$= 100 + 6000 + 100 = 6200\ \text{mm}$$

根数 n =（4200 − 200 − 200）/200 + 1 = 20 根

（3）支座负筋

左支座负筋 ⌀10@200

$$L_1 = 伸入左跨内长度 + 中间支座宽度 + 伸入右跨内长度 + 弯折长度 \times 2$$
$$= 1200 \times 2 +（120 - 15 \times 2）\times 2 = 2580\ \text{mm}$$

根数 n =（6200 − 100 × 2 − 200）/200 + 1 = 30 根

右支座负筋 ⌀10@200

$$L_2 = 伸入支座长度 + 伸入跨内长度 + 弯折长度$$
$$=（支座宽 - 保护层 + 15d）+ 1200 - 100 +（板厚 - 保护层 \times 2）$$
$$= 200 - 15 + 15d + 1200 - 100 + 120 - 15 \times 2 = 1525\ \text{mm}$$

根数 n = 30 根

上支座负筋 ⌀8@180

$$L_3 = 伸入支座长度 + 伸入跨内长度 + 弯折长度$$
$$= 1200 - 100 + 200 - 15 + 15d + 120 - 15 \times 2$$
$$= 1495\ \text{mm}$$

根数 n =（4200 − 100 × 2 − 180）/180 + 1 = 23 根

下支座负筋 ⌀8@150

$$L_4 = 伸入支座长度 + 伸入跨内长度 + 弯折长度$$
$$= 1200 + 1800 - 100 +（200 - 15 + 15d）+ 120 - 15 \times 2$$
$$= 3295\ \text{mm}$$

根数 n =（4200 − 100 × 2 − 150）/150 + 1 = 27 根

（4）负筋分布筋 ⌀8@250

$$L_1 = y\ 向板跨净长 - y\ 向负筋在跨内长度 + 搭接长度（2 \times 150）$$

$= 6200 - 200 - (1200 - 100) \times 2 + 2 \times 150$
$= 4100$ mm

根数 $n = (1200 - 100)/250 = 5$ 根

$L_2 = x$ 向板跨净长 $- x$ 向负筋在跨内长度 + 搭接长度（2×150）
$= 4200 - 200 - (1200 - 100) \times 2 + 2 \times 150$
$= 2100$ mm

根数 $n = (1200 - 100)/250 = 5$ 根

（5）钢筋汇总计算

ф10 钢筋重量 =（$2.58 \times 30 + 1.525 \times 30$）$\times 0.617 = 75.984$ kg
ф8 钢筋重量 =（$4.2 \times 30 + 6.2 \times 20 + 1.495 \times 23 + 3.295 \times 27 + 4.1 \times 5 + 2.1 \times 5$）$\times 0.395 = 159.718$ kg

9.5 钢筋工程计价

钢筋工程的工程量清单可以根据钢筋的种类、直径和级别来编制，对照清单的项目特征和工作内容，依据《湖北省房屋建筑与装饰工程消耗量定额及全费用基价表》（2018）可以看出，现浇构件钢筋（010515001）项目计价的组价内容也是根据钢筋的种类、直径和级别来选取定额子目的。

下面以图 9.13 所示，柱钢筋为例编制工程量清单并按全费用综合单价计价，钢筋采用焊接。

（1）编制钢筋工程分部分项工程量清单见表 9.7。

表 9.7　分部分项工程量清单与计价表

工程名称：　　　　　　　　　　标段：　　　　　　　　　　第　页　共　页

序号	项目编码	项目名称	项目特征描述	计量单位	工程量	金额/元		
						综合单价	合价	其中：暂估价
01	010515001001	现浇构件钢筋	钢筋种类、规格：箍筋 HRB400ϕ8	t	0.16			
02	010515001002	现浇构件钢筋	钢筋种类、规格 HRB400ϕ16	t	0.19			
03	010515001003	现浇构件钢筋	钢筋种类、规格：HRB400ϕ18	t	0.12			

（2）对该钢筋工程工程量清单报价。

① 计算定额工程量。

钢筋工程 010515001001 的组价内容对应《湖北省房屋建筑与装饰工程消耗量定额》

（2018 年）的 A2-79 子目，钢筋工程 010515001002 的组价内容对应《2018 年湖北省房屋建筑与装饰工程消耗量定额》的 A2-69 子目。两个定额子目表内容见表 9.8、表 9.9。

表 9.8　钢筋消耗量定额及全费用基价表

工作内容：钢筋制作、绑扎、安装。　　单位：t

定额编号				A2-68	A2-69
项　目				带肋钢筋 HRB400 以内	
				直径/mm	直径/mm
				≤10	≤18
全费用/元				5512.26	5324.17
其中	人工费/元			886.67	736.67
	材料费/元			3255.70	3164.73
	机械费/元			17.34	98.86
	费用/元			806.29	769.29
	增值税/元			546.26	527.62
名称		单位	单价/元	数量	
人工	普工	工日	92.00	1.712	1.474
	技工	工日	142.00	5.135	4.423
材料	钢筋 HRB400 以内 ϕ10 以内	kg	3.16	1020.000	—
	钢筋 HRB400 以内 ϕ12～18	kg	2.99	—	1025.000
	镀锌铁丝 ϕ0.7	kg	4.28	5.640	3.650
	低合金钢焊条 E43 系列	kg	6.92	—	5.400
	水	m^3	3.39	—	0.144
	电[机械]	kW·h	0.75	11.144	61.996
机械	钢筋调直机 40	台班	37.59	0.290	—
	钢筋切断机 40	台班	18.93	0.130	0.100
	直流弧焊机 32 kV·A	台班	165.43	0.336	0.672
	对焊机 75 kV·A	台班	165.38	—	0.110
	轮胎式起重机 16 t	台班	570.70	0.180	0.180
	钢筋弯曲机 40	台班	16.48	0.420	0.140
	电焊条烘干箱 450 mm×350 mm×450 mm	台班	12.10	0.034	0.067

《湖北省房屋建筑与装饰工程消耗量定额及全费用基价表》(2018)的钢筋工程量计算规则有以下特点:

(1)钢筋工程量应区分不同钢种和规格按设计长度(指钢筋中心线)乘以单位质量,以吨计算。

(2)计算钢筋工程量时,设计(含标准图集)已规定钢筋搭接长度的,按规定搭接长度计算,设计未规定搭接长度的,已包括在钢筋的损耗率之内,不另计算搭接长度。

(3)钢筋机械连接(指直螺纹、锥螺纹和套筒冷压钢筋接头)、电渣压力焊接头以个计算。

(4)设计图纸(含标准图集)未注明的钢筋接头和施工损耗已综合在定额项目内。

(5)绑扎铁丝、成型点焊和接头焊接用的电焊条已综合在定额项目内。

(6)钢筋工程内容包括:制作、绑扎、安装以及浇筑钢筋混凝土时维护钢筋用工。

(7)现浇构件钢筋以手工绑扎取定,实际施工与定额不同时,不再换算。

(8)预应力构件中的非预应力钢筋按现浇钢筋相应项目计算。

从钢筋工程量计算的规定知,清单项目现浇钢筋的工程量和定额的工程量是相等的。

表 9.9 箍筋消耗量定额及全费用基价表

定额编号				A2-79	A2-80	A2-81	A2-82
项 目				箍筋			
				带肋钢筋 HRB400 以内		带肋钢筋 HRB400 以上	
				直径/mm			
				= 10	>10	= 10	>10
全费用/元				7432.75	5601.15	7538.90	5661.18
其中	人工费/元			1763.93	1013.73	1812.86	1041.56
	材料费/元			3287.12	3094.53	3287.85	3094.97
	机械费/元			37.99	17.80	39.22	18.32
	费用/元			1607.13	920.02	1651.87	945.31
	增值税/元			736.58	555.07	747.1	561.02
名 称		单位	单价/元	数量			
人工	普工	工日	92	3.405	1.957	3.500	2.011
	技工	工日	142	10.216	5.871	10.499	6.032
料料	钢筋 HRB400 以内 ϕ10 以内	kg	3.16	1020.000	—	—	—
	钢筋 HRB400 以内 ϕ12～18	kg	2.99	—	1025.000	—	—
	钢筋 HRB400 以外 ϕ10 以内	kg	3.16	—	—	1020.000	—
	钢筋 HRB400 以外 ϕ12～18	kg	2.99	—	—	—	1025.000
	镀锌铁丝 ϕ0.7	kg	4.28	10.037	4.620	10.037	4.620
	电【机械】	kW·h	0.75	27.948	13.348	28.916	13.925
机械	钢筋调直机 40	台班	37.59	0.310	0.130	0.320	0.130
	钢筋切断机 40	台班	18.93	0.190	0.090	0.200	0.100
	钢筋弯曲机 40	台班	16.48	1.380	0.680	1.420	0.700

② 按全费用综合单价计价（对现浇构件钢筋 ⌀8 报价，其余报价略）。

全费用综合单价与全费用定额基价都是由人工费、材料费、机械费、费用、增值税构成。按鄂建办（2019）93 号规定，增值税税率调整为 9%。

人工费 = 0.16×1763.93 = 282.23（元）
材料费 = 0.16×3287.12 = 525.94（元）
机械费 = 0.16×37.99 = 6.08（元）
费用 = 0.16×1607.13 = 257.14（元）
增值税 = 0.16×（1763.93 + 3287.12 + 37.99 + 1607.13）×9% = 96.42（元）

钢筋工程 010515001001 全费用综合单价为

（282.23 + 525.94 + 6.08 + 257.14 + 96.42）÷0.16（清单工程量）
= 7298.81（元/吨）

该钢筋工程清单项目全费用综合单价分析表 9.10 所示。

表 9.10　钢筋工程清单项目全费用综合单价分析表

工程名称：单位工程　　　　　　　　　　标段：　　　　　　　　　　第 1 页　共 1 页

项目编码		010515001001		项目名称		现浇构件钢筋			计量单位	t	工程量	0.16	
清单全费用综合单价组成明细													
定额编号	定额项目名称	定额单位	数量	单价/元					合价/元				
				人工费	材料费	施工机具使用费	费用	增值税	人工费	材料费	施工机具使用费	费用	增值税
A2-79	箍筋带肋钢筋 HRB400 以内直径 = 10 mm	t	1	1763.93	3287.12	37.99	1607.12	602.65	1763.93	3287.12	37.99	1607.12	602.65
人工单价		小计							1763.93	3287.12	37.99	1607.12	602.65
技工 142 元/工日；普工 92 元/工日		未计价材料费							0				
清单全费用综合单价									7298.81				
材料费明细	主要材料名称、规格、型号						单位	数量	单价/元	合价/元	暂估单价/元	暂估合价/元	
	镀锌铁丝 ϕ0.7						kg	10.038	4.28	42.96			
	电【机械】						kW·h	27.95	0.75	20.96			
	钢筋 HRB400 以内 ϕ10 以内						kg	1020	3.16	3223.2			
	材料费小计								—	3287.12	—	0	

【习题】

一、单项选择题

1. 后张法施工预应力混凝土，孔道长度为 12.00 m，采用后张混凝土自锚低合金钢筋。钢筋工程量计算的每孔钢筋长度为（　　）。

A 12.00 m　　　　B. 12.15 m

C. 12.35 m　　　　D. 13.00 m

2. 根据《房屋建筑与装饰工程工程量计算规范》（GB 50854—2013）。某钢筋混凝土梁长为 12000 mm。设计保护层厚为 25 mm，钢筋为 ⌀10@300，则该梁所配钢筋数量应为（　　）。

A. 40 根　　　　B. 41 根

C. 42 根　　　　D. 300 根

3. 根据《混凝土结构设计规范》（GB 50010—2010）。设计使用年限为 50 年的二 b 环境类别条件下，混凝土梁柱最外层钢筋保护层最小厚度应为（　　）。

A. 25 mm　　　　B. 35 mm

C. 40 mm　　　　D. 50 mm

4. 根据《混凝土结构工程施工规范》（GB 50666—2011），一般构件的箍筋加工时，应使（　　）。

A. 弯钩的弯折角度不小于 45°　　　　B. 弯钩的弯折角度不小于 90°

C. 弯折后平直段长度不小于 25d　　　　D. 弯折后平直段长度不小于 3d

5. 根据《房屋建筑与装饰工程工程量计算规范》（GB 50854—2013），钢筋工程中钢筋网片工程量（　　）。

A. 不单独计算

B. 按设计图以数量计算

C. 按设计图示面积乘以单位理论质量计算

D. 按设计图示尺寸以片计算

二、多项选择题

1. 根据《房屋建筑与装饰工程工程量计算规范》（GB 50854—2013）规定，关于钢筋保护或工程量计算正确的是（　　）。

A. ϕ20 mm 钢筋一个半圆弯钩的增加长度为 125 mm

B. ϕ16 mm 钢筋一个 90°弯钩的增加长度为 56 mm

C. ϕ20 mm 钢筋弯起 45°，弯起高度为 450 mm，一侧弯起增加的长度为 186.3 mm

D. 通常情况下混凝土板的钢筋保护层厚度不小于 15 mm

E. 箍筋根数 = 构件长度/箍筋间距 + 1

三、计算题

1. 梁配筋如图 9.18 所示，已知梁所处环境为室内干燥环境，柱子截面为 500 mm × 500 mm；抗震等级为二级；混凝土标号为 C30；钢筋直径>22 mm 时为焊接，直径≤22 mm 时为搭接；直径≤12 mm 时 12 m 一个搭接，直径>12 mm 时 8 m 一个搭接。试计算 WKL3 钢筋工程量并编制分部分项工程量清单。

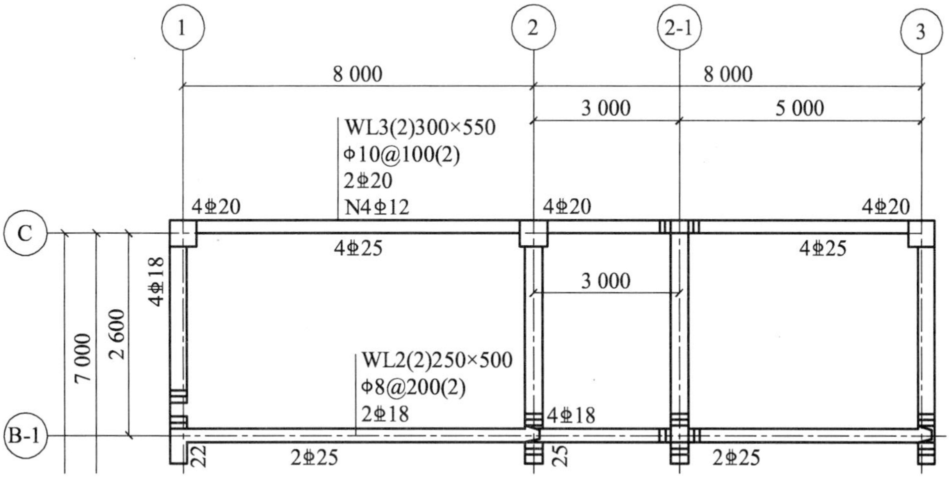

图 9.18　梁钢筋配筋图

2. 已知某现浇楼板如图 9.19 所示，梁截面尺寸 250 mm × 300 mm，混凝土等级 C20，板厚 120 mm，分布筋ϕ6@200，保护层厚度 15 mm。试计算板中钢筋的工程量，编制分部分项工程量清单并报价。

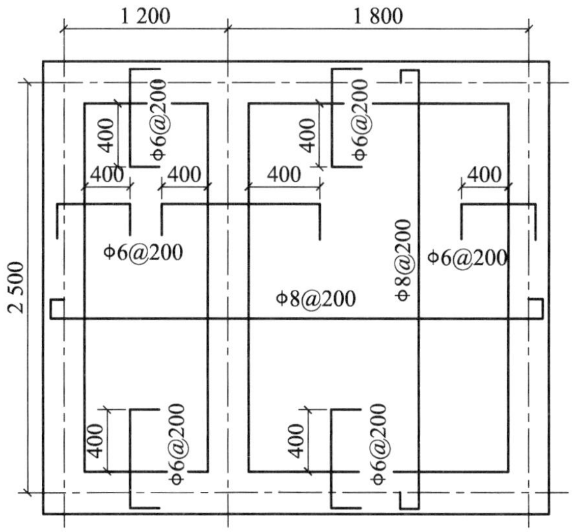

图 9.19　板配筋图

10 门窗工程计量与计价

1. 门窗工程清单分项

《房屋建筑与装饰工程工程量计算规范》(GB 50854—2013)门窗工程包括10节：木门、金属门、金属卷帘（闸）门、厂库房大门、特种门、其他门、木窗、金属窗、门窗套、窗台板、窗帘、窗帘盒、轨共55个清单项目，适用于门窗工程。部分清单项目设置及工程量计算规则见表10.1～表10.5。

表 10.1 木门（编码：010801）

项目编码	项目名称	项目特征	计量单位	工程量计算规则	工作内容
010801001	木质门	1. 门代号及洞口尺寸 2. 镶嵌玻璃品种、厚度	1. 樘 2. m^2	1. 以樘计量，按设计图示数量计算 2. 以平方米计量，按设计图示洞口尺寸以面积计算	1. 门安装 2. 玻璃安装 3. 五金安装
010801002	木质门带套				
010801003	木质连窗门				
010801004	木质防火门	1. 门代号及洞口尺寸 2. 镶嵌玻璃品种、厚度			
10801005	木门框	1. 门代号及洞口尺寸 2. 框截面尺寸 3. 防护材料种类			1. 木门框制作、安装 2. 运输 3. 刷防护材料
010801006	门锁安装	1. 锁品种 2. 锁规格	个（套）	按设计图示数量计算	安装

表 10.2 金属门（编码：010802）

项目编码	项目名称	项目特征	计量单位	工程量计算规则	工作内容
010802001	金属(塑钢)门	1. 门代号及洞口尺寸 2. 门框或扇外围尺寸 3. 门框、扇材质 4. 玻璃品种、厚度	1. 樘 2. m^2	1. 以樘计量，按设计图示数量计算 2. 以平方米计量，按设计图示洞口尺寸以面积计算	1. 门安装 2. 五金安装 3. 玻璃安装
010802002	彩板门	1. 门代号及洞口尺寸 2. 门框或扇外围尺寸			
010802003	钢质防火门	1. 门代号及洞口尺寸 2. 门框或扇外围尺寸 3. 门框、扇材质			
010702004	防盗门	1. 门代号及洞口尺寸 2. 门框或扇外围尺寸 3. 门框、扇材质			1. 门安装 2. 五金安装

表 10.3　金属卷帘（闸）门（编码：010803）

<table>
<tr><th>项目编码</th><th>项目名称</th><th>项目特征</th><th>计量单位</th><th>工程量计算规则</th><th>工作内容</th></tr>
<tr><td>010803001</td><td>金属卷帘（闸）门</td><td rowspan="2">1. 门代号及洞口尺寸
2. 门材质
3. 启动装置品种、规格</td><td rowspan="2">1. 樘
2. m^2</td><td rowspan="2">1. 以樘计量，按设计图示数量计算
2. 以平方米计量，按设计图示洞口尺寸以面积计算</td><td rowspan="2">1. 门运输、安装
2. 启动装置、活动小门、五金安装</td></tr>
<tr><td>010803002</td><td>防火卷帘（闸）门</td></tr>
</table>

注：以樘计量，项目特征必须描述洞口尺寸，以平方米计量，项目特征可不描述洞口尺寸。

表 10.4　其他门（编码：010805）

<table>
<tr><th>项目编码</th><th>项目名称</th><th>项目特征</th><th>计量单位</th><th>工程量计算规则</th><th>工作内容</th></tr>
<tr><td>010805001</td><td>平开电子感应门</td><td rowspan="2">1. 门代号及洞口尺寸
2. 门框或扇外围尺寸
3. 门框、扇材质
4. 玻璃品种、厚度
5. 启动装置的品种、规格
6. 电子配件品种、规格</td><td rowspan="6">1. 樘
2. m^2</td><td rowspan="6">1. 以樘计量，按设计图示数量计算
2. 以平方米计量，按设计图示洞口尺寸以面积计算</td><td rowspan="5">1. 门安装
2. 启动装置、五金、电子配件安装</td></tr>
<tr><td>010805002</td><td>旋转门</td></tr>
<tr><td>010805003</td><td>电子对讲门</td><td rowspan="2">1. 门代号及洞口尺寸
2. 门框或扇外围尺寸
3. 门材质
4. 玻璃品种、厚度
5. 启动装置的品种、规格
6. 电子配件品种、规格</td></tr>
<tr><td>010805004</td><td>电动伸缩门</td></tr>
<tr><td>010805005</td><td>全玻自由门</td><td>1. 门代号及洞口尺寸
2. 门框或扇外围尺寸
3. 框材质
4. 玻璃品种、厚度</td></tr>
<tr><td>010805006</td><td>镜面不锈钢饰面门</td><td>1. 门代号及洞口尺寸
2. 门框或扇外围尺寸
3. 框、扇材质
4. 玻璃品种、厚度</td><td>1. 门安装
2. 五金安装</td></tr>
</table>

表 10.5　金属窗（编码：010807）

<table>
<tr><th>项目编码</th><th>项目名称</th><th>项目特征</th><th>计量单位</th><th>工程量计算规则</th><th>工作内容</th></tr>
<tr><td>010807001</td><td>金属（塑钢、断桥）窗</td><td rowspan="3">1. 窗代号及洞口尺寸
2. 框、扇材质
3. 玻璃品种、厚度</td><td rowspan="7">1. 樘
2. m^2</td><td rowspan="5">1. 以樘计量，按设计图示数量计算
2. 以平方米计量，按设计图示洞口尺寸以面积计</td><td rowspan="2">1. 窗安装
2. 五金、玻璃安装</td></tr>
<tr><td>010807002</td><td>金属防火窗</td></tr>
<tr><td>010807003</td><td>金属百叶窗</td><td rowspan="3">1. 窗安装
2. 五金安装</td></tr>
<tr><td>010807004</td><td>金属纱窗</td><td>1. 窗代号及洞口尺寸
2. 框材质
3. 窗纱材料品种、规格</td></tr>
<tr><td>010807005</td><td>金属格栅窗</td><td>1. 窗代号及洞口尺寸
2. 框外围尺寸
3. 框、扇材质</td></tr>
<tr><td>010807006</td><td>金属（塑钢、断桥）橱窗</td><td>1. 窗代号
2. 框外围展开面积
3. 框、扇材质
4. 玻璃品种、厚度
5. 防护材料种类</td><td rowspan="2">1. 以樘计量，按设计图示数量计算
2. 以平方米计量，按设计图示尺寸以框外围展开面积计算</td><td>1. 窗制作、运输、安装
2. 五金、玻璃安装
3. 刷防护材料</td></tr>
<tr><td>010807007</td><td>金属（塑钢、断桥）飘（凸）窗</td><td>1. 窗代号
2. 框外围展开面积
3. 框、扇材质
4. 玻璃品种、厚度</td><td rowspan="2">1. 窗安装
2. 五金、玻璃安装</td></tr>
<tr><td>010807008</td><td>彩板窗</td><td>1. 窗代号及洞口尺寸
2. 框外围尺寸
3. 框、扇材质
4. 玻璃品种、厚度</td><td>1. 樘
2. m^2</td><td>1. 以樘计量，按设计图示数量计算
2. 以平方米计量，按设计图示洞口尺寸或框外围以面积计算</td></tr>
</table>

2. 部分清单列项时需注意的问题

1）木　门

（1）木质门应区分镶板木门、企口木板门、实木装饰门、胶合板门、夹板装饰门、木纱门、全玻门（带木质扇框）、木质半玻门（带木质扇框）等项目，分别编码列项。

（2）木门五金应包括折页、插销、门碰珠、弓背拉手、搭机、木螺丝、弹簧折页（自动门）、管子拉手（自由门、地弹门）、地弹簧（地弹门）、角铁、门轧头（地弹门、自由门）等。

（3）木质门带套计量按洞口尺寸以面积计算，不包括门套的面积，但门套应计算在综合单价中。

（4）以樘计量，项目特征必须描述洞口尺寸，以平方米计量，项目特征可不描述洞口尺寸。

2）金属门

① 金属门应区分金属平开门、金属推拉门、金属地弹门、全玻门（带金属扇框）、金属半玻门（带扇框）等项目，分别编码列项。

② 铝合金门五金包括：地弹簧、门锁、拉手、门插、门铰、螺丝等。

③ 其他金属门五金包括 L 形执手插锁（双舌）、执手锁（单舌）、门轨头、地锁、防盗门机、门眼（猫眼）、门碰珠、电子锁（磁卡锁）、闭门器、装饰拉手等。

④ 以樘计量，项目特征必须描述洞口尺寸，没有洞口尺寸必须描述门框或扇外围尺寸，以平方米计量，项目特征可不描述洞口尺寸及框、扇的外围尺寸。

⑤ 以平方米计量，无设计图示洞口尺寸，按门框、扇外围以面积计算。

3）金属窗

① 金属窗应区分金属组合窗、防盗窗等项目，分别编码列项。

② 以樘计量，项目特征必须描述洞口尺寸，没有洞口尺寸必须描述窗框外围尺寸，以平方米计量，项目特征可不描述洞口尺寸及框的外围尺寸。

③ 以平方米计量，无设计图示洞口尺寸，按窗框外围以面积计算。

④ 金属橱窗、飘（凸）窗以樘计量，项目特征必须描述框外围展开面积。

⑤ 金属窗中铝合金窗五金应包括：卡锁、滑轮、铰拉、执手、拉把、拉手、风撑、角码、牛角制等。

⑥ 其他金属窗五金包括：折页、螺丝、执手、卡锁、风撑、滑轮滑轨（推拉窗）等。

3. 定额分项及定额说明

本章定额包括木门，金属门，金属卷帘（闸），厂库房大门、特种门，其他门，金属窗、防盗栅（网），门钢架、门窗套、包门框（扇）、窗台板、窗帘盒、轨、门五金。

1）木　门

成品套装门安装包括门套和门扇的安装，定额子目以门的开启方式、安装方法不同进行划分。成品木门（带门套）定额中，已包括了相应的贴脸及装饰线条安装人工及材料消耗量，不另单独计算。

2）金属门、窗，防盗栅（网）

（1）铝合金成品门窗安装项目按隔热断桥铝合金型材考虑，当设计为普通铝合金型材时，按相应项目执行，其中人工乘以系数 0.8。

（2）金属门连窗，门、窗应分别执行相应项目。

（3）彩板钢窗附框安装执行彩板钢门附框安装项目。

（4）金属防盗栅（网）制作安装如单位面积主材含量超过 20%时，可以调整。

3）金属卷帘（闸）

（1）金属卷帘（闸）项目是按卷帘侧装（即安装在门洞口内侧或外侧）考虑的，当设计为中装（即安装在洞口中）时，按相应项目执行，其中人工乘以系数 1.1。

（2）金属卷帘（闸）项目是按不带活动小门考虑的，当设计为带活动小门时，按相应项目执行，其中人工乘以系数 1.07，材料调整为带活动小门金属卷帘（闸）。

（3）防火卷帘（闸）（无机布基防火卷帘除外）按镀锌钢板卷帘（闸）项目执行，并将材料中的镀锌钢板卷帘换为相应的防火卷帘。

4）其他门

（1）全玻璃门扇安装项目按地弹门考虑，其中地弹簧消耗量可按实际调整。

（2）全玻璃门门框、横梁、立柱钢架的制作安装及饰面装饰，按本章门钢架相应项目执行。

（3）全玻璃门有框亮子安装按全玻璃有框门扇安装项目执行，人工乘以系数 0.75，地弹簧换为膨胀螺栓，消耗量调整为 277.55 个/100 m^2；无框亮子安装按固定玻璃安装项目执行。

（4）全玻转门电子感应自动门传感装置、伸缩门电动装置安装、电控防盗门控制器安装、钢化玻璃电子感应门电磁感应装置已包括调试用工。

5）门钢架、门窗套、包门框（扇）

（1）门钢架基层、面层项目未包括封边线条，设计要求时，另按 2018 定额“其他装饰工程”中相应线条项目执行。

（2）门窗套（筒子板）项目未包括封边线条，设计要求时，按 2018 定额“其他装饰工程”中相应线条项目执行。

（3）包门框设计只包单边框时，按定额含量的 60%计算。

（4）包门扇如设计与定额不同时，饰面板材可以换算，定额人工含量不变。

（5）门扇贴饰面板项目未包括封边线条，设计要求时，按 2018 定额“其他装饰工程”中相应线条项目执行。

6）窗台板

（1）窗台板与暖气罩相连时，窗台板并入暖气罩，按 2018 定额相应暖气罩项目执行。

（2）石材窗台板安装项目按成品窗台板考虑。实际为非成品需现场加工时，石材加工另按石材加工相应项目执行。

4. 定额计算规则

1）木　门

（1）成品木门框安装按设计图示框的中心线长度计算。

（2）成品木门扇安装按设计图示扇面积计算。

（3）成品套装木门安装按设计图示数量计算。

（4）木质防火门安装按设计图示洞口面积计算。

（5）纱门按设计图示扇外围面积计算。

2）金属门、窗，防盗栅（网）

（1）铝合金门窗（飘窗、阳台封闭窗除外）、塑钢门窗、塑料节能门窗均按设计图示门、窗洞口面积计算。

（2）彩板钢门窗按设计图示门、窗洞口面积计算。彩板钢门窗附框按框中心线长度计算。

（3）门连窗按设计图示洞口面积分别计算门、窗面积，其中窗的宽度算至门框的外边线。

（4）纱窗扇按设计图示扇外围面积计算。

（5）飘窗、阳台封闭窗按设计图示框型材外边线尺寸以展开面积计算。

（6）钢质防火门、防盗门按设计图示门洞口面积计算。

（7）不锈钢格栅防盗门、电控防盗门按设计图示门洞口面积计算。

（8）电控防盗门控制器按设计图示套数计算。

（9）防盗窗按设计图示窗洞口面积计算。

（10）钢质防火窗按设计图示窗洞口面积计算。

（11）金属防盗栅（网）制作安装按洞口尺寸以面积计算。

3）金属卷帘（闸）

金属卷帘（闸）按设计图示卷帘门宽度乘以卷帘门高度（包括卷帘箱高度）以面积计算。电动装置安装按设计图示套数计算。

4）厂库房大门、特种门

厂库房大门、特种门按设计图示门洞口面积计算。百页钢门的安装工程量按设计尺寸以重量计算，不扣除孔眼、切肢、切片、切角的重量。

5）其他门

（1）全玻有框门扇按设计图示扇边框外边线尺寸以扇面积计算。

（2）全玻无框（条夹）门扇按设计图示扇面积计算，高度算至条夹外边线、宽度算至玻璃外边线。

（3）全玻无框（点夹）门扇按设计图示玻璃外边线尺寸以扇面积计算。

（4）无框亮子按设计图示门框与横梁或立柱内边缘尺寸玻璃面积计算。

（5）全玻转门按设计图示数量计算。

（6）不锈钢伸缩门按设计图示延长米计算。

（7）电子感应门安装按设计图示数量计算。

（8）全玻转门传感装置、伸缩门电动装置和电子感应门电磁感应装置按设计图示套数计算。

（9）金属子母门安装按设计图示洞口面积计算。

6）门钢架、门窗套、包门框（扇）

（1）门钢架按设计图示尺寸以质量计算。

（2）门钢架基层、面层按设计图示饰面外围尺寸展开面积计算。

（3）门窗套（筒子板）龙骨、面层、基层均按设计图示饰面外围尺寸展开面积计算。

（4）成品门窗套按设计图示饰面外围尺寸展开面积计算。

（5）包门框按展开面积计算。包门扇及木门扇镶贴饰面板按门扇垂直投影面积计算。

5. 计算实例

【例】某建筑物部分门窗表如表 10.6 所示，并经核对门窗表无错，试编制工程量清单并对成品木门计价。

表 10.6　门窗表

门窗编号	洞口尺寸	数量	备　注
FDM-1	1000×2100	1	成品钢制防盗门含锁、五金配件
M-2	900×2100	3	成品木门含门套、锁、五金配件
C-1	1500×2200	4	55A 系列隔热断桥铝合金平开窗 6+12A+6

【解】（1）计算清单工程量

FDM-1　$S=1\times2.1=2.1$（m^2）

M-1　$S=0.9\times2.1\times3=5.67$（$m^2$）（3 樘）

C-1　$S=1.5\times2.2\times4=13.2$（$m^2$）

（2）根据清单计价规范编制工程量清单，如表 10.7 所示。

表 10.7　分部分项工程量清单

序号	项目编码	项目名称	项目特征描述	计量单位	工程量	金额/元		
						综合单价	合价	其中 暂估价
1	010801002001	成品木门	1. 成品木门含门套、锁、五金配件 2. 洞口尺寸：2.1 m×0.9 m	樘	3			
2	010802004001	防盗门	1. 成品钢制防盗门含锁、五金配件	m^2	2.1			
3	010807001001	断热铝合金中空玻璃窗	1. 55A 系列隔热断桥铝合金平开窗 2. 白玻 H 膜层 6+12A+6	m^2	13.2			

（3）对 010801002001“成品木门”工程量清单报价。

① 确定为清单项目组价定额项目（计价项目），并查的定额项目所对应的基价表；

清单 010801002001“成品木门”对应《湖北省房屋建筑与装饰工程消耗量定额及全费用基价表》（2018）的项目为：A5-3，带门套成品装饰平开复合木门，定额子目详见表 10.8。

表 10.8 成品木门消耗量定额及全费用基价表

工作内容：测量定位、门及门套运输安装、五金配件安装调试等全部操作过程　　　　计量单位：樘

定额编号				A5-3	A5-4
项目				带门套成品装饰平开复合木门	
				单开	双开
其中	全费用/元			1347.15	1895.34
	人工费/元			91.16	136.72
	材料费/元			1041.18	1448.85
	机械费/元			—	—
	费用/元			81.31	121.94
	增值税/元			133.50	187.83
名称		单位	单价/元	数量	
人工	普工	工日	92.00	0.168	0.253
	技工	工日	142.00	0.451	0.678
	高级技工	工日	212.00	0.055	0.081
材料	成品装饰单开木门及门套复合 0.9 m×2.1 m	樘	878.48	1.000	—
	成品装饰双开木门及门套复合 1.5 m×2.4 m	樘	1171.30	—	1.000
	不锈钢合页	个	10.27	2.020	4.040
	单开门锁	把	109.81	1.000	—
	双开门锁	把	161.05	—	1.000
	门磁吸	只	4.28	1.000	2.000
	大门暗插销	副	14.64	—	2.000
	发泡剂 750 mL	支	17.56	1.000	1.300
	其他材料费	%	—	1.000	1.000

② 计算计价项目的定额工程量。

该项目的定额工程量同清单工程量。

③ 计价。

a. 按全费用综合单价计价。

全费用综合单价与全费用定额基价都是由人工费、材料费、机械费、费用、增值税构成。按鄂建办〔2019〕93 号规定，增值税税率调整为 9%，定额项的全费用单价为

$$\text{调整后全费用定额单价} = (91.16 + 1041.18 + 0 + 81.31) \times (1 + 9\%) = 1322.88\text{（元）}$$

$$1322.88/1 \times 3 = 3968.64\text{（元）}$$

$$\text{全费用综合单价} = \frac{3968.64}{3} = 1322.88\text{（元）}$$

成品木门全费用综合单价分析见表 10.9。

表 10.9　成品木门全费用综合单价分析表

工程名称：单位工程　　　　　　　　　　　　标段：

项目编码		010801002001		项目名称		木质门带套			计量单位	樘	工程量	3	
清单全费用综合单价组成明细													
定额编号	定额项目名称	定额单位	数量	单价					合价				
				人工费	材料费	施工机具使用费	费用	增值税	人工费	材料费	施工机具使用费	费用	增值税
A5-3	带门套成品装饰平开复合木门单开	樘	1	91.16	1041.18	0	81.3	109.23	91.16	1041.18	0	81.3	109.23
人工单价		小计							91.16	1041.18	0	81.3	109.23
高级技工 212 元/工日；技工 142 元/工日；普工 92 元/工日		未计价材料费							0				
清单全费用综合单价									1322.87				
材料费明细	主要材料名称、规格、型号						单位	数量	单价/元	合价/元	暂估单价/元	暂估合价/元	
	成品装饰单开木门及门套复合 0.9 m×2.1 m						樘	1	878.48	878.48			
	不锈钢合页						个	2.02	10.27	20.75			
	单开门锁						把	1	109.81	109.81			
	门磁吸						只	1	4.28	4.28			
	发泡剂 750 mL						支	1	17.56	17.56			
	其他材料费						元	10.309	1	10.31			
	材料费小计								—	1041.19	—	0	

b. 按综合单价计价。

参照 2018 年湖北省建筑安装工程费用定额，管理费和利润的计费基数均为人工费和机械费之和，费率分别是 28.27%和 19.73%。

人工费 = 91.16/1 × 3 = 273.48（元）

材料费 = 1041.18/1 × 3 = 3123.54（元）

机械费 = 0

管理费与利润 =（273.48 + 0）×（28.27% + 19.73%）= 131.27（元）

$$综合单价 = \frac{273.48+3123.54+131.27}{3} = 1176.1\text{（元）}$$

成品木门综合单价分析见表 10.10。

表 10.10　成品木门综合单价分析表

工程名称：单位工程　　　　　　　　标段：

<table>
<tr><td colspan="2">项目编码</td><td colspan="2">010801002001</td><td colspan="2">项目名称</td><td colspan="2">木质门带套</td><td>计量单位</td><td>樘</td><td>工程量</td><td>3</td></tr>
<tr><td colspan="12">清单综合单价组成明细</td></tr>
<tr><td rowspan="2">定额编号</td><td rowspan="2">定额项目名称</td><td rowspan="2">定额单位</td><td rowspan="2">数量</td><td colspan="4">单价</td><td colspan="4">合价</td></tr>
<tr><td>人工费</td><td>材料费</td><td>机械费</td><td>管理费和利润</td><td>人工费</td><td>材料费</td><td>机械费</td><td>管理费和利润</td></tr>
<tr><td>A5-3</td><td>带门套成品装饰平开复合木门单开</td><td>樘</td><td>1</td><td>91.16</td><td>1041.18</td><td>0</td><td>43.76</td><td>91.16</td><td>1041.18</td><td>0</td><td>43.76</td></tr>
<tr><td colspan="3">人工单价</td><td colspan="5">小计</td><td>91.16</td><td>1041.18</td><td>0</td><td>43.76</td></tr>
<tr><td colspan="3">高级技工 212 元/工日；技工 142 元/工日；普工 92 元/工日</td><td colspan="5">未计价材料费</td><td colspan="4">0</td></tr>
<tr><td colspan="8">清单项目综合单价</td><td colspan="4">1176.1</td></tr>
<tr><td rowspan="8">材料费明细</td><td colspan="5">主要材料名称、规格、型号</td><td>单位</td><td>数量</td><td>单价/元</td><td>合价/元</td><td>暂估单价/元</td><td>暂估合价/元</td></tr>
<tr><td colspan="5">成品装饰单开木门及门套复合 0.9 m×2.1 m</td><td>樘</td><td>1</td><td>878.48</td><td>878.48</td><td></td><td></td></tr>
<tr><td colspan="5">不锈钢合页</td><td>个</td><td>2.02</td><td>10.27</td><td>20.75</td><td></td><td></td></tr>
<tr><td colspan="5">单开门锁</td><td>把</td><td>1</td><td>109.81</td><td>109.81</td><td></td><td></td></tr>
<tr><td colspan="5">门磁吸</td><td>只</td><td>1</td><td>4.28</td><td>4.28</td><td></td><td></td></tr>
<tr><td colspan="5">发泡剂 750 mL</td><td>支</td><td>1</td><td>17.56</td><td>17.56</td><td></td><td></td></tr>
<tr><td colspan="5">其他材料费</td><td>元</td><td>10.309</td><td>1</td><td>10.31</td><td></td><td></td></tr>
<tr><td colspan="7">材料费小计</td><td>—</td><td>1041.19</td><td>—</td><td>0</td></tr>
</table>

【习题】

一、单项选择题

1. 根据《房屋建筑与装饰工程工程量计算规范》(GB 50854—2013)，门窗工程量计算正确的是（　　）。

A. 木门框按设计图示洞口尺寸以面积计算

B. 金属纱窗按设计图示洞口尺寸以面积计算

C. 石材窗台板按设计图示以水平投影面积计算

D. 木门的门锁安装按设计图示数量计算

2. 根据《房屋建筑与装饰工程工程量计算规范》(GB 50854—2013)。关于门窗工程量计算，说法正确的是(　　)。

A. 木质门带套工程量应按套外围面积计算

B. 门窗工程量计量单位与项目特征描述无关

C. 门窗工程量按图示尺寸以面积为单位时，项目特征必须描述洞口尺寸

D. 门窗工作量以数量“樘”为单位时，项目特征必须描述洞口尺寸

二、计算题

1. 某建筑物部分门窗见表 10.11，试编制工程量清单并计价。

表 10.11　某建筑物部分门窗

名称	门窗编号	洞口尺寸/mm	数量	备注
甲级防火门	GFM-1	1500×2100	2	成品钢制防火门含锁、五金配件、闭门器
断热铝合金中空玻璃窗	C-1	1500×2200	5	55A 系列隔热断桥铝合金平开窗 6+12A+6

11 屋面防水及保温工程计量与计价

11.1 屋面及防水工程计量与计价

11.1.1 清单分项及计算规则

屋面及防水工程清单项目分为：瓦、型材及其他屋面（编码 010901），屋面防水及其他（编码 010902），墙面防水、防潮（编码 010903），楼（地）面防水、防潮（编码 010904）。工程量清单项目设置及工程量计算规则，见表 11.1～表 11.3。

表 11.1 瓦、型材及其他屋面（编码：010901）

项目编码	项目名称	项目特征	计量单位	工程量计算规则	工作内容
010901001	瓦屋面	1. 瓦品种、规格 2. 黏结层砂浆的配合比	m^2	按设计图示尺寸以斜面积计算。 不扣除房上烟囱、风帽底座、风道、小气窗、斜沟等所占面积。小气窗的出檐部分不增加面积	1. 砂浆制作、运输、摊铺、养护 2. 安瓦、作瓦脊
010901002	型材屋面	1. 型材品种、规格 2. 金属檩条材料品种、规格 3. 接缝、嵌缝材料种类			1. 檩条制作、运输、安装 2. 屋面型材安装 3. 接缝、嵌缝
10901003	阳光板屋面	1. 阳光板品种、规格 2. 骨架材料品种、规格 3. 接缝、嵌缝材料种类 4. 油漆品种、刷漆遍数		按设计图示尺寸以斜面积计算。 不扣除屋面面积≤0.3 平方米孔洞所占面积。	1. 骨架制作、运输、安装、刷防护材料、油漆 2. 阳光板安装 3. 接缝、嵌缝
010901004	玻璃钢屋面	1. 玻璃钢品种、规格 2. 骨架材料品种、规格 3. 玻璃钢固定方式 4. 接缝、嵌缝材料种类 5. 油漆品种、刷漆遍数			1. 骨架制作、运输、安装、刷防护材料、油漆 2. 玻璃钢制作、安装 3. 接缝、嵌缝
010901005	膜结构屋面	1. 膜布品种、规格 2. 支柱（网架）钢材品种、规格 3. 钢丝绳品种、规格 4. 锚固基座做法 5. 油漆品种、刷漆遍数		按设计图示尺寸以需要覆盖的水平投影面积计算。	1. 膜布热压胶接 2. 支柱（网架）制作、安装 3. 膜布安装 4. 穿钢丝绳、锚头锚固 5. 锚固基座挖土、回填 6. 刷防护材料，油漆

表 11.2　屋面防水及其他（编码：010902）

项目编码	项目名称	项目特征	计量单位	工程量计算规则	工作内容
10902001	屋面卷材防水	1. 卷材品种、规格、厚度 2. 防水层数 3. 防水层做法	m^2	按设计图示尺寸以面积计算。 1. 斜屋顶（不包括平屋顶找坡）按斜面积计算，平屋顶按水平投影面积计算 2. 不扣除房上烟囱、风帽底座、风道、屋面小气窗和斜沟所占面积 3. 屋面的女儿墙、伸缩缝和天窗等处的弯起部分，并入屋面工程量内	1. 基层处理 2. 刷底油 3. 铺油毡卷材、接缝
10902002	屋面涂膜防水	1. 防水膜品种 2. 涂膜厚度、遍数 3. 增强材料种类			1. 基层处理 2. 刷基层处理剂 3. 铺布、喷涂防水层
010902003	屋面刚性层	1. 刚性层厚度 2. 混凝土种类 3. 混凝土强度等级 4. 嵌缝材料种类 5. 钢筋规格、类型		按设计图示尺寸以面积计算。 不扣除房上烟囱、风帽底座、风道等所占面积	1. 基层处理 2. 混凝土制作、运输、铺筑、养护 3. 钢筋制安
10902004	屋面排水管	1. 排水管品种、规格 2. 雨水斗、山墙出水口品种、规格 3. 接缝、嵌缝材料种类 4. 油漆品种、刷漆遍数	m	按设计图示尺寸以长度计算。 如设计未标注尺寸，以檐口至设计室外散水上表面垂直距离计算	1. 排水管及配件安装、固定 2. 雨水斗、山墙出水口、雨水篦子安装 3. 接缝、嵌缝 4. 刷漆
010902005	屋面排（透）气管	1. 排（透）气管品种、规格 2. 接缝、嵌缝材料种类 3. 油漆品种、刷漆遍数		按设计图示尺寸以长度计算。	1. 排（透）气管及配件安装、固定 2. 铁件制作、安装 3. 接缝、嵌缝 4. 刷漆
10902006	屋面（廊、阳台）吐水管	1. 吐水管品种、规格 2. 接缝、嵌缝材料种类 3. 吐水管长度 4 油漆品种、刷漆遍数	根（个）	按设计图示数量计算	1. 吐水管及配件安装、固定 2. 接缝、嵌缝 3. 刷漆
10902007	屋面天沟、檐沟	1. 材料品种、规格 2. 接缝、嵌缝材料种类	m^2	按设计图示尺寸以展开面积计算。	1. 天沟材料铺设 2. 天沟配件安装 3. 接缝、嵌缝 4. 刷防护材料
010902008	屋面变形缝	1. 嵌缝材料种类 2. 止水带材料种类 3. 盖缝材料 4. 防护材料种类	m	按设计图示以长度计算	1. 清缝 2. 填塞防水材料 3. 止水带安装 4. 盖缝制作、安装 5. 刷防护材料

表 11.3　墙面防水、防潮（编码：010903）

项目编码	项目名称	项目特征	计量单位	工程量计算规则	工作内容
10903001	墙面卷材防水	1. 卷材品种、规格、厚度 2. 防水层数 3. 防水层做法	m^2	按设计图示尺寸以面积计算	1. 基层处理 2. 刷黏结剂 3. 铺防水卷材 4. 接缝、嵌缝
010903002	墙面涂膜防水	1. 防水膜品种 2. 涂膜厚度、遍数 3. 增强材料种类			1. 基层处理 2. 刷基层处理剂 3. 铺布、喷涂防水层
10903003	墙面砂浆防水（防潮）	1. 防水层做法 2. 砂浆厚度、配合比 3. 钢丝网规格			1. 基层处理 2. 挂钢丝网片 3. 设置分格缝 4. 砂浆制作、运输、摊铺、养护
10903004	墙面变形缝	1. 嵌缝材料种类 2. 止水带材料种类 3. 盖缝材料 4. 防护材料种类	m	按设计图示以长度计算	1. 清缝 2. 填塞防水材料 3. 止水带安装 4. 盖缝制作、安装 5. 刷防护材料

表 11.4　楼（地）面防水、防潮（编码：010904）

项目编码	项目名称	项目特征	计量单位	工程量计算规则	工作内容
010904001	楼（地）面卷材防水	1. 卷材品种、规格、厚度 2. 防水层数 3. 防水层做法 4. 反边高度	m^2	按设计图示尺寸以面积计算。 1. 楼（地）面防水：按主墙间净空面积计算，扣除凸出地面的构筑物、设备基础等所占面积，不扣除间壁墙及单个面积≤0.3 m^2 柱、垛、烟囱和孔洞所占面积 2. 楼（地）面防水反边高度≤300 mm 算作地面防水，反边高度>300 mm 算作墙面防水	1. 基层处理 2. 刷黏结剂 3. 铺防水卷材 4. 接缝、嵌缝
010904002	楼（地）面涂膜防水	1. 防水膜品种 2. 涂膜厚度、遍数 3. 增强材料种类 4. 反边高度			1. 基层处理 2. 刷基层处理剂 3. 铺布、喷涂防水层
010904003	楼（地）面砂浆防水（防潮）	1. 防水层做法 2. 砂浆厚度、配合比 3. 反边高度			1. 基层处理 2. 砂浆制作、运输、摊铺、养护
010904004	楼（地）面变形缝	1. 嵌缝材料种类 2. 止水带材料种类 3. 盖缝材料 4. 防护材料种类	m	按设计图示以长度计算	1. 清缝 2. 填塞防水材料 3. 止水带安装 4. 盖缝制作、安装 5. 刷防护材料

11.1.2　定额分项及定额说明

《湖北省建筑与装饰工程消耗量定额及全费用基价表》（2018）包括屋面工程、防水工程及其他，与清单分项基本相同。在定额使用中注意以下事项：

1. 换算要求

瓦屋面、金属板屋面、采光板屋面、玻璃采光顶、卷材防水、水落管、水口、水斗、沥青砂浆填缝、变形缝盖板、止水带等项目是按标准或常用材料编制，设计与定额不同时，材料可以换算，人工、机械不变。

2. 屋面工程

（1）黏土瓦若穿铁丝钉圆钉，每 100 m^2 增加 11 工日，增加镀锌低碳钢丝（22#）3.5 kg，圆钉 2.5 kg；若用挂瓦条，每 100 m^2 增加 4 工日，增加挂瓦条（尺寸 25 mm × 30 mm）300.3 m，圆钉 2.5 kg。

（2）围墙瓦顶。定额采用小青瓦规格 160 mm × 170 mm，如设计断面与定额取定不同时，材料可以调整，人工、机械不变。

（3）金属板屋面中一般金属板屋面，执行彩钢板和彩钢夹心板项目；装配式单层金属压型板屋面区分不同檩距执行定额项目。

（4）采光板屋面如设计为滑动式采光顶，可以按设计增加 U 形滑动盖帽等部件，调整材料，人工乘以系数 1.05。

（5）膜结构屋面的钢支柱、锚固支座混凝土基础等执行其他章节相应项目。

（6）25%<坡度≤45%及人字形、锯齿形、弧形等不规则瓦屋面，人工乘以系数 1.3；坡度>45%的，人工乘以系数 1.43。

3. 防水工程及其他

1）防　水

（1）细石混凝土防水层，使用钢筋网时，执行定额“混凝土及钢筋混凝土工程”相应项目。

（2）平（屋）面以坡度≤15%为准，15%<坡度≤25%的，按相应项目的人工乘以系数 1.18；25%<坡度≤45%及人字形、锯齿形、弧形等不规则屋面或平面，人工乘以系数 1.3；坡度>45%的，人工乘以系数 1.43。

（3）防水卷材、防水涂料及防水砂浆，定额以平面和立面列项，实际施工桩头、地沟、零星部位时，人工乘以系数 1.43；单个房间楼地面面积≤8 m^2 时，人工乘以系数 1.3。

（4）卷材防水的附加层、接缝、收头、找平层嵌缝及冷底子油基层的人工、材料均计入定额内，不另计算。

（5）屋面、楼地面及墙面、基础底板等，其防水搭接、拼缝、压边、留槎用量已综合考虑，不另行计算。

（6）立面是以直形为依据编制的，弧形者，相应项目的人工乘以系数 1.18。

（7）冷粘法以满铺为依据编制的，点、条铺粘者按其相应项目的人工乘以系数 0.91，黏合剂乘以系数 0.7。

（8）改性沥青防水卷材定额取定卷材厚度 3 mm，聚氯乙烯防水卷材定额取定卷材厚度 1.2 mm，卷材的层数定额均按一层编制。卷材设计厚度不同时，卷材价格按价差处理。卷材设计层数为两层时，主材按相应定额子目乘以系数 2.0，人工、辅材乘以系数 1.8。

2）屋面排水

（1）水落管、水口、水斗均按材料成品、现场安装考虑。

（2）铁皮屋面及铁皮排水项目内已包括铁皮咬口和搭接的工料。

（3）采用不锈钢水落管排水时，执行镀锌钢管项目，材料按实换算，人工乘以系数 1.1。

3）变形缝与止水带

变形缝嵌（填）缝、变形缝盖板、止水带按如下尺寸考虑，如设计断面与定额取定不同时，材料可以调整，人工、机械不变。

（1）变形缝嵌填缝定额项目中，建筑油膏、聚氯乙烯胶泥设计断面取定为 30 mm × 20 mm；油浸木丝板取定为 150 mm × 25 mm；其他填料取定为 150 mm × 30 mm。

（2）变形缝盖板定额尺寸分别为（宽 × 厚）：木板盖板断面取定为 200 mm × 25 mm；铝合金盖板断面取定为 200 mm × 1.5 mm；不锈钢板断面取定为 200 mm × 1 mm。

（3）钢板（紫铜板）止水带展开宽度为 400 mm，氯丁橡胶宽为 300 mm，涂刷式氯丁胶贴玻璃纤维止水片宽为 350 mm。

11.1.3 计算规则

1. 屋面工程

清单计算规则与定额计算规则相同。

1）定额计算规则

（1）各种屋面和型材屋面（包括挑檐部分），均按设计图示尺寸以面积计算（斜屋面按斜面面积计算），不扣除房上烟囱、风帽底座、风道、小气窗、斜沟和脊瓦等所占面积，小气窗的出檐部分也不增加。

（2）采光板屋面和玻璃采光顶屋面按设计图示尺寸以面积计算（斜屋面按斜面面积计算）；不扣除面积≤0.3 m^2 孔洞所占面积。

（3）膜结构屋面按设计图示尺寸以需要覆盖的水平投影面积计算，膜材料可以调整含量。

（4）西班牙瓦、瓷质波形瓦、英红瓦屋面的正斜脊瓦、檐口线，按设计图示尺寸以长度计算。

2）工程量计算

（1）相关概念。

① 屋面延尺系数。

屋面坡度系数也称为屋面延尺系数，是指屋面放坡时，斜长与水平长度的比值。

$$\text{屋面延迟系数 } C = \frac{\sqrt{A^2 + B^2}}{A} = \sqrt{1 + \left(\frac{B}{A}\right)^2} = \sqrt{1 + i^2}$$

$$\text{屋面实际面积} = \text{斜屋面的面积} = \text{屋面图示尺寸水平投影面积} \times C$$

两坡水、四坡水屋面面积均为其水平投影面积乘以延尺系数 C；

$$\text{沿山墙泛水长度} = A \times C$$

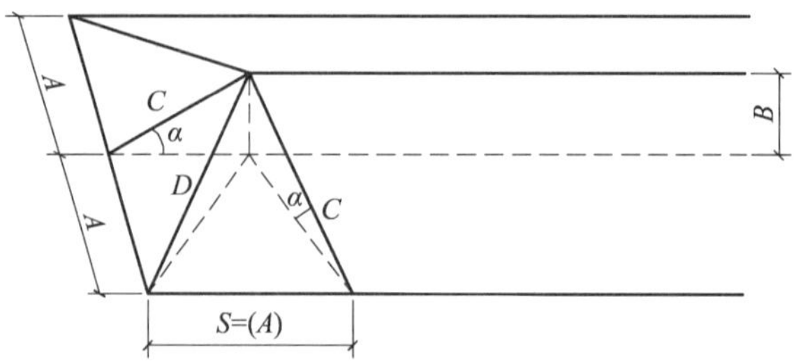

图 11.1　屋面坡度示意图

② 延尺系数是指在四坡时两端的坡与坡相交的斜脊处的长度系数。

隅延尺系数计算公式为

$$D=\frac{\text{四坡排水屋面斜脊长度}}{\text{直角底边}}$$

$$\text{四坡排水屋面斜脊长度}=\sqrt{A^2+\text{斜长}^2}=A\times D\ (\text{当}\ S=A\ \text{时})$$

式中　D——屋面坡度隅延尺系数。

表 11.5　屋面坡度系数表

坡度 *B*（*A*=1）	坡度 *B* / 2*A*（高跨比）	坡度角度（α）	延尺系数 *C*（*A*=1）	隅延尺系数 *D*（*S*=*A*=1）
1	1/2	45°	1.4142	1.7321
0.75		36°52'	1.25	1.6008
0.7		35°	1.2207	1.5779
0.666	1/3	33°40'	1.2015	1.5635
0.65		33°01'	1.1926	1.5564
0.6		30°58'	1.1662	1.5362
0.577		30°	1.1547	1.5274
0.55		28°49'	1.1413	1.5174
0.5	1/4	26°34'	1.118	1.5
0.45		24°14'	1.0966	1.4839
0.4	1/5	21°48'	1.077	1.4697
0.35		19°17'	1.0594	1.4569
0.3		16°42'	1.044	1.4457
0.25		14°02'	1.0308	1.4362
0.2	1/10	11°19'	1.0198	1.4283
0.15		8°32'	1.0112	1.4221
0.125		7°8'	1.007	1.4197
0.1	1/20	5°42'	1.005	1.4177
0.083		4°45'	1.0035	1.4166
0.066	1/30	3°49'	1.0022	1.4157

注：屋面坡度有三种表示方法：

① 用屋顶的高度与屋顶的跨度之比（简称高跨比）表示：$i=B/2A$

② 用屋顶的高度与屋顶的半跨之比（简称坡度）表示：$i=B/A$

③ 用屋面的斜面与水平面的夹角（θ）表示。

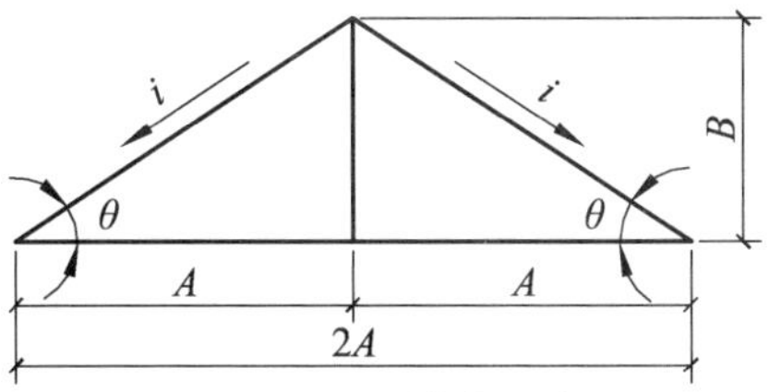

图 11.2　屋面坡度示意图

2. 防水工程及其他

清单计算规则与定额计算规则相同。

1）定额计算规则

（1）屋面防水，按设计图示尺寸以面积计算（斜屋面按斜面面积计算），不扣除房上烟囱、风帽底座、风道、屋面小气窗和斜沟所占面积；屋面的女儿墙、伸缩缝和天窗等处的弯起部分，按设计图示尺寸计算；设计无规定时，伸缩缝的弯起部分按 250 mm 计算，女儿墙、天窗的弯起部分按 500 mm 计算，计入立面工程量内。

（2）楼地面防水、防潮层按设计图示尺寸以主墙间净面积计算，扣除凸出地面的构筑物、设备基础等所占面积，不扣除间壁墙及单个面积≤0.3 m² 的柱、垛、烟囱和孔洞所占面积，平面与立面交接处，上翻高度≤300 mm 时，按展开面积并入平面工程量内计算，高度>300 mm 时，按立面防水层计算。

（3）墙基防水、防潮层，外墙按外墙中心线长度、内墙按墙体净长度乘以宽度，以面积计算。

（4）墙的立面防水、防潮层，不论内墙、外墙，均按设计图示尺寸以面积计算。

（5）基础底板的防水、防潮层按设计图示尺寸以面积计算，不扣除桩头所占面积。桩头处外包防水按桩头投影外扩 300 mm 以面积计算，地沟处防水按展开面积计算，均计入平面工程量，执行相应规定。

（6）屋面分格缝，按设计图示尺寸，以长度计算。

2）屋面排水

（1）水落管、镀锌铁皮天沟、檐沟按设计图示尺寸，以长度计算。

（2）水斗、下水口、雨水口、弯头、短管等，均以设计数量计算。

（3）种植屋面排水按设计尺寸以铺设排水层面积计算；不扣除房上烟囱、风帽底座、风道、屋面小气窗、斜沟和脊瓦等所占面积，以及面积≤0.3 m² 的孔洞所占面积，屋面小气窗的出檐部分也不增加。

3）变形缝与止水带

（1）变形缝（嵌填缝与盖板）与止水带按设计图示尺寸，以长度计算。

（2）屋面检修孔盖板以“块”计算。

11.1.4　计算实例

【例】四面坡水坡度 1/2 的水泥彩瓦屋面尺寸如图 11.3，具体做法详见图 11.4，试计算瓦屋面的清单工程量并对其计价。（按鄂建办〔2019〕93 号规定，增值税税率调整为 9%。）

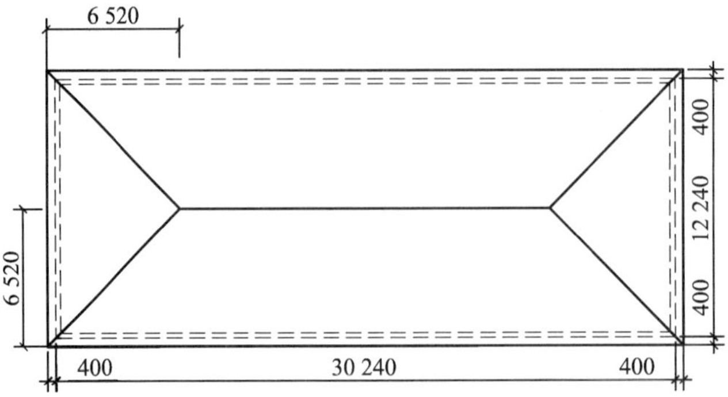

图 11.3　屋顶平面图

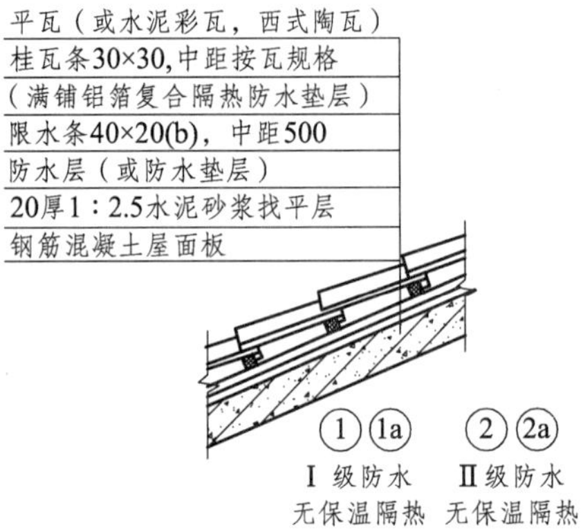

图 11.4　屋面建筑做法详图

【**解**】（1）计算清单工程量。

① 屋面水平投影面积。

长 = 30.24 + 0.40 × 2 = 31.04（m）

宽 = 12.24 + 0.40 × 2 = 13.04（m）

水平投影面积 = 31.04 × 13.04 = 404.76（m^2）

② 屋面坡度延尺系数：坡度为 0.5 = B/A，查表知：C = 1.118。

（3）计算屋面工程量

$S = 404.76 \times 1.118 = 452.52$（$m^2$）

根据图 11.4 编制工程量清单，如表 11.6 所示。

表 11.6　分部分项工程量清单

序号	项目编码	项目名称	项目特征描述	计量单位	工程量	金额/元		
						综合单价	合价	其中 暂估价
1	010901001001	瓦屋面	1. 瓦品种、规格：彩色水泥瓦 420×330 2. 黏结层砂浆的配合比：20 厚干混地面砂浆 DS M20 找平 3. 挂瓦条：木枋 30×30，中距按瓦规格 4. 顺水条：木枋 40×20，中距 500 5. 防水层、隔热层：另列清单	m^2	452.52			

（2）对清单计价。

① 确定为清单项目组价定额项目（计价项目），并查的定额项目所对应的基价表。

通过工程量清单的项目特征描述及计价规范中关于该项工程内容的描述确定为清单项目组价定额项目（计价项目）为瓦屋面、找平层、木质挂瓦条、瓦屋脊四个项目，并查的定额项目所对应的基价表。

为清单项目 010901001001“瓦屋面”组价的对应《湖北省房屋建筑与装饰工程消耗量定额及全费用基价表》（2018）的定额子目 A6-15 块瓦屋面彩色水泥瓦屋面基层杉木条、定额子目 A4-32 混凝土上钉挂瓦条、A9-1 平面砂浆找平层混凝土或硬基层上 20 mm、A6-18 块瓦屋面彩色水泥瓦屋脊四个定额项对其组价，定额子目详见表 11.7 ~ 表 11.9。

表 11.7 瓦屋面消耗量定额及全费用基价表

工作内容：1. 铺瓦、割瓦、钢钉固定
2. 预埋铁钉、铁丝、做水泥砂浆条、铺瓦、割瓦、钢钉固定
3. 钻孔、固钢、铺瓦、割瓦、铜丝固
4. 坐浆、铺天沟瓦或脊瓦、清理面层

计量单位：见表

定额编号				A6-15	A6-16	A6-17	A6-18
项目				彩色水泥瓦			
				屋面基层			
				杉木条	砂浆条	角钢条	屋脊
				100 m^2			100 m
全费用/元				3852.45	5118.21	8002.46	2113.05
其中	人工费/元			720.64	1236.85	1509.52	613.66
	材料费/元			2107.30	2264.99	3437.92	727.44
	机械费/元			—	3.18	483.98	8.05
	费　用/元			642.74	1105.98	1778.00	554.50
	增值税/元			381.77	507.21	793.04	209.40
名　称		单位	单价	数　量			
人工	普工	工日	92	2.363	4.055	4.949	2.012
	技工	工日	142	3.544	6.083	7.424	3.018
材料	彩色水泥瓦 420×330	千张	1882.33	1.102	1.102	1.102	—
	彩色水泥脊瓦 420×220	千张	1411.75	—	—	—	0.303
	钢钉	kg	5.92	5.570	9.510	—	—
	干混地面砂浆 DS M20	t	308.64	—	0.392	—	0.968
	镀锌铁丝 8#	kg	4.28	—	3.040	—	—
	电焊条	kg	3.68	—	—	12.870	—
	角钢 45×4	kg	3.06	—	—	0.455	—
	铜丝	kg	57.95	—	—	13.070	—
	金属膨胀管 M6×60	套	0.72	—	—	558.000	—
	氧气	m^3	3.27	—	—	1.720	—
	乙炔气	m^3	24.81	—	—	0.730	—
	电【机械】	kW·h	0.75	-	0.485	175.918	1.226
机械	台式钻床 16	台班	143.36	—	—	1.214	—
	交流弧焊机 30 kV·A	台班	157.97	—	−0.017	1.962	−0.043
	干混砂浆罐式搅拌机 20 000 L	台班	187.32	—		—	

表 11.8　找平层消耗量定额及全费用基价表

工作内容：清理基层、调运砂浆、抹平、压实　　　　　　　　　　　　计量单位：100 m^2

定额编号				A9-1	A9-2	A9-3
项　目				平面砂浆找平层		
				混凝土或硬基层上	填充材料上	每增减 5 mm
				20 mm		
全费用/元				2393.23	2931.44	473.89
其中	人工费/元			678.08	810.49	92.74
	材料费/元			1080.72	1350.56	269.41
	机械费/元			63.69	79.61	15.92
	费用/元			333.57	400.28	48.86
	增值税/元			237.17	290.5	46.96
名称		单位	单价/元	数量		
人工	普工	工日	92.00	1.783	2.131	0.244
	技工	工日	142.00	3.620	4.327	0.495
材料	干混地面砂浆 DS M20	t	308.64	3.468	4.335	0.867
	水	m^3	3.39	0.910	1.038	-
	电【机械】	kW·h	0.75	9.693	12.117	2.423
机械	干混砂浆罐式搅拌机 20000 L	台班	187.32	0.340	0.425	0.085

表 11.9　挂瓦条消耗量定额及全费用基价表

工作内容：檩木上钉椽板、挂瓦条、钉屋面板、挂瓦条、钉屋面、钉椽板　　　　计量单位：100 m^2

定额 编号		A4-27	A4-28	A4-29	A4-30	A4-31	A4-32
项　目		檩木上钉椽子挂瓦条		檩木上钉屋面板油毡挂瓦条	檩木上钉屋面板	檩木上钉椽板	混凝土上钉挂瓦条
		檩木斜中距					
		≤1.0 m	≤1.5 m				
全费用/元		3193.77	3650.05	8563.55	7264.41	3141.02	1193.83
其中	人工费/元	343.43	344.04	459.71	359.29	238.13	136.87
	材料费/元	2227.53	2637.44	6845.18	5864.77	2379.23	816.58
	机械费/元	—	—	—	—	—	—
	费　用/元	306.31	306.85	410.02	320.45	212.39	122.07
	增值税/元	316.5	361.72	848.64	719.9	311.27	118.31

续表

定额 编号				A4-27	A4-28	A4-29	A4-30	A4-31	A4-32
项 目				檩木上钉椽子挂瓦条		檩木上钉屋面板油毡挂瓦条	檩木上钉屋面板	檩木上钉椽板	混凝土上钉挂瓦条
				檩木斜中距					
				≤1.0 m	≤1.5 m				
名 称		单位	单价/元	数量					
人工	普工	工日	92	1.126	1.128	1.507	1.178	0.781	0.449
	技工	工日	142	1.689	1.692	2.261	1.767	1.171	0.673
材料	板枋材	m^3	2479.49	0.876	1.046	0.235	—	0.945	0.32
	屋面板	m^2	55.61	—	—	105.000	105.000	—	—
	石油沥青油毡 350#	m^2	2.35	—	—	110.000	—	—	—
	板条 1000×30×8	百根	59.89	—	—	2.121	—	—	—
	圆钉	kg	5.92	9.374	7.415	6.406	−4.345	−6.1	−3.91

② 计算计价项目的定额工程量。

a. 瓦屋面、找平层、木质挂瓦条三项的定额工程量同清单工程量为 452.52 m^2；

b. 瓦屋脊定额工程量。

屋面隅延尺系数可得

$$屋面斜脊长度为\ AD = 6.52 \times 1.5 = 9.78\ m$$

$$屋脊总长 = (30.24 + 0.4 \times 2.6 - 52 \times 2) + 4 \times 9.78 = 57.12\ m$$

③ 计价。

a. 按全费用综合单价计价。

全费用综合单价与全费用定额基价都是由人工费、材料费、机械费、费用、增值税构成。按鄂建办〔2019〕93 号规定，增值税税率调整为 9%，调整 4 个定额项的全费用单价：

$$\begin{aligned} A6\text{-}15\ 调整后全费用定额单价 &= (720.64 + 2107.3 + 0 + 642.74) \times (1 + 9\%) \\ &= 3783.04\ (元) \end{aligned}$$

$$\begin{aligned} A4\text{-}32\ 调整后全费用定额单价 &= (136.87 + 816.58 + 0 + 122.08) \times (1 + 9\%) \\ &= 1172.33\ (元) \end{aligned}$$

$$\begin{aligned} A9\text{-}1\ 调整后全费用定额单价 &= (678.08 + 1080.72 + 63.69 + 661.6) \times (1 + 9\%) \\ &= 2707.66\ (元) \end{aligned}$$

$$\begin{aligned} A6\text{-}18\ 调整后全费用定额单价 &= (613.66 + 727.44 + 8.05 + 554.5) \times 1 + 9\%) \\ &= 2074.98\ (元) \end{aligned}$$

$$全费用综合单价 = \frac{\frac{452.52}{100} \times 3783.04 + \frac{452.52}{100} \times 1172.33 + \frac{452.52}{100} \times 2707.98 + \frac{57.12}{100} \times 2074.98}{452.52}$$

$$= \frac{35862.21}{452.52} = 79.25\ (元/平方米)$$

表 11.10　瓦屋面全费用综合单价分析表

项目编码		010901001001		项目名称		瓦屋面		计量单位	m^2	工程量		452.52	
清单全费用综合单价组成明细													
定额编号	定额项目名称	定额单位	数量	单价/元					合价/元				
				人工费	材料费	施工机具使用费	费用	增值税	人工费	材料费	施工机具使用费	费用	增值税
A6-15	块瓦屋面彩色水泥瓦屋面基层杉木条	100 m^2	0.01	720.64	2107.3	0	642.74	312.36	7.21	21.07	0	6.43	3.12
A4-32	混凝土上钉挂瓦条	100 m^2	0.01	136.87	816.58	0	122.08	96.8	1.37	8.17	0	1.22	0.97
A9-1	平面砂浆找平层混凝土或硬基层上 20 mm	100 m^2	0.01	678.08	1080.72	63.69	661.6	223.57	6.78	10.81	0.64	6.62	2.24
A6-18	块瓦屋面彩色水泥瓦屋脊	100 m	0.0013	613.66	727.44	8.05	554.5	171.33	0.77	0.92	0.01	0.7	0.22
人工单价		小计							16.13	40.97	0.65	14.97	6.55
技工 142 元/工日；普工 92 元/工日		未计价材料费							0				
清单全费用综合单价									79.25				
材料费明细	主要材料名称、规格、型号						单位	数量	单价/元	合价/元	暂估单价/元	暂估合价/元	
	干混地面砂浆 DS M20						t	0.036	308.64	11.08			
	水						m^3	0.009	3.39	0.03			
	电【机械】						kW·h	0.099	0.75	0.07			
	彩色水泥瓦 420×330						千张	0.011	1882.33	20.71			
	彩色水泥脊瓦 420×220						千张	0	1411.75	0.56			
	钢钉						kg	0.056	5.92	0.33			
	板枋材						m^3	0.003	2479.49	7.93			
	圆钉						kg	0.039	5.92	0.23			
	材料费小计								—	40.94	—	0	

b. 按综合单价计价

参照《2018 年湖北省建筑安装工程费用定额》，管理费和利润的计费基数均为人工费和机械费之和，费率分别是 28.27%和 19.73%。

人工费 = 720.64×452.52/100 + 136.87×452.52/100 + 678.08×452.52/100 + 613.66×57.12/100
= 7299.15（元）

材料费 = 2107.3×452.52/100 + 816.58×452.52/100 + 1080.72×452.52/100 + 727.44×57.12/100
= 18 535.22（元）

机械费 = 0 + 0 + 63.69×452.52/100 + 8.05×57.12/100
= 294.14（元）

直接工程费 = 7299.15 + 18535.22 + 294.14 = 26128.51（元）

企业管理费 =（7299.15 + 294.14）×28.27% = 2144.94（元）

利润 =（7299.15 + 294.14）×19.73% = 1497.84（元）

$$综合单价 = \frac{7299.15+18535.22+294.14+2144.94+1497.84}{452.52} = 65.79（元/m^2）$$

表 11.11　瓦屋面综合单价分析表

工程名称：单位工程　　　　　　　　　　　　　　标段：

项目编码	010901001001		项目名称		瓦屋面		计量单位	m^2	工程量	452.52
清单综合单价组成明细										
定额编号	定额项目名称	定额单位	数量	单价/元				合价/元		
				人工费	材料费	机械费	管理费和利润	人工费	材料费	机械费	管理费和利润
A6-15	块瓦屋面彩色水泥瓦屋面基层杉木条	100 m^2	0.01	720.64	2107.3	0	345.9	7.21	21.07	0	3.46
A4-32	混凝土上钉挂瓦条	100 m^2	0.01	136.87	816.58	0	65.69	1.37	8.17	0	0.66
A9-1	平面砂浆找平层混凝土或硬基层上 20 mm	100 m^2	0.01	678.08	1080.72	63.69	356.05	6.78	10.81	0.64	3.56
A6-18	块瓦屋面彩色水泥瓦屋脊	100 m	0.0013	613.66	727.44	8.05	298.42	0.77	0.92	0.01	0.38
人工单价		小计						16.13	40.97	0.65	8.06
技工 142 元/工日；普工 92 元/工日		未计价材料费						0			
清单项目综合单价								65.79			
材料费明细	主要材料名称、规格、型号				单位		数量	单价/元	合价/元	暂估单价/元	暂估合价/元
	干混地面砂浆 DS M20				t		0.036	308.64	11.08		
	水				m^3		0.009	3.39	0.03		
	电【机械】				kW·h		0.099	0.75	0.07		
	彩色水泥瓦 420×330				千张		0.011	1882.33	20.71		
	彩色水泥脊瓦 420×220				千张		0	1411.75	0.56		
	钢钉				kg		0.056	5.92	0.33		
	板枋材				m^3		0.003	2479.49	7.93		
	圆钉				kg		0.039	5.92	0.23		

11.2　隔热、保温工程计量与计价

11.2.1　清单分项及计算规则表

隔热、保温工程清单项目分为：保温、隔热（编码：011001），工程量清单项目设置及工程量计算规则，如表 11.12 所示。

表 11.12 保温、隔热（编码：011001）

项目编码	项目名称	项目特征	计量单位	工程量计算规则	工作内容
011001001	保温隔热屋面	1. 保温隔热材料品种、规格、厚度 2. 隔气层材料品种、厚度 3. 黏结材料种类、做法 4. 防护材料种类、做法	m²	按设计图示尺寸以面积计算。扣除面积>0.3 m² 孔洞及占位面积	1. 基层清理 2. 刷黏结材料 3. 铺粘保温层 4. 铺、刷（喷）防护材料
011001002	保温隔热天棚	1. 保温隔热面层材料品种、规格、性能 2. 保温隔热材料品种、规格及厚度 3. 黏结材料种类及做法 4. 防护材料种类及做法		按设计图示尺寸以面积计算。 扣除面积>0.3 m² 上柱、垛、孔洞所占面积，与天棚相连的梁按展开面积计算，并入天棚工程量内	
011001003	保温隔热墙面	1. 保温隔热部位 2. 保温隔热方式 3. 踢脚线、勒脚线保温做法 4. 龙骨材料品种、规格 5. 保温隔热面层材料品种、规格、性能 6. 保温隔热材料品种、规格及厚度 7. 增强网及抗裂防水砂浆种类 8. 黏结材料种类及做法 9. 防护材料种类及做法		按设计图示尺寸以面积计算。 扣除门窗洞口以及面积>0.3 m² 梁、孔洞所占面积；门窗洞口侧壁需作保温时，并入保温墙体工程量内	1. 基层清理 2. 刷界面剂 3. 安装龙骨 4. 填贴保温材料 5. 保温板安装 6. 粘贴面层 7. 铺设增强格网、抹抗裂、防水砂浆面层 8. 嵌缝 9. 铺、刷（喷）防护材料
011001004	保温柱、梁			按设计图示尺寸以面积计算 1. 柱按设计图示柱断面保温层中心线展开长度乘保温层高度以面积计算，扣除面积>0.3 m² 梁所占面积 2. 梁按设计图示梁断面保温层中心线展开长度乘保温层长度以面积计算	
011001005	保温隔热楼地面	1. 保温隔热部位 2. 保温隔热材料品种、规格、厚度 3. 隔气层材料品种、厚度 4. 黏结材料种类、做法 5. 防护材料种类、做法		按设计图示尺寸以面积计算。扣除面积>0.3 m² 柱、垛、孔洞所占面积。门洞、空圈、暖气包槽、壁龛的开口部分不增加面积	1. 基层清理 2. 刷黏结材料 3. 铺粘保温层 4. 铺、刷（喷）防护材料
011001006	其他保温隔热	1. 保温隔热部位 2. 保温隔热方式 3. 隔气层材料品种、厚度 4. 保温隔热面层材料品种、规格、性能 5. 保温隔热材料品种、规格及厚度 6. 黏结材料种类及做法 7. 增强网及抗裂防水砂浆种类 8. 防护材料种类及做法		按设计图示尺寸以展开面积计算。扣除面积>0.3 m² 孔洞及占位面积	1. 基层清理 2. 刷界面剂 3. 安装龙骨 4. 填贴保温材料 5. 保温板安装 6. 粘贴面层 7. 铺设增强格网、抹抗裂防水砂浆面层 8. 嵌缝 9. 铺、刷（喷）防护材料

11.2.2 定额分项及定额说明

《湖北省房屋建筑与装饰工程消耗量定额及全费用基价表》（2018）包括保温、隔热，与清单分项基本相同。

（1）保温隔热定额仅包括保温隔热层材料的铺贴，不包括隔气防潮、保护层或衬墙等。

（2）保温层的保温材料配合比、材质、厚度与设计不同时，可以换算调整。

（3）弧形墙墙面保温隔热层，按相应项目的人工乘以系数 1.1。

（4）柱面保温根据墙面保温定额项目人工乘以系数 1.19、材料乘以系数 1.04。

（5）墙面岩棉板保温、聚苯乙烯板保温及保温装饰一体板保温如使用钢骨架，钢骨架按“墙、柱面装饰工程”相应项目执行。

（6）抗裂保护层工程如采用塑料膨胀螺栓固定时，每 1 m^2 增加：人工 0.03 工日，塑料膨胀螺栓 6.12 套。

（7）保温腻子子目中，如果保温腻子厚度小于 15 mm 且为一遍成活时，人工系数乘 0.8。

（8）各类保温隔热涂料，如实际与定额取定厚度不同时，材料含量可以调整，人工不变。

（9）屋面预制纤维板水泥架空板凳子目中板凳的规格如果与定额中不一致，换算材料，其他不变。

11.2.3 计算规则

保温隔热工程定额计算规则与清单计算规则基本相同。

（1）屋面保温隔热层工程量按设计图示尺寸以面积计算，扣除面积>0.3 m^2 的孔洞所占面积。其他项目按设计图示尺寸以定额项目规定的计量单位计算。

（2）天棚保温隔热层工程量按设计图示尺寸以面积计算，扣除面积>0.3 m^2 的柱、垛、孔洞所占面积，与天棚相连的梁按展开面积计算，其工程量并入天棚内。

（3）墙面保温隔热层工程量按设计图示尺寸以面积计算。扣除门窗洞口及面积>0.3 m^2 的梁、孔洞所占面积；门窗洞口侧壁以及与墙相连的柱，并入保温墙体工程量内。

墙体及混凝土板下铺贴隔热层不扣除木框架及木龙骨的体积。其中外墙按隔热层中心线长度计算，内墙按隔热层净长度计算。

（4）柱、梁保温隔热层工程量按设计图示尺寸以面积计算。

柱按设计图示柱断面保温层中心线展开长度乘高度以面积计算，扣除面积>0.3 m^2 的梁所占面积，梁按设计图示梁断面保温层中心线展开长度乘保温层长度以面积计算。

（5）楼地面保温隔热层工程量按设计图示尺寸以面积计算。扣除柱、垛及单个面积>0.3 m^2 的孔洞所占面积。

（6）其他保温隔热层工程量按设计图示尺寸以展开面积计算。扣除面积>0.3 m^2 的孔洞及占位面积。

（7）大于 0.3 m^2 的孔洞侧壁周围及梁头、联系梁等其他零星工程保温隔热工程量，并入墙面的保温隔热工程量内。

（8）柱帽保温隔热层，并入天棚保温隔热层工程量内。

（9）保温层排气管按设计图示尺寸以长度计算，不扣除管件所占长度，保温层排气孔以数量计算。

（10）混凝土保温一体板按模板与混凝土构件接触面的设计图示尺寸以面积计算。

（11）防火隔离带工程量按设计图示尺寸以面积计算。

（12）屋面预制混凝土架空隔热板、屋面预制纤维板水泥架空板凳按设计图示尺寸以面积计算。

11.2.4　计算实例

【例】某屋面如图 11.5 和图 11.6 所示，设计要求：防水层（3.0 + 3.0 厚双层 SBS 改性沥青防水卷材）；20 mm 厚 1∶2.5 水泥砂浆找平；最薄处 60 mm 厚现浇陶粒混凝土找 2%坡。试编制分项工程工程量清单，并对保温层清单进行报价。

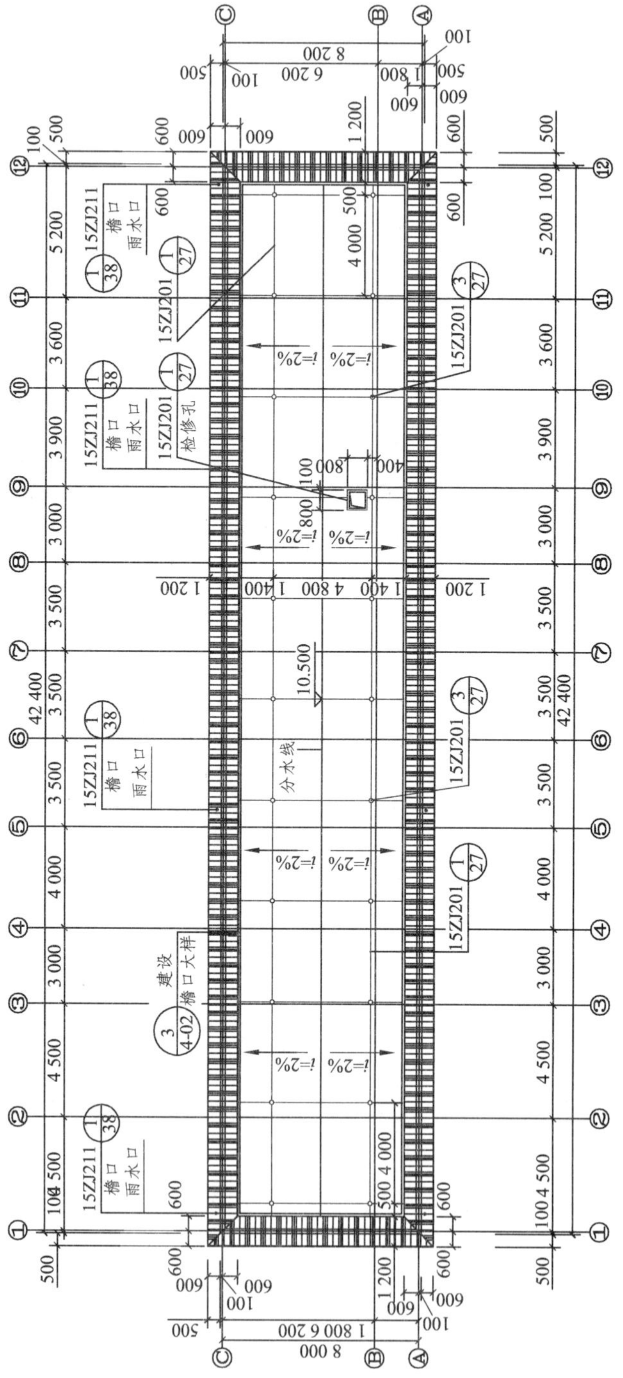

图 11.5　屋顶平面图

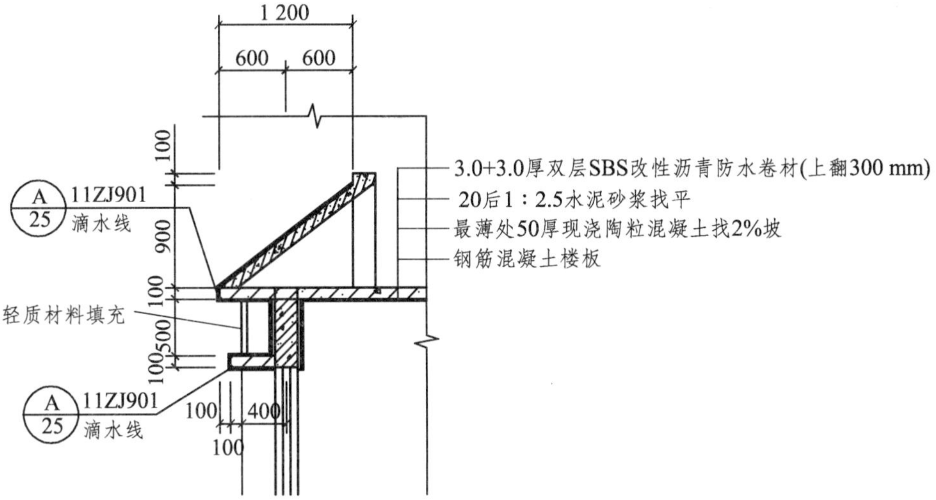

图 11.6　檐口详图

【解】(1)清单工程量计算见表 11.13。

表 11.13　工程量计算表

序号	清单荐编码	清单项目名称	计量单位	工程量	计算式
1	011001001001	保温隔热屋面	m^2	378.4	$S=(8+1.2-0.2\times2)\times(43.4-0.2\times2)=378.4$
2	011101001001	水泥砂浆楼地面	m^2	378.4	$S=(8+1.2-0.2\times2)\times(43.4-0.2\times2)=378.4$
3	010902001001	屋面卷材防水	m^2	409.48	$S=(8+1.2-0.2\times2)\times(43.4-0.2\times2)+0.3\times[(8+1.2-0.2\times2)+(43.4-0.2\times2)]\times2=409.48$

(2)编制工程量清单。

该屋面项目中，3.0 + 3.0 厚双层 SBS 改性沥青防水卷材属“屋面及防水工程”，查计量规范屋面防水及其他(编码：010902)，按 010902001 屋面卷材防水项目编码列项。保温层属规范保温、隔热、防腐工程按“保温隔热屋面”项目编码列项。

1：2.5 水泥砂浆找平层属规范楼地面装饰工程按水泥砂浆模地面项目编码列项。

分部分项工程量清单如表 11.14 所示。

表 11.14　分部分项工程量清单

序号	项目编码	项目名称	项目特征描述	计量单位	工程量	金额/元		
						综合单价	合价	其中 暂估价
1	011001001001	保温隔热屋面	1. 保温隔热材料品种、规格、厚度：最薄处 60 厚现浇陶粒混凝土找 3%坡	m^2	378.4			
2	010902001001	屋面卷材防水	1. 卷材品种、规格、厚度：3.0 厚双层 SBS 改性沥青防水卷材 2. 防水层数：2	m^2	409.48			
3	011101001001	水泥砂浆楼地面	1. 找平层厚度、砂浆配合比：20 厚 1：2.5 水泥砂浆找平	m^2	378.4			

（3）对 011001001001 保温隔热屋面清单计价。

① 确定为清单项目组价定额项目（计价项目），并查的定额项目所对应的基价表。

通过工程量清单的项目特征描述及计价规范中关于该项工程内容的描述确定为清单项目组价定额项目（计价项目）为屋面保温隔热层并查的定额项目所对应的基价表 A7-5。

表 11.15　屋面现浇陶粒混凝土消耗量定额及全费用基价表

工作内容：基层清理、运料、搅拌混凝土、浇筑、理平、找坡、养护　　　　计量单位：100m²

定额编号				A7-5	A7-6
项目				屋面现浇陶粒混凝土	
				厚度/mm	
				100	每增减 10
全费用/元				6268.49	593.99
其中	人工费/元			783.85	62.83
	材料费/元			4164.32	416.26
	机械费/元			—	—
	费用/元			699.12	56.04
	增值税/元			621.20	58.86
名称		单位	单价/元	数量	
人工	普工	工日	92.00	2.570	0.206
	技工	工日	142.00	3.855	0.309
材料	陶粒混凝土 25#	m³	407.25	10.200	1.020
	水	m³	3.39	2.040	0.204
	其他材料费	%	—	0.083	0.041

② 计算计价项目的定额工程量。

屋面保温层定额计算规则同清单计算规则均为按设计图示尺寸以面积计算。组价定额项 A7-5 取定厚度为 100 mm，而保温层实际厚度通常不为 100 mm，因此需确定保温层厚度，再根据实际厚度判断是否需套用定额子目 A7-6 每增减 10 mm 调整，如图 11.7 所示。

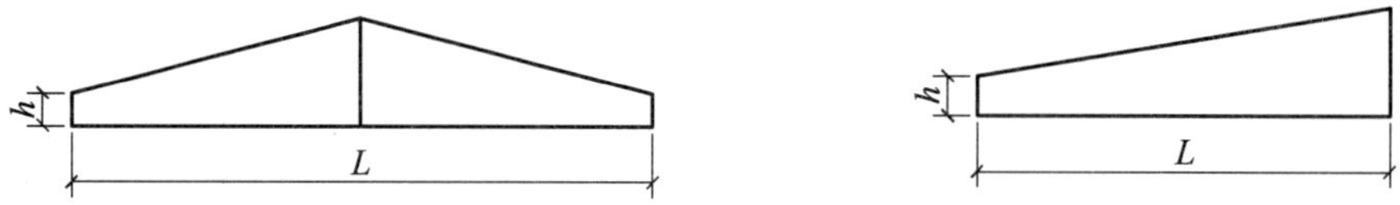

图 11.7

厚度确定方法：

双坡屋面

$$平均厚度 = 屋面坡度 \times L/2 \div 2 + h$$

单坡屋面

$$平均厚度 = 屋面坡度 \times L \div 2 + h$$

屋面保温层厚度为

$$0.02\times 8800/2\div 2+60=104\ (\text{mm})$$

③ 计价。

a. 按全费用综合单价计价。

全费用综合单价与全费用定额基价都是由人工费、材料费、机械费、费用、增值税构成。按鄂建办〔2019〕93 号规定，增值税税率调整为 9%，调整定额项的全费用单价。

$$\text{A7-5 调整后全费用定额单价}=(783.85+4164.32+0+699.12)\times(1+9\%)=6155.55\ (\text{元})$$

$$\text{A7-6 调整后全费用定额单价}=(62.83+416.26+0+56.04)\times(1+9\%)=583.29\ (\text{元})$$

$$\text{全费用综合单价}=\frac{\dfrac{378.4}{100}\times 6155.55+\dfrac{378.4}{100}\times\dfrac{4}{10}\times 583.29}{37.4}=63.89\ (\text{元/m}^2)$$

保温隔热屋面全费用综合单价分析表

表 11.16　保温隔热屋面全费用综合单价分析表

工程名称：单位工程　　　　　　　　　　　　　　标段：

项目编码		011001001001		项目名称		保温隔热屋面			计量单位	m^2	工程量	378.4	
清单全费用综合单价组成明细													
定额编号	定额项目名称	定额单位	数量	单价/元					合价/元				
				人工费	材料费	施工机具使用费	费用	增值税	人工费	材料费	施工机具使用费	费用	增值税
A7-5	屋面现浇陶粒混凝土厚度 100 mm	100 m^2	0.01	783.85	4164.32	0	699.11	508.26	7.84	41.64	0	6.99	5.08
A7-6	屋面现浇陶粒混凝土厚度每增减 10 mm	100 m^2	0.004	62.83	416.26	0	57.01	48.25	0.25	1.67	0	0.23	0.19
人工单价		小计							8.09	43.31	0	7.22	5.27
技工 142 元/工日；普工 92 元/工日		未计价材料费							0				
清单全费用综合单价									63.89				
材料费明细	主要材料名称、规格、型号						单位	数量	单价/元	合价/元	暂估单价/元	暂估合价/元	
	陶粒混凝土 25#						m^3	0.106	407.25	43.21			
	水						m^3	0.021	3.39	0.07			
	其他材料费						元	0.035	1	0.04			
	材料费小计								—	43.32	—	0	

b. 按综合单价计价

参照 2018 年湖北省建筑安装工程费用定额，管理费和利润的计费基数均为人工费和机械费之和，费率分别是 28.27%和 19.73%。

$$人工费 = 783.85/100 \times 378.4 + 62.83/100 \times 4/10 \times 378.4 = 3061.26（元）$$

$$材料费 = 4164.32/100 \times 378.4 + 416.26/100 \times 4/10 \times 378.4 = 16388.5（元）$$

$$机械费 = 0$$

$$管理费与利润 = （3061.26 + 0）\times（28.27\% + 19.73\%）= 1471.98（元）$$

$$综合单价 = \frac{3061.26 + 16388.5 + 1471.98}{378.4} = 55.29（元/m^2）$$

保温隔热屋面综合单价分析见表 11.17。

表 11.17　保温隔热屋面综合单价分析表

工程名称：单位工程　　　　　　　　　　标段：　　　　　　　　　　第 1 页　共 3 页

项目编码		011001001001		项目名称		保温隔热屋面		计量单位	m^2	工程量	378.4
清单综合单价组成明细											
定额编号	定额项目名称	定额单位	数量	单价/元				合价/元			
				人工费	材料费	机械费	管理费和利润	人工费	材料费	机械费	管理费和利润
A7-5	屋面现浇陶粒混凝土厚度 100 mm	100 m^2	0.01	783.85	4164.32	0	376.24	7.84	41.64	0	3.76
A7-6	屋面现浇陶粒混凝土厚度每增减 10 mm	100 m^2	0.004	62.83	416.26	0	30.16	0.25	1.67	0	0.12
人工单价		小计						8.09	43.31	0	3.88
技工 142 元/工日；普工 92 元/工日		未计价材料费						0			
清单项目综合单价								55.29			
材料费明细	主要材料名称、规格、型号					单位	数量	单价/元	合价/元	暂估单价/元	暂估合价/元
	陶粒混凝土 25#					m^3	0.106	407.25	43.21		
	水					m^3	0.021	3.39	0.07		
	其他材料费					元	0.035	1	0.04		
	材料费小计							—	43.32	—	0

【习题】

一、单项选择题

1. 根据《房屋建筑与装饰工程工程量计算规范》(GB 50854—2013)，屋面防水工程量计算，说法正确的是(　　)。

A. 斜屋面卷材防水，工程量按水平投影面积计算

B. 平屋面涂膜防水，工程量不扣除烟囱所占面积

C. 平屋面女儿墙弯起部分卷材防水不计工程量

D. 平屋面伸缩缝卷材防水不计工程量

2. 根据《房屋建筑与装饰工程工程量计算规范》(GB 50854—2013)，屋面防水及其他工程量计算正确的是(　　)。

A. 屋面卷材防水按设计示尺寸以面积计算，防水搭接及附加层用量按设计尺寸计算

B. 屋面排水管设计未标注尺寸，考虑弯折处的增加以长度计算

C. 屋面铁皮天沟按设计图示尺寸以展开面积计算

D. 屋面变形缝按设计尺寸以铺设面积计算

3. 根据《房屋建筑与装饰工程工程量计算规范》(GB 50854—2013)，斜屋面的卷材防水工程量应(　　)。

A. 按设计图示尺寸以水平投影面积计算　　B. 按设计图示尺寸以斜面积计算

C. 扣除房上烟囱，风帽底座所占面积　　D. 扣除屋面小气窗，斜沟所占面积

二、多项选择题

根据《房屋建筑与装饰工程工程量计算规范》(GB 50854—2013)，墙面防水工程量计算正确的有(　　)

A. 墙面涂膜防水按设计图示尺寸以质量计算

B. 墙面砂浆防水按设计图示尺寸以体积计算

C. 墙面变形缝按设计图示尺寸以长度计算

D. 墙面卷材防水按设计图示尺寸以面积计算

E. 墙面防水搭接用量按设计图示尺寸以面积计算

三、计算题

1. 有一带屋面小气窗的四坡水平瓦屋面，尺寸及坡度如图 11.8 所示。计算屋面工程量、屋脊长度。

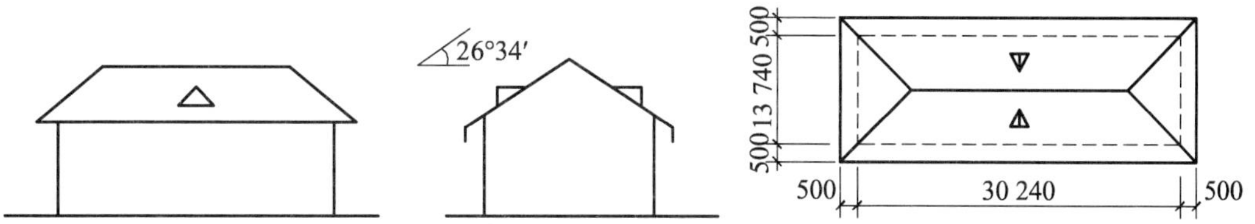

图 11.8　带屋面小气窗的四坡水屋面

2. 某屋面尺寸如图 11.9 所示，檐沟宽 600 mm，其自下而上的做法是：钢筋混凝土板上

干铺炉渣混凝土找坡，坡度系数 2%，最低处 70 mm；100 mm 厚加气混凝土保温层，20 mm 厚 1∶2 水泥砂浆（特细砂）找平层，屋面及檐沟为二毡三油一砂防水层（上卷 250 mm），编制工程量清单并计价。

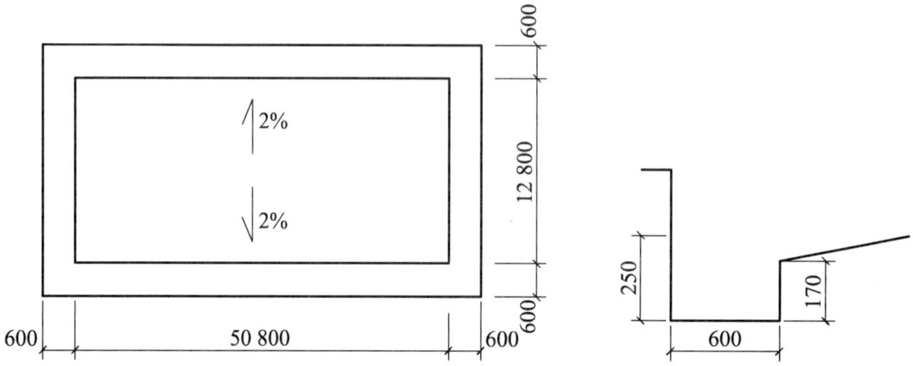

图 11.9　屋面工程量计算示意图

12 装饰工程计量与计价

装饰工程包括楼地面工程、墙柱面工程、幕墙工程、天棚工程、油漆涂料裱糊工程、其他装饰工程和拆除工程等共七个分部。

12.1 楼地面工程计量与计价

楼地面是指楼面和地面，其主要构造层次一般为基层、垫层和面层，必要时可增设填充层、隔离层、找平层、结合层等。

1. 楼地面各构造层次的材料种类及其作用

（1）基层：楼板、夯实土基。

（2）垫层：承受地面荷载并均匀传递给基层的构造层。

（3）填充层：在建筑楼地面上起隔音、保温、找坡或敷设暗管、暗线等作用的构造层。

（4）隔离层：起防水、防潮作用的构造层。

（5）找平层：在垫层、楼板或填充层上起找平、找坡或加强作用的构造层，一般为水泥砂浆找平层。

（6）结合层：指面层与下层相结合的中间层。

（7）楼地面面层：按使用材料和施工方法的不同分为整体面层和块料面层。

2. 楼地面各种辅助材料或工序及其作用

（1）嵌条材料：用于水磨石的分格、做图案等的嵌条，有铜嵌条、玻璃嵌条、铝合金嵌条、不锈钢嵌条等。

（2）酸洗、打蜡、磨光：水磨石、菱苦土、陶质块料等用酸（草酸）清洗油渍、污渍，然后打蜡（蜡脂、松香水、鱼油、煤油等按设计要求配合）和磨光。

（3）颜料：用于水磨石地面、踢脚线、楼梯、台阶和块料面层勾缝所需配置石子浆或砂浆内加添的材料（耐碱的矿物颜料）。

（4）压线条：地毯、橡胶板、橡胶卷材铺设的压线条。常用的有铝合金、铜、不锈钢压线条等。

（5）地毯固定配件：用于固定地毯的压棍脚和压棍。

（6）防滑条：用于楼梯、台阶踏步的防滑设施，有铜、铁防滑条等。

（7）扶手固定配件：用于楼梯、台阶的栏杆柱、栏杆、栏板与扶手相连接的固定件，靠墙扶手与墙相连接的固定件。

（8）防护材料：耐酸、耐碱、耐臭氧、耐老化、防火、防油渗等材料。

3. 清单分项和工程量计算规则

1）楼地面装饰工程清单说明

（1）水泥砂浆面层处理是拉毛还是提浆亚光应在面层做法要求中描述。

（2）平面砂浆找平层只适用于仅做找平层的平面抹灰。

（3）间壁墙指墙厚≤120 mm 的墙。楼地面垫层另按附录 0201 垫层项目编码列项。

（4）楼地面混凝土垫层另按表 8.1 垫层项目编码列项，除混凝土外的其他材料垫层按本规范表 7.4 垫层项目编码列项。

（5）碎石材清单项目的项目特征描述中面层材料的规格、颜色可不用描述。

（6）石材、块料与黏接材料的结合面刷防渗材料的种类应在防护层材料种类中描述。

（7）本表工作内容中的磨边指施工现场磨边。

（8）楼梯、台阶牵边和侧面镶贴块料面层，不大于 0.5 m^2 的少量分散的楼地面镶贴块料面层，应按表 12.8 零星项目编码列项。

2）清单分项

（1）整体面层及找平层，包括水泥砂浆楼地面、现浇水磨石楼地面、细石混凝土楼地面、菱苦土楼地面、自流坪楼地面、平面砂浆找平层共 6 项，具体见表 12.1。

表 12.1　整体面层及找平层（编码：011101）

项目编码	项目名称	项目特征	计量单位	工程量计算规则
011101001	水泥砂浆楼地面	1. 找平层厚度、砂浆配合比 2. 素水泥浆遍数 3. 面层厚度、砂浆配合比 4. 面层做法要求	m^2	按设计图示尺寸以面积计算。扣除凸出地面构筑物、设备基础、室内铁道、地沟等所占面积，不扣除间壁墙及≤0.3 m^2 柱、垛、附墙烟囱及孔洞所占面积。门洞、空圈、暖气包槽、壁龛的开口部分不增加面积
011101002	现浇水磨石楼地面	1. 找平层厚度、砂浆配合比 2. 面层厚度、水泥石子浆配合比 3. 嵌条材料种类、规格 4. 石子材料种类、规格、颜色 5. 颜料种类、颜色 6. 图案要求 7. 磨光、酸洗、打蜡要求		
011101003	细石混凝土楼地面	1. 找平层厚度、砂浆配合比 2. 面层厚度、混凝土强度等级		

续表

项目编码	项目名称	项目特征	计量单位	工程量计算规则
011101004	菱苦土楼地面	1. 找平层厚度、砂浆配合比 2. 面层厚度 3. 打蜡要求	m^2	
011101005	自流坪楼地面	1. 找平层厚度、砂浆配合比 2. 界面剂材料种类 3. 中层漆材料种类、厚度 4. 面漆材料种类、厚度 5. 面层材料种类		
011101006	平面砂浆找平层	找平层厚度、砂浆配合比		按设计图示尺寸以面积计算

（2）块料面层、包括石材楼地面、拼碎石材楼地面、块料楼地面，具体见表 12.2。

表 12.2　块料面层（编码：011102）

项目编码	项目名称	项目特征	计量单位	工程量计算规则
011102001	石材楼地面	1. 找平层厚度、砂浆配合比 2. 结合层厚度、砂浆配合比 3. 面层材料品种、规格、颜色 4. 面层材料品种、规格、颜色 5. 嵌缝材料种类 6. 防护层材料种类 7. 酸洗、打蜡要求	m^2	按设计图示尺寸以面积计算。门洞、空圈、暖气包槽、壁龛的开口部分并入相应的工程量内
011102002	碎石材楼地面			
011102003	块料楼地面	1. 找平层厚度、砂浆配合比 2. 结合层厚度、砂浆配合比 3. 面层材料品种、规格、颜色 4. 嵌缝材料种类 5. 防护层材料种类 6. 酸洗、打蜡要求		

（3）橡塑面层，包括橡胶板楼地面、橡胶卷材楼地面、塑料板楼地面、塑料卷材楼地面，具体见表 12.3。

表 12.3　橡塑面层（编码：011103）

项目编码	项目名称	项目特征	计量单位	工程量计算规则
011103001	橡胶板楼地面	1. 黏结层厚度、材料种类 2. 面层材料品种、规格、颜色 3. 压线条种类	m^2	按设计图示尺寸以面积计算。门洞、空圈、暖气包槽、壁龛的开口部分并入相应的工程量内
011103002	橡胶板卷材楼地面			
011103003	塑料板楼地面			
011103004	塑料卷材楼地面			

（4）其他材料面层，包括楼地面地毯、竹、木（复合）地板、金属复合地板、防静电活动地板，具体见表 12.4。

表 12.4 其他材料面层（编码：011104）

<table>
<tr><th>项目编码</th><th>项目名称</th><th>项目特征</th><th>计量单位</th><th>工程量计算规则</th></tr>
<tr><td>011104001</td><td>地毯楼地面</td><td>1. 面层材料品种、规格、颜色
2. 防护材料种类
3. 黏结材料种类
4. 压线条种类</td><td rowspan="4">m^2</td><td rowspan="4">按设计图示尺寸以面积计算。门洞、空圈、暖气包槽、壁龛的开口部分并入相应的工程量内</td></tr>
<tr><td>011104002</td><td>竹、木（复合）地板</td><td>1. 龙骨材料种类、规格、铺设间距
2. 基层材料种类、规格
3. 面层材料品种、规格、颜色
4. 防护材料种类</td></tr>
<tr><td>011104003</td><td>金属复合地板</td><td>1. 龙骨材料种类、规格、铺设间距
2. 基层材料种类、规格
3. 面层材料品种、规格、颜色
4. 防护材料种类</td></tr>
<tr><td>011104004</td><td>防静电活动地板</td><td>1. 支架高度、材料种类
2. 面层材料品种、规格、颜色
3. 防护材料种类</td></tr>
</table>

（5）踢脚线，包括水泥砂浆踢脚线、石材踢脚线、块料踢脚线、现浇水磨石踢脚线、塑料板踢脚线、木质踢脚线、金属踢脚线、防静电踢脚线，具体见表 12.5。

表 12.5 踢脚线（编码：011105）

<table>
<tr><th>项目编码</th><th>项目名称</th><th>项目特征</th><th>计量单位</th><th>工程量计算规则</th></tr>
<tr><td>011105001</td><td>水泥砂浆踢脚线</td><td>1. 踢脚线高度
2. 底层厚度、砂浆配合比
3. 面层厚度、砂浆配合比</td><td rowspan="7">1. m
2. m^2</td><td>按设计图示尺寸以延长米计算。不扣除门洞口的长度，洞口侧壁亦不增加</td></tr>
<tr><td>011105002</td><td>石材踢脚线</td><td rowspan="2">1. 踢脚线高度
2. 粘贴层厚度、材料种类
3. 面层材料品种、规格、颜色
4.防护材料种类</td><td>按设计图示尺寸以面积计算</td></tr>
<tr><td>011105003</td><td>块料踢脚线</td><td>按设计图示尺寸以按延长米计算</td></tr>
<tr><td>011105004</td><td>塑料板踢脚线</td><td>1. 踢脚线高度
2. 黏结层厚度、材料种类
3. 面层材料种类、规格、颜色</td><td>按设计图示尺寸以延长米计算</td></tr>
<tr><td>011105005</td><td>木质踢脚线</td><td rowspan="3">1. 踢脚线高度
2. 基层材料种类、规格
3. 面层材料品种、规格、颜色</td><td>按设计图示尺寸以延长米计算</td></tr>
<tr><td>011105006</td><td>金属踢脚线</td><td>按设计图示尺寸以面积计算</td></tr>
<tr><td>011105007</td><td>防静电踢脚线</td><td>按设计图示尺寸以延长米计算度以面积计算</td></tr>
</table>

（6）楼梯面层，包括石材楼梯面层、块料楼梯面层、拼碎块料面层、水泥砂浆楼梯面层、现浇水磨石楼梯面层、地毯楼梯面层、木板楼梯面层、橡胶楼梯面层、塑料板楼梯面层等，具体见表 12.6。

表 12.6 楼梯面层（编码：011106）

项目编码	项目名称	项目特征	计量单位	工程量计算规则
011106001	石材楼梯面层	1. 找平层厚度、砂浆配合比 2. 面层厚度、砂浆配合比 3. 防滑条材料种类、规格	m^2	按设计图示尺寸以楼梯（包括踏步、休息平台及≤500 mm的楼梯井）水平投影面积计算。楼梯与楼地面相连时，算至梯口梁内侧边沿；无梯口梁者，算至最上一层踏步边沿加300 mm
011106002	块料楼梯面层	1. 找平层厚度、砂浆配合比 2. 黏结层厚度、材料种类 3. 面层材料品种、规格、颜色 4. 防滑条材料种类、规格 5. 勾缝材料种类 6. 防护材料种类 7. 酸洗、打蜡要求		
011106003	拼碎块料面层			
011106004	水泥砂浆楼梯面层	1. 找平层厚度、砂浆配合比 2. 面层厚度、砂浆配合比 3. 防滑条材料种类、规格		
011106005	现浇水磨石楼梯面层	1. 找平层厚度、砂浆配合比 2. 面层厚度、水泥石子浆配合比 3. 防滑条材料种类、规格 4. 石子种类、规格、颜色 5. 颜料种类、颜色 6. 磨光、酸洗打蜡要求		
011106006	地毯楼梯面层	1. 基层材料种类、规格 2. 面层材料品种、规格、颜色 3. 防护材料种类 4. 黏结材料种类 5. 固定配件材料种类、规格		
011106007	木板楼梯面层	1. 基层材料种类、规格 2. 面层材料品种、规格、颜色 3. 黏结材料种类 4. 防护材料种类		
011106008	橡胶板楼梯面层	1. 黏结层厚度、材料种类 2. 面层材料品种、规格、颜色 3. 压线条种类		
011106009	塑料板楼梯面层			

（7）台阶装饰，包括水泥砂浆台阶面、石材台阶面、拼碎块料台阶面、块料台阶面、剁假石台阶面，具体见表 12.7。

表 12.7　台阶装饰（编码：011107）

项目编码	项目名称	项目特征	计量单位	工程量计算规则
011107001	石材台阶面	1. 找平层厚度、砂浆配合比 2. 黏结层材料种类 3. 面层材料品种、规格、颜色 4. 勾缝材料种类 5. 防滑条材料种类、规格 6. 防护材料种类	m²	按设计图示尺寸以台阶（包括最上层踏步边沿加300 mm）水平投影面积计算
011107002	块料台阶面			
011107003	拼碎块料台阶面			
011107004	水泥砂浆台阶面	1. 垫层材料种类、厚度 2. 找平层厚度、砂浆配合比 3. 面层厚度、砂浆配合比 4. 防滑条材料种类		
011107005	现浇水磨石台阶面	1. 找平层厚度、砂浆配合比 2. 面层厚度、水泥石子浆配合比 3. 防滑条材料种类、规格 4. 石子种类、规格、颜色 5. 颜料种类、颜色 6. 磨光、酸洗、打蜡要求		
011107006	剁假石台阶面	1. 找平层厚度、砂浆配合比 2. 面层厚度、砂浆配合比 3. 剁假石要求		

（8）零星装饰项目，包括石材零星项目、拼碎石材零星项目、块料零星项目、水泥砂浆零星项目，具体见表 12.8。

表 12.8　零星装饰项目（编码：011108）

项目编码	项目名称	项目特征	计量单位	工程量计算规则
011108001	石材零星项目	1. 工程部位 2. 找平层厚度、砂浆配合比 3. 贴结合层厚度、材料种类 4. 面层材料品种、规格、颜色 5. 勾缝材料种类 6. 防护材料种类 7. 酸洗、打蜡要求	m²	按设计图示尺寸以面积计算
011108002	拼碎石材零星项目	1. 工程部位 2. 找平层厚度、砂浆配合比 3. 贴结合层厚度、材料种类 4. 面层材料品种、规格、颜色 5. 勾缝材料种类 6. 防护材料种类 7. 酸洗、打蜡要求		按设计图示尺寸以面积计算

续表

项目编码	项目名称	项目特征	计量单位	工程量计算规则
011108003	块料零星项目	1. 工程部位 2. 找平层厚度、砂浆配合比 3. 贴结合层厚度、材料种类 4. 面层材料品种、规格、颜色 5. 勾缝材料种类 6. 防护材料种类 7. 酸洗、打蜡要求	m^2	按设计图示尺寸以面积计算
011108004	水泥砂浆零星项目	1. 工程部位 2. 找平层厚度、砂浆配合比 3. 面层厚度、砂浆厚度		按设计图示尺寸以面积计算

4. 定额说明和工程量计算规则

1）定额说明

（1）本章定额包括找平层及整体面层，块料面层，橡塑面层，木地板、复合地板，其他材料面层，踢脚线，楼梯面层，台阶装饰，零星装饰项目，分格嵌条、防滑条，酸洗打蜡及结晶共 11 节。

（2）水磨石地面水泥石子浆的配合比，设计与定额不同时，可以调整。

（3）同一铺贴面上有不同种类、材质的材料，应分别按本章相应项目执行。

（4）厚度≤60 mm 的细石混凝土按找平层项目执行，厚度>60 mm 的按定额“混凝土及钢筋混凝土工程”垫层项目执行。

（5）楼梯找平层按水平投影面积套用地面找平层项目乘以系数 1.365，台阶找平层按水平投影面套用地面找平层乘以系数 1.48。

（6）采用地暖的地板垫层，按不同材料执行相应项目，人工乘以系数 1.3，材料乘以系数 0.95。

（7）块料面层。

① 镶贴块料项目是按规格料考虑的，如需现场倒角、磨边者按本定额“其他装饰工程”相应项目执行。

② 石材楼地面拼花按成品考虑。

③ 镶嵌规格在 100 mm × 100 mm 以内的石材执行点缀项目。

④ 玻化砖按陶瓷地面砖相应项目执行。

⑤ 石材楼地面需做分格、分色的，按相应项目人工乘以系数 1.10。

⑥ 块料面层粘贴砂浆厚度中，未注明的石材、陶瓷地砖、陶瓷锦砖、水泥花砖、缸砖、广场砖粘贴厚度均为 20 mm。设计粘贴厚度与定额厚度不同时，按找平层每增减子目进行调整。

（8）木地板。

① 木地板安装按成品企口考虑，若采用平口安装，其人工乘以系数 0.85。

② 木地板填充材料、防潮材料按本定额其他章节相应项目执行。

（9）弧形踢脚线、楼梯段踢脚线按相应项目人工、机械乘以系数 1.15。

（10）石材螺旋形楼梯，按弧形楼梯项目人工乘以系数 1.2。

（11）零星项目面层适用于楼梯侧面、台阶的牵边，小便池、蹲台、池槽，以及面积在 0.5 m^2 以内且未列项目的工程。

（12）圆弧形等不规则地面镶贴面层、饰面面层按相应项目人工乘以系数 1.15，块料消耗量损耗按实调整。

（13）水磨石地面包含酸洗打蜡，其他块料项目如需做酸洗打蜡者，单独执行相应酸洗打蜡项目。

（14）石材表面深度清洁养护处理，按不同工艺分别执行酸洗打蜡或结晶项目。

2）定额工程量计算规则

（1）楼地面找平层及整体面层按设计图示尺寸以面积计算。扣除凸出地面构筑物、设备基础、室内铁道、地沟等所占面积，不扣除间壁墙及单个面积≤0.3 m^2 的柱、垛、附墙烟囱及孔洞所占面积。门洞、空圈、暖气包槽、壁龛的开口部分不增加面积。

（2）块料面层、橡塑面层。

① 块料面层、橡塑面层及其他材料面层按设计图示尺寸以面积计算。门洞、空圈、暖气包槽、壁龛的开口部分并入相应的工程量内。

② 石材拼花按最大外围尺寸以矩形面积计算。有拼花的石材地面，按设计图示尺寸扣除拼花的最大外围矩形面积计算面积。

③ 点缀按“个”计算，计算主体铺贴地面面积时，不扣除点缀所占面积。

④ 石材底面刷养护液包括侧面涂刷，工程量按设计图示尺寸以底面积加侧面面积计算。

⑤ 石材表面刷保护液按设计图示尺寸以表面积计算。

⑥ 块料、石材勾缝区分规格按设计图示尺寸以面积计算。

（3）踢脚线按设计图示长度乘高度以面积计算。楼梯靠墙踢脚线（含锯齿形部分）贴块料按设计图示面积计算。

（4）楼梯面层按设计图示尺寸以楼梯（包括踏步、休息平台及≤500 mm 的楼梯井）水平投影面积计算。楼梯与楼地面相连时，算至梯口梁内侧边沿；无梯口梁者，算至最上一层踏步边沿加 300 mm。

（5）台阶面层按设计图示尺寸以台阶（包括最上层踏步边沿加 300 mm）水平投影面积计算。

（6）零星项目按设计图示尺寸以面积计算。

（7）防滑条如无设计要求时，按楼梯、台阶踏步两端距离减 300 mm 以长度计算。

（8）分格嵌条按设计图示尺寸以“延长米”计算。

（9）块料楼地面做酸洗打蜡或结晶者，按设计图示尺寸以表面积计算。

5. 计算实例

【例】某建筑平面如图 12.1 所示，墙厚 240 mm，室内铺设 500 mm × 500 mm 中国红大理石，门窗表如表 12.9 所示，试计算大理石地面的清单工程量和定额工程量。

【解】

（1）清单工程量。

大理石地面项目编码：011102001***

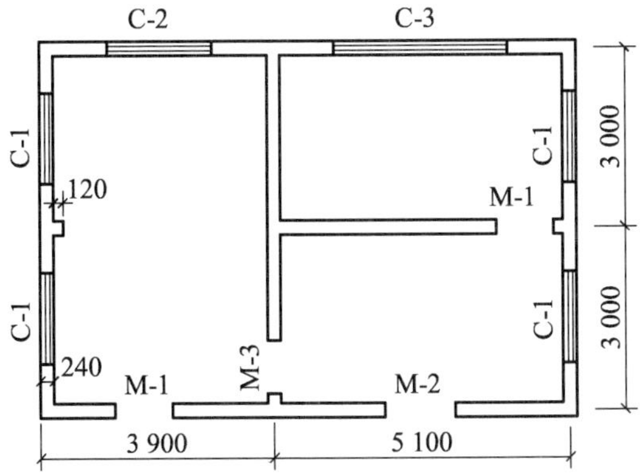

图 12.1

表 12.9　门窗表

门窗表	
M-1	1000 mm×2000 mm
M-2	1200 mm×2000 mm
M-3	900 mm×2400 mm
C-1	1500 mm×1500 mm
C-2	1800 mm×1500 mm
C-3	3000 mm×1500 mm

$$
\begin{aligned}
\text{工程量} &= (3.9-0.24)(3+3-0.24)+(5.1-0.24)(3-0.24)\times 2+\\
&\quad (1+1+0.9+1.2)\times 0.24\\
&= 21.082+26.827+0.98\\
&= 48.89\ (\text{m}^2)
\end{aligned}
$$

（2）定额工程量。

$$\text{定额工程量} = \text{清单工程量} = 48.89\ (\text{m}^2)$$

【例】某学院办公楼入口台阶如图 12.2 所示，花岗石贴面，试计算其台阶清单工程量和定额工程量。

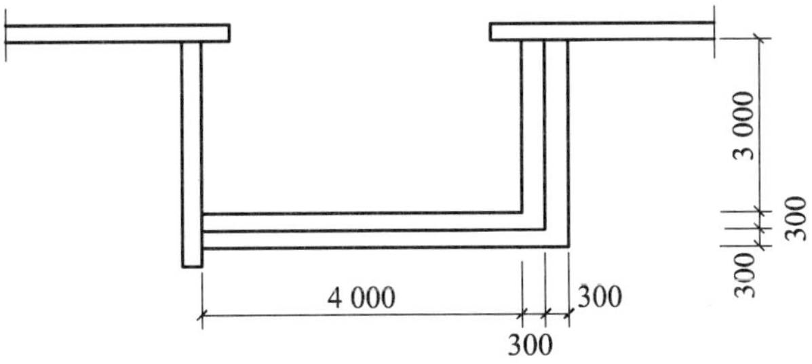

图 12.2　台阶

【解】

（1）清单工程量。

台阶面层：查项目编码 011107001

$$
\begin{aligned}
\text{工程量} &= (4+0.3\times 2)\times(0.3\times 2+0.3)+(3.0-0.3)\times(0.3\times 2+0.3)\\
&= 4.6\times 0.9+2.7\times 0.9\\
&= 6.57\ (\text{m}^2)
\end{aligned}
$$

（2）定额工程量。

$$\text{定额工程量} = \text{清单工程量} = 6.57\ (\text{m}^2)$$

【例】某建筑物内一楼梯如图 12.3 所示，同走廊连接，采用直线双跑形式，墙厚 240 mm，梯井 300 mm 宽，楼梯满铺芝麻白大理石，试计算其工程量。

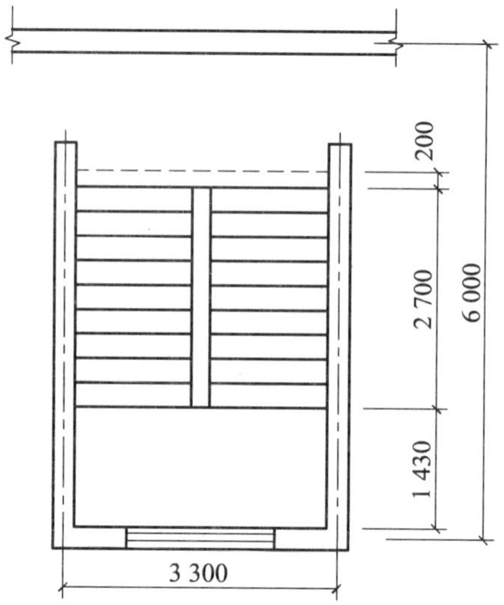

图 12.3　楼梯

【解】

（1）清单工程量。

查楼梯项目编码 011106001 ***

$$楼梯工程量 = (3.3-0.24)\times(0.20+2.7+1.43) = 3.06\times4.33 = 13.25\ (m^2)$$

（2）定额工程量。

$$定额工程量 = 清单工程量 = 13.25\ (m^2)$$

12.2　墙柱面装饰与隔断、幕墙工程计量与计价

墙柱面装饰是装饰装修中的重要组成部分，一方面墙柱面装饰在装饰中占用面积比较大的部分，另一方面也是装饰施工中的重点部分。对墙柱面进行整体设计、装饰，既可以保护墙、柱体等结构部分，又可以美化室内外环境。根据建筑物使用功能要求的不同，主要可以分为抹灰类、贴块料类和饰面类。

隔墙和隔断都是用来划分空间的构件，其中隔墙是将所封闭的空间完全封闭，注重的是封闭功能，隔断限定空间而又不使被限定的空间之间完全割裂，是一种非纯功能性构件，而不是实际的墙，隔断更注重的是装饰效果。

1. 清单分项和工程量计算规则

1）清单说明

（1）立面砂浆找平项目适用于仅做找平层的立面抹灰。

（2）墙面抹石灰砂浆、水泥砂浆、混合砂浆、聚合物水泥砂浆、麻刀石灰浆、石膏灰浆等按本表中墙、柱面一般抹灰列项；墙面水刷石、斩假石、干粘石、假面砖等按本表中墙面装饰抹灰列项。

（3）飘窗凸出外墙面增加的抹灰并入外墙工程量内。

（4）有吊顶天棚的内墙面抹灰，抹至吊顶以上部分在综合单价中考虑。

（5）砂浆找平项目适用于仅做找平层的柱（梁）面抹灰。

（6）柱（梁）面抹石灰砂浆、水泥砂浆、混合砂浆、聚合物水泥砂浆、麻刀石灰浆、石膏灰浆等按本表中柱（梁）面一般抹灰编码列项；柱（梁）面水刷石、斩假石、干粘石、假面砖等按本表柱（梁）面中墙面装饰抹灰列项。

（7）零星项目抹石灰砂浆、水泥砂浆、混合砂浆、聚合物水泥砂浆、麻刀石灰浆、石膏灰浆等按本表中零星项目一般抹灰编码列项，水刷石、斩假石、干粘石、假面砖等按本表中零星项目装饰抹灰编码列项。

（8）墙、柱（梁）面≤0.5 m^2的少量分散的抹灰按本表中零星抹灰项目编码列项。

（9）在描述拼碎石材项目的面层材料特征可不用描述规格、颜色。

（10）石材、块料与粘接材料的结合面刷防渗材料的种类在防护层材料种类中描述。

（11）柱梁面干挂石材的钢骨架按表 011204 项目编码列项。

（12）零星项目干挂石材的钢骨架按表 011204 项目编码列项。

（13）墙、柱面≤0.5 m^2的少量分散的块料面层按本表中零星项目执行。

2）清单项目

包括墙面抹灰，柱（梁）面抹灰，零星抹灰，墙面块料面层，柱（梁）面镶贴块料，镶贴零星块料，墙饰面、柱（梁）饰面，幕墙工程，隔断等 10 节，共 35 个项目。

（1）墙面抹灰，包括墙面一般抹灰、墙面装饰抹灰、墙面勾缝、立面砂浆找平层，具体见表 12.10。

表 12.10　墙面抹灰（编码：0111201）

<table>
<tr><th>项目编码</th><th>项目名称</th><th>项目特征</th><th>计量单位</th><th>工程量计算规则</th></tr>
<tr><td>011201001</td><td>墙面一般抹灰</td><td rowspan="2">1. 墙体类型
2. 底层厚度、砂浆配合比
3. 面层厚度、砂浆配合比
4. 装饰面材料种类
5. 分格缝宽度、材料种类</td><td rowspan="4">m^2</td><td rowspan="4">按设计图示尺寸以面积计算。扣除墙裙、门窗洞口及单个>0.3 m^2的孔洞面积，不扣除踢脚线、挂镜线和墙与构件交接处的面积，门窗洞口和孔洞的侧壁及顶面不增加面积。附墙柱、梁、垛、烟囱侧壁并入相应的墙面面积内。
1. 外墙抹灰面积按外墙垂直投影面积计算
2. 外墙裙抹灰面积按其长度乘以高度计算
3. 内墙抹灰面积按主墙间的净长乘以高度计算
（1）无墙裙的，高度按室内楼地面至天棚底面计算
（2）有墙裙的，高度按墙裙顶至天棚底面计算
4. 内墙裙抹灰面按内墙净长乘以高度计算</td></tr>
<tr><td>011201002</td><td>墙面装饰抹灰</td></tr>
<tr><td>011201003</td><td>墙面勾缝</td><td>1. 勾缝类型
2. 勾缝材料种类</td></tr>
<tr><td>011201004</td><td>立面面砂浆找平层</td><td>1. 基层类型
2. 找平的砂浆厚度、配合比</td></tr>
</table>

（2）柱（梁）面抹灰，包括柱柱、梁面一般抹灰，柱、梁面装饰抹灰，柱、梁面砂浆找平，柱面勾缝，具体见表 12.11。

表 12.11　零星抹灰（编码：011202）

<table>
<tr><th>项目编码</th><th>项目名称</th><th>项目特征</th><th>计量单位</th><th>工程量计算规则</th></tr>
<tr><td>011202001</td><td>柱、梁面一般抹灰</td><td rowspan="2">1. 墙体类型
2. 底层厚度、砂浆配合比
3. 面层厚度、砂浆配合比
4. 装饰面材料种类
5. 分格缝宽度、材料种类</td><td>m^2</td><td>1. 柱面抹灰：按设计图示柱断面周长乘高度以面积计算。
2. 梁面抹灰：按设计图示梁断面周长乘长度以面积计算</td></tr>
<tr><td>011202002</td><td>柱、梁面装饰抹灰</td><td rowspan="2">m^2</td><td rowspan="2">按设计图示尺寸以面积计算</td></tr>
<tr><td>011202003</td><td>柱、梁面砂浆找平</td><td>1. 柱（梁）体类型
2. 找平的砂浆厚度、配合比</td></tr>
<tr><td>011202004</td><td>柱面勾缝</td><td>1. 勾缝类型
2. 勾缝材料种类</td><td>m^2</td><td>按设计图示柱断面周长乘高度以面积计算</td></tr>
</table>

（3）零星抹灰，包括零星项目一般抹灰、零星项目装饰抹灰、零星项目砂浆找平，具体见表 12.12。

表 12.12　零星抹灰（编码：011203）

项目编码	项目名称	项目特征	计量单位	工程量计算规则
011203001	零星项目一般抹灰	1. 墙体类型 2. 底层厚度、砂浆配合比 3. 面层厚度、砂浆配合比 4. 装饰面材料种类 5. 分格缝宽度、材料种类	m^2	按设计图示尺寸以面积计算
011203002	零星项目装饰抹灰	1. 墙体类型 2. 底层厚度、砂浆配合比 3. 面层厚度、砂浆配合比 4. 装饰面材料种类 5. 分格缝宽度、材料种类	m^2	按设计图示尺寸以面积计算
011203003	零星项目砂浆找平	1. 基层类型 2. 找平的砂浆厚度、配合比	m^2	按设计图示尺寸以面积计算

（4）墙面块料面层，包括石材墙面，拼碎石材墙、柱面，块料墙面，干挂石材钢骨架，具体见表 12.13。

表 12.13　墙、柱面块料面层（编码：011204）

项目编码	项目名称	项目特征	计量单位	工程量计算规则
011204001	石材墙面	1. 墙体类型 2. 安装方式 3. 面层材料品种、规格、颜色 4. 缝宽、嵌缝材料种类 5. 防护材料种类 6. 磨光、酸洗、打蜡要求	m^2	按镶贴表面积计算
011204002	拼碎石材墙面	1. 墙体类型 2. 安装方式 3. 面层材料品种、规格、颜色 4. 缝宽、嵌缝材料种类 5. 防护材料种类 6. 磨光、酸洗、打蜡要求	m^2	按镶贴表面积计算
011204003	块料墙面	1. 墙体类型 2. 安装方式 3. 面层材料品种、规格、颜色 4. 缝宽、嵌缝材料种类 5. 防护材料种类 6. 磨光、酸洗、打蜡要求	m^2	按镶贴表面积计算
011204004	干挂石材钢骨架	1. 骨架种类、规格 2. 防锈漆品种遍数	t	按设计图示以质量计算

（5）柱（梁）面镶贴块料，包括石材柱面、块料柱面、拼碎块柱面、石材梁面、块料梁面，具体见表 12.14。

表 12.14　墙、柱面块料面层（编码：011205）

项目编码	项目名称	项目特征	计量单位	工程量计算规则
011205001	石材柱面	1. 墙体类型 2. 安装方式 3. 面层材料品种、规格、颜色 4. 缝宽、嵌缝材料种类 5. 防护材料种类 6. 磨光、酸洗、打蜡要求	m^2	按镶贴表面积计算
011205002	块料柱面	1. 墙体类型 2. 安装方式 3. 面层材料品种、规格、颜色 4. 缝宽、嵌缝材料种类 5. 防护材料种类 6. 磨光、酸洗、打蜡要求	m^2	按镶贴表面积计算

续表

项目编码	项目名称	项目特征	计量单位	工程量计算规则
011205003	拼碎块柱面	1. 墙体类型 2. 安装方式 3. 面层材料品种、规格、颜色 4. 缝宽、嵌缝材料种类 5. 防护材料种类 6. 磨光、酸洗、打蜡要求	m^2	按镶贴表面积计算
011205004	石材梁面	1. 安装方式 2. 面层材料品种、规格、颜色 3. 缝宽、嵌缝材料种类 4. 防护材料种类 5. 磨光、酸洗、打蜡要求	m^2	按镶贴表面积计算
011205005	块料梁面			

（6）镶贴零星块料，包括石材零星项目、块料零星项目、拼碎块零星项目，具体见表 12.15。

表 12.15　镶贴零星块料面层（编码：011206）

项目编码	项目名称	项目特征	计量单位	工程量计算规则
011206001	石材零星项目	1. 基层类型，部位 2. 安装方式 3. 面层材料品种、规格、颜色 4. 缝宽、嵌缝材料种类 5. 防护材料种类 6. 磨光、酸洗、打蜡要求	m^2	按镶贴表面积计算
011206002	块料零星项目	1. 安装方式 2. 面层材料品种、规格、颜色 3. 缝宽、嵌缝材料种类 4. 防护材料种类 5. 磨光、酸洗、打蜡要求	m^2	按镶贴表面积计算
011206003	拼碎块零星项目	1. 安装方式 2. 面层材料品种、规格、颜色 3. 缝宽、嵌缝材料种类 4. 防护材料种类 5. 磨光、酸洗、打蜡要求	m^2	按镶贴表面积计算

（7）墙饰面，包括墙面装饰板，墙、柱面装饰浮雕，具体见表 12.16。

表 12.16　墙饰面（编码：011207）

项目编码	项目名称	项目特征	计量单位	工程量计算规则
011207001	墙面装饰板	1. 龙骨材料种类、规格、中距 2. 隔离层材料种类、规格 3. 基层材料种类、规格 4. 面层材料品种、规格、颜色 5. 压条材料种类、规格	m^2	按设计图示尺寸以面积计算。扣除门窗洞口及单个>0.3 m^2 的孔洞所占面积
011207002	墙、柱面装饰浮雕	1. 基层类型 2. 浮雕材料种类 3. 浮雕样式	m^2	按设计图示尺寸以面积计算

（8）柱饰面。包括柱（梁）面装饰，成品装饰柱。具体见表 12.17。

表 12.17　墙饰面（编码：011208）

项目编码	项目名称	项目特征	计量单位	工程量计算规则
011208001	柱（梁）面装饰	1. 龙骨材料种类、规格、中距 2. 隔离层材料种类、规格 3. 基层材料种类、规格 4. 面层材料品种、规格、颜色 5. 压条材料种类、规格	m^2	按设计图示饰面外围尺寸以面积计算。柱帽、柱墩并入相应柱饰面工程量内。
011208002	成品装饰柱	1. 柱截面、高度尺寸 2. 柱材质	1. 根 2. m	1. 以根计算，按设计数量计算 2. 以米计算，按设计长度计算

（9）幕墙工程，包括构件式架幕墙、全玻（无框玻璃）幕墙，具体见表 12.18。

表 12.18　幕墙工程（编码：011209）

项目编码	项目名称	项目特征	计量单位	工程量计算规则
011209001	构件式幕墙	1. 骨架材料种类、规格、中距 2. 面层材料品种、规格、颜色 3. 面层固定方式 4. 隔离带、框边封闭材料品种、规格 5. 嵌缝、塞口材料种类	m^2	按设计图示框外围尺寸以面积计算。与幕墙同种材质的窗所占面积不扣除
011209002	全玻（无框玻璃）幕墙	1. 玻璃品种、规格、颜色 2. 黏结塞口材料种类 3. 固定方式		按设计图示尺寸以面积计算。带肋全玻幕墙按展开面积计算

（10）隔断，包括隔断现场制作、安装和成品隔断安装，具体见表 12.19。

表 12.19　隔断（编码 011210）

<table>
<tr><th>项目编码</th><th>项目名称</th><th>项目特征</th><th>计量单位</th><th>工程量计算规则</th></tr>
<tr><td>011210001</td><td>隔断现场制作、安装</td><td>1. 骨架、边框材料种类、规格
2. 隔板材料品种、规格、颜色
3. 嵌缝、塞口材料品种
4. 压条材料种类</td><td rowspan="4">m^2</td><td rowspan="2">按设计图示框外围尺寸以面积计算。不扣除单个≤0.3 m^2 的孔洞所占面积；浴厕门的材质与隔断相同时，门的面积并入隔断面积内</td></tr>
<tr><td>011210002</td><td>金属隔断</td><td>1. 骨架、边框材料种类、规格
2. 隔板材料品种、规格、颜色
3. 嵌缝、塞口材料品种</td></tr>
<tr><td>011210003</td><td>玻璃隔断</td><td>1. 边框材料种类、规格
2. 玻璃品种、规格、颜色
3. 嵌缝、塞口材料品种</td><td rowspan="2">按设计图示框外围尺寸以面积计算。不扣除单个≤0.3 m^2 的孔洞所占面积</td></tr>
<tr><td>011210004</td><td>塑料隔断</td><td>1. 边框材料种类、规格
2. 隔板材料品种、规格、颜色
3. 嵌缝、塞口材料品种</td></tr>
<tr><td>011210005</td><td>成品隔断</td><td>1. 隔断材料品种、规格、颜色
2. 配件品种、规格</td><td>1. m^2
2. 间</td><td>1. 按设计图示框外围尺寸以面积计算
2. 按设计间的数量以间计算</td></tr>
<tr><td>011210006</td><td>其他隔断</td><td>1. 骨架、边框材料种类、规格
2. 隔板材料品种、规格、颜色
3. 嵌缝、塞口材料品种</td><td>m^2</td><td>按设计图示框外围尺寸以面积计算。不扣除单个≤0.3 m^2 的孔洞所占面积</td></tr>
</table>

2. 定额分项和工程量计算规则

1）定额说明

（1）本章定额包括墙面抹灰、柱（梁）面抹灰、零星抹灰、墙面块料面层、柱（梁）面镶贴块料、镶贴零星块料、墙饰面、柱（梁）饰面、隔断等 9 节。

（2）圆弧形、锯齿形、异形等不规则墙面抹灰、镶贴块料按相应项目乘以系数 1.15。

（3）干挂石材骨架按钢骨架项目执行。预埋铁件按“混凝土及钢筋混凝土工程”铁件制作安装项目执行。

（4）女儿墙内侧、阳台栏板（不扣除花格所占孔洞面积）内侧与阳台栏板外侧抹灰套用墙面一般抹灰项目乘以系数 1.1 计算，块料按展开面积计算；女儿墙带泛水挑砖者，人工及机械乘以系数 1.30 按墙面相应项目执行；女儿墙外侧并入外墙计算。

（5）抹灰面层。

① 抹灰项目中砂浆配合比与设计不同者，按设计要求调整；如设计厚度与定额取定厚度

不同者，按相应增减厚度项目调整。

② 抹灰工程的“零星项目”适用于各种壁柜、碗柜、飘窗板、空调隔板、暖气罩、池槽、花台以及≤0.5 m^2的其他各种零星抹灰。

③ 抹灰工程的装饰线条适用于门窗套、挑檐、腰线、压顶、遮阳板外边、宣传栏边框等项目的抹灰，以及突出墙面且展开宽度≤300 mm 的竖横线条抹灰。线条展开宽度>300 mm 且≤400 mm 者，按相应项目乘以系数 1.33；展开宽度>400 mm 且≤500 mm 者，按相应项目乘以系数 1.67。

（6）块料面层。

① 墙面贴块料、饰面高度在 300 mm 以内者，按踢脚线项目执行。

② 勾缝镶贴面砖子目，面砖消耗量分别按缝宽 5 mm 和 10 mm 考虑，如灰缝宽度与取定不同者，其块料及灰缝材料（干混预拌砂浆）允许调整。

③ 玻化砖、干挂玻化砖或玻岩板按面砖相应项目执行。马赛克按陶瓷锦砖相应项目执行。

（7）除已列有挂贴石材柱帽、柱墩项目外，其他项目的柱帽、柱墩并入相应柱面积内，每个柱帽或柱墩另增人工：抹灰 0.25 工日，块料 0.38 工日，饰面 0.5 工日。

（8）木龙骨基层是按双向计算的，如设计为单向时，材料、人工乘以系数 0.55。

（9）隔断：

① 面层、隔墙（间壁）、隔断（护壁）项目内，除注明者外均未包括压边、收边、装饰线（板），如设计要求时，应按照定额“其他装饰工程”相应项目执行；浴厕隔断已综合了隔断门所增加的工料。

② 隔墙（间壁）、隔断（护壁）等项目中龙骨间距、规格如与设计不同时，允许调整。

（10）本章设计要求做防火、防腐、防锈处理者，应按定额“油漆、涂料、裱糊工程”相应项目执行。

2）定额工程量计算规则

（1）抹灰。

① 内墙面、墙裙抹灰面积应扣除设计门窗洞口和单个面积>0.3 m^2以上的空圈所占的面积.不扣除踢脚线、挂镜线及单个面积≤0.3 m^2的孔洞和墙与构件交接处的面积。且门窗洞口、空圈、孔洞的侧壁面积亦不增加，附墙柱的侧面抹灰应并入墙面、墙裙抹灰工程量内计算。

② 内墙面、墙裙的长度以主墙间的图示净长计算，墙面高度按室内地面至天棚底面净高计算，墙面抹灰面积应扣除墙裙抹灰面积，如墙面和墙裙抹灰种类相同者，工程量合并计算。钉板天棚的内墙面抹灰，其高度按室内地面或楼地面至天棚底面另加 100 mm 计算。

③ 外墙抹灰面积，按垂直投影面积计算，应扣除门窗洞口、外墙裙（墙面和墙裙抹灰种类相同者应合并计算）和单个面积>0.3 m^2 的孔洞所占面积，不扣除单个面积≤0.3 m^2 的孔洞所占面积，门窗洞口及孔洞侧壁面积亦不增加。附墙柱、梁、垛、烟囱侧面抹灰面积应并入外墙面抹灰工程量内。

④ 柱抹灰按结构断面周长乘抹灰高度计算。

⑤ 装饰线条抹灰按设计图示尺寸以长度计算。

⑥ 装饰抹灰分格嵌缝按抹灰面面积计算。

⑦“零星项目”按设计图示尺寸以展开面积计算。

（2）块料面层。

① 挂贴石材零星项目中柱墩、柱帽是按圆弧形成品考虑的，按其圆的最大外径以周长计算：其他类型的柱帽、柱墩工程量按设计图示尺寸以展开面积计算。

② 镶贴块料面层，按镶贴表面积计算。

③ 柱镶贴块料面层按设计图示饰面外围尺寸乘以高度以面积计算。

（3）墙饰面。

① 龙骨、基层、面层墙饰面项目按设计图示饰面尺寸以面积计算，扣除门窗洞口及单个面积>0.3 m^2 以上的空圈所占的面积，不扣除单个面积≤0.3 m^2 的孔洞所占面积。

② 柱（梁）饰面的龙骨、基层、面层按设计图示饰面尺寸以面积计算，柱帽、柱墩并入相应柱面积计算。

（4）隔断。

隔断按设计图示框外围尺寸以面积计算，扣除门窗洞及单个面积>0.3 m^2 的孔洞所占面积。

（5）幕墙工程。

① 点支承玻璃幕墙，按设计图示尺寸以四周框外围展开面积计算。肋玻结构点式幕墙玻璃肋工程量不另计算，作为材料项进行含量调整。点支承玻璃幕墙索结构辅助钢桁架制作安装，按质量计算。

② 全玻璃幕墙，按设计图示尺寸以面积计算。带肋全玻璃幕墙，按设计图示尺寸以展开面积计算，玻璃肋按玻璃边缘尺寸以展开面积计算并入幕墙工程量内。

③ 单元式幕墙的工程量按图示尺寸的外围面积以“m^2”计算，不扣除幕墙区域设置的窗、洞口面积。防火隔断安装的工程量按设计图示尺寸垂直投影面积以“m^2”计算。槽型预埋件及 T 型转接件螺栓安装的工程量按设计图示数量以“个”计算。

④ 金属板幕墙，按设计图示尺寸以外围面积计算。凹或凸出的板材折边不另计算，计入金属板材料单价中。

⑤ 框支承玻璃幕墙，按设计图示尺寸以框外围展开面积计算。与幕墙同种材质的窗所占面积不扣除。

⑥ 幕墙防火隔断，按设计图示尺寸以展开面积计算。

⑦ 幕墙防雷系统、金属成品装饰压条均按延长米计算。

⑧ 雨篷按设计图示尺寸以外围展开面积计算。有组织排水的排水沟槽按水平投影面积计算并入雨篷工程量内。

3. 计算实例

【例】某工程如图 12.4 所示，内墙面抹 1∶2 水泥砂浆底，1∶3 石灰砂浆找平层，麻刀石灰浆面层，共 20 mm 厚。内墙裙采用 1∶3 水泥砂浆打底（19 mm 厚），1∶2.5 水泥砂浆面层（5 mm 厚），计算内墙面抹灰清单工程量和定额工程量。[门（M）：1000 mm × 2700 mm 共 3 个，窗（C）：1500 mm × 1800 mm 共 4 个]

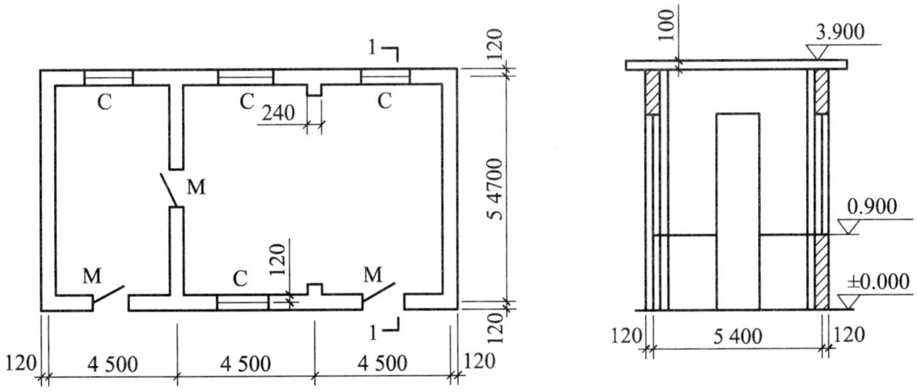

图 12.4

【解】（1）清单工程量计算。

内墙抹灰项目编码：011201001001

$$内墙抹灰工程量 = [(4.50\times3-0.24\times2+0.12\times2)\times2+(5.40-0.24)\times4]\times(3.90-0.10-0.90)-1.00\times(2.70-0.90)\times4-1.50\times1.80\times4 = 116.96\,(m^2)$$

内墙裙抹灰项目编码：011201001002

$$内墙裙抹灰工程量 = [(4.50\times3-0.24\times2+0.12\times2)\times2+(5.40-0.24)\times4-1.00\times4]\times0.90 = 37.94\,(m^2)$$

（2）定额工程量计算。

$$内墙抹灰工程量 = 主墙间净长度\times墙面高度-门窗等面积+垛的侧面抹灰面积 = [(4.50\times3-0.24\times2+0.12\times2)\times2+(5.40-0.24)\times4]\times(3.90-0.10-0.90)-1.00\times(2.70-0.90)\times4-1.50\times1.80\times4 = 116.96\,(m^2)$$

$$内墙裙抹灰工程量 = 主墙间净长度\times墙裙高度-门窗所占面积+垛的侧面抹灰面积 = [(4.50\times3-0.24\times2+0.12\times2)\times2+(5.40-0.24)\times4-1.00\times4]\times0.90 = 37.94\,(m^2)$$

【例】某工程如图 12.5 所示，挑檐挑出外墙面 100 mm，底层为 1∶3 水泥砂浆打底 16 mm 厚，面层为 1∶2 水泥砂浆抹面 4 mm 厚；外墙裙水刷石，1∶3 水泥砂浆打底 12 mm 厚，素水泥浆二遍，1∶1.25 水泥白石子 10 mm 厚（分格），挑檐水刷白石，厚度与配合比均与定额相同，计算外墙面抹灰和外墙裙及挑檐装饰抹灰工程量，编制工程是清单并计价［门（M）：1000 mm × 2500 mm；窗（C）：1200 mm × 1500 mm］。

【解】

（1）清单工程量计算。

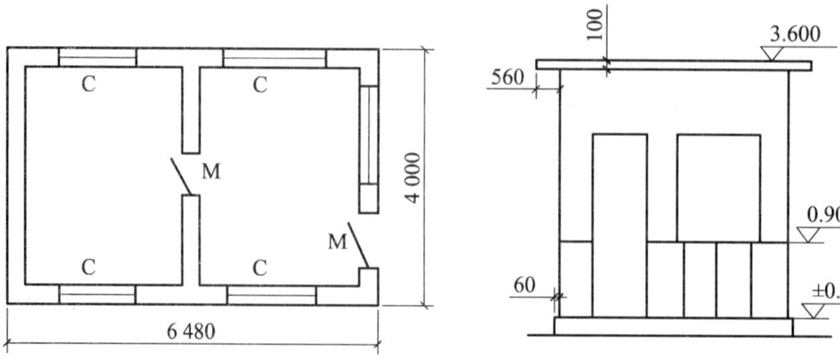

图 12.5

外墙面水泥砂浆工程量 = （6.48 + 4.00）×2×（3.6 − 0.10 − 0.90）− 1.00×（2.50 − 0.90）− 1.20×1.50×5

= 43.90（m^2）

外墙裙水刷白石子工程量 = [（6.48 + 4.00）×2 − 1.00]×0.90 = 17.96（m^2）

挑檐水刷石工程 = [（6.48 + 4.00）×2 + 0.56×8]×（0.1 + 0.1）= 5.088（m^2）

（2）编制工程量计算。

表 12-20　分部分项工程量清单

序号	项目编码	项目名称	项目特征描述	计量单位	工程量	金额/元 综合单价	金额/元 合价	金额/元 其中 暂估价
1	011201001001	外墙面水泥砂浆	1. 底层厚度、砂浆配合比：1∶3 水泥砂浆 14 厚 2. 面层厚度、砂浆配合比：1∶2 水泥砂浆 6 厚	m^2	43.9			
2	011201002001	外墙裙水刷石	1. 底层厚度、砂浆配合比：1∶3 水泥砂浆 12 厚 2. 面层厚度、砂浆配合比：1∶1.25 水泥豆石浆 10 厚（分格）	m^2	17.96			
3	011203002001	零星项目装饰抹灰（挑檐水刷石）	1. 基层类型、部位：挑檐 2. 底层厚度、砂浆配合比：1∶3 水泥砂浆 12 厚 3. 面层厚度、砂浆配合比：1∶1.25 水泥豆石浆 10 厚	m^2	5.09			

（3）对工程量清单计价。

① 确定为清单项目组价定额项目（计价项目），并查的定额项目所对应的基价表。

通过工程量清单的项目特征描述及计价规范中关于该项工程内容的描述：

011201001001 外墙面水泥砂浆组价定额项为 A10-2；

011201002001 外墙裙水刷石组价定额项为 A10-22 及 A10-12；

011203002001 零星项目装饰抹灰（挑檐水刷石）组价定额项为 A10-43。

② 计算计价项目的定额工程量。

外墙面水泥砂浆定额工程量 = 43.90 m^2

外墙裙水刷石定额工程量 = 17.96 m^2

分格嵌缝工程量 = 17.96 m^2

挑檐水刷石定额工程量 = 5.088 m^2

③ 计价。

清单计算过程如表 12-21 所示

表 12-21 分部分项工程和单价措施项目清单全费用分析表

工程名称：单位工程

序号	项目编码	项目名称	计量单位	工程量	综合单价/元										
					人工费	材料费	机械费	费用	费用明细（不重复计入小计）					增值税	小计
									管理费	利润	总价措施	其中:安全文明施工	规费		
1	011201001001	墙面一般抹灰	m^2	43.9	20.13	6.77	0.06	9.39	2.86	2.96	1.52	1.09	2.05	3.27	39.61
	A10-2 换	墙面一般抹灰 外墙(14+6 mm)【现拌砂浆】	100 m^2	0.439	2012.87	676.98	5.95	938.55	286.47	295.56	151.61	108.81	204.91	327.09	3961.44
2	011201002001	墙面装饰抹灰	m^2	17.96	26.26	7.92	0.3	12.35	3.77	3.89	1.99	1.43	2.7	4.21	51.05
	A10-22	墙面装饰抹灰 分格嵌缝 分格	100 m^2	0.1796	281.36	0	0	130.8	39.92	41.19	21.14	15.17	28.55	37.09	449.25
	A10-12 换	墙面装饰抹灰 水刷石【现拌砂浆】	100 m^2	0.1796	2344.8	792.1	30.19	1104.11	337.01	347.7	178.35	128.01	241.05	384.41	4655.61
3	011203002001	零星项目 装饰抹灰	m^2	5.09	50.92	8	0.3	23.81	7.27	7.5	3.85	2.76	5.2	7.47	90.51
	A10-43 换	装饰抹灰 零星项目 水刷石【现拌砂浆】	100 m^2	0.0509	5091.94	799.84	30.35	2381.37	726.85	749.9	384.69	276.09	519.93	747.32	9050.82

【例】某厕所平面、立面图如图 12.6 所示，隔断及门采用某品牌 80 系列塑钢门窗材料制作。试计算厕所塑钢隔断工程量。

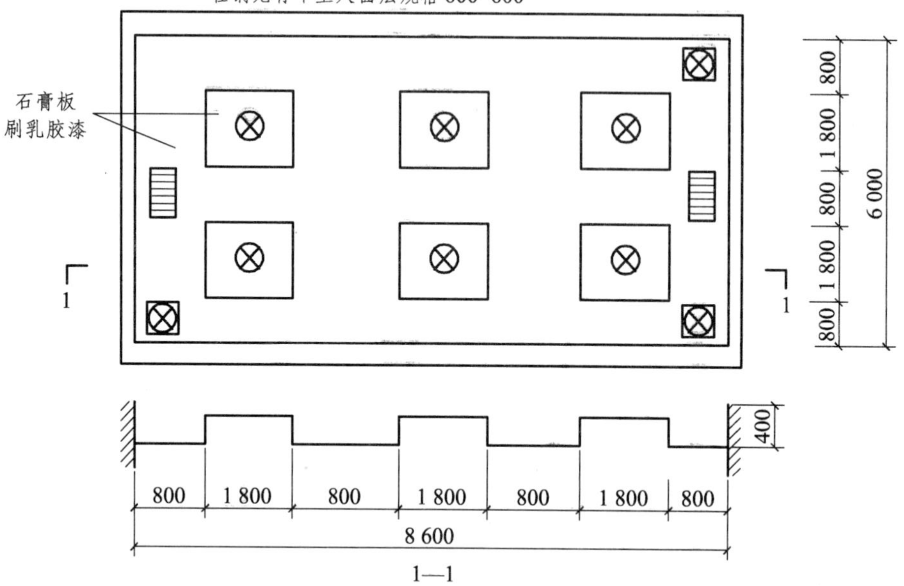

图 12.6 厕所隔断图

【解】

（1）清单工程量计算。

$$厕所隔间隔断工程量 = (1.35+0.15+0.12)\times(0.3\times2+0.15\times2+1.2\times3)$$
$$=1.62\times4.5=7.29\ (m^2)$$
$$厕所隔间门的工程量 = 1.35\times0.7\times3=2.835\ (m^2)$$
$$厕所隔断工程量 = 隔间隔断工程量 + 隔间门的工程量$$
$$=7.29+2.835=10.13\ (m^2)$$

（2）清单工程量计算。

$$厕所隔断清单工程量 = 定额工程量 = 10.13\ (m^2)$$

项目编码是 011210002***。

12.3 天棚工程计量与计价

1. 清单分项和工程量计算规则

1）清单说明

天棚工程包括天棚抹灰、天棚吊顶、采光天棚、天棚其他装饰 4 节，共 10 个项目。

2）清单项目编码及工程量计算规则

（1）天棚抹灰，具体见表 12.22。

表 12.22　天棚抹灰（编码：011301）

项目编码	项目名称	项目特征	计量单位	工程量计算规则
011301001	天棚抹灰	1. 基层类型 2. 抹灰厚度、材料种类 3. 砂浆配合比	m^2	按设计图示尺寸以水平投影面积计算。不扣除间壁墙、垛、柱、附墙烟囱、检查口和管道所占的面积，带梁天棚、梁两侧抹灰面积并入天棚面积内，板式楼梯底面抹灰按斜面积计算，锯齿形楼梯底板抹灰按展开面积计算

（2）天棚吊顶，包括吊顶天棚、格栅吊顶、吊筒吊顶、藤条造型悬挂吊顶、织物软雕吊顶、装饰网架吊顶共 6 项，具体见表 12.23。

表 12.23　天棚吊顶（编码：011302）

<table>
<tr><th>项目编码</th><th>项目名称</th><th>项目特征</th><th>计量单位</th><th>工程量计算规则</th></tr>
<tr><td>011302001</td><td>吊顶天棚</td><td>1. 吊顶形式、吊杆规格、高度
2. 龙骨材料种类、规格、中距
3. 基层材料种类、规格
4. 面层材料品种、规格
5. 压条材料种类、规格
6. 嵌缝材料种类
7. 防护材料种类</td><td rowspan="6">m^2</td><td>按设计图示尺寸以水平投影面积计算。不扣除间壁墙、检查口、附墙烟囱、柱垛和管道所占面积，扣除单个>0.3 m^2 的孔洞、独立柱及与天棚相连的窗帘盒所占的面积</td></tr>
<tr><td>011302002</td><td>格栅吊顶</td><td>1. 龙骨材料种类、规格、中距
2. 基层材料种类、规格
3. 面层材料品种、规格
4. 防护材料种类</td><td rowspan="2">按设计图示尺寸以水平投影面积计算</td></tr>
<tr><td>011302003</td><td>吊筒吊顶</td><td>1. 吊筒形状、规格
2. 吊筒材料种类
3. 防护材料种类</td></tr>
<tr><td>011302004</td><td>藤条造型悬挂吊顶</td><td rowspan="2">1. 骨架材料种类、规格
2. 面层材料品种、规格</td><td rowspan="3">按设计图示尺寸以水平投影面积计算</td></tr>
<tr><td>011302005</td><td>织物软雕吊顶</td></tr>
<tr><td>011302006</td><td>网架（装饰）吊顶</td><td>1. 骨架材料种类、规格
2. 面层材料品种、规格</td></tr>
</table>

（3）采光天棚工程，具体见表 12.24。

表 12.24　天棚其他装饰（编码：011303）

项目编码	项目名称	项目特征	计量单位	工程量计算规则
011303001	采光天棚	1. 骨架类型 2. 固定类型、固定材料品种、规格 3. 面层材料品种、规格 4. 嵌缝、塞口材料种类	m^2	按框外围展开面积计算

（4）天棚其他装饰，包括灯带（槽），送风口、回风口等 2 项清单项目，具体见表 12.25。

表 12.25　天棚其他装饰（编码：011304）

项目编码	项目名称	项目特征	计量单位	工程量计算规则
011304001	灯带（槽）	1. 灯带型式、尺寸 2. 格栅片材料品种、规格 3. 安装固定方式	m^2	按设计图示尺寸以框外围面积计算
011304002	送风口、回风口	1. 风口材料品种、规格 2. 安装固定方式 3. 防护材料种类	个	按设计图示数量计算

2. 定额分项和工程量计算规则

1）定额说明

（1）本章定额包括天棚抹灰、天棚吊顶、采光天棚、天棚其他装饰等 4 节。

（2）天棚抹灰面层。

① 抹灰项目中砂浆配合比与设计不同时，可按设计要求予以换算；如设计厚度与定额取定厚度不同时，按相应项目调整。

② 若混凝土天棚刷素水泥浆或界面剂，按本定额“墙、柱面装饰与隔断工程”相应项目人工乘以系数 1.15。

③ 带密肋小梁和每个井内面积在 5 m^2 以内的井字梁天棚抹灰，按每 100 m^2 增加 3.96 工日计算。

④ 楼梯底板抹灰按本章相应项目执行，其中锯齿形楼梯按相应项目人工乘以系数 1.35。

（3）吊顶天棚。

① 吊顶天棚中均为天棚龙骨、基层、面层分别列项编制。

② 龙骨的种类、间距、规格和基层、面层材料的型号、规格是按常用材料和常用做法考虑的，如设计要求不同时，材料可以调整，人工、机械不变。

③ 天棚面层在同一标高者为平面天棚，天棚面层不在同一标高，高差在 200 mm 以上 400 mm 以下，且满足以下条件者为跌级天棚。木龙骨、轻钢龙骨错台投影面积大于 18%或

弧形、折形投影面积大于 12%；铝合金龙骨错台投影面积大于 13%或弧形、折形投影面积大于 10%。

④ 跌级天棚其面层按相应项目人工乘以系数 1.30。

⑤ 轻钢龙骨、铝合金龙骨项目中龙骨按双层双向结构考虑，即中、小龙骨紧贴大龙骨底面吊挂，如为单层结构时，即大、中龙骨底面在同一水平上者，人工乘以系数 0.85。

⑥ 吊筋安装，如在混凝土板上钻眼、挂筋者，按相应项目每 100 m^2 增加人工 3.4 工日；如在砖墙上打洞搁放骨架者，按相应天棚项目每 100 m^2 增加人工 1.4 工日；上人型天棚骨架吊筋为射钉者，每 100 m^2 应减去人工 0.25 工日，减少吊筋 3.8 kg，钢板增加 27.6 kg，射钉增加 585 个。

⑦ 轻钢龙骨、铝合金龙骨项目中，若面层规格与定额不同时，按相近规格的项目执行。

⑧ 轻钢龙骨和铝合金龙骨不上人型吊杆长度为 0.6 m，上人型吊杆长度为 1.4 m。吊杆长度与定额不同时可按实际调整，人工不变。

⑨ 平面天棚和跌级天棚指一般直线型天棚，不包括灯光槽的制作安装。灯光槽制作安装应按本章相应项目执行。吊顶天棚中的艺术造型天棚项目中包括灯光槽的制作安装。

⑩ 高差在 400 mm 以上或跌级超过三级以及圆弧形、拱形等造型天棚按吊顶天棚中的艺术造型天棚相应项目执行。

⑪ 龙骨、基层、面层的防火处理及天棚龙骨的刷防腐油。石膏板刮嵌缝膏、贴绷带，按本定额“油漆、涂料、裱糊工程”相应项目执行。

⑫ 天棚压条、装饰线条，按本定额“其他装饰工程”相应项目执行。

（4）格栅吊顶、吊筒吊顶、藤条造型悬挂吊顶、织物软雕吊顶、装饰网架吊顶，龙骨、面层合并列项编制。

（5）采光棚。

① 采光棚项目未考虑支撑光棚、水槽的受力结构，发生时另行计算。

② 光棚透光材料有两个排水坡度的二坡光棚，两个排水坡度以上的为多边形组合光棚。光棚的底边为平面弧形的，每米弧长增加 0.5 工日。

2）定额工程量计算规则

（1）天棚抹灰。

① 天棚抹灰按设计结构尺寸以展开面积计算。不扣除间壁墙、垛、柱、附墙烟囱、检查口和管道所占的面积，带梁天棚的梁两侧抹灰面积并入天棚面积内，板式楼梯底面抹灰面积（包括踏步、休息平台以及≤500 mm 宽的楼梯井）按水平投影面积乘以系数 1.15 计算。锯齿形楼梯底板抹灰面积（包括踏步、休息平台以及≤500 mm 宽的楼梯井）按水平投影面积乘以系数 1.37 计算。

② 阳台底面抹灰按水平投影面积计算，并入相应天棚抹灰面积内。阳台如带悬臂梁者，其工程量乘系数 1.30。

③ 雨篷底面或顶面抹灰分别按水平投影面积计算，并入相应天棚抹灰面积内。雨篷顶面带反沿或反梁者，其工程量乘以系数 1.20；底面带悬臂梁者，其工程量乘以系数 1.20。

（2）天棚吊顶。

① 天棚龙骨按主墙间水平投影面积计算，不扣除间壁墙、垛、柱、附墙烟囱、检查口和

管道所占面积，扣除单个>0.3 m^2 的孔洞、独立柱及与天棚相连的窗帘盒所占的面积。斜面龙骨按斜面计算。

② 天棚吊顶的基层和面层均按设计图示尺寸以展开面积计算。天棚面中的灯槽及跌级、阶梯式、锯齿形、吊挂式、藻井式天棚面积按展开计算。不扣除间壁墙、垛、柱、附墙烟囱、检查口和管道所占面积，扣除单个>0.3 m^2 的孔洞、独立柱及与天棚相连的窗帘盒所占的面积。

③ 格栅吊顶、藤条造型悬挂吊顶、织物软雕吊顶和装饰网架吊顶，按设计图示尺寸以水平投影面积计算。吊筒吊顶以最大外围水平投影尺寸，以矩形面积计算。

（3）采光棚。

① 成品光棚工程量按成品组合后的外围投影面积计算，其余光棚工程量均按展开面积计算。

② 光棚的水槽按水平投影面积计算，并入光棚工程量。

③ 采光廊架天棚安装按天棚展开面积计算。

（4）天棚其他装饰。

灯带（槽）按设计图示尺寸以框外围面积计算。

3. 计算例题

【例】预制钢筋混凝土板底吊不上人型装配式U型轻钢龙骨，间距450 mm×450 mm，龙骨上铺钉中密度板，面层粘贴6 mm厚铝塑板，尺寸如图所示，计算天棚清单工程量和定额工程量。

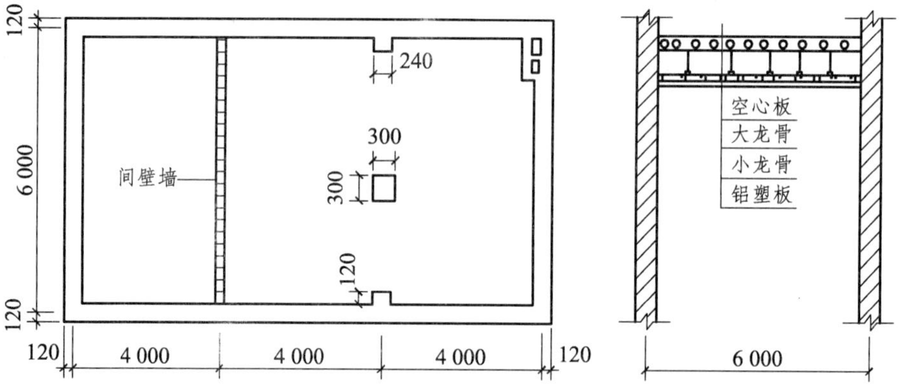

图 12.7

【解】（1）清单工程量计算。

$$天棚工程量=(12-0.24)\times(6-0.24)-0.30\times0.30=67.65\ (m^2)$$

项目编码 011302001***。

（2）定额工程量计算。

$$轻钢龙骨工程量=(12-0.24)\times(6-0.24)=67.74\ (m^2)$$

不上人型装配式 U 型轻钢龙骨（一级），间距 450 mm × 450 mm，

基层板工程量 = （12 − 0.24）×（6 − 0.24）− 0.30 × 0.30 = 67.65（m^2）

轻钢龙骨上铺钉中密度基层板

铝塑板面层工程量 = （12 − 0.24）×（6 − 0.24）− 0.30 × 0.30 = 67.65 m2

面层粘贴 6 mm 厚铝塑板　套 A16.108

【例】某酒店包厢天棚平面如图 12.8 所示，设计轻钢龙骨石膏板吊顶（龙骨间距 450 mm × 450 mm，不上人），面涂白色乳胶漆，暗窗帘盒，宽 200 mm，墙厚 240 mm，试计算天棚的工程量。

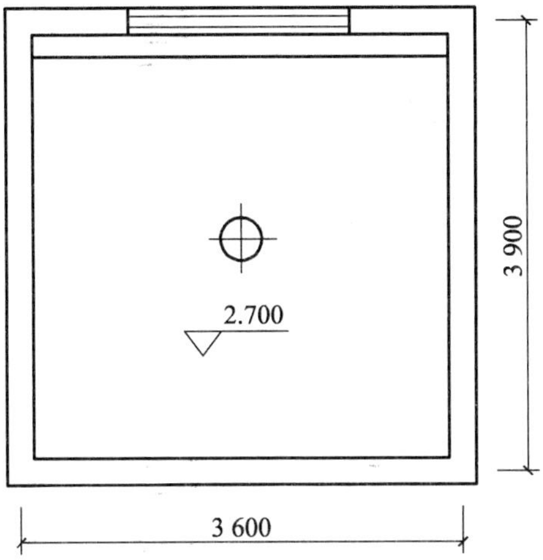

图 12.8

【解】（1）清单工程量计算。

天棚工程的工程量 = 主墙间的面积 − 窗帘盒的工程量
= （3.6 − 0.24）×（3.9 − 0.24）−（3.6 − 0.24）× 0.2
= 3.36 × 3.66 − 3.36 × 0.2
= 11.63（m^2）

（2）定额工程量计算。

天棚吊顶面层的工程量 = 主墙间的面积 − 窗帘盒的工程量
= （3.6 − 0.24）×（3.9 − 0.24）−（3.6 − 0.24）× 0.2
= 3.36 × 3.66 − 3.36 × 0.2
= 11.63（m^2）

轻钢龙骨的工程量 = 主墙间的面积
= （3.6 − 0.24）×（3.9 − 0.24）
= 3.36 × 3.66
= 12.30（m^2）

石膏板基层的工程量 = 主墙间的面积 − 窗帘盒的工程量
= 11.63（m^2）

12.4　油漆、涂料、裱糊工程计量与计价

建筑涂料按使用部位分为内墙涂料、外墙涂料、地面涂料等；按化学组成分为无机高分子涂料和有机高分子涂料，其中有机高分子涂料又分为水溶性涂料、水乳型涂料、溶剂型涂料等。涂料施工有刷涂、喷涂、滚涂、弹涂、抹涂等形式。油漆、涂料施工一般经过基层处理、打底子、刮腻子、磨光、涂刷等工序。裱糊是将壁纸、锦缎织物裱贴于墙面的一种装饰方法。其常用材料有壁纸和锦缎织物两大类。裱糊有对花和不对花两种类型。

1. 清单说明和工程量计算规则

1）清单说明

（1）本章附录包括木材面油漆、金属面油漆、抹灰面油漆、喷刷涂料、裱糊 5 节，共 40 个项目。

（2）木门油漆应区分木大门、单层木门、双层（一玻一纱）木门、双层（单裁口）木门、全玻自由门、半玻自由门、装饰门及有框门或无框门等项目，分别编码列项。

（3）木窗油漆应区分单层木门、双层（一玻一纱）木窗、双层框扇（单裁口）木窗、双层框三层（二玻一纱）木窗、单层组合窗、双层组合窗、木百叶窗、木推拉窗等项目，分别编码列项。

（4）金属门油漆应区分平开门、推拉门、钢制防火门等项目，分别编码列项。

（5）金属窗油漆应区分平开窗、推拉窗、固定窗、组合窗、金属隔栅窗等项目，分别编码列项。

（6）以平方米计量，项目特征可不必描述洞口尺寸。

（7）木扶手应区分带托板与不带托板，分别编码列项，若是木栏杆带扶手，木扶手不应单独列项，应包含在木栏杆油漆中。

（8）喷刷墙面涂料部位要注明内墙或外墙。

2）清单项目和工程量计算规则

（1）门油漆，包括木门油漆和金属门油漆等 2 个清单项目，具体见表 12.26。

表 12.26　门油漆（编码：011401）

<table>
<tr><th>项目编码</th><th>项目名称</th><th>项目特征</th><th>计量单位</th><th>工程量计算规则</th></tr>
<tr><td>011401001</td><td>木门油漆</td><td rowspan="2">1. 门类型
2. 门代号及洞口尺寸
3. 腻子种类
4. 刮腻子遍数
5. 防护材料种类
6. 油漆品种、刷漆遍数</td><td rowspan="2">1. 樘
2. m²</td><td rowspan="2">1. 以樘计量，按设计图示数量计量
2. 以平方米计量，按设计图示洞口尺寸以面积计算以樘计量，按设计图示数量计算</td></tr>
<tr><td>011401002</td><td>金属门油漆</td></tr>
</table>

（2）窗油漆。包括木窗油漆和金属窗油漆等 2 个清单项目，具体见表 12.27。

表 12.27　窗油漆（编码：011402）

项目编码	项目名称	项目特征	计量单位	工程量计算规则
011402001	木窗油漆	1. 窗类型 2. 窗代号及洞口尺寸 3. 腻子种类 4. 刮腻子遍数 5. 防护材料种类 6. 油漆品种、刷漆遍数	1. 樘 2. m^2	1. 以樘计量，按设计图示数量计量 2. 以平方米计量，按设计图示洞口尺寸以面积计算以樘计量，按设计图示数量计算
011402002	金属窗油漆			

（3）木扶手及其他板条、线条油漆，包括木扶手油漆，窗帘盒油漆，封檐板，顺水板油漆，挂衣板、黑板框油漆，挂镜线、窗帘棍、单独木线油漆等 5 个清单项目，具体见表 12.28。

表 12.28　窗油漆（编码：011403）

项目编码	项目名称	项目特征	计量单位	工程量计算规则
011403001	木扶手油漆	1. 断面尺寸 2. 腻子种类 3. 刮腻子遍数 4. 防护材料种类 5. 油漆品种、刷漆遍数	m	按设计图示尺寸以长度计算
011403002	窗帘盒油漆			
011403003	封檐板、顺水板油漆			
011403004	挂衣板、黑板框油漆			
011403005	挂镜线、窗帘棍、单独木线油漆			

（4）木材面油漆，包括木板、纤维板、胶合板油漆，木护墙、木墙裙油漆，窗台板、筒子板、盖板、门窗套、踢脚线油漆等 15 个清单项目，具体见表 12.29。

表 12.29　木材面油漆（编号 011404）

项目编码	项目名称	项目特征	计量单位	工程量计算规则
011404001	木板、纤维板、胶合板油漆	1. 腻子种类 2. 刮腻子遍数 3. 防护材料种类 4. 油漆品种、刷漆遍数	m^2	按设计图示尺寸以面积计算
011404002	木护墙、木墙裙油漆			
011404003	窗台板、筒子板、盖板、门窗套、踢脚线油漆			
011404004	清水板条天棚、檐口油漆			
011404005	木方格吊顶天棚油漆			
011404006	吸音板墙面、天棚面油漆			
011404007	暖气罩油漆			

续表

<table>
<tr><th>项目编码</th><th>项目名称</th><th>项目特征</th><th>计量单位</th><th>工程量计算规则</th></tr>
<tr><td>011404008</td><td>木间壁、木隔断油漆</td><td rowspan="7">1. 腻子种类
2. 刮腻子遍数
3. 防护材料种类
4. 油漆品种、刷漆遍数</td><td rowspan="8">m²</td><td rowspan="3">按设计图示尺寸以单面外围面积计算</td></tr>
<tr><td>011404009</td><td>玻璃间壁露明墙筋油漆</td></tr>
<tr><td>011404010</td><td>木栅栏、木栏杆（带扶手）油漆</td></tr>
<tr><td>011404011</td><td>衣柜、壁柜油漆</td><td rowspan="3">按设计图示尺寸以油漆部分展开面积计算</td></tr>
<tr><td>011404012</td><td>梁柱饰面油漆</td></tr>
<tr><td>011404013</td><td>零星木装修油漆</td></tr>
<tr><td>011404014</td><td>木地板油漆</td><td rowspan="2">按设计图示尺寸以面积计算。空洞、空圈、暖气包槽、壁龛的开口部分并入相应的工程量内</td></tr>
<tr><td>011401015</td><td>木地板烫硬蜡面</td><td>1. 硬蜡品种
2. 面层处理要求</td></tr>
</table>

（5）金属面油漆，具体的内容见表12.30。

表12.30 金属面油漆（编号：011405）

项目编码	项目名称	项目特征	计量单位	工程量计算规则
011405001	金属面油漆	1. 构件名称 2. 主要材料特征 3. 腻子种类 4. 刮腻子要求 5. 防护材料种类 6. 油漆品种、刷漆遍数	1. t 2. m^2	1. 以t计量，按设计图示尺寸以质量计算 2. 以 m^2 计量，按设计展开面积计算

（6）抹灰面油漆，包括抹灰面油漆、抹灰线条油漆、满刮腻子等3项，具体见表12.31。

表12.31 抹灰面油漆（编号：011406）

项目编码	项目名称	项目特征	计量单位	工程量计算规则
011406001	抹灰面油漆	1. 基层类型 2. 腻子种类 3. 刮腻子遍数 4. 防护材料种类 5. 油漆品种、刷漆遍数 6. 部位	m^2	按设计图示尺寸以面积计算

续表

项目编码	项目名称	项目特征	计量单位	工程量计算规则
011406002	抹灰线条油漆	1. 线条宽度、道数 2. 腻子种类 3. 刮腻子遍数 4. 防护材料种类 5. 油漆品种、刷漆遍数	m	按设计图示尺寸以长度计算
011406003	满刮腻子	1. 基层类型 2. 腻子种类 3. 刮腻子遍数	m^2	按设计图示尺寸以面积计算

（7）喷刷涂料，包括墙面喷刷涂料、天棚喷刷涂料、空花格栏杆刷涂料、线条刷涂料、金属构件刷防火涂料、木材构件喷刷防火涂料等 6 项，具体见表 12.32。

表 12.32　抹灰面油漆（编号：011407）

项目编码	项目名称	项目特征	计量单位	工程量计算规则
011407001	墙面喷刷涂料	1. 基层类型 2. 喷刷涂料部位 3. 腻子种类 4. 刮腻子要求 5. 涂料品种、喷刷遍数	m^2	按设计图示尺寸以面积计算
011407002	天棚喷刷涂料		m^2	按设计图示尺寸以面积计算
011407003	空花格、栏杆刷涂料	1. 腻子种类 2. 刮腻子遍数 3. 涂料品种、刷喷遍数	m^2	按设计图示尺寸以单面外围面积计算
011407004	线条刷涂料	1. 基层清理 2. 线条宽度 3. 刮腻子遍数 4. 刷防护材料、油漆	m	按设计图示尺寸以长度计算
011407005	金属构件刷防火涂料	1. 喷刷防火涂料构件名称 2. 防火等级要求 3. 涂料品种、喷刷遍数	1. m^2 2. t	1. 以 t 计量，按设计图示尺寸以质量计算。 2. 以 m^2 计量，按设计展开面积计算
011407006	木材构件喷刷防火涂料		1. m^2 2. m^3	1. 以 m^2 计量，按设计图示尺寸以面积计算。 2. 以 m^3 计量，按设计结构尺寸以体积计算

（8）裱糊，包括墙纸裱糊和织锦缎裱糊等 2 项项目，具体见表 12.33。

表 12.33　抹灰面油漆（编号：011408）

项目编码	项目名称	项目特征	计量单位	工程量计算规则
011408001	墙纸裱糊	1.基层类型 2. 裱糊部位 3. 腻子种类 4. 刮腻子遍数 5. 粘结材料种类 6. 防护材料种类 7. 面层材料品种、规格、颜色	m^2	按设计图示尺寸以面积计算
011408002	织锦缎裱糊			

2. 定额说明和工程量计算规则

1）定额说明

（1）本章定额包括木门油漆，木扶手及其他板条、线条油漆，其他木材面油漆，金属面油漆，抹灰面油漆.喷刷涂料，裱糊七节。

（2）当设计与定额取定的喷、涂、刷遍数不同时，可按本章相应每增加一遍项目进行调整。

（3）油漆、涂料定额中均已考虑刮腻子。当抹灰面油漆、喷刷涂料设计与定额取定的刮腻子遍数不同时，可按本章喷刷涂料一节中刮腻子每增减一遍项目进行调整。喷刷涂料一节中刮腻子项目仅适用于单独刮腻子工程。

（4）附着安装在同材质装饰面上的木线条、石膏线条等油漆、涂料，与装饰面同色者，并入装饰面计算：与装饰面分色者，单独计算。

（5）门窗套、窗台板、腰线、压顶、扶手（栏板上扶手）等抹灰面刷油漆、涂料，与整体墙面同色者，并入墙面计算；与整体墙面分色者，单独计算，按墙面相应项目执行，其中人工乘以系数 1.43。

（6）纸面石膏板等装饰板材面刮腻子刷油漆、涂料，按抹灰面刮腻子刷油漆、涂料相应项目执行。

（7）附墙柱抹灰面喷刷油漆、涂料、裱糊，按墙面相应项目执行；独立柱抹灰面喷刷油漆、涂料、裱糊，按墙面相应项目执行。其中人工乘以系数 1.2。

（8）油漆。

① 油漆浅、中、深各种颜色已在定额中综合考虑，颜色不同时，不另行调整。

② 定额综合考虑了在同一平面上的分色，但美术图案需另外计算。

③ 木材面硝基清漆项目中每增加刷漆片一遍项目和每增加硝基清漆一遍项目均适用于三遍以内。

④ 木材面聚酯清漆、聚酯色漆项目，当设计与定额取定的底漆遍数不同时，可按每增加聚酯清漆（或聚酯色漆）一遍项目进行调整，其中聚酯清漆（或聚酯色漆）调整为聚酯底漆，消耗量不变。

⑤ 木材面刷底油一遍、清油一遍可按相应底油一遍、熟桐油一遍项目执行，其中熟桐油调整为清油，消耗量不变。

⑥ 木门、木扶手、其他木材面等刷漆，按熟桐油、底油、生漆两遍项目执行。

⑦ 当设计要求金属面刷两遍防锈漆时，按金属面刷防锈漆一遍项目执行，其中人工乘以系数 1.74，材料均乘以系数 1.90。

⑧ 金属面油漆项目均考虑了手工除锈，如实际为机械除锈，另按“第三章 金属结构工程”中相应项目执行，油漆项目中的除锈用工亦不扣除。

⑨ 喷塑（一塑三油）：底油、装饰漆、面油，其规格划分如下。

a. 大压花：喷点压平，点面积在 1.2 cm^2 以上；

b. 中压花：喷点压平，点面积在 1 – 1.2 cm^2；

c. 喷中点、幼点：喷点面积在 1 cm^2 以下。

⑩ 墙面真石漆、氟碳漆项目不包括分格嵌缝，当设计要求做分格嵌缝时，费用另行计算。

（9）涂料。

① 木龙骨刷防火涂料按四面涂刷考虑，木龙骨刷防腐涂料按一面（接触结构基层面）涂刷考虑。

② 金属面防火涂料项目按涂料密度 500 kg/m^3 和项目中注明的涂刷厚度计算，当设计与定额取定的涂料密度、涂刷厚度不同时，防火涂料消耗量可作调整。

③ 艺术造型天棚吊顶、墙面装饰的基层板缝粘贴胶带，按本章相应项目执行，人工乘以系数 1.2。

2）定额工程量计算规则

（1）木门油漆工程。

执行单层木门油漆的项目，其工程量计算规则及相应系数见表 12.34。

表 12.34 工程量计算规则和系数表

项目		系数	工程量计算规则（设计图示尺寸）
1	单层木门	1.00	门洞口面积
2	单层半玻门	0.85	
3	单层全玻门	0.75	
4	半截百叶门	1.50	
5	全百叶门	1.70	
6	厂库房大门	1.10	
7	纱门扇	0.80	
8	特种门（包括冷藏门）	1.00	
9	装饰门扇	0.90	扇外围尺寸面积
10	间壁、隔断	1.00	单面外围面积
11	玻璃间壁露明墙筋	0.80	
12	木栅栏、木栏杆（带扶手）	0.90	

注：多面涂刷按单面计算工程量。

（2）木扶手及其他板条、线条油漆工程。

① 执行木扶手（不带托板）油漆的项目，其工程量计算规则及相应系数见表 12.35。

表 12.35 工程量计算规则和系数表

项 目		系 数	工程量计算规则（设计图示尺寸）
1	木扶手（不带托板）	1.00	延长米
2	木扶手（带托板）	2.50	
3	封檐板、博风板	1.70	
4	黑板框、生活园地框	0.50	

② 木线条油漆按设计图示尺寸以长度计算。

（3）其他木材面油漆工程。

① 执行其他木材面油漆的项目，其工程量计算规则及相应系数见表 12.36。

表 12.36 工程量计算规则和系数表

项 目		系 数	工程量计算规则（设计图示尺寸）
1	木板、胶合板天棚	1.00	长×宽
2	屋面板带檩条	1.10	斜长×宽
3	清水板条檐口天棚	1.10	长×宽
4	吸音板（墙面或天棚）	0.87	
5	鱼鳞板墙	2.40	
6	木护墙、木墙裙、木踢脚	0.83	
7	窗台板、窗帘盒	0.83	
8	出入口盖板、检查口	0.87	
9	壁橱	0.83	展开面积
10	木屋架	1.77	跨度（长）×中高×1/2
11	以上未包括的其余木材面油漆	0.83	展开面积

② 木地板油漆按设计图示尺寸以面积计算，空洞、空圈、暖气包槽、壁龛的开口部分并入相应的工程量内。

③ 木龙骨刷防火、防腐涂料按设计图示尺寸以龙骨架投影面积计算。

④ 基层板刷防火、防腐涂料按实际涂刷面积计算。

⑤ 油漆面抛光打蜡按相应刷油部位油漆工程量计算规则计算。

（4）金属面油漆工程。

① 执行金属面油漆、涂料项目，其工程量按设计图示尺寸以展开面积计算。质量在 500 kg 以内的单个金属构件，可参考表 12.37 中相应的系数，将质量（t）折算为面积。

表 12.37　质量折算面积参考系数表　　单位：m^2/t

项　目		系　数
1	钢栅栏门、栏杆、窗栅	64.98
2	钢爬梯	44.84
3	踏步式钢扶梯	39.90
4	轻型屋架	53.20
5	零星铁件	58.00

（2）执行金属平板屋面、镀锌铁皮面（涂刷磷化、锌黄底漆）油漆的项目，其工程量计算规则及相应的系数见表 12.38。

表 12.38　工程量计算规则和系数表

项　目		系　数	工程量计算规则（设计图示尺寸）
1	平板屋面	1.00	斜长×宽
2	瓦垄板屋面	1.20	
3	排水、伸缩缝盖板	1.05	展开面积
4	吸气罩	2.20	水平投影面积
5	包镀锌薄钢板门	2.20	门窗洞口面积

注：多面涂刷按单面计算工程量。

（5）抹灰面油漆、涂料工程。

① 抹灰面油漆、涂料（另做说明的除外）按设计图示尺寸以面积计算。

② 踢脚线刷耐磨漆按设计图示尺寸长度计算。

③ 槽型底板、混凝土折瓦板、有梁板底、密肋梁板底、井字梁板底刷油漆、涂料按设计图示尺寸展开面积计算。

④ 墙面及天棚面刷石灰油浆、白水泥、石灰浆、石灰大白浆、普通水泥浆、可赛银浆、大白浆等涂料工程量按抹灰面积工程量计算规则。

⑤ 混凝土花格窗、栏杆花饰刷（喷）油漆、涂料按设计图示洞口面积计算。

3. 计算例题

【**例**】如图 12.9，某工程木墙裙高 1000 mm，上润油粉、刮腻子、油色、清漆四遍、磨退出亮。内墙抹灰面满刮腻子二遍，贴对花墙纸，挂镜线 25 mm × 50 mm，刷底油一遍、调和漆二遍，挂镜线以上及顶棚刷防瓷涂料二遍。试计算木墙裙、墙纸裱糊、挂镜线和防瓷涂料工程量。

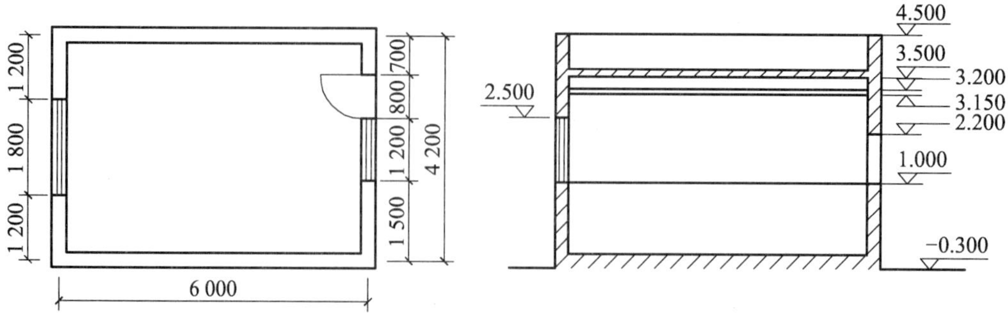

图 12.9　平面图与剖面图

【**解**】（1）清单工程量计算。

木墙裙的工程量 =（6.0 − 0.24 + 4.2 − 0.24）× 2 × 1.0 = 19.44（m^2）

墙纸裱糊工程量 = 内墙净长 × 裱糊高度 − 门窗洞口面积 + 洞口侧面面积

=（5.76 + 3.96）× 2 × 2.25 − 2 × 1.2 − 1.8 × 1.5 + 6.6 × 0.08 + 5.6 × 0.08

= 41.74 − 2.4 − 2.7 + 0.528 + 0.448

= 39.62（m^2）

挂镜线工程量 =（6 − 0.12 × 2 + 4.2 − 0.12 × 2）× 2

=（5.76 + 3.96）× 2

= 19.44（m）

防瓷涂料工程量 = 天棚涂料工程量 + 墙面涂料工程量

=（6 − 0.12 × 2）×（4.2 − 0.12 × 2）+（6 − 0.12 × 2 + 4.2 − 0.12 × 2）× 2 ×（3.5 − 3.2）

= 5.76 × 3.96 +（5.76 + 3.96）× 2 × 0.3

= 22.81 + 9.72 × 0.6

= 28.64（m^2）

（2）定额工程量计算。

木墙裙的工程量 =（6 − 0.24 + 4.2 − 0.24）× 2 × 1.0 = 19.44（m^2）

墙纸裱糊工程量 = 39.62（m^2）

挂镜线工程量 = 19.44（m）

防瓷涂料工程量 = 28.64（m^2）

12.5　其他装饰工程计量与计价

其他装饰工程，包括柜类、货架、压条、装饰线、扶手、栏杆、栏板装饰、暖气罩、浴厕配件、雨篷、旗杆、招牌、灯箱、美术字等。

对于柜类，常见的分类如下：

（1）按高度分，1600 mm 以上为高柜；900 ~ 1600 mm（不含 900 mm）为中柜；900 mm 以内为低柜。

（2）按类型和用途分为衣柜、书柜、厨房壁柜、货架、吧台背柜、存包柜、资料柜、鞋柜、电视柜、厨房吊头柜、行李柜、梳妆台、服务台、收银台。

对于装饰线，常见的分类如下：

（1）装饰线按形状分有直线和弧线两种类型。

（2）装饰线按材料分有金属装饰线、木质装饰线、石材装饰线、石膏装饰线、铝塑板装饰和镁铝曲板条等。

招牌可以分为平面招牌、箱式招牌和竖式标箱。平面招牌是指安装在门前的墙上；箱式招牌、竖式标箱是指六面体固定在墙上，生根于雨蓬、檐口、阳台的立式招牌。

1. 清单说明和工程量计算规则

1）清单说明

本章附录包括柜类货架、装饰线条、扶手栏杆栏板装饰、暖气罩、浴厕配件、雨篷旗杆装饰柱、招牌灯箱、美术字等 8 节，共 20 个项目。

2）清单项目和工程量计算规则

（1）柜类、货架，包括 20 个清单项目，具体见表 12.39。

表 12.39　木材面油漆（编号 011501）

项目编码	项目名称	项目特征	计量单位	工程量计算规则
011501001	柜台	1. 台柜规格 2. 材料种类、规格 3. 五金种类、规格 4. 防护材料种类 5. 油漆品种、刷漆遍数	1. 个 2. m 3. m^3	1. 以个计量，按设计图示数量计量 2. 以米计量，按设计图示尺寸以延长米计算
011501002	酒柜			
011501003	衣柜			
011501004	存包柜			
011501005	鞋柜			
011501006	书柜			
011501007	厨房壁柜			
011501008	木壁柜			
011501009	厨房低柜			
011501010	厨房吊柜			
011501011	矮柜			
011501012	吧台背柜			
011501013	酒吧吊柜			
011501014	酒吧台			

续表

项目编码	项目名称	项目特征	计量单位	工程量计算规则
011501015	展台	1. 台柜规格 2. 材料种类、规格 3. 五金种类、规格 4. 防护材料种类 5. 油漆品种、刷漆遍数	1. 个 2. m 3. m^3	1. 以个计量，按设计图示数量计量 2. 以米计量，按设计图示尺寸以延长米计算
011501016	收银台			
011501017	试衣间			
011501018	货架			
011501019	书架			
011501020	服务台			

（2）压条、装饰线，包括金属装饰线条、木质装饰线、石材装饰线等 8 项清单项目。具体的内容见表 12.40。

表 12.40　压条、装饰线（编号：011502）

项目编码	项目名称	项目特征	计量单位	工程量计算规则
011502001	金属装饰线	1. 基层类型 2. 线条材料品种、规格、颜色 3. 防护材料种类	m	按设计图示尺寸以长度计算
011502002	木质装饰线			
011502003	石材装饰线			
011502004	石膏装饰线			
011502005	镜面玻璃线	1. 基层类型 2. 线条材料品种、规格、颜色 3. 防护材料种类		
011502006	铝塑装饰线			
011502007	塑料装饰线			
011502008	GRC 装饰线条	1. 基层类型 2. 线条规格 3. 线条安装部位 4. 填充材料种类		

（3）扶手、栏杆、栏板装饰，包括带扶手的栏杆栏板、不带扶手的栏杆栏板、扶手等 3 项清单项目，具体的内容见表 12.41。

表 12.41　扶手、栏杆、栏板装饰（编号：011503）

项目编码	项目名称	项目特征	计量单位	工程量计算规则
011503001	金属扶手、栏杆、栏板	1. 扶手材料种类、规格、品牌 2. 栏杆材料种类、规格、品牌 3. 栏板材料种类、规格、品牌、颜色 4. 固定配件种类 5. 防护材料种类	m	按设计图示以扶手中心线长度（包括弯头长度）计算
011503002	硬木扶手、栏杆、栏板			
011503003	塑料扶手、栏杆、栏板			

续表

项目编码	项目名称	项目特征	计量单位	工程量计算规则
011503004	GRC栏杆、扶手	1. 栏杆的规格 2. 安装间距 3. 扶手类型规格 4. 填充材料种类		
011503005	金属靠墙扶手	1. 扶手材料种类、规格、品牌 2. 固定配件种类 3. 防护材料种类		
011503006	硬木靠墙扶手			
011503007	塑料靠墙扶手	3. 防护材料种类		
011503008	玻璃栏板	1. 栏杆玻璃的种类、规格、颜色、品牌 2. 固定方式 3. 固定配件种类		

（4）暖气罩，包括饰面暖气罩、塑料板暖气罩、金属暖气罩等3项清单项目，具体的内容见表12.42。

表12.42　暖气罩（编号：011504）

项目编码	项目名称	项目特征	计量单位	工程量计算规则
011504001	饰面板暖气罩	1. 暖气罩材质 2. 防护材料种类	m^2	按设计图示尺寸以垂直投影面积（不展开）计算。
011504002	塑料板暖气罩			
011504003	金属暖气罩			

（5）浴厕配件，包括洗漱台、晒衣架、帘子杆等11项清单项目，具体的内容见表12.43。

表12.43　浴厕配件（编号：011505）

项目编码	项目名称	项目特征	计量单位	工程量计算规则
011505001	洗漱台	1. 材料品种、规格、品牌、颜色 2. 支架、配件品种、规格、品牌	1. m^2 2. 个	1. 按设计图示尺寸以台面外接矩形面积计算。不扣除孔洞、挖弯、削角所占面积，挡板、吊沿板面积并入台面面积内 2. 按设计图示数量计算
011505002	晒衣架		个	按设计图示数量计算
011505003	帘子杆			
011505004	浴缸拉手			
011505005	卫生间扶手			

续表

项目编码	项目名称	项目特征	计量单位	工程量计算规则
011505006	毛巾杆（架）	1. 材料品种、规格、品牌、颜色 2. 支架、配件品种、规格、品牌	套	按设计图示数量计算
011505007	毛巾环		副	
011505008	卫生纸盒		个	
011505009	肥皂盒			
011505010	镜面玻璃	1. 镜面玻璃品种、规格 2. 框材质、断面尺寸 3. 基层材料种类 4. 防护材料种类	m^2	按设计图示尺寸以边框外围面积计算
011505011	镜箱	1. 箱材质、规格 2. 玻璃品种、规格 3. 基层材料种类 4. 防护材料种类 5. 油漆品种、刷漆遍数	个	按设计图示数量计算

（6）雨篷旗杆装饰柱，包括雨篷吊挂饰面、金属旗杆、玻璃雨篷等 3 项清单项目，具体的内容见表 12.44。

表 12.44　雨篷、旗杆、装饰柱（编号：011506）

项目编码	项目名称	项目特征	计量单位	工程量计算规则
011506001	雨篷吊挂饰面	1. 基层类型 2. 龙骨材料种类、规格、中距 3. 面层材料品种、规格、品牌 4. 吊顶（天棚）材料品种、规格、品牌 5. 嵌缝材料种类 6. 防护材料种类	m^2	按设计图示尺寸以水平投影面积计算
011506002	金属旗杆	1. 旗杆材料、种类、规格 2. 旗杆高度 3. 基础材料种类 4. 基座材料种类 5. 基座面层材料、种类、规格	根	按设计图示数量计算
011506003	玻璃雨篷	1. 玻璃雨篷固定方式 2. 龙骨材料种类、规格、中距 3. 玻璃材料品种、规格、品牌 4. 嵌缝材料种类 5. 防护材料种类	m^2	按设计图示尺寸以水平投影面积计算

（7）招牌灯箱，包括平面箱式招牌、竖式标箱、灯箱、信报箱等 4 项清单项目，具体的内容见表 12.45。

表 12.45　招牌、灯箱（编号：011507）

<table>
<tr><th>项目编码</th><th>项目名称</th><th>项目特征</th><th>计量单位</th><th>工程量计算规则</th></tr>
<tr><td>011507001</td><td>平面、箱式招牌</td><td rowspan="2">1. 箱体规格
2. 基层材料种类
3. 面层材料种类
4. 防护材料种类</td><td>m²</td><td>按设计图示尺寸以正立面边框外围面积计算。复杂形的凸凹造型部分不增加面积</td></tr>
<tr><td>011507002</td><td>竖式标箱</td><td rowspan="3">个</td><td rowspan="3">按设计图示数量计算</td></tr>
<tr><td>011507003</td><td>灯箱</td><td>1. 箱体规格
2. 基层材料种类
3. 面层材料种类
4. 防护材料种类</td></tr>
<tr><td>011507004</td><td>信报箱</td><td>1. 箱体规格
2. 基层材料种类
3. 面层材料种类
4. 防护材料种类
5. 户数</td></tr>
</table>

（8）美术字，包括 5 项清单项目，具体的内容见表 12.46。

表 12.46　美术字（编号：011508）

<table>
<tr><th>项目编码</th><th>项目名称</th><th>项目特征</th><th>计量单位</th><th>工程量计算规则</th></tr>
<tr><td>011508001</td><td>泡沫塑料字</td><td rowspan="5">1. 基层类型
2. 镌字材料品种、颜色
3. 字体规格
4. 固定方式
5. 油漆品种、刷漆遍数</td><td rowspan="5">个</td><td rowspan="5">按设计图示数量计算</td></tr>
<tr><td>011508002</td><td>有机玻璃字</td></tr>
<tr><td>011508003</td><td>木质字</td></tr>
<tr><td>011508004</td><td>金属字</td></tr>
<tr><td>011508005</td><td>吸塑字</td></tr>
</table>

2. 定额说明和定额工程量计算规则

1）定额说明

（1）本章定额包括柜类、货架、压条、装饰线，扶手、栏杆、栏板装饰，暖气罩，浴厕配件，雨篷、旗杆，招牌、灯箱，美术字，石材、瓷砖加工，建筑外遮阳，其他等 11 节。在实际施工中使用的材料品种、规格、用量与定额取定不同时，应进行调整换算，但人工、机械不变。

（2）柜类、货架。

① 柜、台、架以现场加工，手工制作为主，按常用规格编制。设计与定额不同时，应进行调整换算。

② 柜、台、架项目包括五金配件（设计有特殊要求者除外），未考虑压板拼花及饰面板上贴其他材料的花饰、造型艺术品。

③ 木质柜、台、架项目中板材按胶合板考虑，如设计为生态板（三聚氰胺板）等其他板材时，可以换算材料。

④ 成品橱柜安装按上柜、下柜及台面板进行划分，分别套用相应定额。定额中不包括洁具五金、厨具电器等的安装，发生时另行计算。

⑤ 成品橱柜台面板安装定额的主材价格中已包含材料磨边及金属面板折边费用，不包括面板开孔费用，如设计的成品台面板材质与定额不同时，可换算台面板材料价格，其他不变。

（3）压条、装饰线。

① 压条、装饰线均按成品安装考虑。

② 装饰线条（顶角装饰线除外）按直线形在墙面安装考虑。墙面安装圆弧形装饰线条、天棚面安装直线形、圆弧形装饰线条，按相应项目乘以系数执行。

a. 墙面安装圆弧形装饰线条，人工乘以系数 1.2，材料乘以系数 1.1。

b. 天棚面安装直线形装饰线条，人工乘以系数 1.34。

c. 天棚面安装圆弧形装饰线条，人工乘以系数 1.6，材料乘以系数 1.1。

d. 装饰线条直接安装在金属龙骨上，人工乘以系数 1.68。

（4）扶手、栏杆、栏板装饰。

① 扶手、栏杆、栏板项目（护窗栏杆除外）适用于楼梯、走廊、回廊及其他装饰性扶手、栏杆、栏板。

② 扶手、栏杆、栏板项目已综合考虑扶手弯头（非整体弯头）的费用。如遇木扶手、大理石扶手为整体弯头，弯头另按本章相应项目执行。

③ 设计栏板、栏杆的主材消耗量与定额不同时，其消耗量可以调整。

④ 成品栏杆（带扶手）均按成品安装考虑，不同的材质均按价格调整计算。

（5）暖气罩。

① 挂板式是指暖气直接钩挂在暖气片上，平墙式是指暖气片凹嵌入墙中，暖气罩与墙面平齐；明式是指暖气片全凸或凸出墙面，暖气罩凸出于墙外。

② 暖气罩项目未包括封边线、装饰线，另按本章相应装饰线条项目执行。

（6）浴厕配件。

① 大理石洗漱台项目不包括石材磨边、倒角及开面盆洞口，另按本章相应项目执行。

② 浴厕配件项目按成品安装考虑。

（7）雨篷、旗杆。

① 点支式、托架式雨篷的型钢、爪件的规格、数量是按常用做法考虑的，当设计要求与定额不同时，材料消耗量可以调整，人工、机械不变。托架式雨篷的斜拉杆费用另计。

② 铝塑板、不锈钢面层雨篷项目按平面雨篷考虑，不包括雨篷侧面。

③ 旗杆项目按常用做法考虑，未包括旗杆基础、旗杆台座及其饰面。

（8）招牌、灯箱。

① 招牌、灯箱项目，当设计与定额考虑的材料品种、规格不同时，材料可以换算。

② 一般招牌和矩形招牌是指正立面平整无凹凸面，复杂招牌和异形招牌是指正立面有凹凸造型，箱（竖）式广告牌是指具有多面体的广告牌。

③ 广告牌基层以附墙方式考虑，当设计为独立式的，按相应项目执行，人工乘以系数 1.1。

④ 招牌、灯箱项目均不包括广告牌喷绘、灯饰、灯光、店徽、其他艺术装饰及配套机械。

（9）美术字安装。

① 美术字项目均按成品安装考虑。

② 美术字按最大外接矩形面积区分规格，按相应项目执行。

③ 美术字不分字体均执行本定额。

④ 其他面指铝合金扣板面、钙塑板面等。

⑤ 电脑割字（或图形）不分大小、字形、简单和复杂形式，均执行本定额。

（10）石材、瓷砖加工。

石材瓷砖倒角、磨制圆边、开槽、开孔等项目均按现场加工考虑。

（11）建筑外遮阳。

① 建筑外遮阳采用的材料规格、品种设计与定额不同时，应调整换算。

② 建筑外遮阳中未包括电机驱动装置和电机组控装置的购置费用，应按套列项计算，其安装工料已包括在相应项目内，不另计算。

（12）其他。

① 罗马柱如设计为半片安装者，罗马柱含量乘以系数 0.5，人工、材料不变。

② 壁画、国画、平面浮雕均含艺术创作、制作过程中的再创作、再修饰、制作成型、打磨、上色、安装等全部工序。聘请名专家设计制作，可由双方协商结算。

2）工程量计算规则

（1）柜类、货架。

① 柜类、货架工程量按各项目计量单位计算。其中以“m^2”为计量单位的项目，其工程量均按正立面的高度（包括脚的高度在内）乘以宽度计算。

② 成品橱柜安装工程量按设计图示尺寸的柜体中线长度以“m”计算，成品台面板安装工程量按设计图示尺寸的板面中线长度以“m”计算成品洗漱台柜、成品水槽安装工程量按设计图示数量以“组”计算。

（2）压条、装饰线。

① 压条、装饰线条按线条中心线长度计算。

② 石膏角花、灯盘按设计图示数量计算。

（3）扶手、栏杆、栏板装饰。

① 扶手、栏杆、栏板、成品栏杆（带扶手）均按其中心线长度计算，不扣除弯头长度。如遇木扶手、大理石扶手为整体弯头时，扶手消耗量需扣除整体弯头的长度，设计不明确者，每只整体弯头按 400 mm 扣除。

② 单独弯头按设计图示数量计算。

（4）暖气罩。

暖气罩（包括脚的高度在内）按边框外围尺寸垂直投影面积计算，成品暖气罩安装按设计图示数量计算。

（5）浴厕配件。

① 大理石洗漱台按设计图示尺寸以展开面积计算，挡板、吊沿板面积并入其中，不扣除孔洞、挖弯、削角所占面积。

② 大理石台面面盆开孔按设计图示数量计算。

③ 盥洗室台镜（带框）、盥洗室木镜箱按边框外围面积计算。

④ 盥洗室塑料镜箱、毛巾杆、毛巾环、浴帘杆、浴缸拉手、肥皂盒、卫生纸盒、晒衣架、晾衣绳等按设计图示数量计算。

⑤ 镜面玻璃安装以正立面面积计算。

（6）雨篷、旗杆。

① 雨篷按设计图示尺寸水平投影面积计算。

② 不锈钢旗杆按设计图示数量计算。

③ 电动升降系统和风动系统按套计算。

（7）招牌、灯箱。

① 柱面、墙面灯箱基层，按设计图示尺寸以展开面积计算。

② 一般平面广告牌基层，按设计图示尺寸以正立面边框外围面积计算，复杂平面广告基层，按设计图示尺寸以展开面积计算。

③ 箱（竖）式广告牌基层，按设计图示尺寸以基层外围体积计算。

④ 广告牌钢骨架以“吨”计算。

⑤ 广告牌面层，按设计图示尺寸以展开面积计算。

（8）美术字。

美术字按设计图示数量计算。

（9）石材、瓷砖加工。

① 石材、瓷砖倒角按块料设计倒角长度计算。

② 石材磨边按成型圆边长度计算。

③ 石材开槽按块料成型开槽长度计算。

④ 石材、瓷砖开孔按成型孔洞数量计算。

（10）建筑外遮阳。

① 卷帘遮阳、织物遮阳按设计图示卷帘宽度乘以高度（包括卷帘盒高度）以面积计算。

② 百叶帘遮阳按设计图示叶片帘宽度乘以叶片帘高度（包括帘片盒高度）以面积计算。

③ 翼片遮阳、格栅遮阳按设计图示尺寸以面积计算。

（11）其他。

① 窗帘布制作与安装工程量以垂直投影面积计算。

② 壁画、国画、平面雕塑按图示尺寸，无边框分界时，以能包容该图形的最小矩形或多边形的面积计算。有边框分界时，按边框间面积计算。

3. 计算例题

【例】某店面墙面的钢结构箱式招牌，大小 12000 mm × 2000 mm × 200 mm，五夹板衬板，铝塑板面层，钛金字 1500 mm × 1500 mm 的 6 个，150 mm × 100 mm 的 12 个。试计算招牌和美术字清单工程量及定额工程量。

【解】（1）招牌。

清单工程量 = 12 × 2 = 24（m^2）

定额工程量：

招牌五夹板工程量 = 12 × 0.2 × 2 = 4.8 m^3

铝塑板的工程量 = 12 × 2 + 12 × 0.2 × 2 + 2 × 0.2 × 2 = 29.6（m^2）

（2）美术字。

清单工程量：

1500 mm × 1500 mm 美术字工程量 = 6（个）

150 mm × 100 mm 美术字工程量 = 12（个）

定额工程量：

1500 mm × 1500 mm 美术字工程量 = 6（个）

150 mm × 100 mm 美术字工程量 = 12（个）

【例】某卫生间洗漱台平面图如图 12.10 所示，1500 mm × 1050 mm 车边镜，20 mm 厚孔雀绿大理石台饰。试计算大理石洗漱台及装饰线工程量。

【解】（1）清单工程量：

洗漱台的工程量 = 台面面积 + 挡板面积 + 吊沿面积

= 2 × 0.6 + 0.15 ×（2 + 0.6 + 0.6）+ 2 ×（0.15 − 0.02）

= 1.2 + 0.15 × 3.2 + 2 × 0.13 = 1.94（m^2）

装饰线工程量 = 2 − 1.5 = 0.5（m）

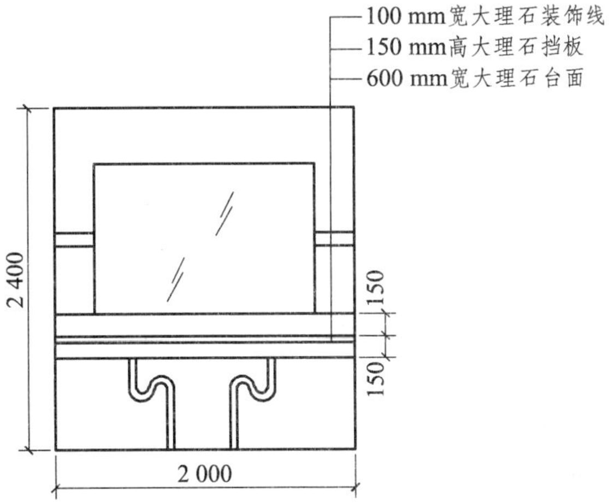

图 12.10　卫生间洗漱台平面图

（2）定额工程量：

洗漱台的工程量 = 1.94（m^2）

装饰线工程量 = 2 − 1.5 = 0.5（m）

12.6 拆除工程计量与计价

拆除工程适用于房屋工程的维修、加固、二次装修前的拆除，不适用于房屋的整体拆除。

1. 清单说明和工程量计算规则

1）清单说明

本章包括砖砌体拆除，混凝土及钢筋混凝土构件拆除，木构件拆除，抹灰层拆除，块料面层拆除，龙骨及饰面拆除，屋面拆除，铲除油漆涂料裱糊面，栏杆栏板、轻质隔断隔墙拆除，门窗拆除，金属构件拆除，管道及卫生洁具拆除，灯具、玻璃拆除，其他构件拆除，开孔（打洞）等15节，共37个项目。

2）清单项目和工程量计算规则

（1）砖砌体拆除，具体见表12.47。

表12.47 木材面油漆（编号011601）

项目编码	项目名称	项目特征	计量单位	工程量计算规则
011601001	砖砌体拆除	1.砌体名称 2. 砌体材质 3. 拆除高度 4. 拆除砌体的截面尺寸 5. 砌体表面的附着物种类	1. m^3 2. m	1. 以立方米计量，按拆除的体积计算 2. 以米计量，按拆除的延长米计算

（2）混凝土及钢筋混凝土构件拆除，包括2个清单项目。具体见表12.48。

表12.48 混凝土及钢筋混凝土构件拆除（编号011602）

项目编码	项目名称	项目特征	计量单位	工程量计算规则
011602001	混凝土构件拆除	1. 构件名称 2. 拆除构件的厚度或规格尺寸 3. 构件表面的附着物种类	1. m^3 2. m^2 3. m	1. 以立方米计量，按拆除构件的混凝土体积计算 2. 以平方米计量，按拆除部位部位的混凝土面积计算 3. 以米计量，按拆除的延长米计算
011602002	钢筋混凝土构件拆除			

（3）木构件拆除。包括1个清单项目。具体见表12.49。

表12.49 木构件拆除（编号011603）

项目编码	项目名称	项目特征	计量单位	工程量计算规则
011603001	木构件拆除	1. 构件名称 2. 拆除构件的厚度或规格尺寸 3. 构件表面的附着物种类	1. m^3 2. m^2 3. m	1. 以立方米计量，按拆除的体积计算 2. 以米计量，按拆除的延长米计算

（4）抹灰层拆除，包括 3 个清单项目，具体见表 12.50。

表 12.50 抹灰层拆除（编号 011604）

项目编码	项目名称	项目特征	计量单位	工程量计算规则
011604001	平面抹灰层拆除	1. 拆除部位 2. 抹灰层种类	m^2	按拆除部位的面积计算
011604002	立面抹灰层拆除			
011604003	天棚抹灰面拆除			

（5）块料面层拆除。包括 2 个清单项目。具体见表 12.51。

表 12.51 块料面层拆除（编号 011605）

项目编码	项目名称	项目特征	计量单位	工程量计算规则
011605001	平面块料拆除	1. 拆除的基层类型 2. 饰面材料种类	m^2	按拆除面积计算
011605002	立面块料拆除			

（6）龙骨及饰面拆除，包括 3 个清单项目，具体见表 12.52。

表 12.52 龙骨及饰面拆除（编号 011606）

项目编码	项目名称	项目特征	计量单位	工程量计算规则
011606001	楼地面龙骨及饰面拆除	1. 拆除的基层类型 2. 龙骨及饰面种类	m^2	按拆除面积计算
011606002	墙柱面龙骨及饰面拆除			
011606003	天棚面龙骨及饰面拆除			

（7）屋面拆除，包括 2 个清单项目，具体见表 12.53。

表 12.53 屋面拆除（编号 011607）

项目编码	项目名称	项目特征	计量单位	工程量计算规则
011607001	刚性层拆除	刚性层厚度	m^2	按铲除部位的面积计算
011607002	防水层拆除	防水层种类		

（8）铲除油漆涂料裱糊面，包括 3 个清单项目，具体见表 12.54。

表 12.54 铲除油漆涂料裱糊面（编号 011608）

项目编码	项目名称	项目特征	计量单位	工程量计算规则
011608001	铲除油漆面	1. 铲除部位名称 2. 铲除部位的截面尺寸	1. m^2 2. m	1. 以平方米计算，按铲除部位的面积计算 2. 以米计算，按按铲除部位的延长米计算
011608002	铲除涂料面			
011608003	铲除裱糊面			

（9）栏杆、轻质隔断隔墙拆除，包括 2 个清单项目，具体见表 12.55。

表 12.55　栏杆、轻质隔断隔墙拆除（编号 011609）

项目编码	项目名称	项目特征	计量单位	工程量计算规则
011609001	栏杆、栏板拆除	1. 栏杆（板）的高度 2. 栏杆、栏板种类	1. m^2 2. m	1. 以平方米计算，按铲除部位的面积计算 2. 以米计算，按按铲除部位的延长米计算
011609002	隔断隔墙拆除	1. 拆除隔墙的骨架种类 2. 拆除隔墙的饰面种类	m^2	按铲除部位的面积计算

（10）门窗拆除，包括 2 个清单项目，具体见表 12.56。

表 12.56　门窗拆除（编号 011610）

项目编码	项目名称	项目特征	计量单位	工程量计算规则
011610001	木门窗拆除	1. 室内高度 2. 门窗洞口尺寸	1. m^2 2. 樘	1. 以平方米计算，按铲除面积计算 2. 以米计算，按按铲除部位的延长米计算
011610002	金属门窗拆除			

（11）金属构件拆除，包括 5 个清单项目，具体见表 12.57。

表 12.57　金属构件拆除（编号 011611）

项目编码	项目名称	项目特征	计量单位	工程量计算规则
011611001	钢梁拆除	1. 构件名称 2. 拆除构件的规格尺寸	1. t 2. m	1. 以吨计算，按拆除构件的质量计算 2. 以米计算，按拆除延长米计算
011611002	钢柱拆除			
011611003	钢网架拆除		t	按拆除构件的质量计算
011611004	钢支撑、钢墙架拆除		1. t 2. m	1. 以吨计算，按拆除构件的质量计算 2. 以米计算，按拆除延长米计算
011611005	其他金属构件拆除			

（12）管道及卫生洁具拆除，包括 2 个清单项目，具体见表 12.58。

表 12.58　管道及卫生洁具拆除（编号 011612）

项目编码	项目名称	项目特征	计量单位	工程量计算规则
011612001	管道拆除	1. 管道种类、材质 2. 管道上的附着物种类	m	按拆除管道的延长米计算。
011612002	卫生洁具拆除	卫生洁具种类	1. 套 2. 个	按拆除的数量计算

（13）灯具、玻璃拆除。包括 2 个清单项目。具体见表 12.59。

表 12.59　灯具、玻璃拆除（编号 011613）

项目编码	项目名称	项目特征	计量单位	工程量计算规则
011613001	灯具拆除	1 拆除灯具高度 2. 灯具种类	套	按拆除管道的延长米计算。
011613002	玻璃拆除	1. 玻璃厚度 2. 拆除部位	2 m	按拆除的数量计算

（14）其他构件拆除。包括 6 个清单项目。具体见表 12.60。

表 12.60　其他构件（编号 011614）

项目编码	项目名称	项目特征	计量单位	工程量计算规则
011614001	暖气罩拆除	暖气罩材质	1. 个 2. m	1. 以吨计算，按拆除构件的质量计算 2. 以米计算，按拆除延长米计算
011614002	柜体拆除	1. 柜体材质 2. 柜体尺寸：长、宽、高		
011614003	窗台板拆除	窗台板平面尺寸	1. 块 2. m	1. 以块计量，按拆除数量计算 2. 以米计量，按拆除的延长米计算
011614004	筒子板拆除	筒子板的平面尺寸		
011614005	窗帘盒拆除	窗帘盒的平面尺寸	m	1. 以吨计算，按拆除构件的质量计算 2. 以米计算，按拆除延长米计算
011614006	窗帘轨拆除	窗帘轨的材质		

（15）开孔（打洞），包括 1 个清单项目，具体见表 12.61。

表 12.61　开孔（打洞）（编号 011615）

项目编码	项目名称	项目特征	计量单位	工程量计算规则
011615001	开孔（打洞）	1. 部位 2. 打洞部位材质 3. 洞尺寸	个	按数量计算

2. 定额说明和定额工程量计算规则

1）定额说明

（1）本章定额适用于房屋工程的加固及二次装修前的拆除工程。

（2）本章定额包括砌体拆除、混凝土及钢筋混凝土构件拆除、木构件拆除、抹灰层铲除、块料面层铲除、龙骨及饰面拆除、屋面拆除、铲除油漆涂料裱糊面、栏杆扶手拆除、门窗拆除以及楼层运出垃圾、建筑垃圾外运十一节。金属构件拆除、管道拆除、卫生洁具拆除、灯具拆除、其他构配件拆除套用修缮定额。

（3）采用控制爆破拆除或机械整体性拆除者，另行处理。

（4）利用拆除后的旧材料抵减拆除人工费者，由发包方与承包方协商处理。

（5）本章定额除说明者外不分人工或机械操作，均按定额执行。

（6）墙体凿门窗洞口者套用相应墙体拆除项目，洞口面积在 0.5 m^2 以内者，相应项目的人工乘以系数 3.0，洞口面积在 1.0 m^2 以内者，相应项目的人工乘以系数 2.4。

（7）混凝土构件拆除机械按风炮机编制，如采用切割机械无损拆除局部混凝土构件，另按无损切割项目执行。

（8）地面抹灰层与块料面层铲除不包括找平层，如需铲除找平层者，每 10 m^2 增加人工 0.20 工日。

（9）拆除带支架防静电地板按带龙骨木地板项目人工乘以系数 1.30。

（10）整樘门窗、门窗框及钢门窗拆除，按每樘面积 2.5 m^2 以内考虑，面积在 4 m^2 以内者，人工乘以系数 1.30；面积超过 4 m^2 者，人工乘以系数 1.50。

（11）钢筋混凝土构件、木屋架、金属压型板屋面、采光屋面拆除按起重机械配合拆除考虑，实际使用机械与定额取定机械型号规格不同者，按定额执行。

（12）楼层运出垃圾其垂直运输机械不分卷扬机、施工电梯或塔吊，均按定额执行，如采用人力运输，每 10 m^3 按垂直运输距离每 5 m 增加人工 0.78 工日，并取消楼层运出垃圾项目中相应的机械费。

2）工程量计算规则

（1）墙体拆除：各种墙体拆除按实拆墙体体积以“m^3”计算，不扣除 0.30 m^2 以内孔洞和构件所占的体积。隔墙及隔断的拆除按实拆面积以“m^2”计算。

（2）钢筋混凝土构件拆除：混凝土及钢筋混凝土的拆除按实拆体积以“m^3”计算，楼梯拆除按水平投影面积以“m^2”计算，无损切割按切割构件断面以“m^2”计算，钻芯按实钻孔数以“孔”计算。

（3）木构件拆除：各种屋架、半屋架拆除按跨度分类以榀计算，檩、椽拆除不分长短按实拆根数计算，望板、油毡、瓦条拆除按实拆屋面面积以“m^2”计算。

（4）抹灰层铲除：楼地面面层按水平投影面积以“m^2”计算，踢脚线按实际铲除长度以“m”计算，各种墙、柱面面层的拆除或铲除均按实拆面积以“m^2”计算，天棚面层拆除按水平投影面积以“m^2”计算。

（5）块料面层铲除：各种块料面层铲除均按实际铲除面积以“m2”计算。

（6）龙骨及饰面拆除：各种龙骨及饰面拆除均按实拆投影面积以“m^2”计算。

（7）屋面拆除：屋面拆除按屋面的实拆面积以“m^2”计算。

（8）铲除油漆涂料裱糊面：油漆涂料裱糊面层铲除均按实际铲除面积以“m^2”计算。

（9）栏杆扶手拆除：栏杆扶手拆除均按实拆长度以“m”计算。

（10）门窗拆除：拆整樘门、窗均按樘计算，拆门、窗扇以“扇”计算。

（11）建筑垃圾外运按虚方体积计算。

【习题】

一、单项选择题

1. 根据《房屋建筑与装饰工程工程量计算规范》（GB 50854—2013），石材踢脚线工程量应（　　）。

A. 不予计算　　B. 并入地面面层工程量

C. 按设计图示尺寸以长度计算　　D. 按设计图示长度乘以高度以面积计算

2. 根据《房屋建筑与装饰工程工程量计算规范》(GB 50854—2013)，天棚抹灰工程量计算正确的是（　　）。

A. 扣除检查口和管道所占面积　　B. 板式楼梯底面抹灰按水平投影面积计算

C. 扣除间壁墙、垛和柱所占面积　　D. 锯齿形楼梯底板抹灰按展开面积计算

二、多项选择题

1. 根据《房屋建筑与装饰工程工程量计算规范》(GB 50854—2013)，楼地面装饰工程量计算正确的有（　　）。

A. 现浇水磨石楼地面按设计图示尺寸以面积计算

B. 细石混凝土楼地面按设计图示尺寸以体积计算

C. 块料台阶面按设计图示尺寸以展开面积计算

D. 金属踢脚线按延长米计算

E. 石材楼地面按设计图示尺寸以面积计算

2. 根据《房屋建筑与装饰工程工程量计算规范》(GB 50854—2013)，关于装饰工程量计算，说法正确的有（　　）。

A. 自流坪地面按图示尺寸以面积计算

B. 整体层按设计图示尺寸以面积计算

C. 块料踢脚线可按延长米计算

D. 石材台阶面装饰设计图示以台阶最上踏步外沿以外水平投影面积计算

F. 塑料板楼地面按设计图示尺寸以面积计算

三、计算题

1. 某办公楼门前平台和台阶，如图 12.11 所示，采用水泥砂浆粘贴 300 mm × 300 mm 五莲花火烧板花岗岩，试计算花岗岩台阶、平台的定额工程量和清单工程量，并编制花岗岩台阶、平台的工程量清单。

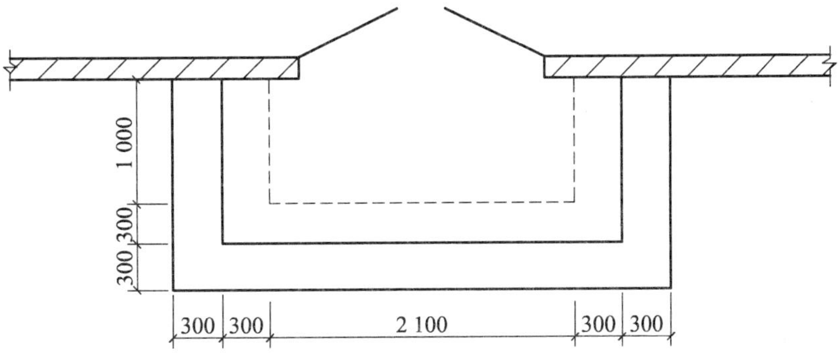

图 12.11　平台及台阶示意图

2. 某工程如图 12.12 ~ 图 12.14 所示，计算内、外墙及挑檐抹灰工程量。具体做法如下：内墙：15 厚 1∶1∶6 混合砂浆底层，5 厚 1∶1∶4 混合砂浆面层，刮仿瓷涂料两遍。

外墙裙：14 厚 1∶3 水泥砂浆底层，6 厚 1∶2.5 水泥砂浆面层。

外墙身：12 厚 1∶3 水泥砂浆底层，10 厚 1∶1.5 水泥白石子浆水刷石。

挑檐：外侧抹 20 厚 1∶2.5 水泥砂浆。

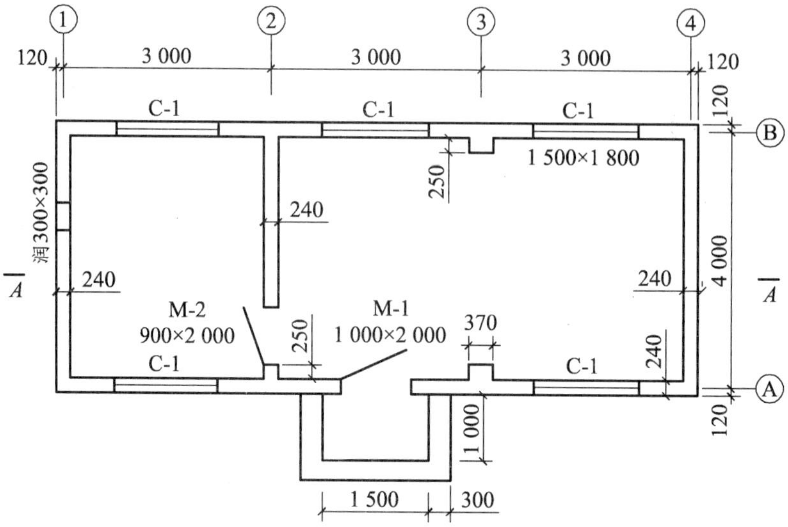

图 12.12　某工程平面图

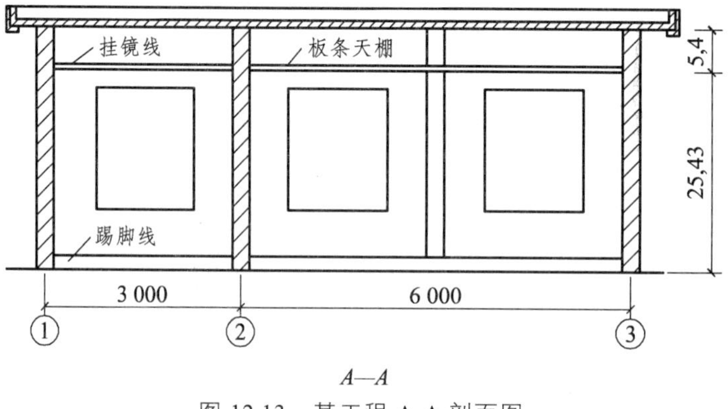

图 12.13　某工程 A-A 剖面图

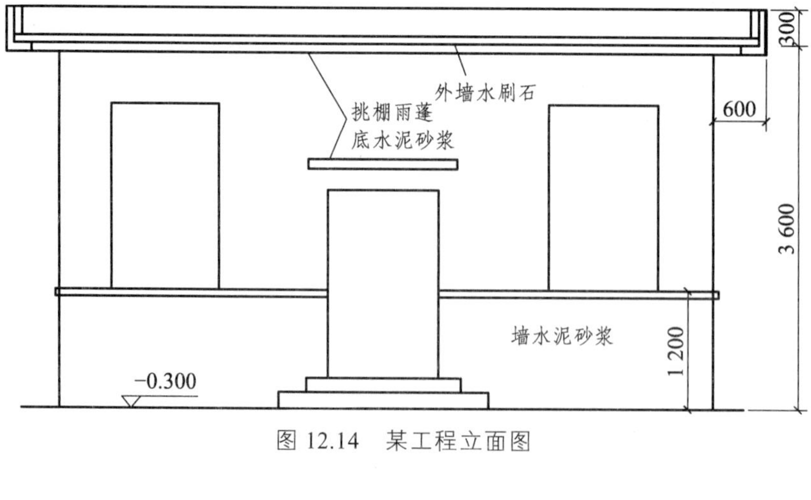

图 12.14　某工程立面图

3. 某工程拟进行二次装修，将 4 个方柱包装成圆柱，柱高 4.8 m，直径 1.0 m，做法为膨胀螺栓固定木龙骨，三合板基层，1 mm 厚镜面不锈钢面层，柱顶、底用 120 mm 宽不锈钢装饰压条封口，木龙骨刷防火漆两遍，试编制柱面装饰工程定额工程量和清单工程量。

4. 某建筑物钢筋混凝土柱的构造如图 12.15 所示，柱面挂贴花岗岩面层，试计算工程量。

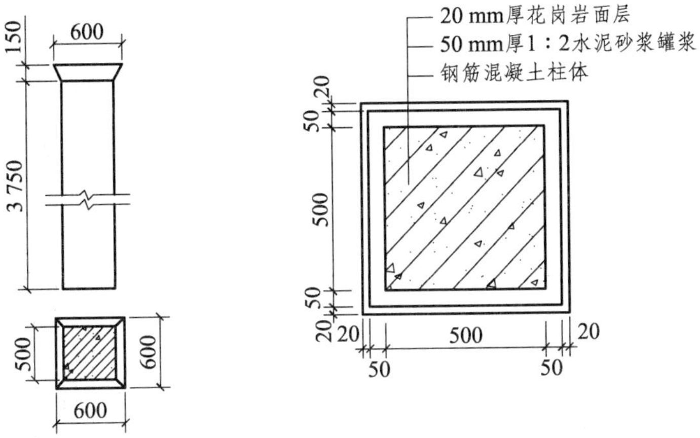

图 12.15　柱的构造图

5. 如图 12.16 所示，计算天棚面刷乳胶漆三遍工程量。

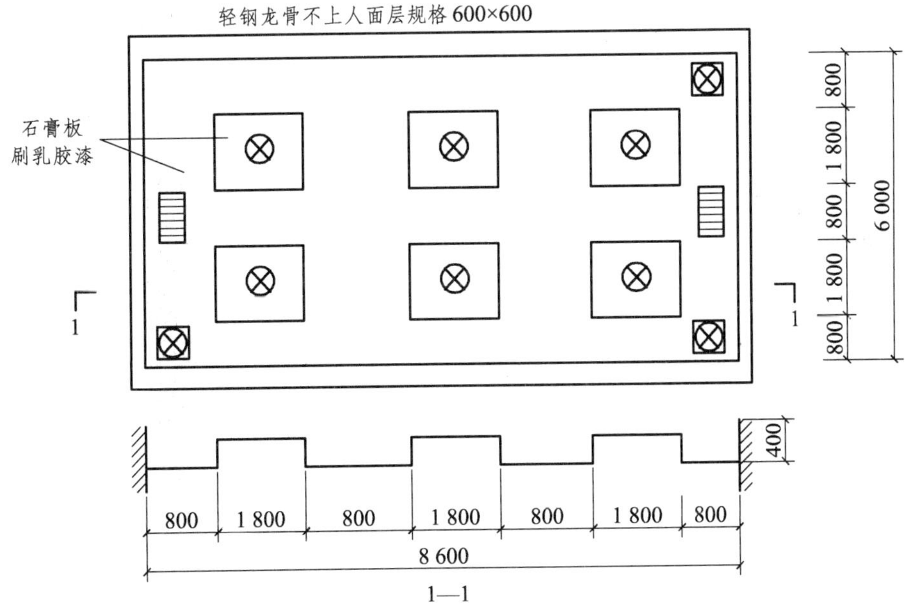

图 12.16　天棚图

6. 如图 12.17 所示，标准客房卫生间平面图，内设大理石洗漱台，台面投影尺寸为 1800 × 600 mm，不带镜框玻璃镜尺寸为 1500 × 1000 mm，不锈钢毛巾杆。计算 10 个标准客房卫生间上述配件的工程量。

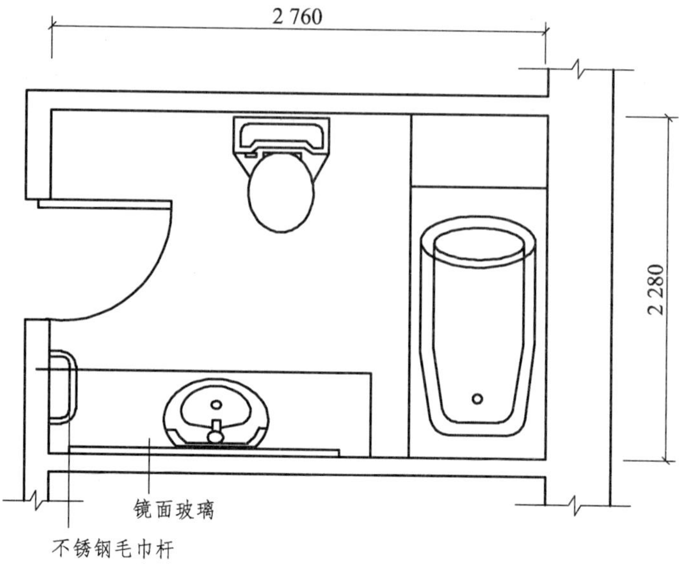

图 12.17　卫生间平面图

13　措施项目计量与计价

措施项目是指为完成工程项目施工，发生于该工程施工准备和施工过程中的技术、生活、安全、环境保护等方面的项目。措施项目清单应根据相关专业现行工程量计算规范的规定编制，并应根据拟建工程的实际情况列项。按照计量规范规定，措施项目分为应予计量的措施项目（单价措施项目）和不宜计量的措施项目（总价措施项目）两类。

1. 单价措施项目

单价措施项目即可以计算工程量的措施项目，如脚手架工程、混凝土模板及支架、垂直运输、超高施工增加、大型机械设备进出场及安拆、施工排水降水。单价措施项目清单的编制同分部分项工程量清单，需依据规范规定的项目编码、项目名称确定清单项目，描述项目特征和确定计量单位，计算清单工程量。单价措施项目清单，应根据招标文件和招标工程量清单项目中的特征描述及有关要求确定综合单价计算。其要求及计算方法同分部分项工程量清单费用。

2. 总价措施项目

总价措施项目即不能计算工程量的措施项目，如安全文明施工、夜间施工和二次搬运等，计量规范仅列出了项目编码、项目名称和包含的范围，未列出项目特征、计量单位和工程量计算规则，编制工程量清单时，必须按计量规范规定的项目编码、项目名称确定清单项目，不必描述项目特征和确定计量单位。以“项”为计量单位进行编制。如采用全费用工程量清单计价，总价措施费已包含在分部分项工程及单价措施项目的全费用综合单价中，不需列项。

13.1　模板工程计量与计价

1. 项目划分

《房屋建筑与装饰工程工程量计算规范》（GB 50854—2003）中，混凝土模板及支架（撑）工程有基础、柱、梁、墙、板、天沟、檐沟、雨篷、楼梯、其他现浇构件、地沟、台阶、扶手、散水、后浇带、化粪池、检查井等共计 32 个子目。

对现浇混凝土模板采用两种方式进行编制，即：对现浇混凝土工程项目，一方面“工作内容”中包括模板工程的内容，以立方米计量，与混凝土工程项目一起组成综合单价；另一方面又在措施项目中单列了现浇混凝土模板工程项目，以平方米计量，单独组成综合单价。

对此，就有三层内容：一是招标人根据工程的实际情况在同一个标段（或合同段）中将两种方式中选择其一，二是招标人若采用单列现浇混凝土模板工程，必须按本规范所规定的计量单位，项目编码、项目特征描述列出清单，同时，现浇混凝土项目中不含模板的工程费用，三是若招标人若不单列现浇混凝土模板工程项目，不再编列现浇混凝土模板项目清单，现浇混凝土工程项目的综合单价中包括了模板的工程费用。

规范规定，混凝土模板及支撑（支架）项目，只适用于以平方米计量，按模板与混凝土构件的接触面积计算。以立方米计量的模板及支撑（支架），按混凝土及钢筋混凝土实体项目执行，其综合单价中应包含模板及支撑（支架）。原槽浇灌的混凝土基础，不计算模板。若现浇混凝土梁、板支撑高度超过 3.6 m 时，项目特征应描述支撑高度。采用清水模板时，应在特征中注明。其部分清单子目如表所示

表 13.1　模板工程

项目编码	项目名称	项目特征	计量单位	工程量计算规则	工作内容
011702001	基础	基础类型	m^2	按模板与现浇混凝土构件的接触面积计算。 ① 现浇钢筋混凝土墙、板单孔面积≤0.3 m^2 的孔洞不予扣除，洞侧壁模板亦不增加；单孔面积>0.3 m^2 时应予扣除，洞侧壁模板面积并入墙、板工程量内计算。 ② 现浇框架分别按梁、板、柱有关规定计算；附墙柱、暗梁、暗柱并入墙内工程量内计算。 ③ 柱、梁、墙、板相互连接的重叠部分，均不计算模板面积。 ④ 构造柱按图示外露部分计算模板面积	1. 模板制作 2. 模板安装、拆除、整理堆放及场内外运输 3. 清理模板黏结物及模内杂物、刷隔离剂等
011702002	矩形柱				
011702003	构造柱				
011702004	异形柱	柱截面形状			
011702005	基础梁	梁截面形状			
011702006	矩形梁	支撑高度			
011702007	异形梁	1. 梁截面形状 2. 支撑高度			
011702008	圈梁				
011702009	过梁				
011702010	弧形、拱形梁	1. 梁截面形状 2. 支撑高度			
011702011	直形墙				
011702012	弧形墙				
011702013	短肢剪力墙、电梯井壁				

续表

项目编码	项目名称	项目特征	计量单位	工程量计算规则	工作内容
011702014	有梁板	支撑高度	m^2	按模板与现浇混凝土构件的接触面积计算	1. 模板制作 2. 模板安装、拆除、整理堆放及场内外运输 3. 清理模板黏结物及模内杂物、刷隔离剂等
011702015	无梁板				
011702016	平板				
011702017	拱板				
011702018	薄壳板				
011702019	空心板				
011702020	其他板				
011702021	栏板				
011702022	天沟、檐沟	构件类型		按模板与现浇混凝土构件的接触面积计算	
011702023	雨篷、悬挑板、阳台板	1. 构件类型 2. 板厚度		按图示外挑部分尺寸的水平投影面积计算，挑出墙外的悬臂梁及板边不另计算	
011702024	直形楼梯	类型	m^2	按楼梯（包括休息平台、平台梁、斜梁和楼层板的连接梁）的水平投影面积计算，不扣除宽度≤500 mm的楼梯井所占面积，楼梯踏步、踏步板、平台梁等侧面模板不另计算，伸入墙内部分亦不增加	1. 模板制作 2. 模板安装、拆除、整理堆放及场内外运输 3. 清理模板黏结物及模内杂物、刷隔离剂等
011702025	其他现浇构件	构件类型		按模板与现浇混凝土构件的接触面积计算	
011702026	电缆沟、地沟	1. 沟类型 2. 沟截面		按模板与电缆沟、地沟接触的面积计算	
011702027	台阶	台阶踏步宽		按图示台阶水平投影面积计算，台阶端头两侧不另计算模板面积。架空式混凝土台阶，按现浇楼梯计算	
011702028	扶手	扶手断面尺寸		按模板与扶手的接触面积计算	
011702029	散水			按模板与散水的接触面积计算	
011702030	后浇带	后浇带部位		按模板与后浇带的接触面积计算	
011702031	化粪池	1. 化粪池部位 2. 化粪池规格		按模板与混凝土的接触面积计算	
011702032	检查井	1. 检查井部位 2. 检查井规格			

2. 定额说明

（1）模板分组合模板、胶合板模板、木模板、大钢模板、铝合金模板。

（2）模板按企业自有编制。组合钢模板、铝合金模板包括装箱及回库维修耗量。

（3）胶合板模板取定规格为 1830 mm × 915 mm × 12 mm，周转次数按 5 次考虑。实际施工选用的模板厚度不同时，模板厚度和周转次数不得调整，均按本章定额执行。模板材料价差，无论采用何种厚度，均按定额取定的模板厚度计取。

（4）本章定额捣制构件均按支撑在坚实的地基上考虑。如属于软弱地基、湿陷性黄土地基、冻胀性土等所发生的地基处理费用，按实结算。

（5）梁、板、柱、墙的支模高度 3.6 m 以内时，套用“支模高度 3.6 m 以内”相应子目；

支模高度超过 3.6 m 时，先按全部工程量套用“支模高度 3.6 m 以内”相应子目，再按超过部分工程量乘以超高米数套用“高度超过 3.6 m，每增加 1 m”子目；

支模高度超过 8 m 时，先按全部工程量套用“支模高度 8 m 以内”相应子目，再按超过部分工程量乘以超高米数套用“高度超过 8 m，每增加 1 m”子目；

支模高度超过 20 m 时，先按全部工程量套用“支模高度 20 m 以内”相应子目，再按超过部分工程量乘以超高米数套用“高度超过 20 m，每增加 1 m”子目；

支模高度超过 30 m 时，按施工方案另行确定。支模高度超高米数不足 1 m 的按 1 m 考虑。

（6）圆弧带形基础模板执行带形基础相应项目，人工、材料、机械乘以系数 1.15。

（7）地下室底板模板执行满堂基础子目；满堂基础模板包括集水井模板杯壳。

（8）基础使用砖胎膜时，砌体执行“砌筑工程”砖基础相应项目；抹灰执行“墙、柱面工程”抹灰的相应项目。

（9）独立桩承台执行独立基础子目：带形桩承台执行带形基础项目；与满堂基础相连的桩承台执行满堂基础项目。高杯基础杯口高度大于杯口大边长度 3 倍以上时，杯口高度部分执行柱项目，杯形基础执行独立基础项目。

（10）如遇斜板面结构时，柱分别按各柱的中心高度为准；墙按分段墙的平均高度为准；框架梁按每跨两端的支座平均高度为准；板（含梁板合计的梁）按高点与低点的平均高度为准。

异形柱、梁是指柱、梁的断面形状为 L 形、十字形、T 形的柱、梁。

（11）柱模板如遇弧形和异形组合时，执行圆柱项目。

（12）短肢剪力墙是指截面厚度≤300 mm，各肢截面高度与厚度之比的最大值>4 但≤8 的剪力墙；各肢截面高度与厚度之比的最大值≤4 的剪力墙执行柱子目。

（13）胶合板模板采用一次摊销止水螺杆方式支模时，将对拉螺栓材料换为止水螺杆，其消耗量按对拉螺栓数量乘以系数 12，取消塑料套管消耗量，其余不变。墙面模板未考虑定位支撑因素。

柱、梁面对拉螺栓堵眼增加费，执行墙面螺栓堵眼增加费子目，柱面螺栓堵眼人工、机械乘以系数 0.3，梁面螺栓堵眼人工、机械乘以系数 0.35。

（14）板或拱形结构按板顶平均高度确定支模高度，电梯井壁按建筑物自然层层高确定支模高度。

（15）斜梁（板）按坡度大于 10°且≤30°。综合考虑的。斜梁（板）坡度在 10°以内的执行梁、板项目；坡度在 30°以上、45°以内时人工乘以系数 1.05；坡度在 45°以上、60°以内时人工乘以系数 1.10；坡度在 60°以上时人工乘以系数 1.20。

（16）车库车道板按斜板项目执行；弧形车道板按斜板项目执行外，再按弧形梁的模板接触面积计算工程量，执行弧形有梁板增加费项目。

（17）混凝土板适用于截面厚度≤250 mm；如板支模需使用承重模板支撑系统，可按施工组织设计方案调整模板支撑系数（包括人工）消耗量。

（18）板中暗梁并入板内计算；墙、梁弧形且半径≤9 m时，执行弧形墙、梁子目。现浇空心板执行平板项目，内模安装另行计算。

（19）薄壳板模板不分筒式、球形、双曲形等，均执行同一项目。

（20）梁中间距≤1 m或井字梁中面积≤5 m^2时，套用密肋梁、井字板定额。

（21）梁板结构的弧形有梁板按有梁板计算外，再按弧形梁的模板接触面积计算工程量，执行弧形有梁板增加费项目。

（22）型钢组合混凝土构件模板，按构件相应项目执行。

（23）屋面混凝土女儿墙高度>1.2 m时执行相应墙项目，≤1.2 m时执行相应栏板项目。

（24）混凝土栏板高度（含压顶扶手及翻沿），净高按1.2 m以内考虑，超1.2 m时执行相应墙项目。

（25）现浇混凝土阳台板、雨篷板按三面悬挑形式编制，如一面为弧形栏板且半径≤9 m时：执行圆弧形阳台板、雨篷板项目；如非三面悬挑形式的阳台、雨篷，则执行梁、板相应项目。

（26）挑檐、天沟壁高度≤400 mm，执行挑檐项目；挑檐、天沟壁高度>400 mm时，按全高执行拦板项目。单件体积0.1 m^3以内，执行小型构件项目。

（27）预制板间补现浇板缝执行平板项目。

（28）现浇飘窗板、空调板执行悬挑板项目。散水模板执行垫相应项目。

（29）楼梯是按建筑物一个自然层双跑楼梯考虑，如单坡直行楼梯（即一个自然层无休息平台）按相应项目人工、材料、机械乘以系数1.2；三跑楼梯（即一个自然层两个休息平台）按相应项目人工、材料、机械乘以系数0.9；四跑楼梯（即一个自然层三个休息平台）按相应项目人工、材料、机械乘以系数0.75。剪刀楼梯执行单坡直行楼梯相应系数。

（30）与主体结构不同时浇捣的厨房、卫生间等墙体下部现浇混凝土翻边的模板执行圈梁相应项目。

（31）凸出混凝土柱、梁、墙面的线条，并入相应构件内计算，再按凸出的线条道数执行模板增加费项目；但单独窗台板、栏板扶手、墙上压顶的单阶挑檐不另计算模板增加费；其他单阶线条凸出宽度>200 mm的执行挑檐项目。

（32）外形尺寸体积在1 m^3以内的独立池槽执行小型构件子目，1 m^3以上的独立池槽及与建筑物相连的梁、板、墙结构式水池，分别执行梁、板、墙相应项目。

（33）小型构件是指单件体积0.1 m^3以内且本节未列项目的小型构件。

（34）当设计要求为清水混凝土模板时，执行相应模板项目，并做如下调整：胶合板模板材料换算为镜面胶合板，机械不变，其人工按下表增加工日。

表13.2　清水混凝土模板增加工日表　　单位：100 m^2

项目	桩			梁			墙		有梁板、无梁板、平板
	矩形桩	圆形桩	异形桩	矩形梁	异形梁	弧形、拱形梁	直形墙、弧形墙、电梯井壁墙	短肢剪力墙	
工日	4	5.2	6.2	5	5.2	5.8	3	2.4	4

（35）后浇混凝土模板定额消耗量中已包含了伸出后浇混凝土与预制构件抱合部分模板的用量。

（36）铝合金模板项目中的铝模板材料包含铝模板及背楞的摊销。

3. 工程量计算规则

湖北省 2018 定额现浇混凝土构件模板工程量计算规则与清单规则表述基本一致。

现浇混凝土构件模板，除另有规定者外，均按模板与混凝土的接触面积（扣除后浇带所占面积）计算。

（1）基础。

① 有肋式带形基础，肋高（指基础扩大顶面至梁顶面的高）≤1.2 m 时，合并计算；>1.2 m 时，基础底板模板按无肋带形基础子目计算。扩大顶面以上部分模板按混凝土墙子目计算。

② 独立基础：高度从垫层上表面计算到柱基上表面。

③ 满堂基础：无梁式满堂基础有扩大或角锥形柱墩时，并入无梁式满堂基础内计算。

有梁式满堂基础梁高（从板面或板底计算，梁高不含板厚）≤1.2 m 时，基础和梁合并计算；>1.2 m 时，底板按无梁式满堂基础模板项目计算，梁按混凝土墙模板项目计算。

箱式满堂基础应分别按无梁式满堂基础、柱、墙、梁、板的有关规定计算；

地下室底板按无梁式满堂基础模板项目计算；基础内的集水井模板并入相应基础模板工程量计算。

④ 设备基础：块体设备基础按不同体积，分别计算模板工程量。

框架设备基础应分别按基础、柱以及墙的相应子目计算；楼层面上的设备基础并入梁、板子目计算，如在同一设备基础中部分为块体，部分为框架时，应分别计算。

框架设备基础的柱模板高度应由底板或柱基的上表面算至板的下表面；梁的长度按净长计算，梁的悬臂部分应并入梁内计算。

⑤ 设备基础地脚螺栓套孔以不同深度以数量计算。

（2）柱。

① 柱模板按柱周长乘以柱高计算，牛腿的模板面积并入柱模板工程量内。

② 柱高从柱基或板上表面算至上一层楼板下表面，无梁板算至柱帽底部标高。

③ 构造柱均应按图示外露部分计算模板面积。带马牙槎构造柱的宽度按马牙槎处的宽度计算。

（3）梁。

① 梁与柱连接时，梁长算至柱的侧面。

② 主梁与次梁连接时，次梁长算至主梁侧面。

③ 梁与墙连接时，梁长算至墙侧面。如为砌块墙时，伸入墙内的梁头和梁垫的模板面积并入梁的工程量内。

④ 圈梁与过梁连接时，过梁长度按门窗洞口宽度共加 500 mm 计算。

⑤ 现浇挑梁的悬挑部分按单梁计算，嵌入墙身部分分别按圈梁、过梁计算。

（4）板。

① 有梁板包括主梁、次梁与板，梁板工程量合并计算。

② 无梁板的柱帽并入板内计算。

（5）墙。

① 墙与梁重叠，当墙厚等于梁宽时，墙与梁合并按墙计算；当墙厚小于梁宽时，墙梁分别计算。

② 墙与板相交，墙高算至板的底面。

（6）现浇混凝土墙、板上单孔面积在 0.3 m^2 以内的孔洞，不予扣除，洞侧壁模板亦不增加；单孔面积在 0.3 m^2 以外时，应予扣除，洞侧壁模板面积并入墙、板模板工程量以内计算。

对拉螺栓堵眼增加费按墙面、柱面、梁面模板接触面分别计算工程量。

（7）现浇混凝土框架分别按柱、梁、板有关规定计算，附墙柱凸出墙面部分按柱工程量计算，暗梁、暗柱并入墙内工程量计算。

（8）柱、墙、梁、板、栏板相互连接的重叠部分，均不扣除模板面积。

（9）挑檐、天沟与板（包括屋面板、楼板）连接时，以外墙外边线为分界线；与梁（包括圈梁等）连接时，以梁外边线为分界线；外墙外边线以外或梁外边线以外为挑檐、天沟。

（10）现浇混凝土悬挑板、雨篷、阳台按图示外挑部分尺寸的水平投影面积计算。挑出墙外的悬臂梁及板边不另计算。

（11）现浇混凝土楼梯（包括休息平台、平台梁、斜梁和楼层板的连接的梁），按水平投影面积计算。不扣除宽度小于 500 mm 楼梯井所占面积，楼梯的踏步、踏步板、平台梁等侧面模板不另行计算，伸入墙内部分亦不增加。当整体楼梯与现浇楼板无梯梁连接时，以楼梯的最后一个踏步边缘加 300 mm 为界。

（12）混凝土台阶不包括梯带，按图示台阶尺寸的水平投影面积计算，台阶端头两侧不另计算模板面积；架空式混凝土台阶按现浇楼梯计算；场馆看台按设计图示尺寸，以水平投影面积计算。

（13）凸出的线条模板增加费，以凸出棱线的道数分别按长度计算，两条及多条线条相互之间净距小于 100 mm 的。每两条按一条计算。

（14）后浇带按模板与后浇带的接触面积计算。

【例】如图 13.1 所示，某三层钢筋混凝土现浇框架办公楼，其 1 层第一跨平面结构示意图。已知柱 C30，柱截面为 400 mm × 500 mm；C30 梁断面见平面图，板厚见平面图，一层层顶标高 3.85 m，层底标高 − 0.05 m，室外地坪标高 − 0.30 m，施工采用预拌混凝土，试编制 1 轴交 A、B、C 轴柱 KZ1 模板分项工程工程量清单，并对矩形柱模板工程量清单进行报价。（按鄂建办〔2019〕93 号规定增值税税率为 9%）

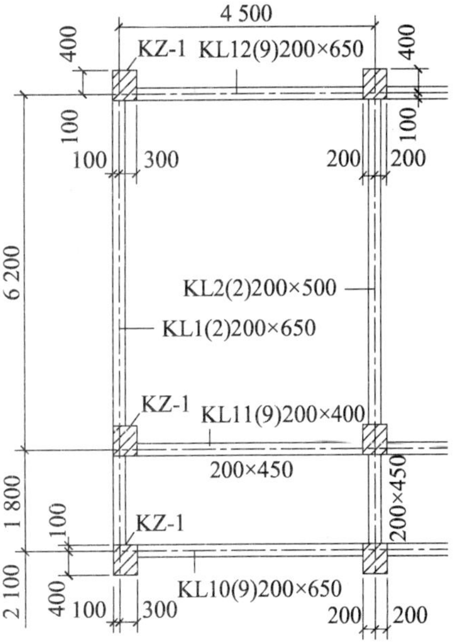

图 13.1 平面结构示意

【解】（1）编制工程量清单。

① 计算工程量。

表 13.3 工程量计算表

序号	清单项目编码	清单项目名称	计量单位	工程量	计算式
1	011702002001	矩形柱	M2	21.38	1 轴交 A、C 轴 KZ1：S＝2×[(0.4×2＋0.5×2)×(3.85＋0.05)－2×0.2×0.65－0.12×0.2)]＝2×7.17＝14.34 1 轴交 B 轴 KZ1：S＝(0.4×2＋0.5×2)×(3.85＋0.05)-2×0.2×0.65－0.2×0.45－0.12×0.2-(0.3＋0.2)×0.12)＝7.036 合计 14.34＋7.036＝21.376

② 编制工程量清单

表 13.4 分部分项工程量清单

序号	项目编码	项目名称	项目特征描述	计量单位	工程量	金额/元		
						综合单价	合价	其中 暂估价
1	011702002001	矩形柱	胶合板模板；钢支撑 4.15 m	m^2	21.38			

（2）对 011702002001“矩形柱”工程量清单报价。

① 确定为清单项目组价定额项目（计价项目），并查的定额项目所对应的基价表。

清单项目 011702002001“矩形柱”对应《湖北省房屋建筑与装饰工程消耗量定额及全费用基价表》(2018)的定额子目为“A16-50，矩形柱”，见表 13.5。

依据《湖北省房屋建筑与装饰工程消耗量定额及全费用基价表》(2018)。矩形柱支模高度超过 3.6 m 时，需计算支撑超高增加费。套用 A16-58 钢支撑，见表 13.6。

表 13.5 柱模板消耗量定额及全费用基价表

工作内容：模板及支撑制作、安装、拆除、堆放、运输及清理模内杂物、刷隔离剂等　　计量单位：100 m^2

定额编号		A16-49	A16-50	A16-51	A16-52
项目		矩形柱		构造柱	
		组合钢模板	胶合板模板	组合钢模板	胶合板模板
		钢支撑 3.6 m 以内			
全费用/元		7764.67	8742.22	6096.82	6749.69
其中	人工费/元	3001.41	2824.24	2207.2	2033.74
	材料费/元	1315.92	2529.57	1315.92	2225.13
	机械费/元	0.48	1.65	0.48	4.25
	费　用/元	2677.39	2520.41	1969.03	1817.68
	增值税/元	769.47	866.35	604.19	668.89

续表

定额编号				A16-49	A16-50	A16-51	A16-52
项目				矩形柱		构造柱	
				组合钢模板	胶合板模板	组合钢模板	胶合板模板
				钢支撑 3.6 m 以内			
名称		单位	单价/元	数量			
人工	普工	工日	92	8.714	8.199	6.408	5.904
	技工	工日	142	15.491	14.577	11.392	10.497
材料	组合钢模板	kg	3.85	78.090	—	78.090	—
	胶合板模板	m^2	27.43	—	24.675	—	24.675
	板枋材	m^3	2479.49	0.066	0.372	0.066	0.386
	钢支撑及配件	kg	3.85	45.485	45.484	45.484	45.485
	木支撑	m^3	1854.99	0.182	0.182	0.182	0.182
	零星卡具	kg	3.85	66.740	—	66.740	—
	圆钉	kg	5.92	1.800	0.982	1.800	0.983
	隔离剂	kg	2.57	10.000	10.000	10.000	10.000
	硬塑料管 ϕ20	m	1.97	—	117.766	—	—
	对拉螺栓	kg	5.92	—	19.013	—	—
	塑料粘胶带 20 mm×50 m	卷	15.26	—	2.500	—	2.500
	回库维修费	元	—	44.610	—	44.610	—
	电【机械】	kW·h	0.75	1.320	4.560	1.320	11.760
机械	木工圆锯机 500	台班	8.67	0.055	0.190	0.055	0.490

表 13.6　柱模板及支撑消耗量定额及全费用基价表

计量单位：100 m^2

定额编号		A16-56	A16-57	A16-58
项目		圆形柱		柱支撑
		胶合板模板	木模板	高度超过 3.6 m，每增加 1 m
		3.6 m 以内钢支撑	木支撑	钢支撑
全费用/元		16443.25	18777.25	819.17
其中	人工费/元	6355.52	5756.09	362.70
	材料费/元	2781.69	5995.98	51.8
	机械费/元	4.25	16.13	—
	费用/元	5672.28	5148.24	323.49
	增值税/元	1629.51	1860.81	81.18

续表

定额编号				A16-56	A16-57	A16-58
项　目				圆形柱		柱支撑
				胶合板模板	木模板	高度超过 3.6 m，每增加 1 m
				3.6 m 以内钢支撑	木支撑	钢支撑
名　称		单位	单价/元	数　量		
人工	普工	工日	92	18.451	16.711	1.053
	技工	工日	142	32.803	29.709	1.872
材料	胶合板模板	m^2	27.43	30.629	—	—
	板枋材	m^3	2479.49	0.480	2.318	—
	钢支撑及配件	kg	3.85	59.530	—	3.337
	圆钉	kg	5.92	1.220	24.250	—
	隔离剂	kg	2.57	10.000	10.000	—
	硬塑料管 $\phi 20$	m	1.97	147.602	—	—
	对拉螺栓	kg	5.92	24.307	—	—
	塑料粘胶带 20 mm×50 m	卷	15.26	3.000	3.000	—
	木支撑	m^3	1854.99	—	—	—
	电【机械】	kW·h	0.75	11.760	44.640	0.021
机械	木工圆锯机 500	台班	8.67	0.490	1.860	—

② 计算计价项目的定额工程量。

A16-50，矩形柱；计价工程量同清单量 $S = 21.38\ m^2$；

A16-58　超高支撑计价工程量为：

1 轴交 A、C 轴 KZ1 超高模板面积

$$S = [(0.55\times0.4\times2 + 0.55\times0.5\times2) - 2\times0.55\times0.2 - 0.12\times0.2]$$
$$= 0.746\times2 = 1.492\ m^2$$

1 轴交 B 轴 KZ1 超高模板面积

$$S = (0.55\times0.4\times2 + 0.55\times0.5\times2) - 2\times0.55\times0.2 - 0.2\times0.45 - 0.12\times0.2 - (0.3 + 0.2)\times0.12$$
$$= 0.596\ m^2$$

合计

$$S = 1.492 + 0.596 = 2.087\ m^2$$

③ 计价。

a. 按全费用综合单价计价

全费用综合单价与全费用定额基价都是由人工费、材料费、机械费、费用、增值税构成。（按鄂建办〔2019〕93 号规定，增值税税率调整为 9%）

$$人工费 = 2824.24 \times 21.38/100 + 362.7 \times 2.087/100 = 611.39（元）$$

$$材料费 = 2529.57 \times 21.38/100 + 51.8 \times 2.087/100 = 541.90（元）$$

$$机械费 = 1.65 \times 21.38/100 + 0 = 0.35（元）$$

$$费用 = 2520.4 \times 21.38/100 + 323.51 \times 2.087/100 = 545.61（元）$$

$$增值税 = （611.39 + 541.9 + 0.35 + 545.61）\times 9\% = 152.937（元）$$

$$矩形柱模板费：611.39 + 541.9 + 0.35 + 545.61 + 152.93 = 1852.18（元）$$

$$全费用综合单价 = \frac{1852.18}{21.38} = 86.63（元/平方米）$$

b. 按综合单价计价。

参照《2018 年湖北省建筑安装工程费用定额》，管理费和利润的计费基数均为人工费和机械费之和，费率分别是 28.27%和 19.73%。

$$人工费 = 2824.24 \times 21.38/100 + 362.7 \times 2.087/100 = 611.39（元）$$

$$材料费 = 2529.57 \times 21.38/100 + 51.8 \times 2.087/100 = 541.90（元）$$

$$机械费 = 1.65 \times 21.38/100 + 0 = 0.35（元）$$

$$管理费与利润 = （611.39 + 0.35）\times（28.27\% + 19.73\%）= 293.64（元）$$

$$综合单价 = \frac{611.39 + 541.9 + 0.35 + 293.64}{21.38} = 67.7（元/平方米）$$

13.2 脚手架工程计量与计价

1. 脚手架工程清单分项

《房屋建筑与装饰工程工程量计算规范》（GB 50854—2013）中，脚手架工程有综合脚手架、外脚手架、里脚手架、悬空脚手架、挑脚手架、满堂脚手架、整体提升架及外装饰吊篮共 8 个子目。规范同时规定，使用综合脚手架时，不再使用外脚手架、里脚手架等单项脚手架。综合脚手架适用于能够按“建筑面积计算规则”，计算建筑面积的建筑工程脚手架，不适用于房屋加固、构筑物及附属工程脚手架。

同一建筑物有不同檐高时，按建筑物竖向切面分别按不同檐高编列清单项目。脚手架材质可以不描述，但应注明由投标人根据工程实际情况按照国家现行标准《建筑施工扣件式钢管脚手架安全技术规范》（JGJ 130），《建筑施工附着升降脚手架管理暂行规定》（建〔2000〕23 号）等规范自行确定。其部分清单子目见表 13.7。

表 13.7　脚手架工程

项目编码	项目名称	项目特征	计量单位	工程量计算规则	工作内容
011701001	综合脚手架	1. 建筑结构形式 2. 檐口高度	m^2	按建筑面积计算	1. 场内、场外材料搬运 2. 搭、拆脚手架、斜道、上料平台 3. 安全网的铺设 4. 选择附墙点与主体连接 5. 测试电动装置、安全锁等 6. 拆除脚手架后材料的堆放
011701002	外脚手架	1. 搭设方式 2. 搭设高度 3. 脚手架材质	m^2	按所服务对象的垂直投影面积计算	1. 场内、场外材料搬运 2. 搭、拆脚手架、斜道、上料平台 3. 安全网的铺设 4. 拆除脚手架后材料的堆放
011701003	里脚手架				
011701004	悬空脚手架	1. 搭设方式 2. 悬挑宽度 3. 脚手架材质		按搭设的水平投影面积计算	
011701005	挑脚手架		m	按搭设长度乘以搭设层数以延长米计算	
011701006	满堂脚手架	1. 搭设方式 2. 搭设高度 3. 脚手架材质	m^2	按搭设的水平投影面积计算	
011701007	整体提升架	1. 搭设方式及启动装置 2. 搭设高度	m^2	按所服务对象的垂直投影面积计算	1. 场内、场外材料搬运 2. 选择附墙点与主体连接 3. 搭、拆脚手架、斜道、上料平台 4. 安全网的铺设 5. 测试电动装置、安全锁等 6. 拆除脚手架后材料的堆放
011701007	整体提升架	1. 搭设方式及启动装置 2. 搭设高度	m^2	按所服务对象的垂直投影面积计算	1. 场内、场外材料搬运 2. 选择附墙点与主体连接 3. 搭、拆脚手架、斜道、上料平台 4. 安全网的铺设 5. 测试电动装置、安全锁等 6. 拆除脚手架后材料的堆放
011701008	外装饰吊篮	1. 升降方式及启动装置 2. 搭设高度及吊篮型号	m^2	按所服务对象的垂直投影面积计算	1. 场内、场外材料搬运 2. 吊篮的安装 3. 测试电动装置、安全锁、平衡控制器等 4. 吊篮的拆卸

2. 定额分项及定额说明

建筑物檐高以设计室外地坪至檐口滴水高度（平屋顶系指屋面板底高度，斜屋面系指外墙外边线与斜屋面板底的交点）为准。突出主体建筑屋顶的楼梯间、电梯间、水箱间、屋面天窗等不计入檐口高度之内。

1）一般说明

（1）本章脚手架措施项目是指施工需要的脚手架搭、拆、运输的工料机消耗。

（2）本章脚手架措施项目材料均按钢管式脚手架编制。综合脚手架、外脚手架、里脚手架、悬空脚手架、挑脚手架、满堂脚手架、粉饰脚手架中的钢管、扣件、底座及顶丝均按租赁形式表示，其他含量以自有形式表示；悬空吊篮中的材料以自有形式表示。

（3）各项脚手架消耗量中未包括脚手架基础加固。基础加固是指脚手架立杆下端以下或脚手架底座下皮以下的一切做法。

2）综合脚手架

（1）一般结构工程。

① 单层建筑综合脚手架适用于檐高 20 m 以内的单层建筑工程。

② 凡单层建筑工程执行单层建筑综合脚手架项目，二层及二层以上的建筑工程执行多层建筑综合脚手架项目，地下室执行地下室综合脚手架项目。

③ 综合脚手架包括外墙砌筑及外墙粉饰、3.6 m 以内的内墙砌筑及混凝土浇捣用脚手架以及内墙面和天棚粉饰脚手架。

（2）执行综合脚手架，有下列情况者，可另执行单项脚手架项目。

① 满堂基础或者高度（垫层上皮至基础顶面）在 1.2 m 以外的混凝土或钢筋混凝土基础。按满堂脚手架基本层定额乘以系数 0.3；高度超过 3.6 m，每增加 1 m 按满堂脚手架增加层定额乘以系数 0.3。

② 独立柱、现浇混凝土单（连续）梁、施工高度超过 3.6 米的框架柱、剪力墙，柱、梁、墙分别按柱周长、梁长、墙长乘以操作高度的面积执行双排外架定额项目乘以系数 0.3。

③ 砌筑高度在 3.6 m 以外的砖及砌块内墙，按墙长乘以操作高度的面积执行双排外脚手架定额乘以系数 0.3。

④ 砌筑高度在 1.2 m 以外的屋顶烟囱的脚手架，按设计图示烟囱外围周长另加 3.6 m 乘以烟囱出屋顶高度以面积计算，执行里脚手架项目。

⑤ 砌筑高度在 1.2 m 以外的管沟墙及砖基础（含砖胎模），按设计图示砌筑长度乘以高度以面积计算，执行里脚手架项目。

⑥ 高度在 3.6 m 以外，墙面装饰不能利用原砌筑脚手架时，执行内墙面粉饰脚手架项目。层高超过 3.6 m 天棚，需抹灰、刷油、吊顶等装饰者，可计算满堂脚手架。室内凡计算了满堂脚手架，墙面装饰不再计算墙面粉饰脚手架，只按每 100 m^2 墙面垂直投影面积增加改架一般技工 1.28 工日。

⑦ 幕墙施工的吊篮费用，实际发生时，按批准的施工方案计算。

⑧ 按照建筑面积计算规范的有关规定未计入建筑面积，但施工过程中需搭设脚手架的施工部位；以及不适宜使用综合脚手架的项目，均可按相应的单项脚手架项目执行。

（3）本定额按建筑面积计算的综合脚手架，是按一个整体工程考虑的，当建筑工程（主体结构）与装饰装修工程不是一个单位施工时，建筑工程综合脚手架按定额子目的 80%计算，装饰装修工程另按实际使用的单项脚手架或其他脚手架计算。

3）单项脚手架

（1）外脚手架消耗量中已综合斜道、上料平台、护卫栏杆等。

（2）建筑物外墙脚手架，设计室外地坪至檐口的砌筑高度在 15 m 以下的按单排脚手架计算：砌筑高度在 1.5 m 以上或砌筑高度虽不足 15 m，但外墙门窗及装饰面积超过外墙表面积 60%以上时，执行双排脚手架项目。

（3）建筑物内墙脚手架，设计室内地坪至板底（或山墙高度的 1/2 处）的砌筑高度在 3.6 m 以内的，执行里脚手架项目。

（4）层高 3.6 m 以内内墙、柱面，天棚面装饰用架执行 3.6 m 以内墙、柱面及天棚面粉饰用架。

（5）围墙脚手架.室外地坪至围墙顶面的砌筑高度在 3.6 m 以内的，按里脚手架执行；砌筑高度在 3.6 m 以外的，执行单排外脚手架项目。

（6）石砌墙体，砌筑高度在 1.2 m 以外时，执行双排外脚手架项目。

（7）大型设备基础，凡距地坪高度在 1.2 m 以外的，执行双排外脚手架项目。

（8）挑脚手架适用于外檐挑檐宽度大于 0.9 m 等部位的局部装饰。

（9）悬空脚手架适用于有露明屋架的屋面板勾缝、油漆或喷浆等部位。

（10）整体提升架适用于高层建筑的外墙施工。

4）其他脚手架

电梯井架每一电梯台数为一孔。

5）装配式混凝土结构工程的综合脚手

装配式混凝土结构工程的综合脚手架按本定额相应项目乘以系数 0.85 计算。

6）钢结构工程脚手架

（1）钢结构工程的综合脚手架定额，包括外墙砌筑及外墙粉饰、3.6 m 以内的内墙砌筑及混凝土浇捣用脚手架以及内墙面和天棚粉饰脚手架。对执行综合脚手架定额以外，还需另行计算单项脚手架费用的，按本章的相应项目及规定执行。

（2）单层厂房综合脚手架定额适用于檐高 6 m 以内的钢结构建筑，若檐高超过 6 m，则按每增加 1 m 定额计算。

（3）多层厂房综合脚手架定额适用于檐高 20 m 以内且层高在 6 m 以内的钢结构建筑，若檐高超过 20 m 或层高超过 6 m。应分别按每增加 1 m 定额计算。

3. 工程量计算规则

湖北省 2018 定额脚手架工程量计算规则与清单规则基本一致。

1）综合脚手架

综合脚手架按设计图示尺寸以建筑面积计算。同一建筑物有不同檐高且上层建筑面积小于下层建筑面积 50%时，纵向分割，分别计算建筑面积，并按各自的檐高执行相应项目。

2）单项脚手架

（1）外脚手架、整体提升架按外墙外边线长度（含墙垛及附墙井道）乘以外墙高度以面积计算。

（2）计算内、外墙脚手架时，均不扣除门、窗、洞口、空圈等所占面积。同一建筑物高度不同时，应按不同高度分别计算。

（3）里脚手架按墙面垂直投影面积计算，均不扣除门、窗、洞口、空圈等所占面积。

（4）满堂脚手架按室内净面积计算，其高度在 3.6 m ~ 5.2 m 之间时计算基本层，5.2 m 以外，每增加 1.2 m 计算一个增加层，达到 0.6 m 按一个增加层计算，不足 0.6 m 按一个增加层乘以系数 0.5 计算。计算公式为

$$满堂脚手架增加层 =（室内净高 - 5.2）/1.2$$

（5）整体提升架按提升范围的外墙外边线长度乘以外墙高度以面积计算，不扣除门窗、洞口所占面积。

（6）挑脚手架按搭设长度乘以层数以长度计算。

（7）悬空脚手架按搭设水平投影面积计算。

（8）吊篮脚手架按外墙垂直投影面积计算，不扣除门窗洞口所占面积。

（9）内墙面粉饰脚手架按内墙面垂直投影面积计算，不扣除门窗洞口所占面积。

（10）挑出式安全网按挑出的水平投影面积计算。

3）其他脚手架。

电梯井架按单孔以座计算。

【例】如图 13.2 所示，某 18 层建筑物总建筑面积 15040 m^2，其中：1 ~ 3 层每层 1200 m^2，层高 3.6 m，4 层 1000 m^2，层高 3.6 m，5 ~ 18 层每层 460 m^2，层高均为 2.9 m，室外地坪标高 − 0.45 m。地下室 2 层每层 1500 m^2，编制综合脚手架工程量清单并计价。

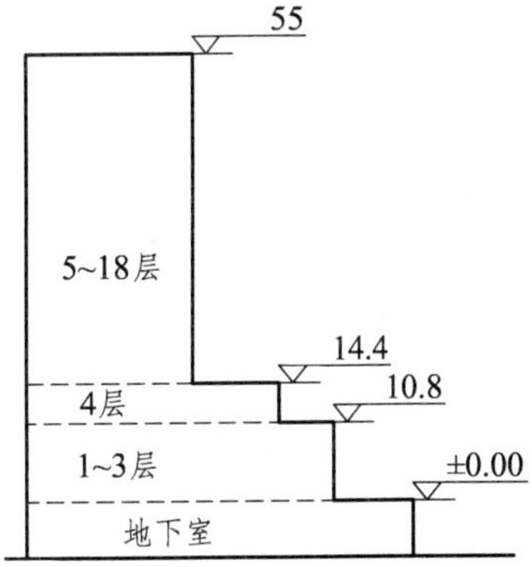

图 13.2　建筑物立面图

【解】（1）编制工程量清单。

先判断建筑物是否需垂直分割。同一建筑物有不同檐高且上层建筑面积小于下层建筑面积 50%时，纵向分割，分别计算建筑面积，并按各自的檐高执行相应项目。

5 ~ 18 层每层 460 m^2，第 4 层 1000 m^2，则

$$460 \div 1000 = 0.46 < 50\%$$

应垂直分割成两部分。

1 ~ 18 层建筑面积：

$$S = 460 \times 18 = 8280\ (m^2)$$

檐高

$$14 \times 2.9 + 3.6 \times 4 + 0.45 = 55.45\ (m)$$

1～4 层建筑面积为

$$S=(1200\times3\text{层}+1000)-460\times4\text{层}=2760\ (m^2)$$

檐高

$$3.6\times4+0.45=14.85\ (m)$$

地下室建筑面积为

$$S=2000\times2=4000\ (m^2)$$

依清单计价规范规定，同一建筑物有不同檐高时，按建筑物竖向切面分别按不同檐高编列清单项目。

表 13.8　单价措施项目清单

序号	项目编码	项目名称	项目特征描述	计量单位	工程量	金额/元		
						综合单价	合价	其中 暂估价
1	011701001001	综合脚手架	1. 檐口高度：55.45 m	m^2	8280			
2	011701001002	综合脚手架	1. 檐口高度：14.85 m	m^2	2760			
3	011701001003	地下室综合脚手架	1. 地下二层	m^2	4000			

（2）对工程量清单报价

① 确定为清单项目组价定额项目（计价项目），并查的定额项目所对应的基价表，见表 13.9～表 13.11。

表 13.9　综合脚手架消耗量定额及全费用基价表（1）

工作内容：1. 场内、场外材料搬运

2. 搭、拆脚手架、挡脚板、上下翻板子

3. 拆除脚手架后材料的堆放

计量单位：100 m^2

定额编号		A17-7	A17-8	A17-9	A17-10
项　目		多层建筑综合脚手架（檐高 m 以内）			
		20	30	40	50
		5629.56	6809.97	8109.64	9289.57
其中	人工费/元	730.47	812.47	1029.51	1191.45
	材料费/元	3354.18	4236.38	5001.25	5761.96
	机械费/元	177.35	191.14	188.7	186.54
	费用/元	809.68	895.12	1086.52	1229.03
	增值税/元	557.88	674.86	803.66	920.59

续表

定额编号				A17-7	A17-8	A17-9	A17-10
项　目				多层建筑综合脚手架			
				（檐高 m 以内）			
				20	30	40	50
				5629.56	6809.97	8109.64	9289.57
名　称		单位	单价/元	数　量			
人工	普工	工日	92	3.913	4.352	5.515	6.383
	技工	工日	142	2.609	2.902	3.677	4.255
材料	钢管 ϕ48×3.5	千个·天	18.05	93.148	122.765	139.075	155.384
	扣件	千个·天	12.82	33.234	44.977	51.037	57.097
	木脚手板	m^3	1884.9	0.256	0.303	0.331	0.358
	钢管底座	千个·天	76.92	1.795	1.855	1.912	1.97
	镀锌铁丝 ϕ4.0	kg	4.28	21.189	22.768	22.954	23.141
	圆钉	kg	5.92	8.799	9.099	7.977	6.855
	红丹防锈漆	kg	12	9.162	12.498	14.88	17.261
	油漆溶剂油	kg	3.76	0.802	1.104	1.258	1.412
	钢丝绳 ϕ8	m	2.65	0.433	1.107	1.382	1.657
	原木	m^3	1529.71	0.006	0.006	0.007	0.008
	垫木 60×60×60	块	0.52	4.018	4.086	4.214	4.342
	防滑木条	m^3	2479.26	0.002	0.002	0.003	0.003
	挡脚板	m^3	1685.3	0.015	0.017	0.019	0.021
	槽钢 18#以外	kg	3.11	—	—	35.478	70.957
	圆钢 ϕ15-24	kg	3.19	—	—	6.92	13.839
	扁钢　综合	kg	2.99	—	—	1.385	2.771
	钢管 ϕ63	kg	3.65	—	—	0.388	0.776
	顶丝	千个·天	65.81	—	—	1.89	3.78
	钢丝绳 ϕ12.5	m	7.34	—	—	0.721	1.442
	管卡子　钢管用 20	个	0.36	—	—	0.515	1.031
	花篮螺栓 M6×250	个	6.84	—	—	0.129	0.257
	预拌混凝土 C20	m^3	341.94	—	—	0.002	0.004
	钢筋 ϕ10 以内	kg	2.99	—	—	0.052	0.103
	安全网	m^2	10.27	20.75	24.65	28.17	31.69
	柴油【机械】	kg	5.26	21.805	23.501	23.202	22.936
机械	载重汽车 6 t	台班	270.35	0.656	0.707	0.698	0.69

表 13.10　综合脚手架消耗量定额及全费用基价表（2）

工作内容：1. 场内、场外材料搬运
　　　　　2. 搭、拆脚手架、挡脚板、上下翻板子
　　　　　3. 拆除脚手架后材料的堆放

计量单位：100 m^2

定额编号				A17-11	A17-12	A17-13	A17-14
项　目				多层建筑综合脚手架（檐高 m 以内）			
				60	70	80	90
全费用/元				10240.52	11325.26	11572.08	12330.17
其中	人工费/元			1420.63	1713.60	1765.35	2031.45
	材料费/元			6177.4	6593.23	6740.18	6942.22
	机械费/元			190.6	194.38	182.49	170.59
	费用/元			1437.06	1701.73	1737.28	1964.00
	增值税/元			1014.83	1122.32	1146.78	1221.91
名称		单位	单价/元	数　量			
人工	普工	工日	92.00	7.61	9.18	9.457	10.883
	技工	工日	142.00	5.074	6.12	6.305	7.255
材料	钢管 ϕ48×3.5	km·天	18.05	164.797	174.209	179.738	185.268
	扣件	千个·天	12.82	60.853	64.608	67.106	69.604
	木脚手板	m^3	1884.90	0.360	0.362	0.364	0.366
	钢管底座	千个·天	76.92	1.842	1.715	1.637	1.559
	镀锌铁丝 ϕ4.0	kg	4.28	22.279	21.417	20.485	19.554
	圆钉	kg	5.92	6.650	6.415	6.021	5.596
	红丹防锈漆	kg	12.00	20.481	23.700	25.833	27.967
	油漆溶剂油	kg	3.76	1.521	1.629	1.708	1.787
	钢丝绳 ϕ8	m	2.65	1.586	1.515	1.595	1.676
	原木	m^3	1529.71	0.008	0.009	0.009	0.009
	垫木 60×60×60	块	0.52	7.651	10.961	11.524	12.088
	防滑木条	m^3	2479.26	0.003	0.003	0.003	0.003
	挡脚板	m^3	1685.30	0.021	0.021	0.021	0.021
	槽钢 18#以外	kg	3.11	65.900	60.843	62.682	64.521
	圆钢 ϕ15-24	kg	3.19	12.853	11.867	12.226	12.584
	扁钢综合	kg	2.99	2.573	2.376	2.448	2.519
	钢管 ϕ63	kg	3.65	0.720	0.665	0.685	0.705
	顶丝	千个·天	65.81	3.511	3.241	3.339	3.436
	钢丝绳 ϕ12.5	m	7.34	1.339	1.235	1.273	1.310
	管卡子钢管用 20	个	0.36	0.956	0.882	0.909	0.935
	花篮螺栓 M6×250	个	6.84	0.239	0.220	0.227	0.234
	预拌混凝土 C20	m^3	341.94	0.004	0.003	0.004	0.004
	钢筋 ϕ10 以内	kg	2.99	0.096	0.088	0.091	0.094
	钢脚手板	kg	3.85	1.108	2.216	2.116	2.015
	提升装置及架体	套	10267.28	0.016	0.032	0.031	0.029
	安全网	m^2	10.27	35.090	38.450	38.580	45.13
	柴油【机械】	kg	5.26	23.434	23.900	22.437	20.974
机械	载重汽车	台班	270.35	0.705	0.719	0.675	0.631

表 13.11　地下室综合脚手架消耗量定额及全费用基价表（3）

工作内容：1. 场内、场外材料搬运

2. 搭、拆脚手架、挡脚板、上下翻板子

3. 拆除脚手架后材料的堆放

计量单位：100 m^2

定额编号				A17-26	A17-27	A17-28	A17-29
项　目				地下室综合脚手架			
				一层	二层	三层	四层
全费用/元				2394.09	3020.37	3647	4337.44
其中	人工费/元			603.03	619.69	721.61	833.75
	材料费/元			859.96	1404.42	1756.2	2144.05
	机械费/元			82.46	76.24	86.78	98.41
	费用/元			611.39	620.70	721	831.39
	增值税/元			237.25	299.32	361.41	429.84
名　称		单位	单价/元	数　量			
人工	普工	工日	92.00	3.23	3.320	3.866	4.466
	技工	工日	142.00	2.154	2.213	2.577	2.978
材料	钢管 $\phi48\times3.5$	km·天	18.05	22.991	41.663	53.095	65.667
	扣件	千个·天	12.82	8.484	15.393	19.627	24.284
	木脚手板	m^3	1884.9	0.058	0.092	0.115	0.141
	钢管底座	千个·天	76.92	0.440	0.580	0.743	0.924
	镀锌铁丝 $\phi4.0$	kg	4.28	9.816	7.883	9.895	12.106
	圆钉	kg	5.92	3.675	3.379	3.648	3.944
	红丹防锈漆	kg	12.00	4.038	4.240	5.406	6.688
	油漆溶剂油	kg	3.76	0.394	0.397	0.503	0.620
	钢丝绳	kg	6.61	0.075	0.150	0.192	0.238
	原木	m^3	1529.71	0.001	0.002	0.002	0.003
	垫木 60×60×60	块	0.52	0.738	1.391	1.782	2.212
	防滑木条	m^3	2479.26	0.001	0.001	0.001	0.001
	挡脚板	m^3	1685.30	0.004	0.005	0.007	0.008
	安全网	m^2	10.27	1.400	6.420	6.420	6.420
	柴油【机械】	kg	5.26	10.138	9.374	10.670	12.099
机械	载重汽车 6 t	台班	270.35	0.305	0.282	0.321	0.364

通过工程量清单的项目特征描述及计价规范中关于该项工程内容的描述：

011701001001 综合脚手架檐高 55.45 m 组价定额项为 A17-11 多层建筑综合脚手架（檐高 60 m 以内）；

011701001002 综合脚手架檐高 14.85 m 组价定额项 A17-7 多层建筑综合脚手架（檐高 20 m 以内）；

011701001003 地下室综合脚手架定额项为 A17-27 地下室综合脚手架（二层）。

② 计算计价项目的定额工程量，定额工程量同清单工程量。

③ 计价。

a. 按全费用综合单价计价。

计算清单项 011701001001 全费用综合单价

全费用综合单价与全费用定额基价都是由人工费、材料费、机械费、费用、增值税构成。（按鄂建办〔2019〕93 号规定，增值税税率调整为 9%）

$$全费用定额基价调整 = (1420.63 + 6177.4 + 190.6 + 1437.05) \times (1 + 9\%) = 10055.99（元）$$

$$综合脚手架费：10055.99 \times 8280/100 = 832636.07（元）$$

$$全费用综合单价 = \frac{832636.07}{8280} = 100.56（元/平方米）$$

b. 按综合单价计价。

参照 2018 年湖北省建筑安装工程费用定额，管理费和利润的计费基数均为人工费和机械费之和，费率分别是 28.27%和 19.73%。

计算清单项 011701001001 综合单价

$$人工费 = 1420.63 \times 8280/100 = 117628.16（元）$$

$$材料费 = 6177.4 \times 8280/100 = 511488.72（元）$$

$$机械费 = 190.6 \times 8280/100 = 15781.68（元）$$

$$管理费与利润 = (117628.16 + 15781.68) \times (28.27\% + 19.73\%) = 64036.72（元）$$

$$人工费 + 材料费 + 机械费 + 管理费 + 利润 = 117628.18 + 511488.72 + 15781.68 + 64036.72 = 708935.3$$

$$综合单价 = \frac{708935.3}{8280} = 85.62（元/平方米）$$

全费用分析表详见表 13.12。

表 13.12　分部分项工程和单价措施项目清单全费用分析表

工程名称：单位工程　　　　第 1 页　共 1 页

序号	项目编码	项目名称	计量单位	工程量	综合单价/元										
					人工费	材料费	机械费	费用	费用明细（不重复计入小计）					增值税	小计
									管理费	利润	总价措施	其中：安全文明施工	规费		
1	011701001001	综合脚手架	m^2	8280	14.21	61.77	1.91	14.37	4.55	3.18	2.31	2.2	4.33	8.3	100.56
	A17-11	多层建筑综合脚手架檐高 60 m 以内	100 m^2	82.8	1420.63	6177.4	190.6	1437.05	455.49	317.9	231.05	219.77	432.61	830.31	10055.99
2	011701001002	综合脚手架	m^2	2760	7.3	33.54	1.77	8.1	2.57	1.79	1.3	1.24	2.44	4.56	55.28
	A17-7	多层建筑综合脚手架檐高 20 m 以内	100 m^2	27.6	730.47	3354.18	177.35	809.68	256.64	179.11	130.18	123.83	243.75	456.45	5528.13
3	011701001003	综合脚手架	m^2	4000	6.2	14.04	0.76	6.21	1.97	1.37	1	0.95	1.87	2.45	29.66
	A17-27	地下室综合脚手架二层	100 m^2	40	619.69	1404.42	76.24	620.68	196.74	137.31	99.78	94.92	186.85	244.89	2965.92

【例】某多层建筑物底层高度 9.34 m，采用 120 厚现浇板的楼盖结构，建筑面积 390 m²，室内净面积 300 m²，天棚需刷油，试定额计价方式计算满堂脚手架费用。

【解】（1）底层室内净高

$$H = 9.34 - 0.12 = 9.22\ \text{m}$$

（2）增加层的计算。

$$9.20\ \text{m} > 5.2\ \text{m}$$

需计算增加层

$$(9.22 - 5.2) \div 1.2 = 3.33$$

取 3 个增加层，剩余高度为

$$9.22 - 5.2 - 3 \times 1.2 = 0.4\ \text{m} < 0.6\ \text{m}$$

取 0.5 个增加层

（3）满堂脚手架费用计算：

表 13.13 满堂脚手架消耗量定额及全费用基价表

工作内容：1. 场内、场外材料搬运

2. 搭、拆脚手架 3 拆除脚手架后材料的堆放 计量单位：100 m²

定额编号				A17-41	A17-42
项目				满堂脚手架	
				基本层（3.6～5.2 m）	增加层 1.2 m
全费用/元				2450.98	462.6
其中	人工费/元			808.41	173.83
	材料费/元			520.61	62.82
	机械费/元			83.54	13.25
	费用/元			795.53	166.86
	增值税/元			242.89	45.84
名称		单位	单价	数量	
人工	普工	工日	92	4.331	0.931
	技工	工日	142	2.887	0.621
材料	钢管 ϕ48×3.5	km·天	18.05	6.882	2.294
	扣件	千个·天	12.82	2.378	0.793
	木脚手板	m³	1884.9	0.063	—
	钢管底座	千个·天	76.92	0.512	—
	镀锌铁丝 ϕ4.0	kg	4.28	29.335	—
	圆钉	kg	5.92	2.846	—
	红丹防锈漆	kg	12	0.642	0.215
	油漆溶剂油	kg	3.76	0.073	0.025
	挡脚板	m³	1685.3	0.002	—
	柴油【机械】	kg	5.26	10.271	1.629
机械	载重汽车 6 t	台班	270.35	0.309	0.049

套用 A17-41，并按鄂建办〔2019〕93 号规定，将增值税税率调整为 9%，定额基价调整为 2432.6 元。

$$300/100 \times 2432.6 = 7264.8\text{（元）}$$

套用 A17-42，并按鄂建办〔2019〕93 号规定增值税税率调整为 9%，定额基价调整为 457.37 元。

$$300/100 \times 3.5 \times 457.37 = 4802.39\text{（元）}$$

合计满堂脚手架费用为

$$7264.8 + 4802.39 = 12067.19\text{（元）}$$

13.3 垂直运输及超高施工增加工程计量与计价

1. 垂直运输、超高施工增加工程清单分项

《房屋建筑与装饰工程工程量计算规范》（GB 50854—2013）规定，垂直运输指施工工程在合理工期内所需垂直运输机械。同一建筑物有不同檐高时，按建筑物的不同檐高做纵向分割，分别计算建筑面积，以不同檐高分别编码列项。

建筑物的檐口高度是指设计室外地坪至檐口滴水的高度（平屋顶系指屋面板底高度），突出主体建筑物屋顶的电梯机房、楼梯出口间、水箱间、瞭望塔、排烟机房等不计入檐口高度。其部分清单子目见表 13.14 和表 13.15。

表 13.14　垂直运输（011703）

项目编码	项目名称	项目特征	计量单位	工程量计算规则	工作内容
011703001	垂直运输	1. 建筑物建筑类型及结构形式 2. 地下室建筑面积 3. 建筑物檐口高度、层数	1. m^2 2. 天	1. 按《建筑工程建筑面积计算规范》GB/T 50353—2013 的规定计算建筑物的建筑面积 2. 按施工工期日历天数	1. 垂直运输机械的固定装置、基础制作、安装 2. 行走式垂直运输机械轨道的铺设、拆除、摊销

表 13.15　超高施工增加（011 704）

项目编码	项目名称	项目特征	计量单位	工程量计算规则	工作内容
011704001	超高施工增加	1. 建筑物建筑类型及结构形式 2. 建筑物檐口高度、层数 3. 单层建筑物檐口高度超过 20 m，多层建筑物超过 6 层部分的建筑面积	m^2	按《建筑工程建筑面积计算规范》GB/T 50353—2013 的规定计算建筑物超高部分的建筑面积	1. 建筑物超高引起的人工工效降低以及由于人工工效降低引起的机械降效 2. 高层施工用水加压水泵的安装、拆除及工作台班 3. 通讯联络设备的使用及摊销

2. 垂直运输定额说明

（1）垂直运输工作内容，包括单位工程在合理工期内完成全部工程项目所需要的垂直运输机械台班，不包括机械的场外往返运输、一次安拆及路基铺垫和轨道铺拆等的费用。

（2）本定额按建筑面积计算的垂直运输，是按一个整体工程考虑的，当建筑工程（主体结构）与装饰装修工程不是一个单位施工时，建筑工程垂直运输按定额子目的 80%计算，装饰装修工程垂直运输按定额子目的 20%计算。

（3）檐高 3.6 m 以内的单层建筑，不计算垂直运输机械台班。

（4）本定额层高按 3.6 m 考虑，超过 3.6 m 者，应另计层高超高垂直运输增加费，每超过 1 m，其超高部分按相应套用定额增加 10%，超高不足 1 m 按 1 m 计算。

（5）厂（库）房钢结构工程的垂直运输费用已包括在相应的安装定额项目内，不另单独计算。

3. 垂直运输工程量计算规则

（1）建筑物垂直运输，区分不同建筑物檐高按建筑面积计算。同一建筑物有不同檐高且上层建筑面积小于下层建筑面积 50%时，纵向分割，分别计算建筑面积，并按各自的檐高执行相应项目。地下室垂直运输按地下室建筑面积计算。

（2）本章按泵送混凝土考虑，如采用非泵送，垂直运输费按以下方法增加：相应项目乘以调整系数 1.08。再乘以非泵送混凝土数量占全部混凝土数量的百分比。

（3）基坑支护的水平支撑梁等垂直运输，按经批准的施工组织设计计算。

4. 建筑物超高施工增加超定额说明

（1）建筑物超高增加人工、机械定额适用于建筑物檐口高度超过 20 m 的项目。

（2）本定额按建筑面积计算的建筑物超高增加费，是按一个整体工程考虑的，当建筑工程（主体结构）与装饰装修工程不是一个单位施工时，建筑工程超高增加费按定额子目的 80%计算，装饰装修工程超高增加费按定额子目的 20%计算。

（3）装配式混凝土结构工程的建筑物超高增加费按本定额相应项目计算，其中人工消耗量乘以系数 0.7。

（4）装配式钢结构工程的建筑物超高增加费按本定额相应项目计算，其中人工消耗量乘以系数 0.7。

5. 建筑物超高增加费计算规则

（1）各项定额中包括的内容指建筑物檐口高度超过 20 m 的全部工程项目，但不包括垂直运输、各类构件的水平运输及各项脚手架。

（2）建筑物超高增加费的人工、机械区分不同檐高，按建筑物超高部分的建筑面积计算。当上层建筑面积小于下层建筑面积 50%，进行纵向分割。

6. 工程实例

【例】某 18 层工程檐高 55.45 m，总建筑面积 15040 m^2，其中：1 ~ 3 层每层 1200 m^2，层

高 3.6 m，4 层 1000 m^2，层高 3.6 m，5～18 层每层 460 m^2，层高均为 2.9 米，室外地坪标高-0.45。地下室 2 层每层 2000 m^2，编制垂直运输及超高增加费清单并计算全费用综合单价

【解】(1) 计算清单工程量。

垂直运输清单工程量：

5～18 层每层 460 m^2，第 4 层 1000 m^2，460÷1000＝0.46<50%，应垂直分割成两部分。

1～18 层建筑面积

$$S=460\times18=8280\ m^2$$

檐高

$$14\times2.9+3.6\times4+0.45=55.45\ m$$

1～4 层建筑面积

$$S=(1200\times3\text{ 层}+1000)-460\times4\text{ 层}=2760\ m^2$$

檐高

$$3.6\times4+0.45=14.85\ m$$

地下室建筑面积：

$$S=2000\times2=4000\ m^2$$

超高增加费清单工程量：

$$460\ m^2\times(18-6)\text{ 层}=5520\ m^2$$

依清单计价规范规定，同一建筑物有不同檐高时，按建筑物竖向切面分别按不同檐高编列清单项目，如表 13.16 所示。

表 13.16　单价措施项目清单

序号	项目编码	项目名称	项目特征描述	计量单位	工程量	金额（元）		
						综合单价	合价	其中 暂估价
1	011703001001	垂直运输	1. 建筑物层数：18 层、檐口高度为 55.45 m	m^2	8280			
2	011703001002	垂直运输	1. 建筑物层数：4 层、檐口高度为 14.85 m	m^2	2760			
3	011703001003	垂直运输	1. 地下二层	m^2	4000			
4	011704001001	超高施工增加	1. 建筑物层数：18 层、檐口高度为 55.45 m 2. 多层建筑物超过 6 层部分的建筑面积：5520 m^2	m^2	5520			

(2) 对工程量清单报价。

① 确定为清单项目组价定额项目（计价项目），并查的定额项目所对应的基价表。

通过工程量清单的项目特征描述及计价规范中关于该项工程内容的描述：

011703001001 垂直运输檐高 55.45 m 组价定额项为 A18-5；

011703001002 垂直运输檐高 14.85 m 组价定额项为 A18-9；

011703001003 地下室垂直运输组价定额项为 A18-2；

011704001001 超高施工增加组价定额项为 A19-4。

② 计算计价项目的定额工程量。

定额工程量同清单工程量。

③ 计价。

计算清单项 011703001001 全费用综合单价

全费用综合单价与全费用定额基价都是由人工费、材料费、机械费、费用、增值税构成。（按鄂建办〔2019〕93 号规定，增值税税率调整为 9%）

$$\text{A18-5 全费用定额基价调整} = (0 + 331.25 + 1653.51 + 1474.77) \times (1 + 9\%) = 3770.89\ (\text{元})$$

$$\text{垂直运输费} = 3770.89 \times 8280/100 = 312229.5\ (\text{元})$$

$$\text{全费用综合单价} = \frac{312229.5}{8280} = 37.71\ (\text{元/平方米})$$

其他清单项详见表 13.17。

表 13.17　分部分项工程和单价措施项目清单全费用分析表

序号	项目编码	项目名称	计量单位	工程量	综合单价/元										
					人工费	材料费	机械费	费用	费用明细（不重复计入小计）					增值税	小计
									管理费	利润	总价措施	其中：安全文明施工	规费		
1	011703001001	垂直运输	m^2	8280	0	3.31	16.54	14.75	4.67	3.26	2.37	2.26	4.44	3.11	37.71
	A18-5	檐高 20 m 以内塔式起重机施工	100 m^2	82.8	0	331.25	1653.51	1474.77	467.45	326.24	237.11	225.54	443.97	311.36	3770.89
2	011703001002	垂直运输	m^2	2760	4.05	4.15	21.31	22.62	7.17	5	3.64	3.46	6.81	4.69	56.82
	A18-9	20 m 以上塔式起重机施工檐高 60 m 以内	100 m^2	27.6	404.79	414.66	2131.16	2261.81	716.91	500.34	363.65	345.9	680.91	469.12	5681.54
3	011703001003	垂直运输	m^2	4000	0	2.36	23.14	20.64	6.54	4.57	3.32	3.16	6.21	4.15	50.29
	A18-2	20 m 以内卷场机及塔式起重机施工地下室二层	100 m^2	40	0	236.03	2313.77	2063.65	654.1	456.51	331.8	315.6	621.24	415.21	5028.66
7	011704001001	超高施工增加	m^2	5520	25.94	0.6	1.67	24.63	7.81	5.45	3.96	3.77	7.41	4.76	57.59
	A19-4	建筑物超高增加费建筑物檐高 60 m 以内	100 m^2	55.2	2593.92	59.8	167.07	2462.51	780.53	544.74	395.93	376.6	741.31	475.5	5758.8

13.4 其他措施项目计量与计价

1. 大型机械设备进出场及安拆

1）清单分项

大型机械设备进出场及安拆清单分项见表 13.18。

表 13.18 大型机械设备进出场及安拆

项目编码	项目名称	项目特征	计量单位	工程量计算规则	工作内容
011705001	大型机械设备进出场及安拆	1. 机械设备名称 2. 机械设备规格型号	台・次	按使用机械设备的数量计算	1. 安拆费包括施工机械、设备在现场进行安装拆卸所需人工、材料、机械和试运转费用以及机械辅助设施的折旧、搭设、拆除等费用； 2. 进出场费包括施工机械、设备整体或分体自停放地点运至施工现场或由一施工地点运至另一施工地点所发生的运输、装卸、辅助材料等费用

2）定额说明

（1）常用大型机械场外运输费（25 km 以内）将机械空车回程费，综合到机械费用中。

（2）自升式塔式起重机的安拆高度以塔顶高度 30 m 为准，以后每增加塔身 10 m（每标准节为 2.5 m×4）的安装和拆卸，人工增加 12 个（工日），本机台班 0.5 个（台班）。自升式塔式起重机的附着臂（附墙）安拆费，按人工增加 10 个（工日）/每道。

（3）塔式起重机及自升式塔式起重机 25 km 以内运输费是以塔顶高度 30 m 计算的，超过 30 m 时若运输标准节（每标准节为 2.5 m），每 4 个标准节收取人工 1.2 个（工日），8 t 载重汽车 1.2 个（台班），16t 汽车吊 0.6 个（台班）。

（4）26 km 至 35 km 场外运输按 25 km 以内表列的机械费增加 15%，36 km 起按《湖北省汽车运价规则实施细则》（鄂交运〔2011〕140 号）执行。原表中各子项人工费、材料费等仍需计算。

（5）拖式铲运机的场外运输费按相应规格的履带式推土机乘以 1.10 系数计算。

（6）静力压桩机、三轴搅拌桩机安装和拆卸一次费用及场外运输费按规格型号综合考虑。

（7）塔式起重机（包括自升式塔式起重机）、走道式及轨道式打桩机的轨道（管道）枕木铺设、拆除以及垫层、路基压实修筑费用未包含在定额内，发生时按实计算。

（8）塔式起重机（包括自升式塔式起重机）塔吊固定式基础处理设计有规定的，按设计要求计算，执行《湖北省房屋建筑与装饰工程消耗量定额及全费用基价表》相应项目。没有规定的，发生时，费用按实计算。

（9）运输车辆、汽车式起重机过桥如需收取费用，按当地人民政府有关文件规定收费。

3）工程量计算规则

清单计算规则与定额计算规则相同。

定额计算规则：

（1）大型机械每安装和拆卸一次费用均以“台次”计算。

（2）大型机械场外运输费用均以“台次”计算。

2. 施工排水降水

1）清单分项及清单计算规则

施工排水是指为保证工程在正常条件下施工，所采取的排水措施所发生的费用；施工降水是指为保证工程在正常条件下施工，所采取的降低地下水位的措施所发生的费用。清单分项见表13.19。

表13.19　施工排水降水

项目编码	项目名称	项目特征	计量单位	工程量计算规则	工作内容
011706001	成井	1. 成井方式 2. 地层情况 3. 成井直径 4. 井（滤）管类型、直径	m	按设计图示尺寸以钻孔深度计算	1. 准备钻孔机械、埋设护筒、钻机就位；泥浆制作、固壁；成孔、出渣、清孔等 2. 对接上、下井管（滤管），焊接，安放，下滤料，洗井，连接试抽等
011706002	排水、降水	1. 机械规格型号 2. 降排水管规格	昼夜	按排、降水日历天数计算	1. 管道安装、拆除，场内搬运等； 2. 抽水、值班、降水设备维修等

注：相应专项设计不具备时，可按暂估量计算。

2）定额说明

（1）轻型井点以50根为一套，喷射井点以30根为一套，使用时累计根数轻型井点少于25根，喷射井点少于15根，使用费按相应定额乘以系数0.7。

（2）井管间距应根据地质条件和施工降水要求，按施工组织设计确定，施工组织设计未考虑时，可按轻型井点管距1.2 m、喷射井点管距2.5 m确定。

（3）直流深井降水成孔直径不同时，只调整相应的黄砂含量，其余不变；PVC-u加筋管直径不同时，调整管材价格的同时，按管子周长的比例调整相应的密目网及铁丝。

（4）排水井分集水井和大口井两种。集水井定额项目按基坑内设置考虑，井深在3 m以内，按本定额计算。如井深超过3 m，定额按比例调整。大口井按井管直径分两种规格，抽水结束时回填大口井的人工和材料未包括在消耗量内，实际发生时应另行计算。

（5）施工排水降水的成井费用中，不包括出水连接管安拆费用，发生时按批准的施工组织设计另计。

（6）抽排明水，编制预算时按抽水量执行相应项目；工程结算时按实际使用抽水机台班执行相应项目。

（7）安装工程管道沟及人（手）孔坑抽水、布放光（电）缆人（手）孔抽水，执行本章相应项目。

3）定额工程量计算规则

1、轻型井点、喷射井点排水的井管安装、拆除以“根”为单位计算，使用以“套• 天”计算；真空深井、自流深井排水的安装拆除以每口井计算，使用以每口“井 · 天”计算。

2、使用天数以每昼夜（24 h）为一天，并按施工组织设计要求的使用天数计算。

3、井点降水总根数不足一套时，可按一套计算使用费，超过一套后，超过部分按实计算。

4、抽明水工程量，按抽水量时以体积计算，按抽水机使用台班时以台班量计算。

3. 总价措施费

采用全费用工程量清单计价，总价措施费已包含在分部分项工程及单价措施项目的全费用综合单价中，不需列项。

采用工程量清单计价，总价措施费需按计价规范列项，见表 13.20。

表 13.20　总价措施项目

项目编码	项目名称	工作内容及包含范围
011707001	安全文明施工（含环境保护、文明施工、安全施工、临时设施）	1. 环境保护包含范围：现场施工机械设备降低噪声、防扰民措施费用；水泥和其他易飞扬细颗粒建筑材料密闭存放或采取覆盖措施等费用；工程防扬尘洒水费用；土石方、建渣外运车辆冲洗、防洒漏等费用；现场污染源的控制、生活垃圾清理外运、场地排水排污措施的费用；其他环境保护措施费用 2. 文明施工包含范围：“五牌一图”的费用；现场围挡的墙面美化（包括内外粉刷、刷白、标语等）、压顶装饰费用；现场厕所便槽刷白、贴面砖，水泥砂浆地面或地砖费用，建筑物内临时便溺设施费用；其他施工现场临时设施的装饰装修、美化措施费用；现场生活卫生设施费用；符合卫生要求的饮水设备、淋浴、消毒等设施费用；生活用洁净燃料费用；防煤气中毒、防蚊虫叮咬等措施费用；施工现场操作场地的硬化费用；现场绿化费用、治安综合治理费用；现场配备医药保健器材、物品费用和急救人员培训费用；用于现场工人的防暑降温费、电风扇、空调等设备及用电费用；其他文明施工措施费用 3. 安全施工包含范围：安全资料、特殊作业专项方案的编制，安全施工标志的购置及安全宣传的费用；“三宝”（安全帽、安全带、安全网）、“四口”（楼梯口、电梯井口、通道口、预留洞口），“五临边”（阳台围边、楼板围边、屋面围边、槽坑围边、卸料平台两侧），水平防护架、垂直防护架、外架封闭等防护的费用；施工安全用电的费用，包括配电箱三级配电、两级保护装置要求、外电防护措施；起重机、塔吊等起重设备（含井架、门架）及外用电梯的安全防护措施（含警示标志）费用及卸料平台的临边防护、层间安全门、防护棚等设施费用；建筑工地起重机械的检验检测费用；施工机具防护棚及其围栏的安全保护设施费用；施工安全防护通道的费用；工人的安全防护用品、用具购置费用；消防设施与消防器材的配置费用；电气保护、安全照明设施费；其他安全防护措施费用

续表

项目编码	项目名称	工作内容及包含范围
011707001	安全文明施工（含环境保护、文明施工、安全施工、临时设施）	4. 临时设施包含范围：施工现场采用彩色、定型钢板，砖、混凝土砌块等围挡的安砌、维修、拆除费或摊销费；施工现场临时建筑物、构筑物的搭设、维修、拆除或摊销的费用；如临时宿舍、办公室，食堂、厨房、厕所、诊疗所、临时文化福利用房、临时仓库、加工场、搅拌台、临时简易水塔、水池等。施工现场临时设施的搭设、维修、拆除或摊销的费用。如临时供水管道、临时供电管线、小型临时设施等；施工现场规定范围内临时简易道路铺设，临时排水沟、排水设施安砌、维修、拆除的费用；其他临时设施费搭设、维修、拆除或摊销的费用
011707002	夜间施工	1. 夜间固定照明灯具和临时可移动照明灯具的设置、拆除 2. 夜间施工时，施工现场交通标志、安全标牌、警示灯等的设置、移动、拆除 3. 包括夜间照明设备摊销及照明用电、施工人员夜班补助、夜间施工劳动效率降低等费用
011707003	非夜间施工照明	为保证工程施工正常进行,在如地下室等特殊施工部位施工时所采用的照明设备的安拆、维护、摊销及照明用电等费用
011707004	二次搬运	包括由于施工场地条件限制而发生的材料、成品、半成品等一次运输不能到达堆放地点，必须进行二次或多次搬运的费用
011707005	冬雨季施工	1. 冬雨（风）季施工时增加的临时设施（防寒保温、防雨、防风设施）的搭设、拆除 2. 冬雨（风）季施工时，对砌体、混凝土等采用的特殊加温、保温和养护措施 3. 冬雨（风）季施工时，施工现场的防滑处理、对影响施工的雨雪的清除 4. 包括冬雨（风）季施工时增加的临时设施的摊销、施工人员的劳动保护用品、冬雨（风）季施工劳动效率降低等费用
011707006	地上、地下设施、建筑物的临时保护设施	在工程施工过程中，对已建成的地上、地下设施和建筑物进行的遮盖、封闭、隔离等必要保护措施所发生的费用
011707007	已完工程及设备保护	对已完工程及设备采取的覆盖、包裹、封闭、隔离等必要保护措施所发生的费用

4. 工程实例

【例】某工程土方开挖采用一台履带式挖掘机，斗容量 2 m^3，挖掘机由 A 工地运至施工现场，试计算挖掘机的进出场费及全费用综合单价；该建筑物垂直运输采用自升式塔式起重机，高 50 m，由 A 工地运至施工现场，试计算：① 履带式挖掘机的进出场费及全费用综合单价；② 塔式起重机的安拆费及进出场费及全费用综合单价。（鄂建办〔2019〕93 号规定，增值税税率调整为 9%）

【解】（1）编制工程量清单。

分部分项工程和单价措施项目清单与计价表见表 13.21。

表 13.21　分部分项工程和单价措施项目清单

工程名称：单位工程　　　　　　　　标段：　　　　　　　　第 1 页　共 1 页

序号	项目编码	项目名称	项目特征描述	计量单位	工程量	金额/元		
						综合单价	合价	其中
								暂估价
1	011705001001	履带式挖掘机进出场	1. 机械设备名称：履带式挖掘机 2 m^3	台·次	1			
2	011705001002	自升式塔式起重机进出场及安拆	1. 机械设备名称：自升式塔式起重机、安装高度 50 m 2. 机械设备规格型号：起重力矩 1000 kN·m	台·次	1			

（2）计算工程费用及全费用综合单价。

全费用综合单价与全费用定额基价都是由人工费、材料费、机械费、费用、增值税构成。

① 011705001001 履带式挖掘机进出场。

对清单项组价的定额项为 G5-17，定额工程量同清单工程量

表 13.22　履带式挖掘机进出场消耗量定额及全费用基价表

工作内容：机械整体或分体自停放地点运至施工现场（或由一个工地运至另一工地）的运输、装卸、辅助材料费用

计量单位：台次

定额编号				G5-16	G5-17	G5-18	G5-19
项　目				履带式挖掘机		履带式推土机	
				1 m^3 以内	2 m^3 以内	90 kW 以内	135 kW 以内
全费用/元				1567.09	2085.49	1571.17	1796.14
其中	人工费/元			96.56	96.56	96.56	96.56
	材料费/元			238.58	281.43	242.26	267.23
	机械费/元			523.56	747.77	523.56	617.49
	费　用/元			553.09	753.06	553.09	636.86
	增值税/元			155.30	206.67	155.70	178.00
名　称		单位	单价	数　量			
人工	技　工	工日	142	0.680	0.680	0.68	0.68
材料	枕　木	m^3	1821.54	0.020	0.020	0.02	0.02
	镀锌铁丝 8#	kg	4.280	5.000	5.000	5.000	5.000
	草　袋	条	1.84	10.000	10.000	12.000	12.000
	柴油【机械】	kg	5.26	30.865	39.012	30.865	35.612
机械	平板拖车组 20 t	台班	769.94	0.680	—	0.68	—
	平板拖车组 30 t	台班	908.07	—	—	—	0.680
	平板拖车组 40 t	台班	1099.66	—	0.680	—	—

按鄂建办〔2019〕93 号规定，增值税税率调整为 9%，调整定额项的全费用单价：

G5-17 调整后全费用定额单价 =（96.56 + 281.43 + 747.77 + 753.06）×（1 + 9%）= 2047.92（元）

挖掘机的进出场费 = 1 × 2047.92 = 2047.92（元）

全费用定综合单价为 2047.92 元。

② 011705001002 自升式塔式起重机进出场及安拆。

对清单项组价的定额项为 G5-8 及 G5-27，两项定额工程量同清单工程量，见表 13.23 和表 13.24。

表 13.23　全费用综合单价分析表

工程名称：单位工程　　　　　　　　　　　　　　　　标段：

项目编码		011705001001		项目名称		履带式挖掘机进出场			计量单位	台·次	工程量	1	
清单全费用综合单价组成明细													
定额编号	定额项目名称	定额单位	数量	单价					合价				
				人工费	材料费	施工机具使用费	费用	增值税	人工费	材料费	施工机具使用费	费用	增值税
G5-17	常用大型机械场外运输费用（25 km 以内）履带式挖掘机 2 m^3 以内	台次	1	96.56	281.43	747.77	753.07	169.09	96.56	281.43	747.77	753.07	169.09
人工单价		小计							96.56	281.43	747.77	753.07	169.09
技工 142 元/工日		未计价材料费							0				
清单全费用综合单价									2047.92				

材料费明细	主要材料名称、规格、型号	单位	数量	单价/元	合价/元	暂估单价/元	暂估合价/元	
	枕木	m^3	0.02	1821.54	36.43			
	镀锌铁丝 8#	kg	5	4.28	21.4			
	草袋	条	10	1.84	18.4			
	柴油【机械】	kg	39.012	5.26	205.2			
	材料费小计			—	281.43	—	0	

表 13.24　全费用综合单价分析表

工程名称：单位工程　　　　　　　　　　　　　　　　　　　　　　　　　　　　标段：

<table>
<tr><td colspan="2">项目编码</td><td colspan="2">011705001002</td><td colspan="2">项目名称</td><td colspan="3">自升式塔式起重机进出场及安拆</td><td>计量单位</td><td>台·次</td><td>工程量</td><td colspan="2">1</td></tr>
<tr><td colspan="14">清单全费用综合单价组成明细</td></tr>
<tr><td rowspan="2">定额编号</td><td rowspan="2">定额项目名称</td><td rowspan="2">定额单位</td><td rowspan="2">数量</td><td colspan="5">单价</td><td colspan="5">合价</td></tr>
<tr><td>人工费</td><td>材料费</td><td>施工机具使用费</td><td>费用</td><td>增值税</td><td>人工费</td><td>材料费</td><td>施工机具使用费</td><td>费用</td><td>增值税</td></tr>
<tr><td>G5-8 换</td><td>常用大型机械每安装和拆卸一次费用 自升式塔式起重机 起重力矩 1000 kN·m</td><td>台次</td><td>1</td><td>5793.6</td><td>833.99</td><td>3615.71</td><td>8392.16</td><td>1677.19</td><td>5793.6</td><td>833.99</td><td>3615.71</td><td>8392.16</td><td>1677.19</td></tr>
<tr><td>G5-27 换</td><td>常用大型机械场外运输费用（25 km 以内）自升式塔式起重机 起重力矩 1000 kN·m 以内</td><td>台次</td><td>1</td><td>823.6</td><td>2603.88</td><td>6196.77</td><td>6261.47</td><td>1429.71</td><td>823.6</td><td>2603.88</td><td>6196.77</td><td>6261.47</td><td>1429.71</td></tr>
<tr><td colspan="2">人工单价</td><td colspan="7">小计</td><td>6617.2</td><td>3437.87</td><td>9812.48</td><td>14653.63</td><td>3106.9</td></tr>
<tr><td colspan="2">技工 142 元/工日</td><td colspan="7">未计价材料费</td><td colspan="5">0</td></tr>
<tr><td colspan="9">清单全费用综合单价</td><td colspan="5">37628.08</td></tr>
<tr><td rowspan="7">材料费明细</td><td colspan="6">主要材料名称、规格、型号</td><td>单位</td><td>数量</td><td>单价/元</td><td>合价/元</td><td>暂估单价/元</td><td>暂估合价/元</td><td></td></tr>
<tr><td colspan="6">枕木</td><td>m3</td><td>0.03</td><td>1821.54</td><td>54.65</td><td></td><td></td><td></td></tr>
<tr><td colspan="6">镀锌铁丝 8#</td><td>kg</td><td>5</td><td>4.28</td><td>21.4</td><td></td><td></td><td></td></tr>
<tr><td colspan="6">草袋</td><td>条</td><td>10</td><td>1.84</td><td>18.4</td><td></td><td></td><td></td></tr>
<tr><td colspan="6">柴油【机械】</td><td>kg</td><td>599.268</td><td>5.26</td><td>3152.15</td><td></td><td></td><td></td></tr>
<tr><td colspan="6">电【机械】</td><td>kW·h</td><td>255.03</td><td>0.75</td><td>191.27</td><td></td><td></td><td></td></tr>
<tr><td colspan="8">材料费小计</td><td>—</td><td>3437.87</td><td>—</td><td>0</td><td></td></tr>
</table>

查得有关定额说明：自升式塔式起重机的安拆高度以塔顶高度 30 m 为准，以后每增加塔身 10 m（每标准节为 2.5 m×4）的安装和拆卸，人工增加 12 个（工日），本机台班 0.5 个（台班）。自升式塔式起重机的附着臂（附墙）安拆费，按人工增加 10 个（工日）/每道。

自升式塔式起重机 25 km 以内运输费是以塔顶高度 30 m 计算的，超过 30 m 时若运输标准节（每标准节为 2.5 m），每 4 个标准节收取人工 1.2 个（工日），8t 载重汽车 1.2 个（台班），16t 汽车吊 0.6 个（台班）。

鄂建办〔2019〕93 号规定，增值税税率调整为 9%。

此题塔顶高度为 50 m，需增加 8 个标准节，根据以上定额说明需调整全费用定额单价。

G5-27 全费用定额单价调整：

费用包括总价措施项目费、企业管理费、利润、规费。

查表知总价措施项目费率为（13.64%＋0.7%）、企业管理费费率为 28.27%、利润率为 19.73%、规费费率为 26.85%

查表知 8 t 载重汽车 1 个台班需消耗柴油 35.49 kg，16 t 汽车吊 1 个台班需消耗柴油 35.85 kg

$$人工费=482.80+2\times1.2\times142=823.6（元）$$

柴油原有的消耗量为 348.882 kg

调整后的消耗量为

$$35.85\times（3+2\times0.6）+35.49\times（6.8+2\times1.2）=477.078（kg）$$

$$材料费=1929.57+（477.078-348.882）\times5.26=2603.88（元）$$

$$机械费=4499.29+2\times1.2\times319.47+2\times0.6\times775.63=6196.77（元）$$

$$费用=（823.6+6196.77）\times（13.64\%+0.7\%+28.27\%+19.73\%+26.85\%）$$

$$=（823.6+6196.77）\times89.19\%=6261.47（元）$$

$$增值税=（823.6+2603.88+6196.77+6261.47）\times9\%=1429.71（元）$$

调整后的全费用定额基价为

$$823.6+2603.88+6196.77+6261.47+1429.71=17315.43（元）$$

G5-8 全费用定额单价调整：

费用包括总价措施项目费、企业管理费、利润、规费。

查表知总价措施项目费率为（13.64%＋0.7%）、企业管理费费率为 28.27%、利润率为 19.73%、规费费率为 26.85%

查表知自升式塔式起重机 1 个台班需消耗电 170.02 kw・h

$$人工费=5793.6+2\times12\times142=9201.6（元）$$

电原有的消耗量为 85.01 kw・h

调整后的消耗量为

$$170.02\times1.5=255.03（kw\cdot h）$$

$$材料费=706.48+（255.03-85.01）\times5.26=833.99（元）$$

机械费 = 3000.84 + 2 × 0.5 × 614.87 = 3615.71（元）
费用 =（9201.6 + 3615.71）×（13.64% + 0.7% + 28.27% + 19.73% + 26.85%）
=（9201.6 + 3615.71）× 89.19% = 11431.77（元）
增值税 =（9201.6 + 833.99 + 3615.71 + 11431.77）× 9% = 2257.48（元）

调整后的全费用定额基价为

$$9201.6 + 833.99 + 3615.71 + 11431.77 + 2257.48 = 27340.55$$

塔式起重机的安拆费及进出场费

$$17315.43 \times 1 + 27340.55 \times 1 = 37628.09 \text{（元）}$$

全费用定综合单价为

$$\frac{37628.09}{1} = 37628.09 \text{（元）}$$

【习题】

一、多项选择题

1. 为有利于措施费的确定和调整，根据现行工程量计算规范。适宜采用单价措施项目计价的有（ ）。

A. 夜间施工增加费
B. 二次搬运费
C. 施工排水、降水费
D. 超高施工增加费
E. 垂直运输费

2. 根据《房屋建筑与装饰工程工程量计算规范》（GB 50854—2013），关于综合脚手架，说法正确的有（ ）。

A. 工程量按建筑面积计算
B. 用于屋顶加层时应说明加层高度
C. 项目特征应说明建筑结构形式和檐口高度
D. 同一建筑物有不同的檐高时，分别按不同檐高列项
E. 项目特征必须说明脚手架材料

3. 根据《房屋建筑与装饰工程工程量计算规范》（GB 50854—2013），措施项目工程量计算有（ ）。

A. 垂直运输按使用机械设备数量计算
B. 悬空脚手架按搭设的水平投影面积计算
C. 排水、降水工程量，按排水、降水日历天数计算
D. 整体提升架按所服务对象的垂直投影面积计算
E. 超高施工增加按建筑物超高部分的建筑面积计算

4. 根据《房屋建筑与装饰工程工程量计算规范》（GB 50854—2013），措施项目工程量计算正确的是（ ）。

A. 里脚手架按建筑面积计算
B. 满堂脚手架按搭设水平投影面积计算

C. 混凝土墙模板按模板与墙接触面积计算

D. 混凝土构造柱模板按图示外露部分计算模板面积

E. 超高施工增加费包括人工、机械降效，供水加压以及通信联络设备费用

二、计算题

某新建工程（无组织排水），地下室一层，层高 4.2 m，建筑面积 2500 m^2。地上共 8 层，每层层高 4.5 m，每层建筑面积 2500 m^2，设计室外地面标高为 – 0.45 m。采用塔吊施工，计算该工程垂直运输及高层增加费。

附录　办公楼清单计价编制实例

请扫描右侧二维码查看以下内容：

（1）某办公楼建筑装饰工程工程量清单；

（2）某办公楼建筑装饰工程招标控制价（工程量清单计价）；

（3）某办公楼建筑装饰工程招标控制价（全费用工程量清单计价）；

（4）某办公楼施工图：

① 建筑施工图；

② 结构施工图。

参考文献

[1] 吴贤国. 建筑工程概预算[M]. 2 版. 北京：中国建筑工业出版社，2007.
[2] 沈祥华. 建筑工程概预算[M]. 武汉：武汉理工大学出版社，2013.
[3] 刘富勤. 建筑工程概预算[M]. 武汉：武汉理工大学出版社，2013.
[4] 中华人民共和国住房和城乡建设部. 建设工程工程量清单计价规范 GB 50500—2013[S]. 北京：中国计划出版社，2013.
[5] 朱溢镕. 建筑工程计量与计价[M]. 北京：化学工业出版社，2018.
[6] 2013 建设工程计价计量规范湖北省宣贯资料，湖北省建设工程标准定额管理总站，2013.
[7] 全国造价工程师职业资格考试培训教材编审委员会. 建设工程计价[M]. 北京：中国计划出版社，2019.